Supported by Key Project for the Development of State Facilities and Information Infrastructure for Science and Technology: National Specimen Information Infrastructure (2005DKA21401)
The Thirteenth Five-Year Plan for National Important Books Publication Project
国家科技基础条件平台：标本资源共享平台建设项目（2005DKA21401）资助
“十三五”国家重点图书出版规划项目

Type Specimens in China National Herbarium (PE)

Volume 7

ANGIOSPERMAE(4)

中国国家植物标本馆（PE）模式标本集

第7卷

被子植物门（4）

Institute of Botany, Chinese Academy of Sciences Edit
The editors of this volume LIN Qi, YANG Yong and YANG Zhirong

中国科学院植物研究所 编
本卷主编 林 祁 杨 永 杨志荣

河南科学技术出版社
Henan Science and Technology Press

图书在版编目（CIP）数据

中国国家植物标本馆（PE）模式标本集. 第7卷，被子植物门. 4：英汉对照/中国科学院植物研究所编；林祁，杨永，杨志荣本卷主编. —郑州：河南科学技术出版社，2017.6

ISBN 978-7-5349-8156-2

Ⅰ. ①中… Ⅱ. ①中… ②林… ③杨… ④杨… Ⅲ. ①植物—标本—中国—图集 ②被子植物—标本—中国—图集 Ⅳ. ①Q94-34

中国版本图书馆CIP数据核字（2017）第018942号

The editors of this volume LIN Qi, YANG Yong and YANG Zhirong,

Edited by BAN Qin, BI Shuqing, CHEN Shurong, DU Qing, DU Yufen, FU Lianzhong, HE Shanshan, LI Anjen, LI Hongli, LI Qianyun, LIN Qi, LIN Yun, LIU Wenqun, MA Xintang, SUN Miao, SUN Qian, WANG Zhongtao, WU Huibing, YANG Yong, YANG Zhirong, ZHANG Xiaobing

(Names are arranged in alphabetical order)

主　编　林　祁　杨　永　杨志荣

编著者（以姓氏拼音为序）

班　勤　秘树青　陈淑荣　杜　青　杜玉芬　傅连中　何珊珊　李安仁　李红丽　李倩云
林　祁　林　云　刘文群　马欣堂　孙　苗　孙　茜　王忠涛　吴慧冰　杨　永　杨志荣
张小冰

生物中国总策划：周本庆

出版发行：河南科学技术出版社
　　　　　地址：郑州市经五路66号　　邮编：450002
　　　　　电话：（0371）65737028　　65788613
　　　　　网址：www.hnstp.cn
策划编辑：周本庆　杨秀芳
责任编辑：杨秀芳
责任校对：李振方
整体设计：张　伟
责任印制：张艳芳
印　　刷：北京盛通印刷股份有限公司
经　　销：全国新华书店
幅面尺寸：240mm × 345mm　　印张：75　　字数：250千字
版　　次：2017年6月第1版　　2017年6月第1次印刷
定　　价：1 500.00元

Introduction

Predecessors of China National Herbarium (abbreviated code: PE), Institute of Botany, Chinese Academy of Sciences are the Herbarium, Department of Botany, the Fan Memorial Institute of Biology, Peiping (1928), as well as the Herbarium, Institute of Botany, the National Academy of Peiping (1929). Now PE has developed into the largest herbarium in Asia. The current collections contain more than 2 650 000 specimens in the herbarium, including mosses, ferns, seed plants, seed collections and plant fossil samples. Among them, there are about 20 000 type specimens (holotype, isotype, lectotype, isolectotype, neotype, isoneotype, epitype, isoepitype, syntype, isosyntype, paratype, isoparatype).

Type specimens in this book were produced by selecting the most important type specimen deposited at PE under the same scientific name (species, subspecies, variety and form), and then they were also reviewed and scanned. After compilation, ***Type Specimens in China National Herbarium (PE)*** which consists of 14 volumes is completed.

Type Specimens in China National Herbarium (PE) includes 7 451 type specimens, comprising 4 356 holotypes, 2 203 isotypes, 319 lectotypes, 8 isolectotypes, 3 neotypes, 3 isoepitypes, 27 syntypes, 94 isosyntypes, 279 paratypes, 170 isoparatypes, and belonging to 194 families, 1 134 genera, 6 159 species, 66 subspecies, 1 114 varieties and 122 forms. The taxa are arranged by family according to the system of ***Flora Bryophytorum Sinicorum*** and ***Flora Reipublicae Popularis Sinicae.*** Infra-family taxa are alphabetized by genera, species, subspecies, varieties and forms. The explanation of each taxon is listed in the figure caption with Chinese name, scientific name, original publication, nature of specimen (holotype/ isotype/ lectotype/ isolectotype/ neotype/ isoneotype/ epitype/ isoepitype/ syntype/ isosyntype/ paratype/ isoparatype), type locality (country/ province/ county/ mountain if present), altitude, collection date, collector and collection number. The collector and type locality in this book follow ***Index Herbariorum Sinicorum*** (L. K. Fu, 1993) and ***Gazetteer of China—An Index to the Atlas of the People's Republic of China*** (Chinese Academy of Surveying & Mapping, 1997) respectively.

This book is a very important work for researching and identifying Chinese plants. It could also be used as a reference by plant taxonomists and people from botanic research institutions, educational institutions and production departments at home and abroad.

Volume 7 of Type Specimens in China National Herbarium (PE) includes 564 type specimens from Proteaceae to Lauraceae (Ranunculaceae in Volume 8), comprising 205 holotypes, 230 isotypes, 31 lectotypes, 2 isolectotypes, 2 isoepitypes, 4 syntypes, 7 isosyntypes, 57 paratypes, 27 isoparatypes, and belonging to 17 families, 83 genera, 501 species, 2 subspecies, 54 varieties and 8 forms.

Greatest thanks to Prof. Li Liangqing and Prof. Zhang Xianchun, curators of China National Herbarium (PE), for their support and help throughout the publication of the book.

LIN Qi

September, 2015

前　言

中国科学院植物研究所国家植物标本馆（缩写代号：PE）的前身是1928年成立的北平静生生物调查所植物标本室和1929年成立的北平研究院植物研究所标本室，现已发展为亚洲最大的植物标本馆，目前馆藏植物标本265万余份，包括苔藓植物标本、蕨类植物标本、种子植物标本、种子标本和植物化石标本，其中模式标本近2万份（含主模式、等模式、后选模式、等后选模式、新模式、等新模式、附加模式、等附加模式、合模式、等合模式、副模式、等副模式）。

书中所收录的模式标本是在同一学名下（种、亚种、变种、变型）遴选出一份最重要的馆藏模式标本，经整理并扫描后编撰而成《中国国家植物标本馆（PE）模式标本集》（共14卷）。

全书共收有模式标本7 451份，含4 356份主模式、2 203份等模式、319份后选模式、8份等后选模式、3份新模式、3份等附加模式、27份合模式、94份等合模式、279份副模式、170份等副模式，隶属于194科、1 134属、6 159种、66亚种、1 114变种和122变型。全书各科依据《中国苔藓志》及《中国植物志》系统排列，属、种、亚种、变种、变型的名称按字母顺序排列。每张扫描模式标本相片的图注解释均标注中名、学名、原始文献、模式类型（主模式、等模式、后选模式、等后选模式、新模式、等新模式、附加模式、等附加模式、合模式、等合模式、副模式、等副模式）、采集地点（国名、省名、县名、山名）、海拔、采集时间（年月日）、采集人和采集号。本书中的采集人根据《中国植物标本馆索引》（傅立国，1993）书写，采集地根据《中国地名录——中华人民共和国地图集地名索引》（国家测绘局地名研究所，1997）书写。

本书是一部研究与鉴定中国植物的重要著作，可供国内外植物分类学者及有关植物学科研、教学和生产部门人员参考。

第7卷包括被子植物门山龙眼科至樟科的模式标本（毛茛科编排在第8卷），共564份，含205份主模式、230份等模式、31份后选模式、2份等后选模式、2份等附加模式、4份合模式、7份等合模式、57份副模式、27份等副模式，隶属于17科、83属、501种、2亚种、54变种和8变型。

感谢中国国家植物标本馆（PE）馆长李良千研究员和张宪春研究员在本书编撰过程中给予的支持和帮助。

林　祁

2015年9月

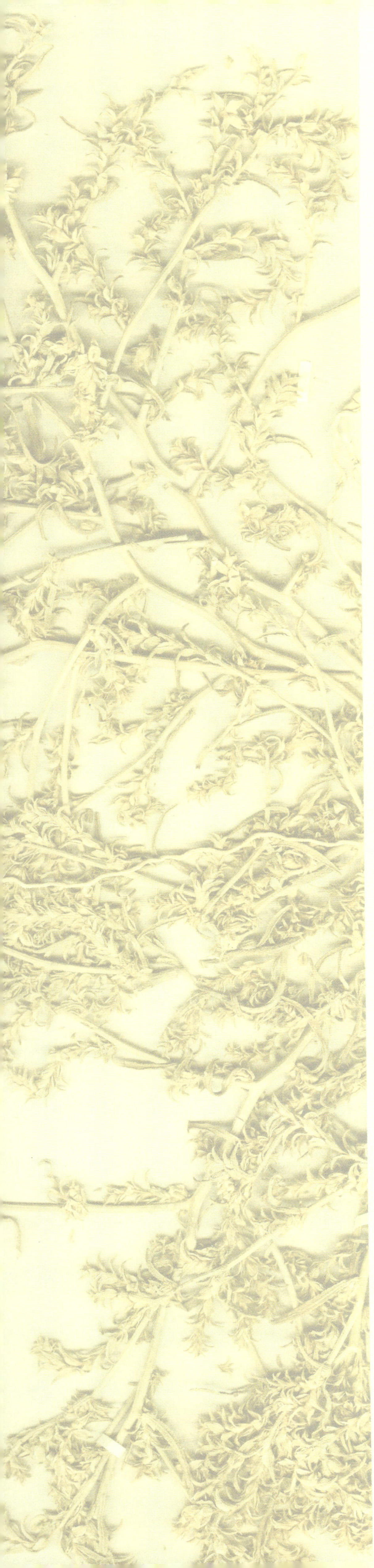

Contents
目　录

Proteacea

山龙眼科

shanlongyan ke

陈氏山龙眼 ***Helicia chunii*** W. T. Wang in Acta Phytotax. Sin. 5: 293. 1956. **Holotype:** China. Guangdong: Mei Xian, 1932-08-09, W. T. Tsang 21378.

变叶山龙眼 ***Helicia erratica*** J. D. Hook. var. ***sinica*** W. T. Wang in Acta Phytotax. Sin. 5: 295, pl. 57: 3. 1956. **Holotype:** China. Yunnan: Fohai (=Menghai), alt. 2 000 m, 1936-07-??, C. W. Wang 77373.

镰叶山龙眼 ***Helicia falcata*** C. Y. Wu, Fl. Yunnan. 1: 32, pl. 10: 2-3. 1977. **Isoparatype:** China. Yunnan: Pingbian, alt. 1 400 m, 1934-05-16, H. T. Tsai 55124.

广东山龙眼 ***Helicia kwangtungensis*** W. T. Wang in Acta Phytotax. Sin. 5: 297. 1956. **Holotype:** China. Guangdong: Yangshan, 1932-07-09, T. M. Tsui 747.

倒卵叶山龙眼 ***Helicia obovatifolia*** Merr. & Chun in Sunyatsenia 5: 45. 1940. **Isotype:** China. Hainan: Po-Ting (= Baoting), alt. 1 200 m, 1935-07-05, F. C. How 73089.

网脉山龙眼 ***Helicia reticulata*** W. T. Wang in Acta Phytotax. Sin. 5: 300, pl. 56. 1956. **Holotype:** China. Yunnan: Xichou, alt. 1 300~1 500 m, 1947-10-07, K. M. Feng 12276.

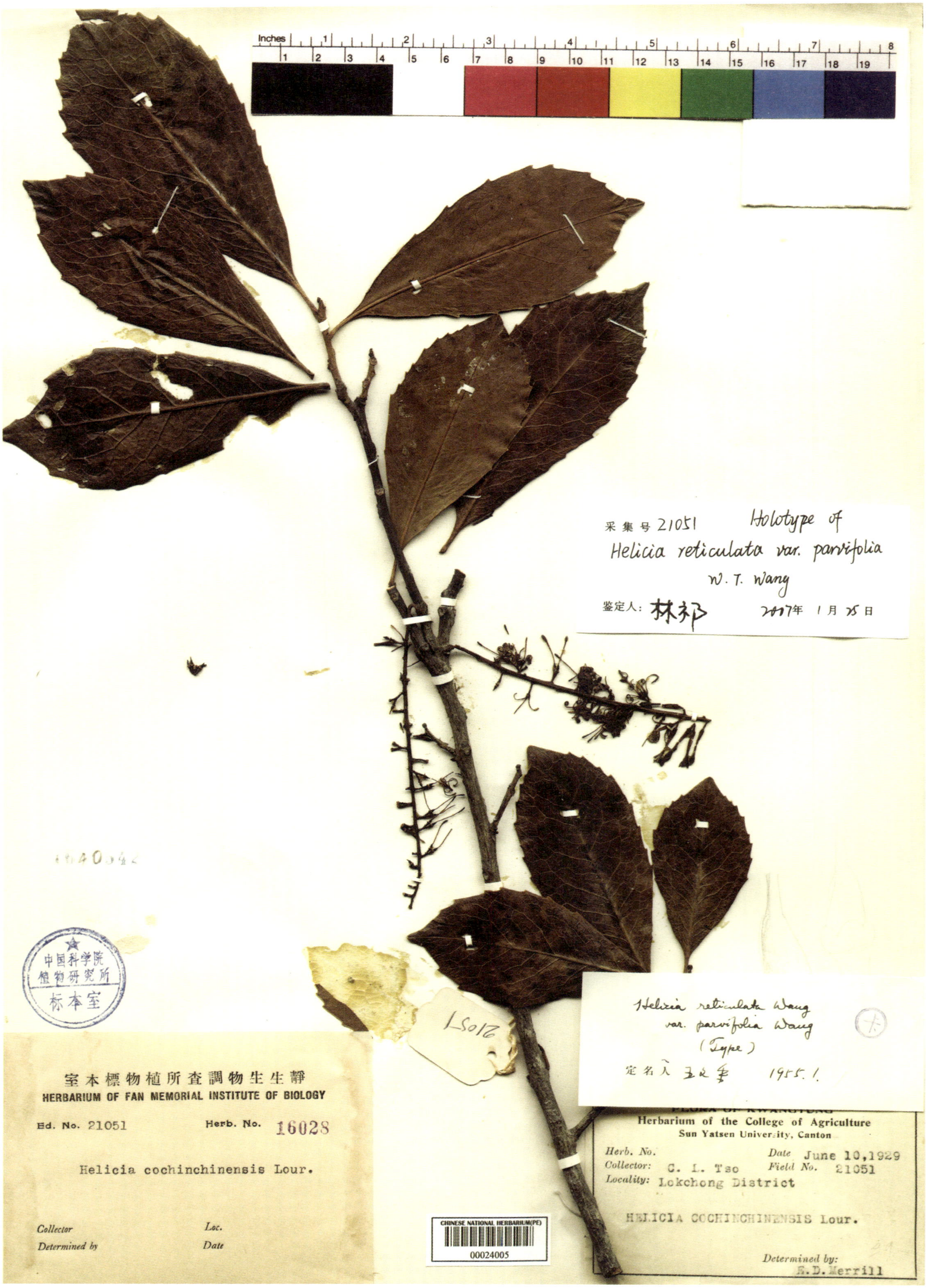

小叶网脉山龙眼 ***Helicia reticulata*** Wang var. ***parvifolia*** W. T. Wang in Acta Phytotax. Sin. 5: 302. 1956. **Holotype:** China. Guangdong: Lechang, 1929-06-10, C. L. Tso 21051.

藏山龙眼 ***Helicia tibetensis*** H. S. Kiu in Acta Phytotax. Sin. 18: 524. 1980. **Holotype:** China. Xizang: Mêdog, alt. 1 720 m, 1974-09-10, Qinghai-Xizang Exped. 74-5084.

蔡氏山龙眼 ***Helicia tsaii*** W. T. Wang in Acta Phytotax. Sin. 5: 292, pl. 57: 2. 1956. **Holotype:** China. Yunnan: Mong-ka (=Luxi), alt. 1 750 m, 1934-02-11, H. T. Tsai 56915.

混杂锈毛山龙眼 ***Helicia vestita*** W. W. Smith var. ***mixta*** Li in Journ. Arn. Arb. 24: 444. 1943. **Isotype:** China. Guangxi: Pingnan, 1936-07-06, C. Wang 39624.

Olacaceae

铁青树科

tieqingshu ke

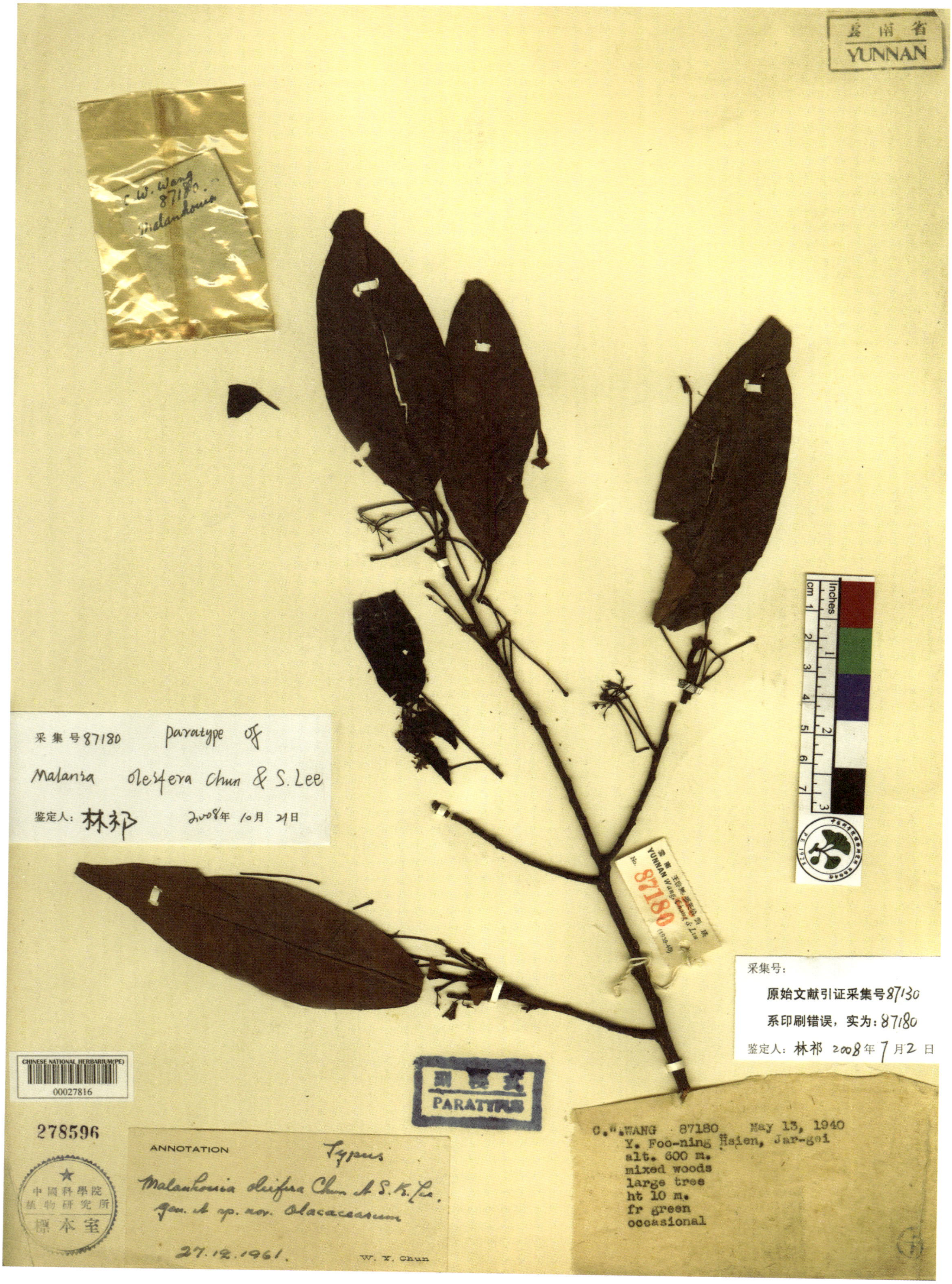

蒜头果 ***Malania oleifera*** Chun & S. K. Lee in Bull. Bot. Lab. N. E. Forest. Inst., Harbin 6: 68, f. 1-2. 1980. **Paratype:** China. Yunnan: Funing, alt. 600 m, 1940-05-13, C. W. Wang 87180.

Santalaceae

檀香科

tanxiang ke

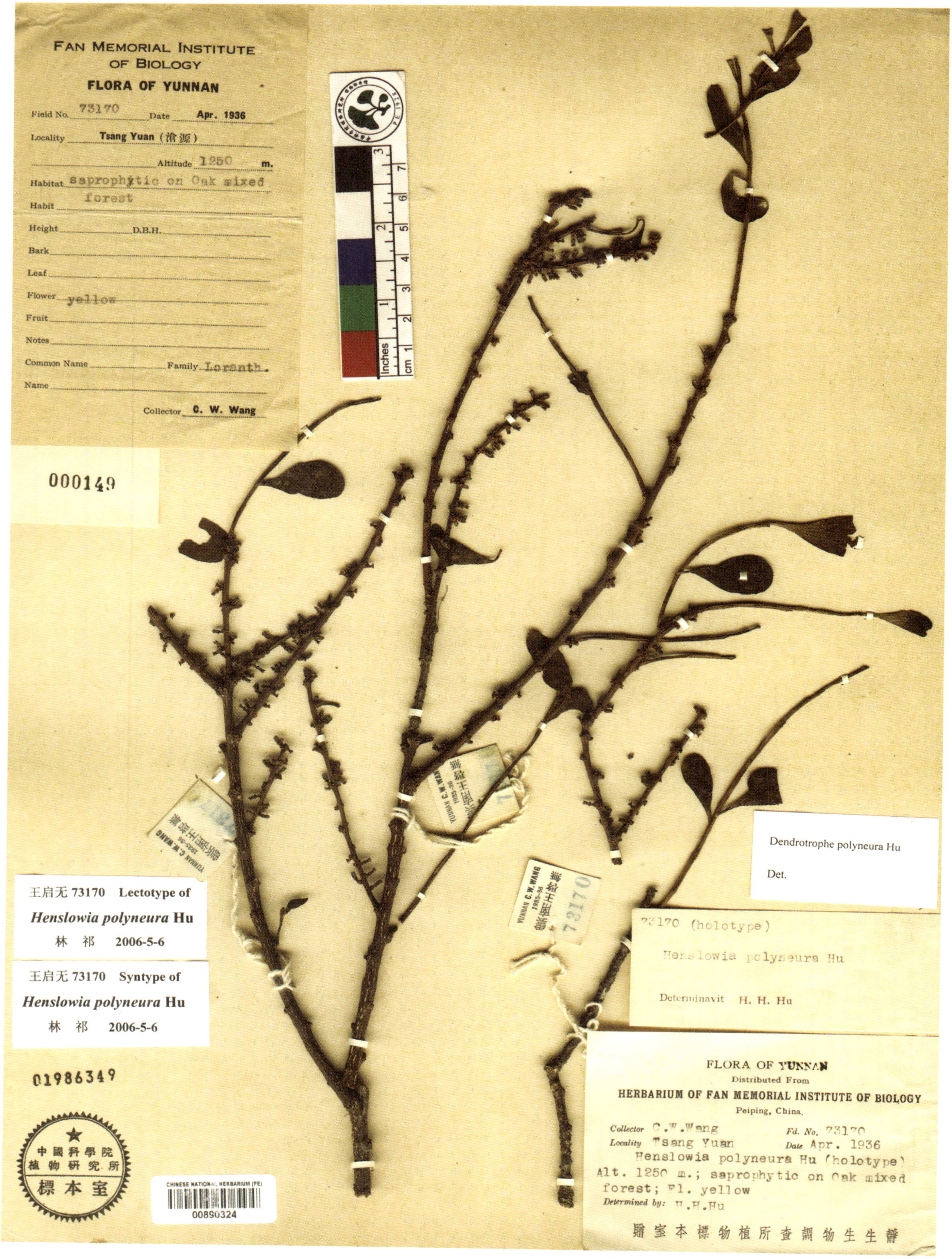

多脉寄生藤 ***Henslowia polyneura*** Hu in Bull. Fan Mem. Inst. Biol., Bot. Ser. 10: 157. 1940. **Lectotype** (designated by Q. Lin & al. in Bull. Bot. Res., Harbin 28: 536. 2008.): China. Yunnan: Tsang Yuan (=Cangyuan), alt. 1 250 m, 1936-04-??, C. W. Wang 73170.

Loranthaceae

桑寄生科

sangjisheng ke

斗湖寄生 ***Lepeostegeres elmeri*** Merr. in Univ. California Publ. Bot. 15: 56.1929. **Isotype:** Borneo. Elphinstone: Tawao, A. D. E. Elmer 21083.

粤桑寄生 ***Loranthus kwangtungensis*** Merr. in Journ. Arn. Arb. 8: 4. 1927. **Isotype:** China. Guangdong: Tung Tsz Haang, Lung Tau Shan, 1926-01-11, F. A. McClure 13755.

大苞寄生 ***Loranthus maclurei*** Merr. in Philipp. Journ. Sci. 21: 494. 1922. **Isotype:** China. Fujian: Taai Yeung Shaan (= Daiyunshan), alt. 600 m, 1921-07-21, F. A. McClure 6801.

头状花序寄生 ***Struthanthus capitatus*** Lundell in Contr. Univ. Michigan Herb. 7: 7. 1942. **Isotype:** Mexico. Chiapas: Letrero, alt. 2 000 m, 1941-07-06, E. Matuda 4327.

Aristolochiaceae

马兜铃科

madouling ke

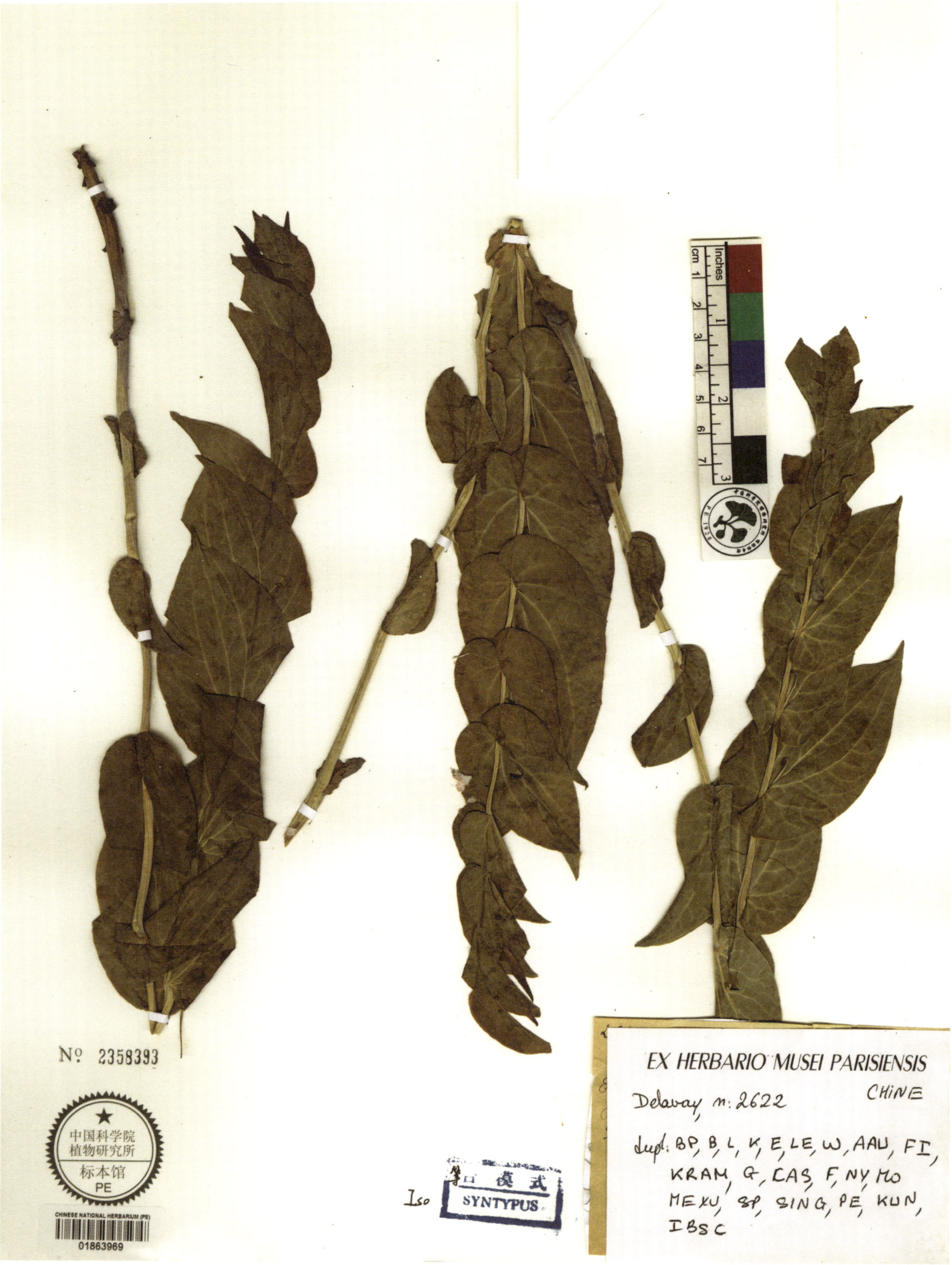

贯叶马兜铃 ***Aristolochia delavayi*** Franch. in Journ. Bot. (Morot) 12: 315. 1898. **Lectotype** (designated by Yun Lin & al. in Bull. Bot. Res., Harbin 35: 808. 2015.): China. Yunnan: Lijiang, alt. 1 800 m, 1887-06-10, Delavay 2622.

南粤马兜铃 ***Aristolochia howii*** Merr. & Chun in Sunyatsenia 5: 46, f. 1. & pl. 7. 1940. **Isotype:** China. Hainan: Po-Ting (=Baoting), 1935-06-13, F. C. How 72826.

维西马兜铃 ***Aristolochia weixiensis*** X. X. Zhu & J. S. Ma in Phytotaxa 230(1): 54, f. 1-3. 2015. **Isotype:** China. Yunnan: Weixi, alt. 2 599 m, 2015-05-29, X. X. Zhu & Z. X. Hua ZH084.

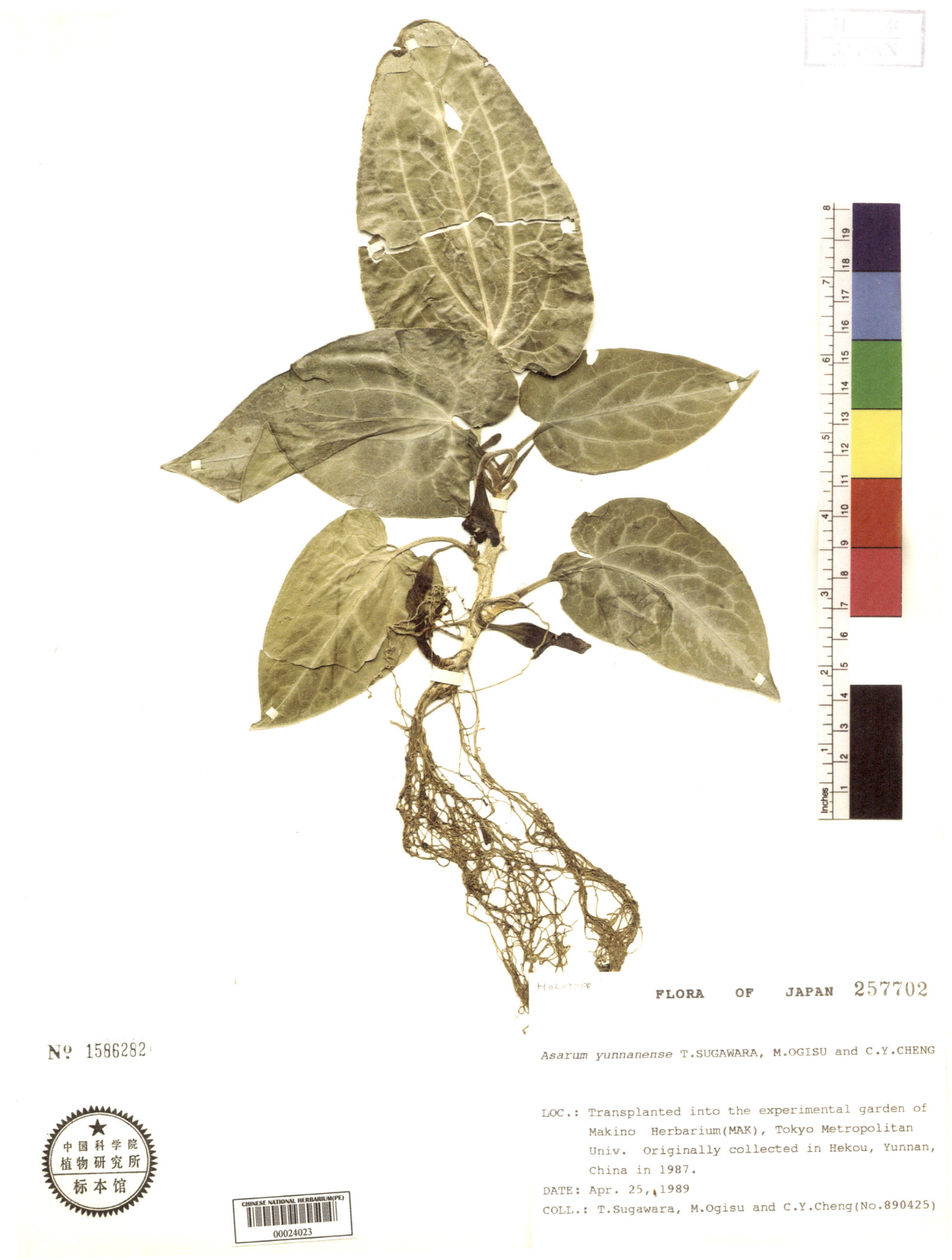

云南细辛 ***Asarum yunnanense*** T. Sugawara & al. in Acta Phytotax. Geobot. 41: 8, f. 1. 1990. **Holotype:** cultivated specimen, originally collected in Hekou, Yunnan, China in 1987, T. Sugawara, M. Ogisu & C. Y. Cheng 890425.

Balanopharaceae

蛇菰科

shegu ke

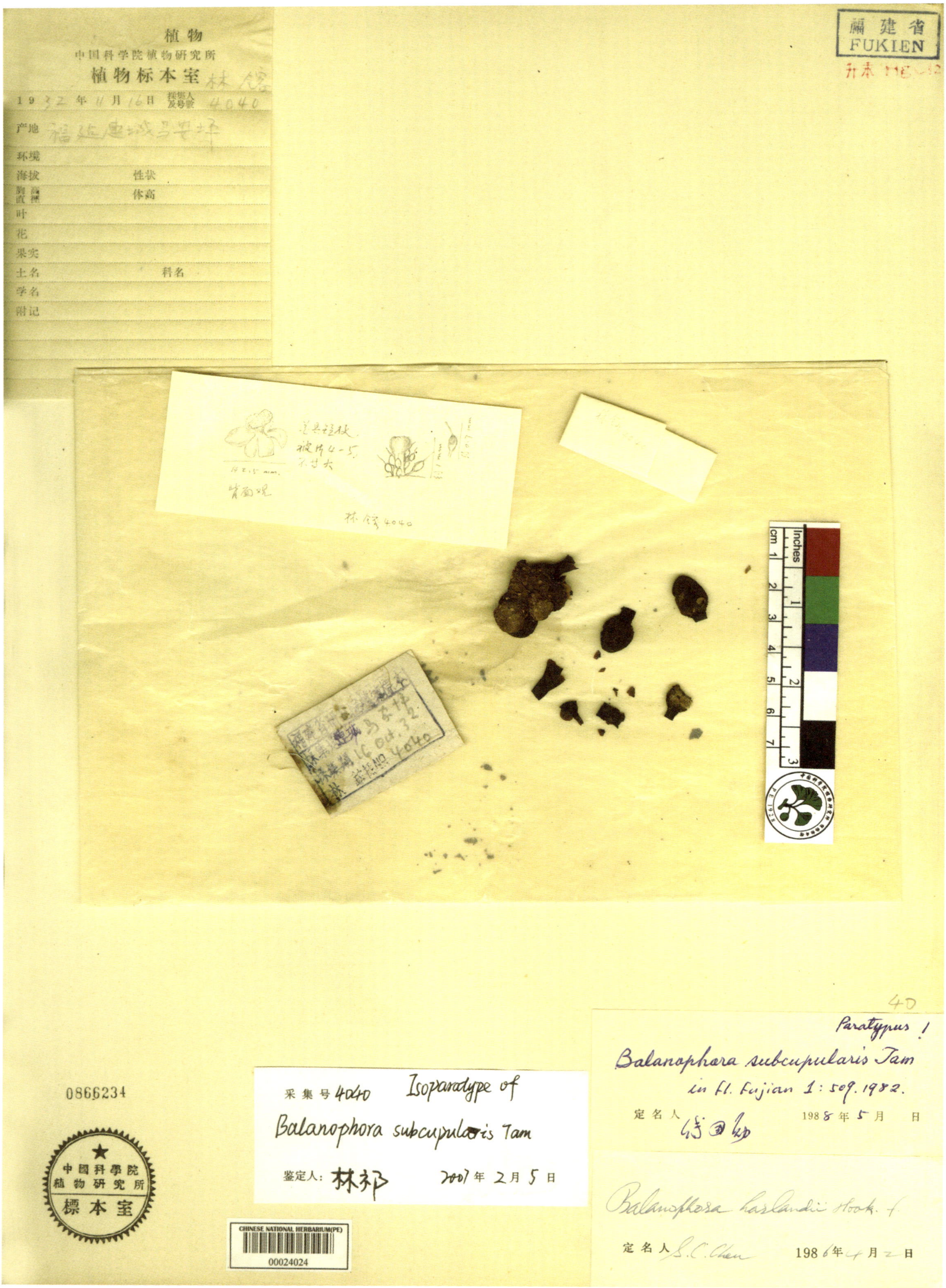

杯茎蛇菰 **Balanophora subcupularis** Tam, Fl. Fujian 1: 602, f. 459. 1982. **Isoparatype:** China. Fujian: Liancheng, 1932-11-16, Y. Ling 4040.

Polygonaceae

蓼科

liao ke

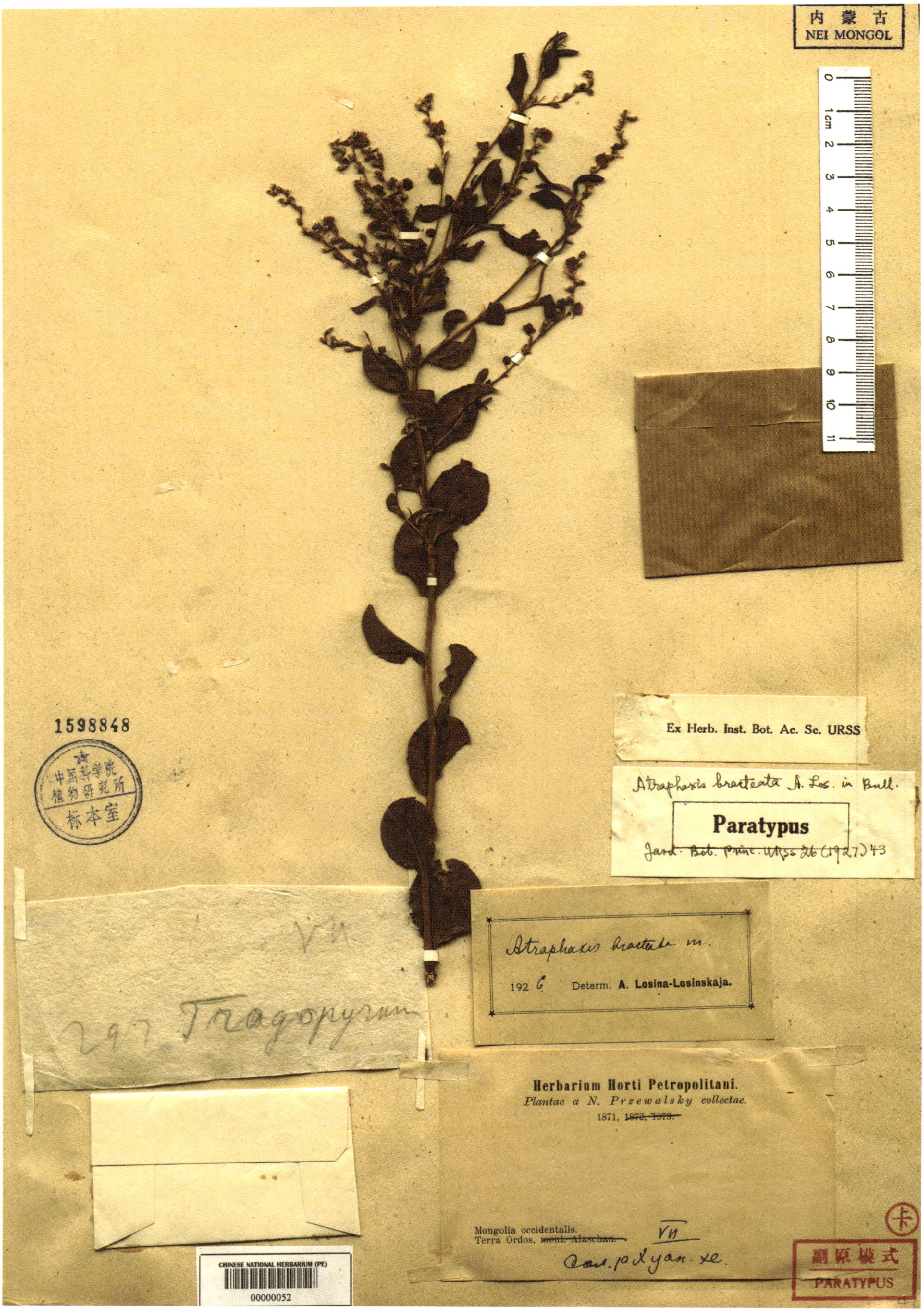

沙木蓼 ***Atraphaxis bracteata*** A. Los. in Bull. Jard. Bot. Prin. URSS 26: 43, f. 6-8. 1927. **Paratype:** China. Nei Mongol: Terra Ordos, 1871-07-02, N. M. Przewalski s. n.

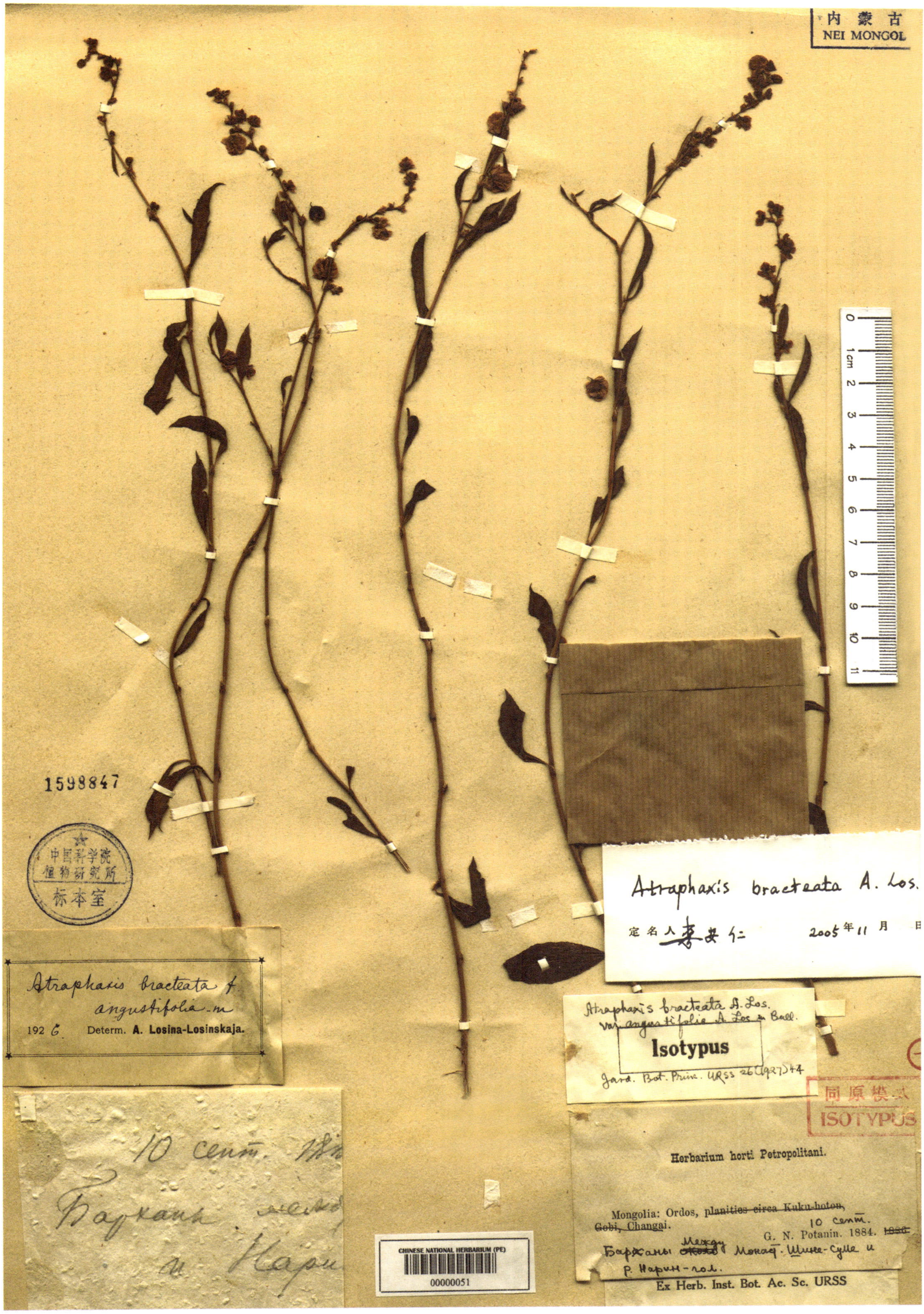

狭叶沙木蓼 ***Atraphaxis bracteata*** A. Los. var. ***angustifolia*** A. Los in Bull. Jard. Bot. Prin. URSS 26: 44. 1927. **Isotype:** China. Nei Mongol: Terra Ordos, 1884-09-10, G. N. Potanin s. n.

圆叶蓼 ***Atraphaxis tortuosa*** A. Los. in Bull. Jard. Bot. Prin. URSS 26: 44, f. 1-5. 1927. **Isotype:** China. Nei Mongol: Urato, Muni-ula Prope Hung-He, 1872-05-(01-02), N. M. Przewalski s. n.

康定支柱蓼 ***Bistorta franchetiana*** V. Petr. in Bull. Jard. Bot. Prin. URSS 27: 224. 1928. **Isotype:** China. Sichuan: Da-dsian-lu (=Kangding), 1893-04-16, G. N. Potanin s. n.

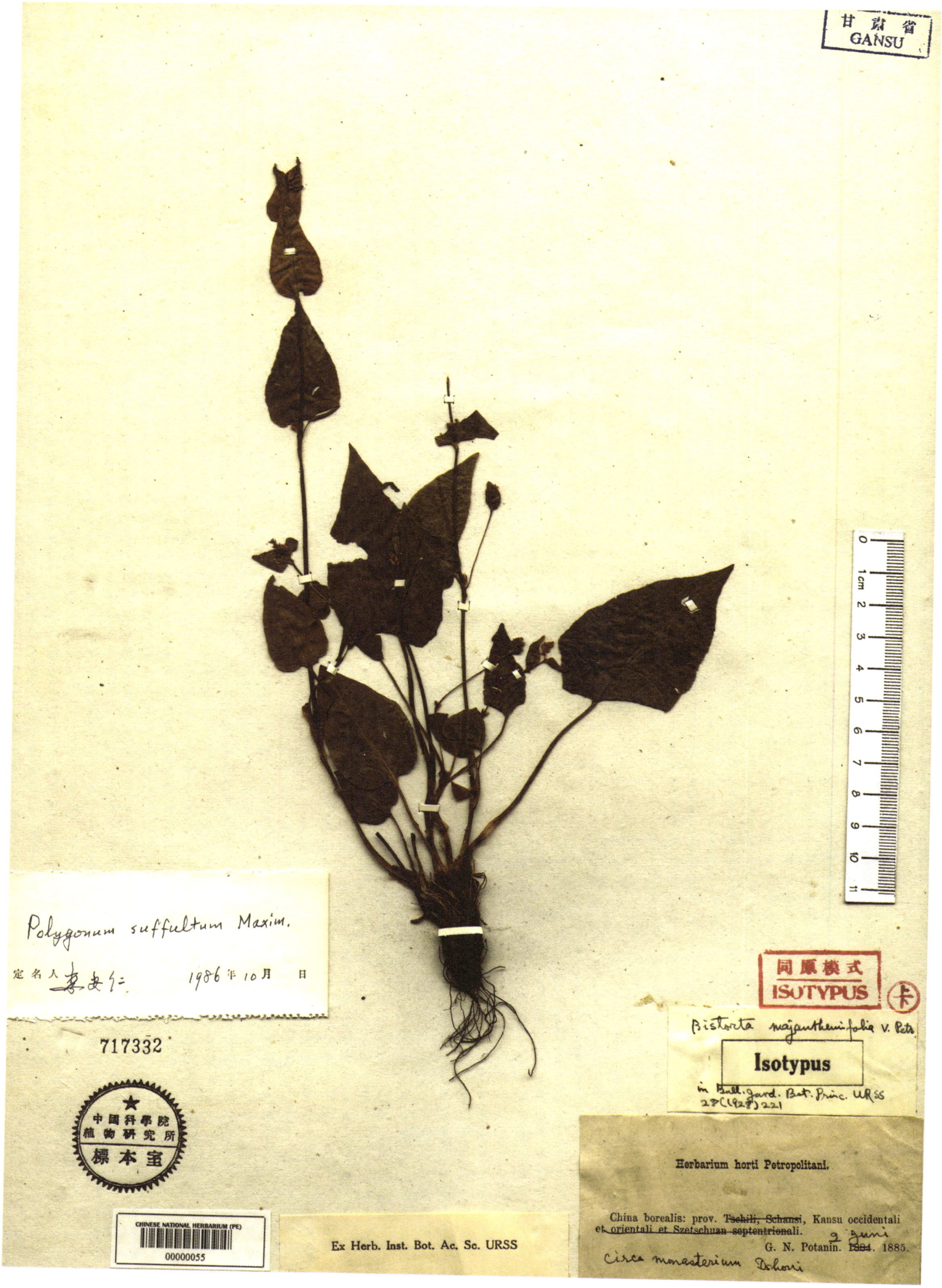

甘肃支柱蓼 ***Bistorta majanthemifolia*** V. Petr. in Bull. Jard. Bot. Prin. URSS 27: 221. 1928. **Isotype:** China. Gansu: Circa monasterium Dshoni, 1885-06-02, G. N. Potanin s. n.

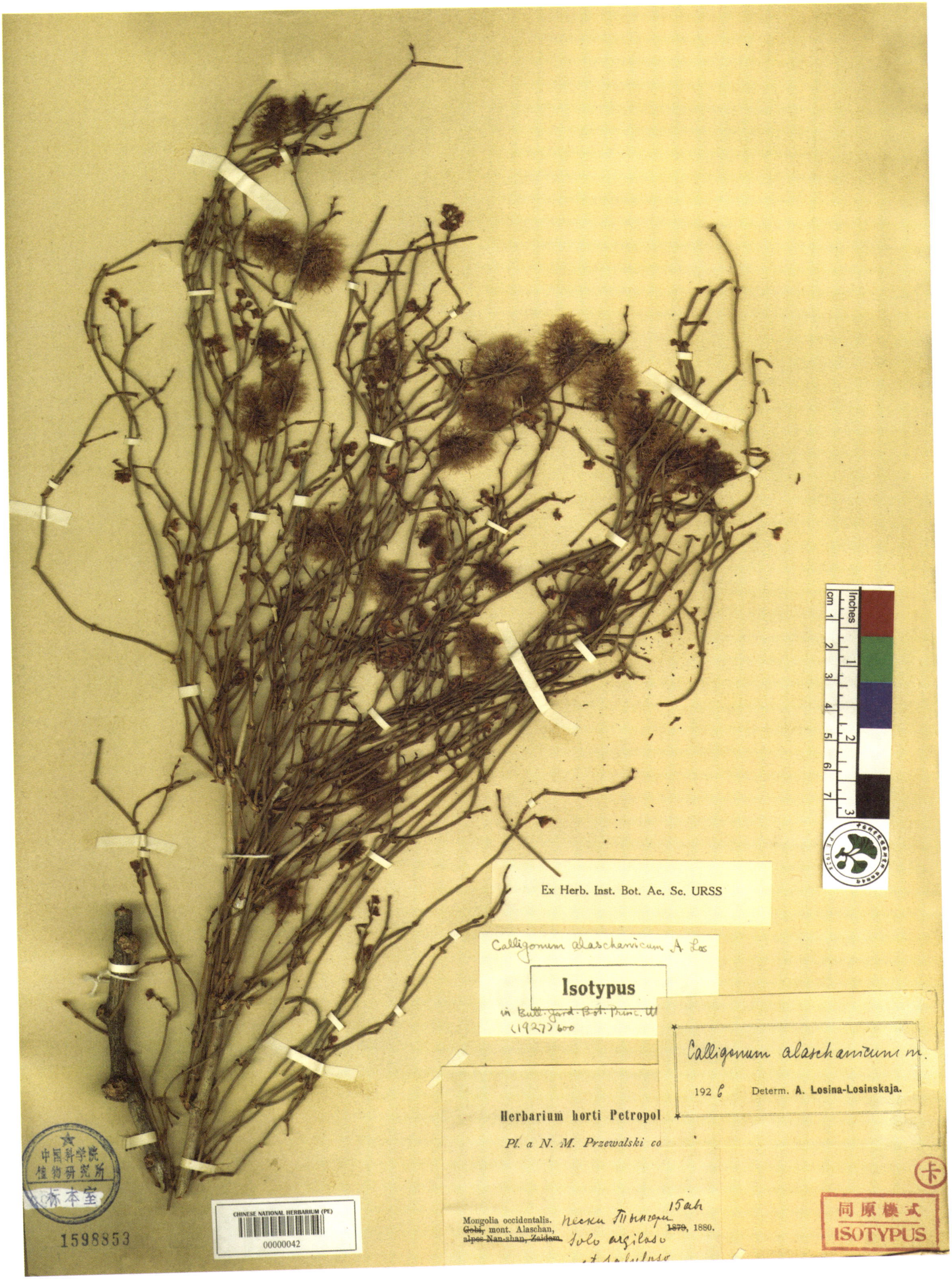

阿拉善沙拐枣 ***Calligonum alaschanicum*** A. Los. in Bull. Jard. Bot. Prin. URSS 26: 600, f. 7. 1927. **Isotype:** China. Nei Mongol: Alaschan, 1880-08-15, N. M. Przewalski s. n.

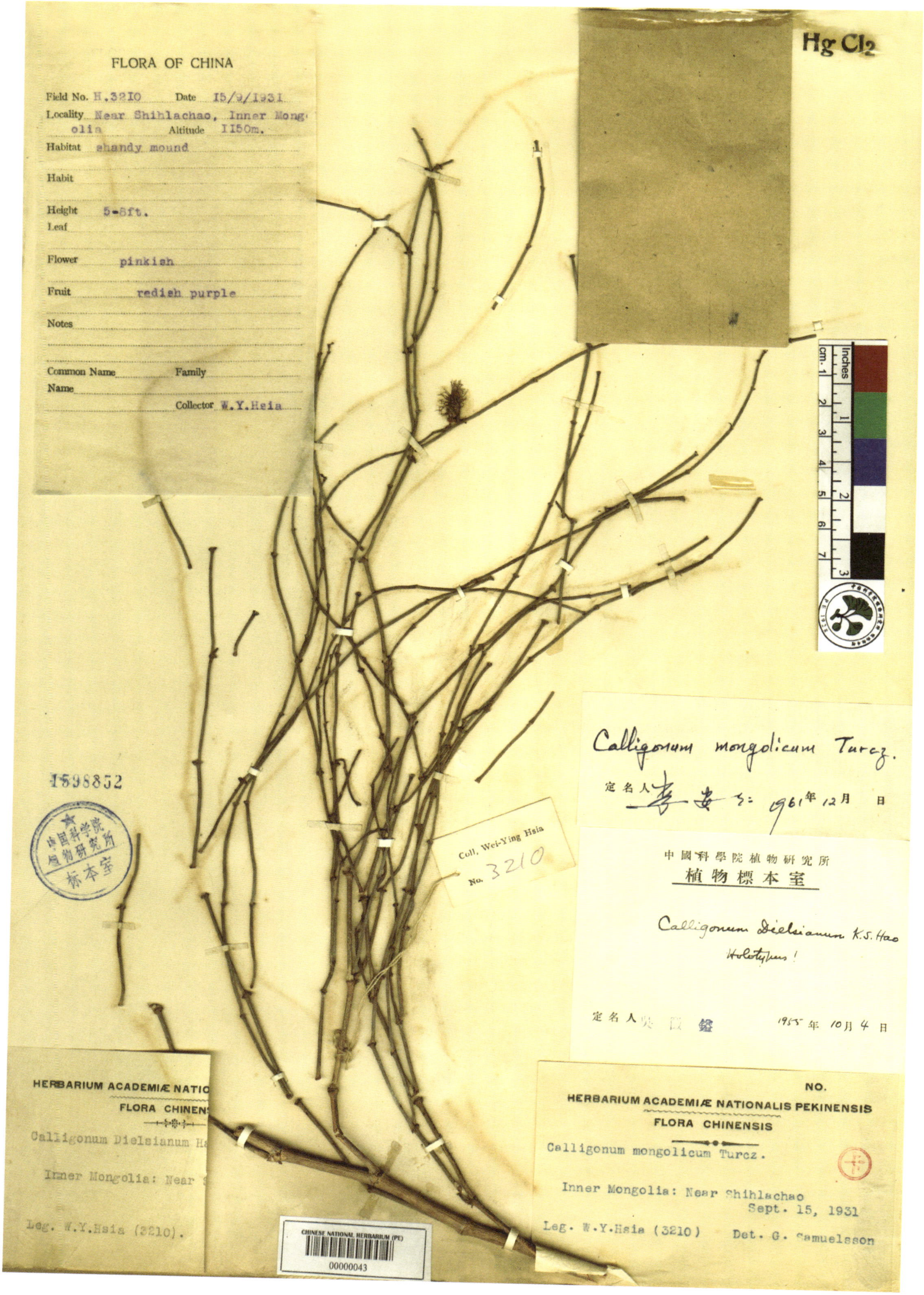

内蒙沙拐枣 ***Calligonum dielsianum*** K. S. Hao in Cont. Inst. Bot. Nat. Acad. Peiping 2: 177. 1934. **Holotype:** China. Nei Mongol: Shinlachao, alt. 1 150 m, 1931-09-15, W. Y. Hsia 3210.

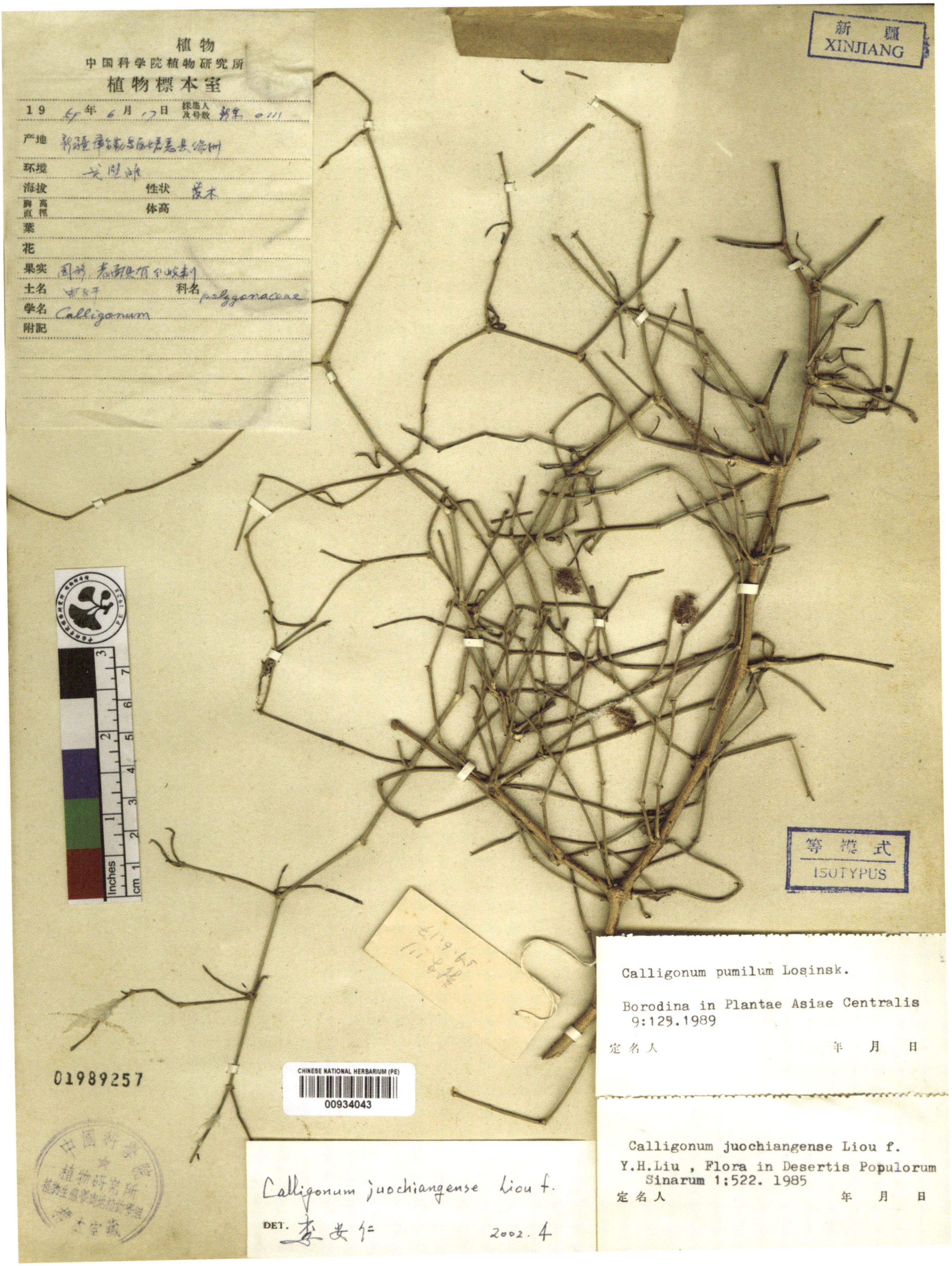

若姜沙拐枣 ***Calligonum juochiangense*** Y. X. Liou, Fl. Desert. Reip. Pop. Sin. 1: 314, 522, pl. 115: 3-4. 1985. **Isotype:** China. Xinjiang: Tarim, 1959-06-17, Tarim Exped. 111.

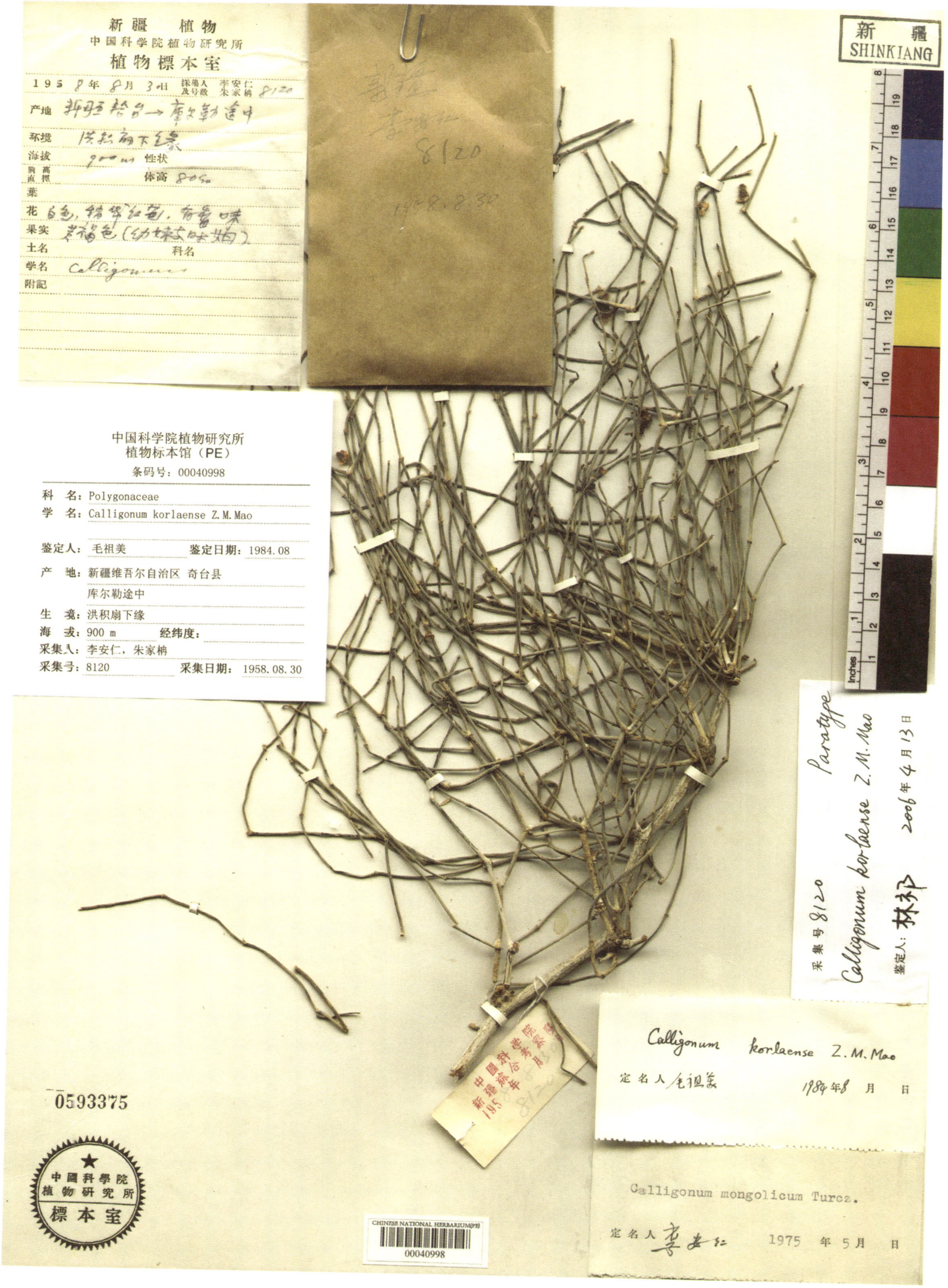

库尔勒沙拐枣 ***Calligonum korlaense*** Z. M. Mao in Acta Phytotax. Sin. 22: 150, f. 4. 1984. **Paratype:** China. Xinjiang: between Luntai and Korla, alt. 900 m, 1958-08-30, A. J. Li & J. N. Zhu 8120.

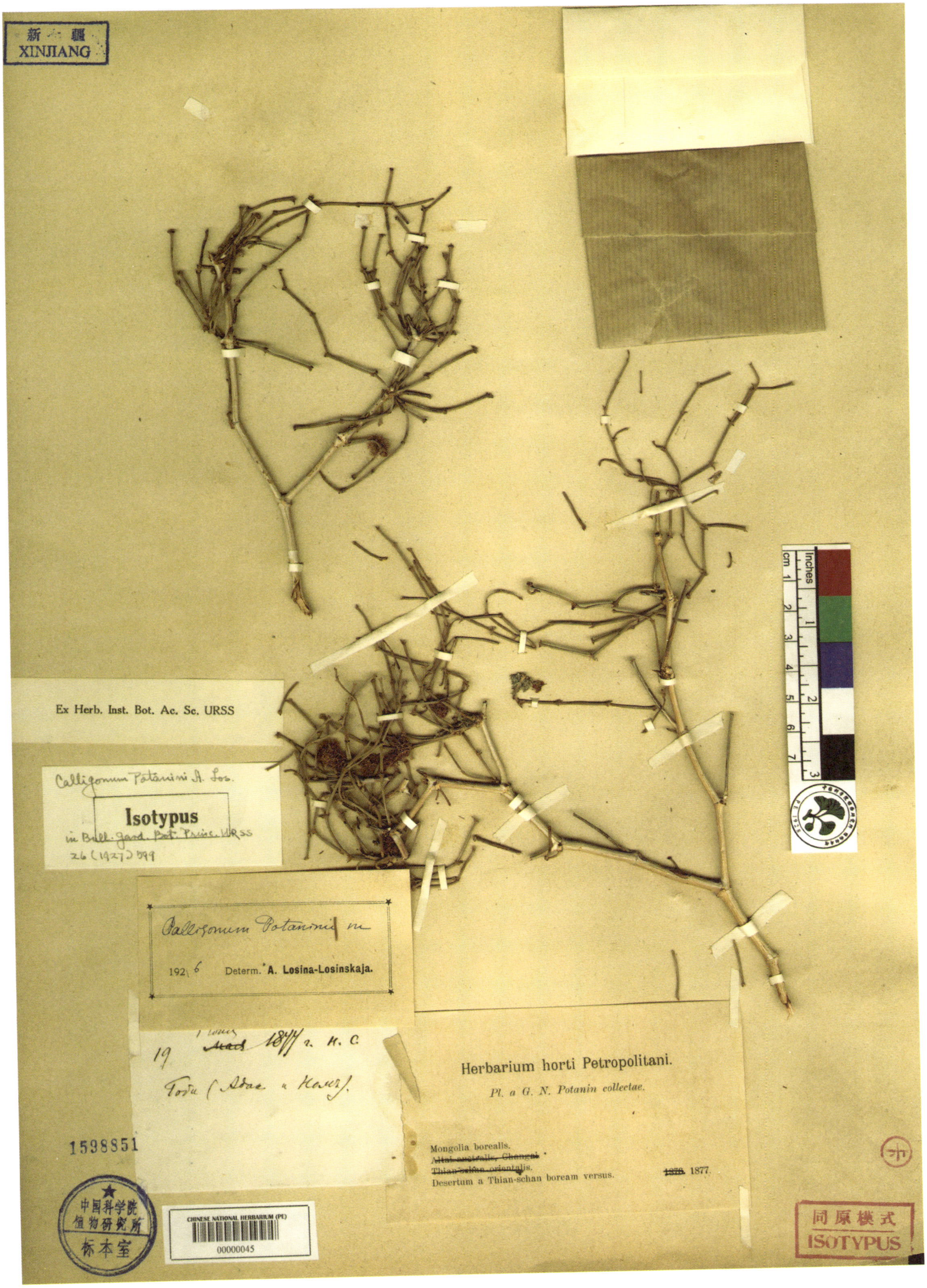

新疆沙拐枣 ***Calligonum potanini*** A. Los. in Bull. Jard. Bot. Prin. URSS 26: 599, f. 5. 1927. **Isotype:** China. Xinjiang: Thian-Schan boream versus Xame, 1877-06-(18-19), G. N. Potanin s. n.

腾格里沙拐枣 ***Calligonum przewalskii*** A. Los. in Bull. Jard. Bot. Prin. URSS 26: 602, f. 9. 1927. **Isotype:** China. Nei Mongol: Alaschan., 1880-08-15, N. M. Przewalski 870.

塔里木沙拐枣 ***Calligonum roborowskii*** A. Lou. in Bull. Jard. Bot. Princ. URSS 26: 602, f. 11. 1927. **Isotype:** China. Xinjiang: Minfeng, alt. 2 300 m, 1890-06-14, W. J. Roborowski s. n.

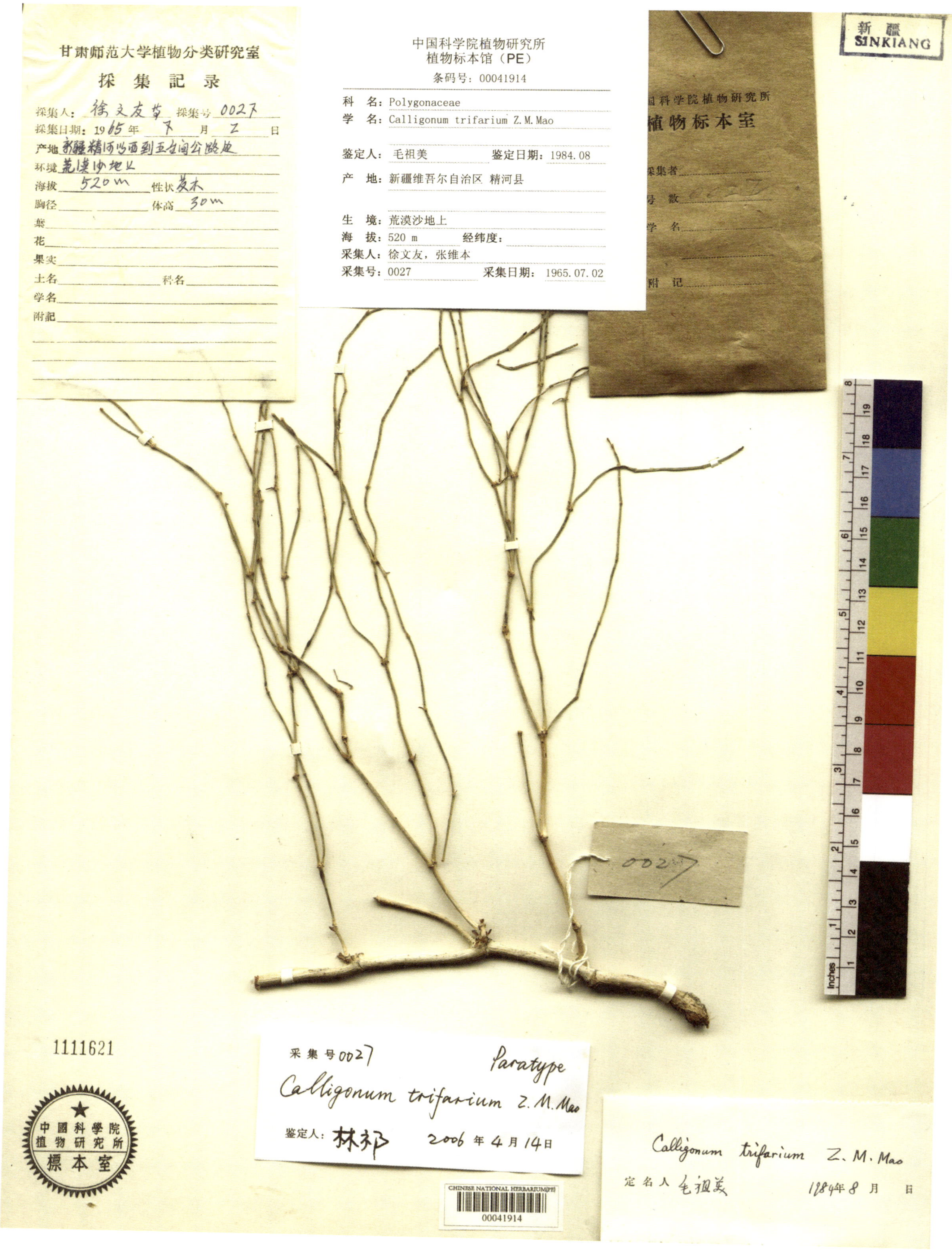

三列沙拐枣 ***Calligonum trifarium*** Z. M. Mao in Acta Phytotax. Sin. 22: 148, f. 2. 1984. **Paratype:** China. Xinjiang: Jinghe, alt. 520 m, 1965-07-02, W. Y. Xu & W. B. Zhang 0027.

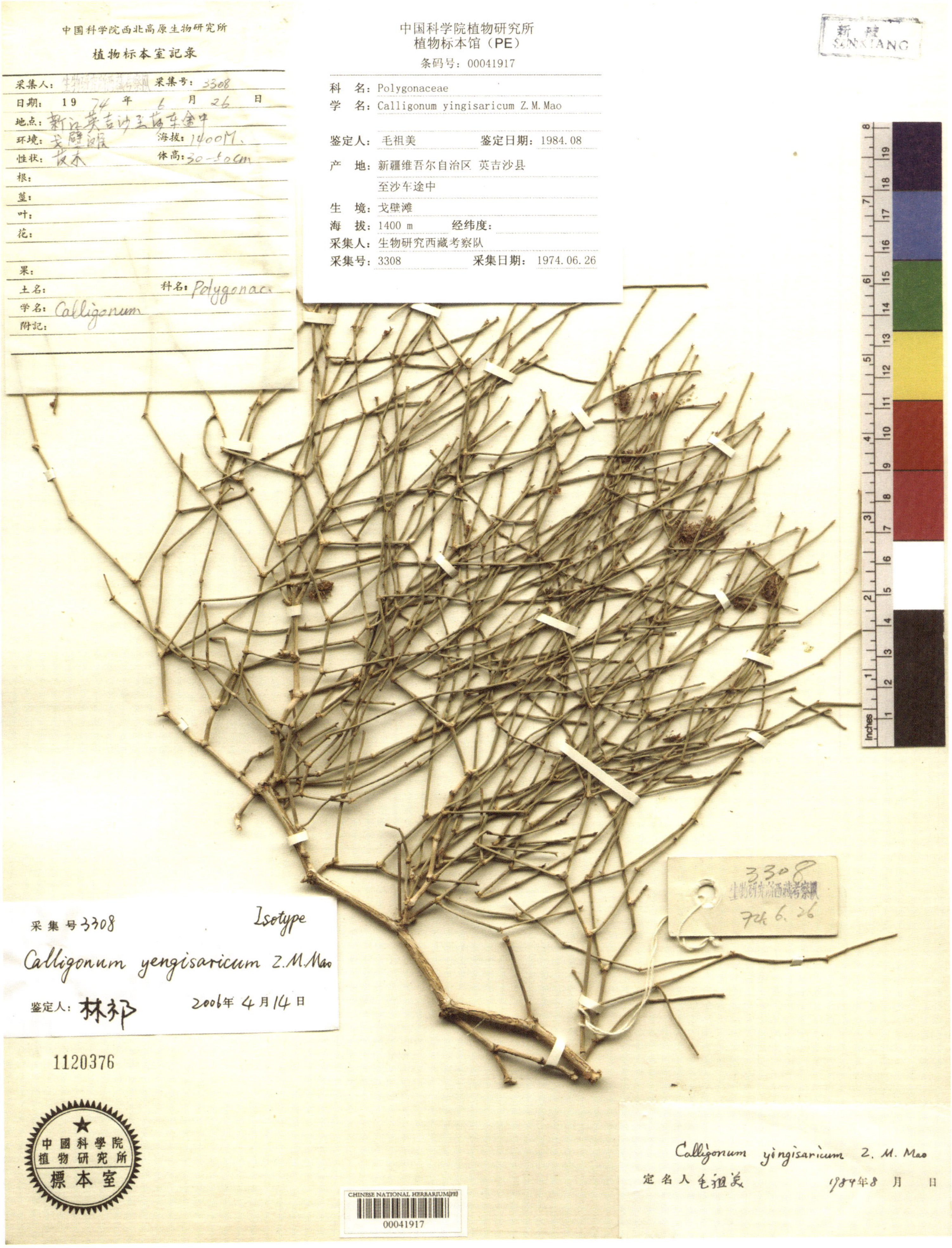

英吉莎沙拐枣 ***Calligonum yengisaricum*** Z. M. Mao in Acta Phytotax. Sin. 22: 149, f. 3. 1984. **Isotype:** China. Xinjiang: Yingisar, alt. 1 400 m, 1974-06-26, Xizang Exped. 3308.

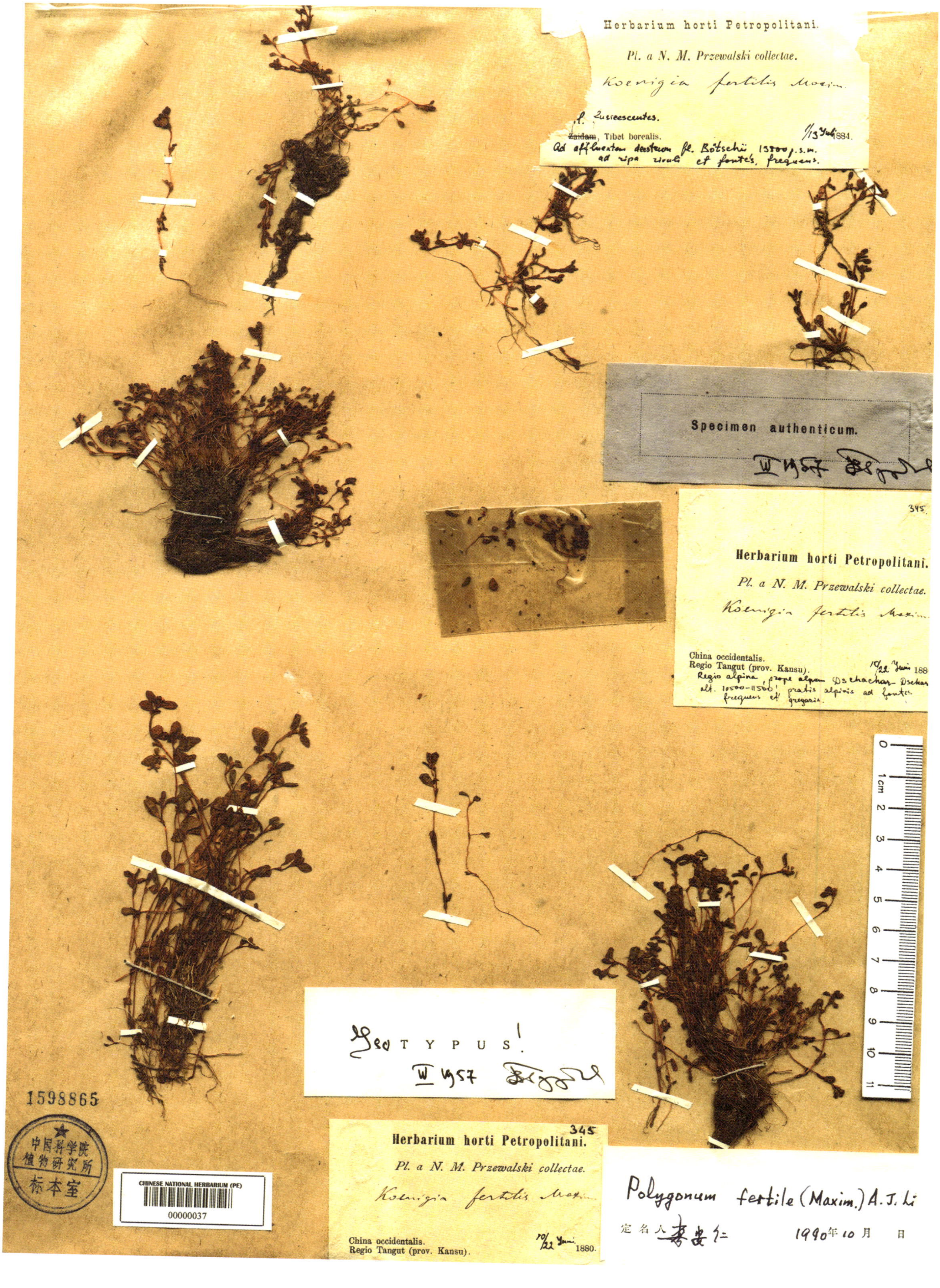

青藏蓼 ***Koenigia fertilis*** Maxim. in Bull. Acad. Imp. Sci. St.-Pétersbourg 27: 530. 1881. **Isotype:** China. Qinghai: Tangut (= Qilianshan), alt. 3 000 m, 1880-06-(10-22), N. M. Przewalski s. n.

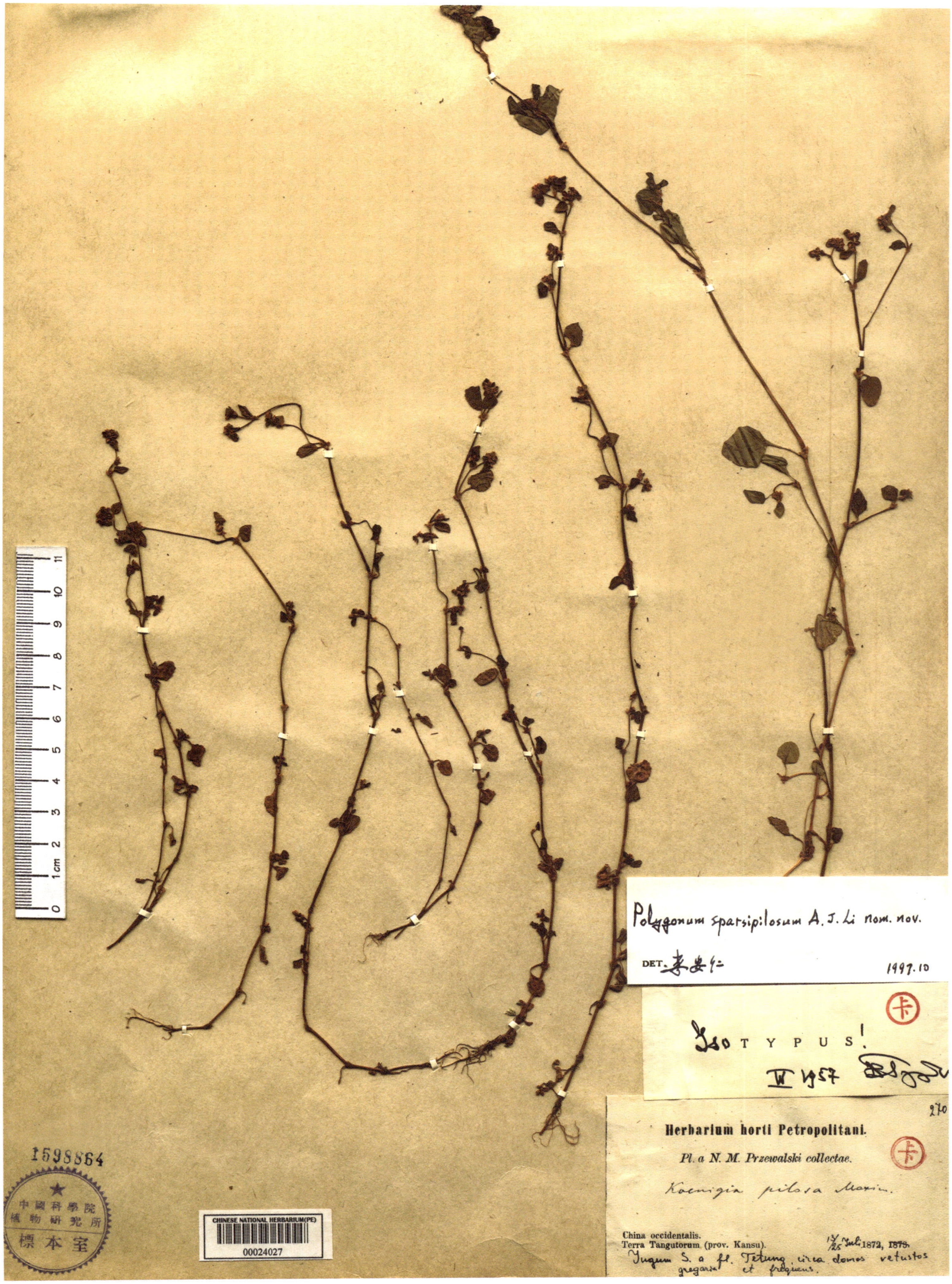

柔毛蓼 ***Koenigia pilosa*** Maxim. in Bull. Acad. Imp. Sci. St.-Pétersbourg 27: 531. 1881. **Isotype:** China. Qinghai: Tangut (= Qilianshan), 1872-07-(13-25), N. M. Przewalski 270.

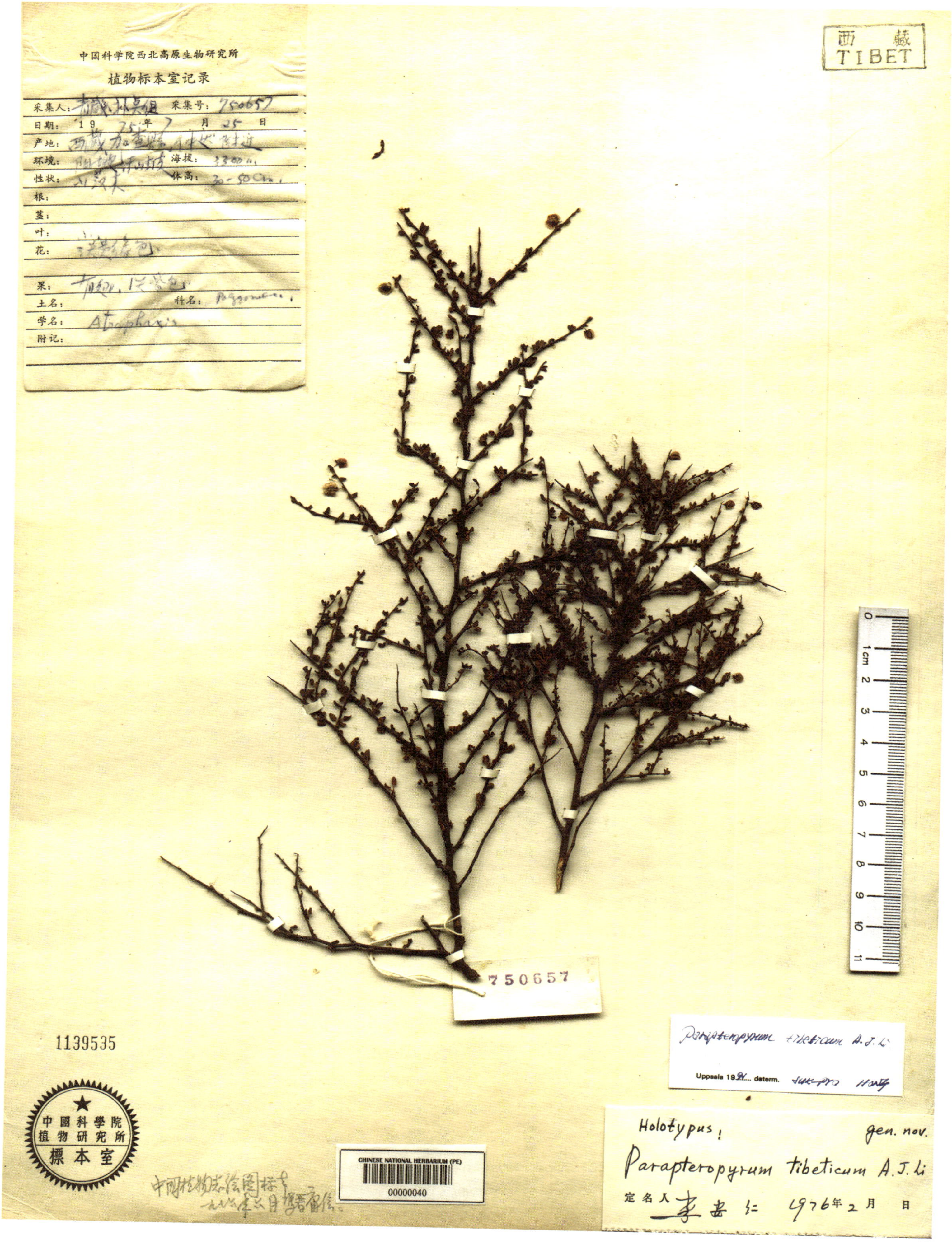

翅果蓼 ***Parapteropyrum tibeticum*** A. J. Li in Acta Phytotax. Sin. 19: 330, pl. 9. 1981. **Holotype:** China. Xizang: Gyaca, alt. 3 300 m, 1975-07-25, Qinghai-Xizang Exped., Suppl. Group 750657.

华蓼 ***Polygonum cathayanum*** A. J. Li in Bull. Bot. Res., Harbin. 15: 417, f. 5. 1995. **Holotype:** China. Sichuan: Dajin, alt. 4 600 m, 1958-07-21, X. Li 78155.

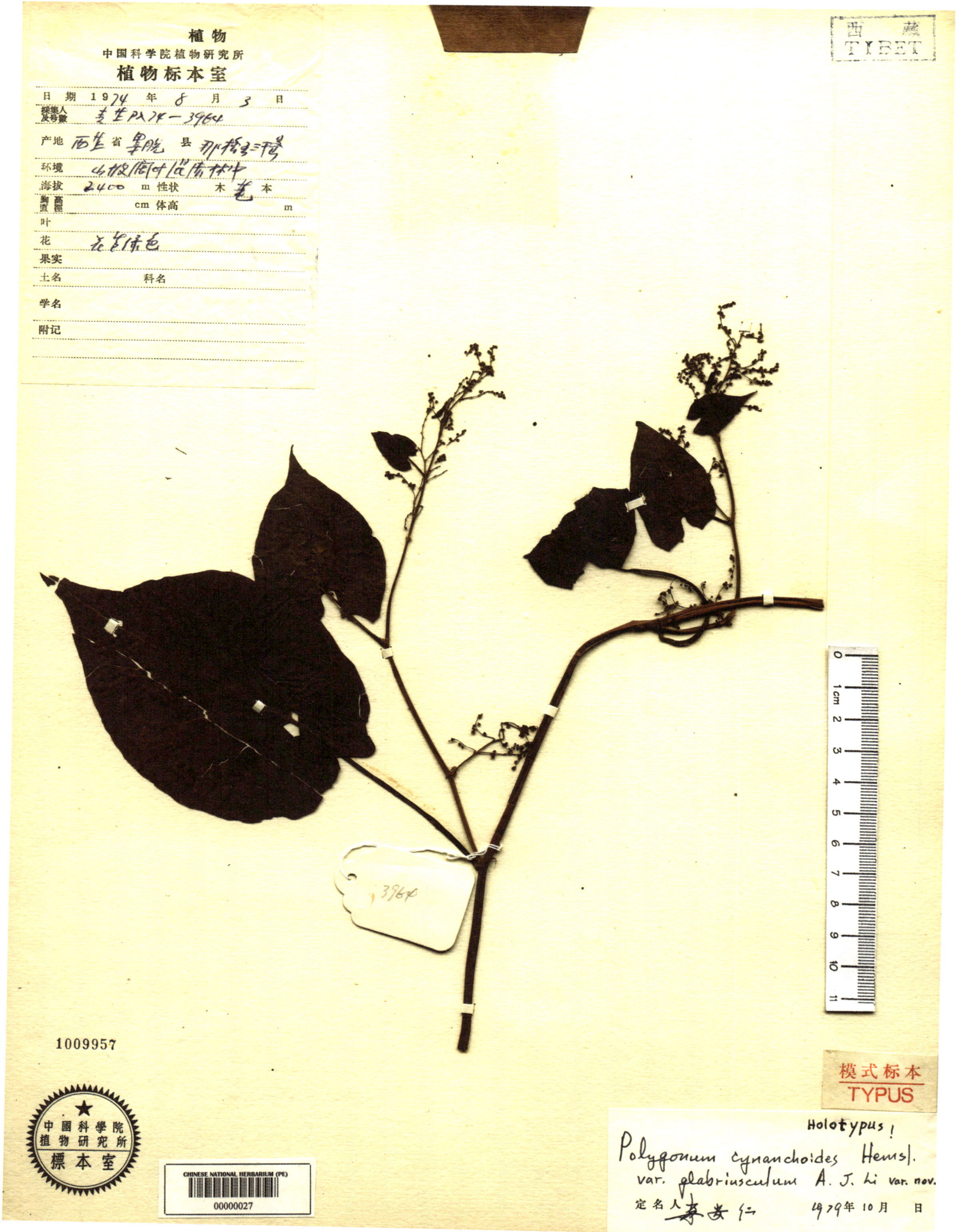

光叶牛皮消蓼 ***Polygonum cynanchoides*** Hemsl. var. ***glabriusculum*** A. J. Li, Fl. Xizang. 1: 608. 1983. **Holotype:** China. Xizang: Mêdog, alt. 2 400 m, 1974-08-03, Qinghai-Xizang Exped. 3964.

新疆萹蓄 ***Polygonum glareosum*** Schischk. in Not. Syst. Herb. Inst. Bot. Ac. Sc. URSS 7: 121. 1938. **Isotype:** China. Xinjiang: Songaria, 1914-05-25, B. Schischkin s. n.

华南蓼 ***Polygonum huananense*** A. J. Li in Bull. Bot. Res., Harbin. 15: 413, f. 1. 1995. **Holotype:** China. Guangdong: Shunde, 1958-07-12, M. X. Huang 111018.

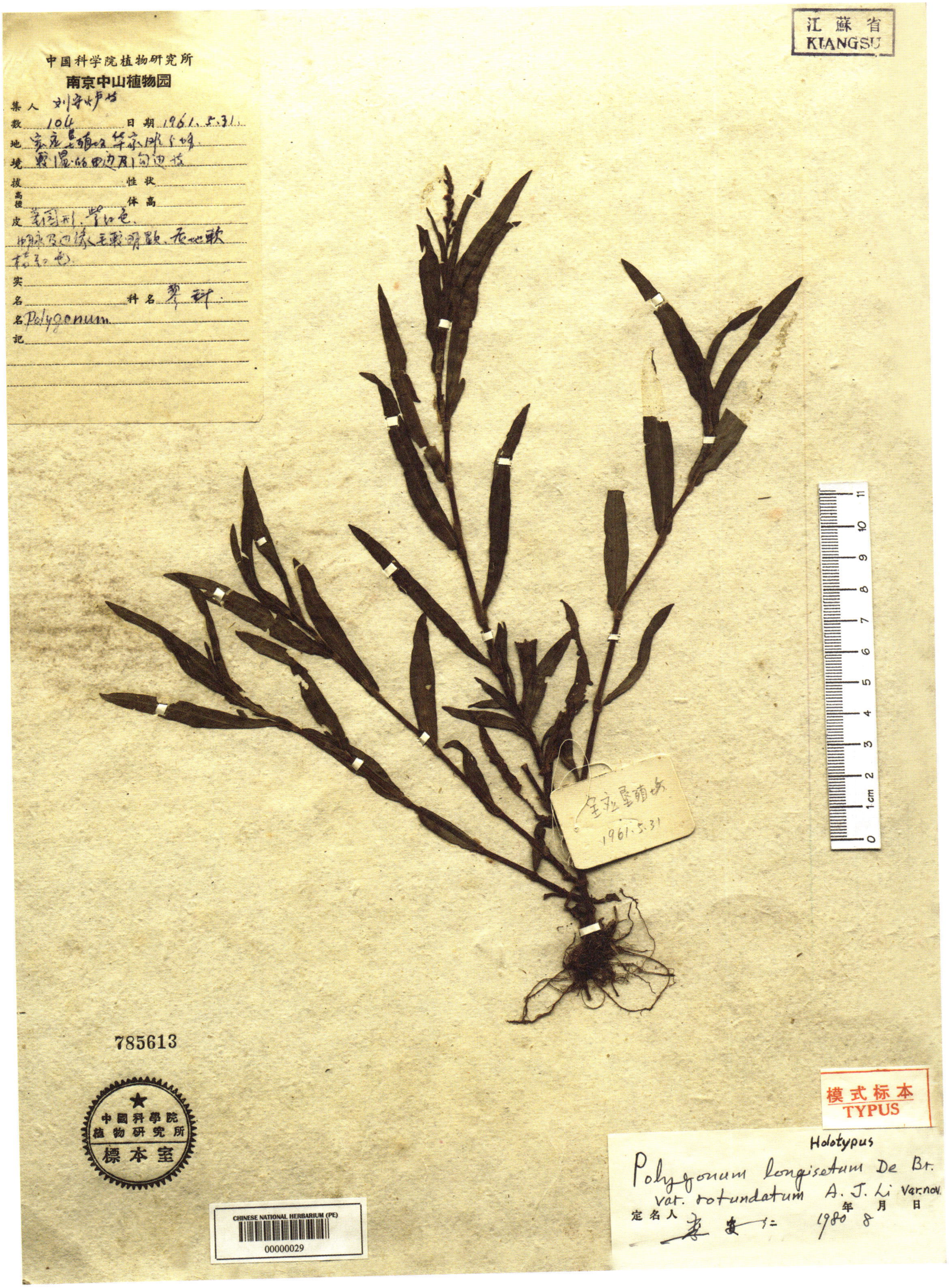

圆基长鬃蓼 ***Ploygonum longisetum*** De Br. var. ***rotundatum*** A. J. Li in Bull. Bot. Res., Harbin. 15: 418, f. 6. 1995.

Holotype: China. Jiangsu: Baoying, 1961-05-31, S. L. Liou & al. 104.

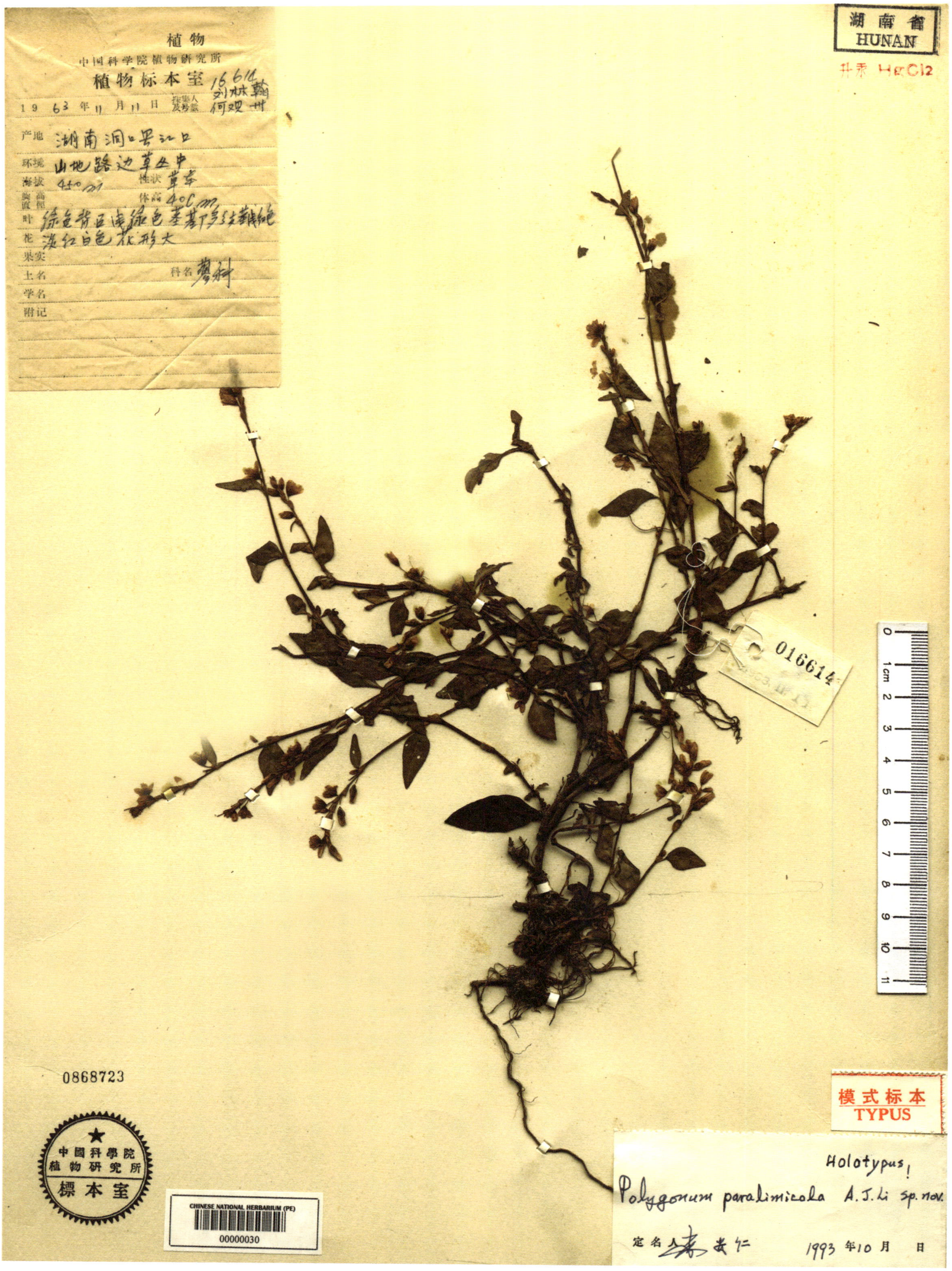

湿地蓼 ***Polygonum paralimicola*** A. J. Li in Bull. Bot. Res., Harbin. 15: 414, f. 2. 1995. **Holotype:** China. Hunan: Dongkou, alt. 450 m, 1963-11-11, L. H. Liu & G. Z. He 16614.

掌叶蓼 ***Polygonum pseudopalmatum*** G. Hoo in Acta Phytotax. Sin. 1: 194, pl. 16. 1951. **Isotype:** China. Fujian: Chongan, alt. 850 m, 1948-04-16, G. Hoo 2983.

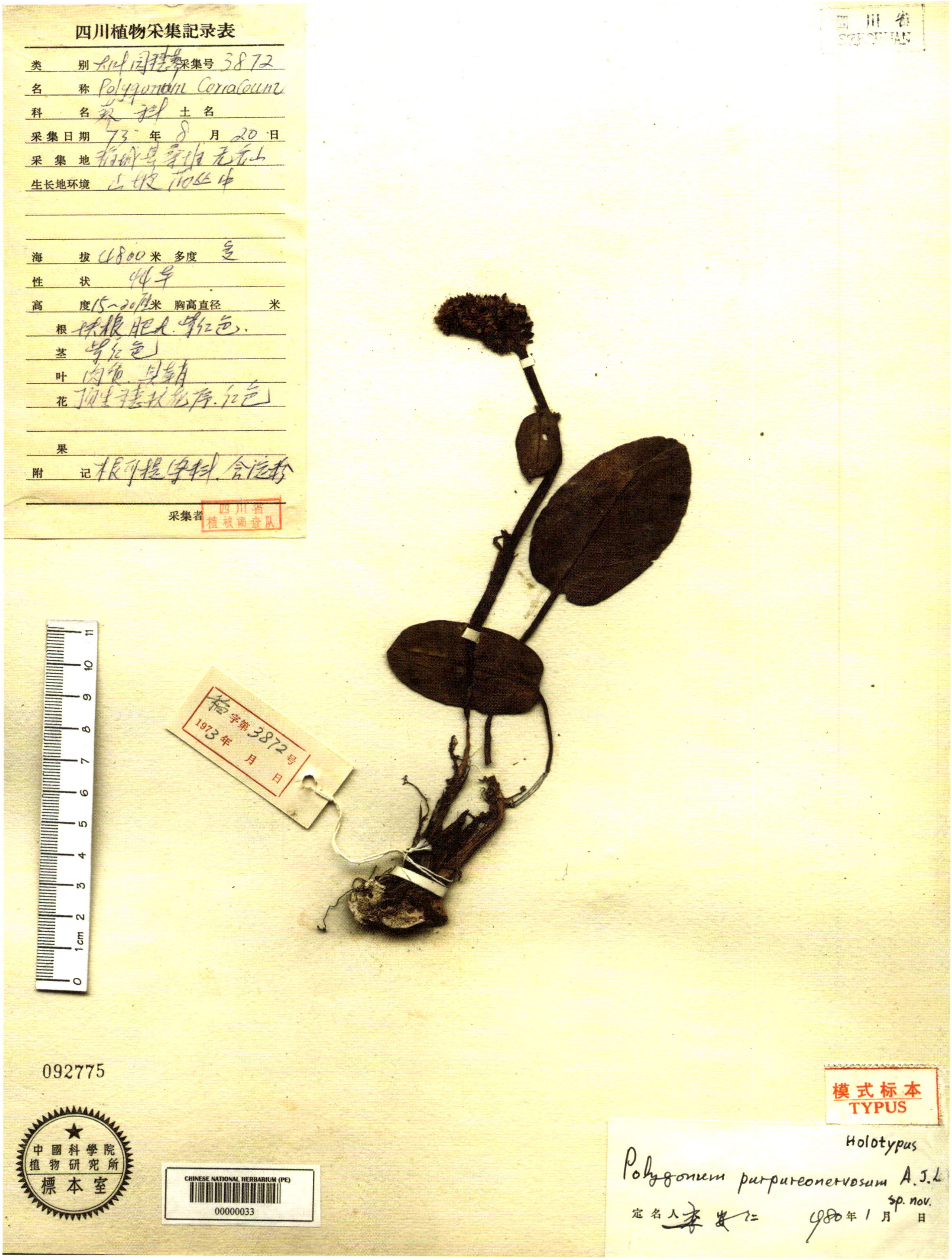

紫脉蓼 ***Polygonum purpureonervosum*** A. J. Li in Bull. Bot. Res., Harbin. 15: 416, f. 4. 1995. **Holotype:** China. Sichuan: Daocheng, alt. 4 800 m, 1973-08-20, Sichuan Veget. Exped. 3872.

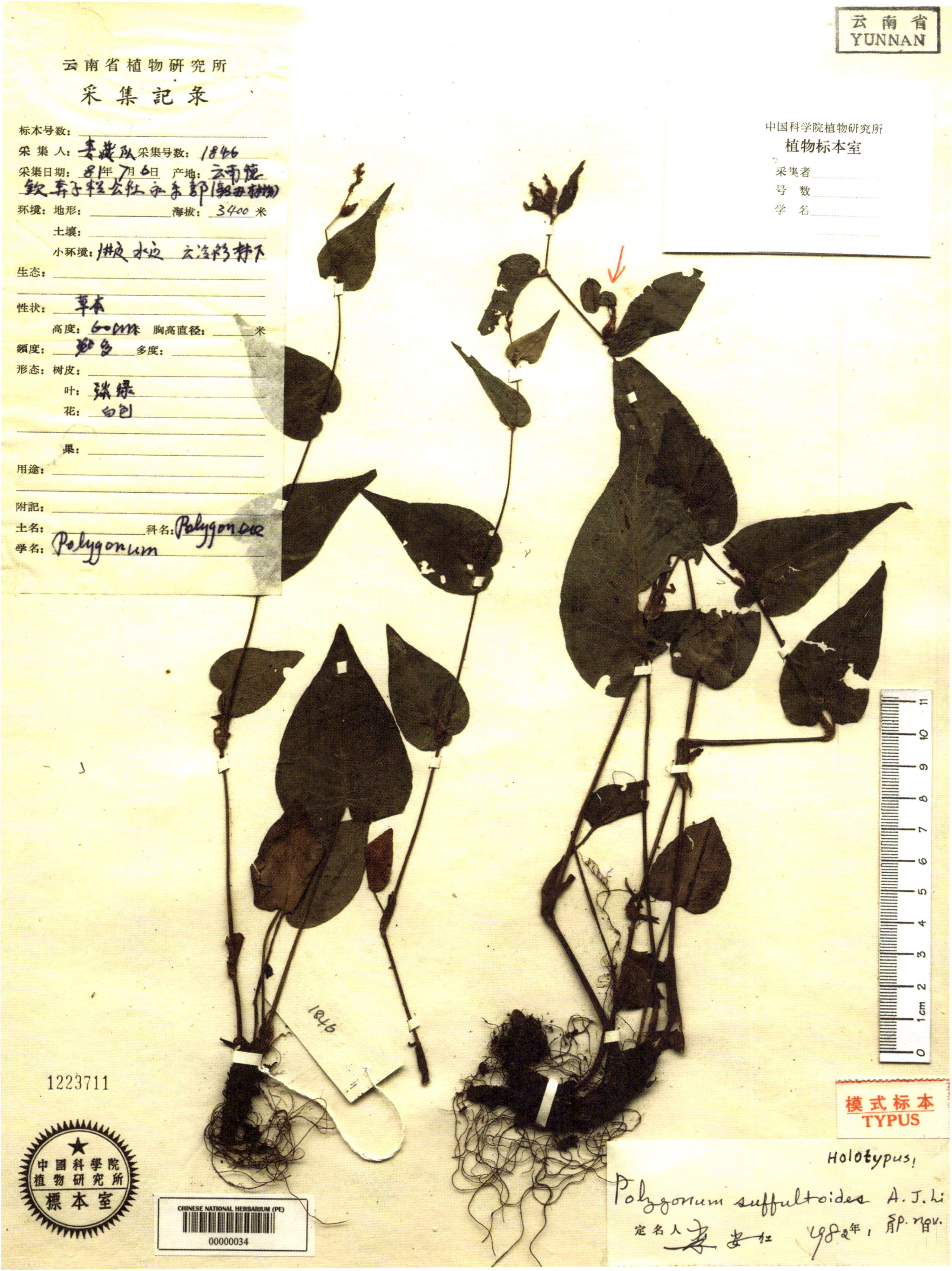

珠芽支柱蓼 ***Polygonum suffultoides*** A. J. Li in Bull. Bot. Res., Harbin. 15: 415, f. 3. 1995. **Holotype:** China. Yunnan: Dêqên, alt. 3 400 m, 1981-07-06, Qinghai-Xizang Exped. 1846.

太白山蓼 ***Polygonum taipaishanense*** H. W. Kung in Chin. Journ. Bot. 1: 13, pl. 3. 1936. **Isotype:** China. Shaanxi: Taibaishan, 1933-08-04, T. P. Wang 1776.

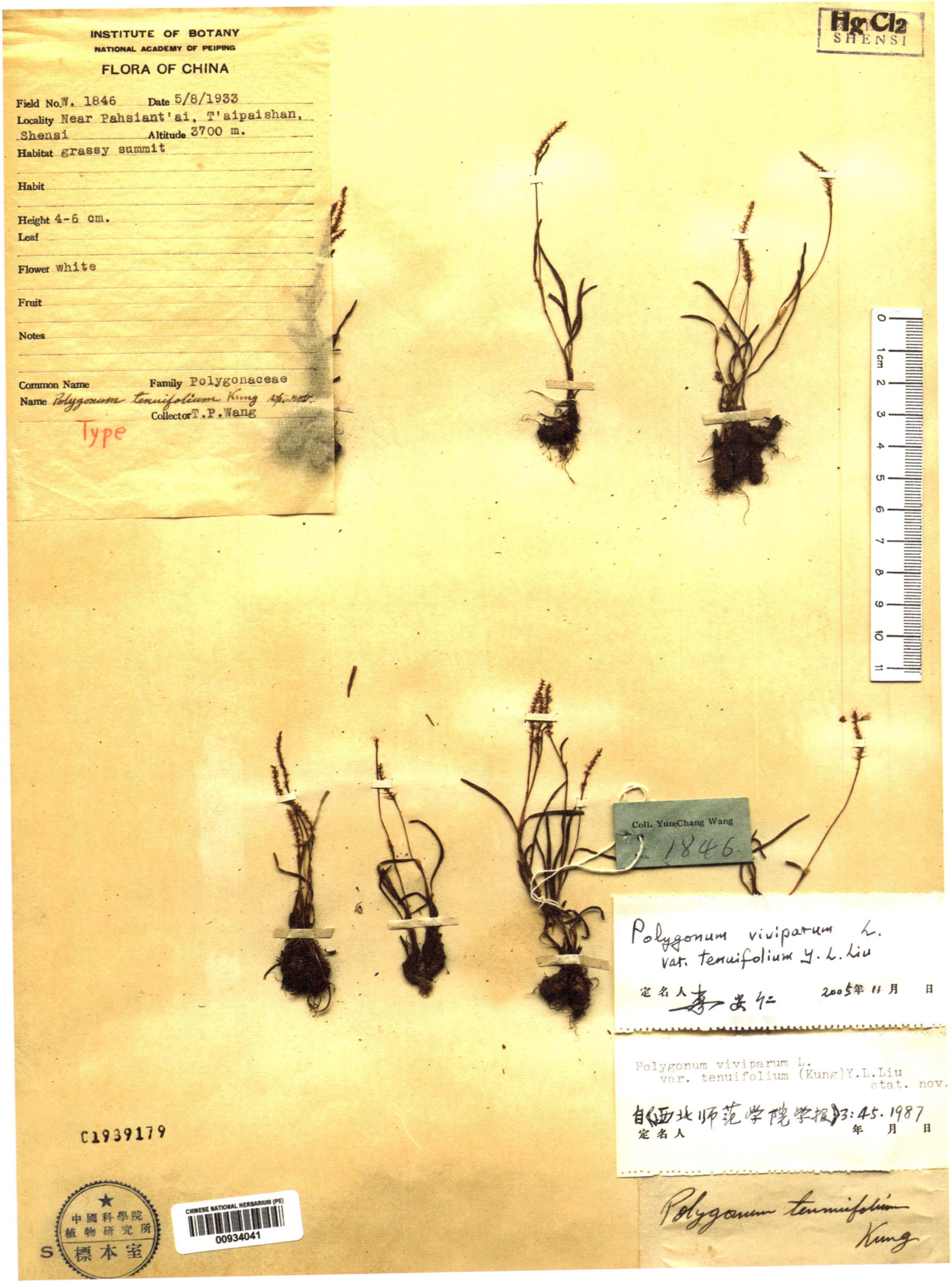

细叶蓼 ***Polygonum tenuifolium*** H. W. Kung in Contr. Inst. Bot. Nat. Acad. Peiping. 3: 367, pl. 36. 1935. **Holotype:** China. Shaanxi, Taibaishan, alt. 3 700 m, 1933-08-05, T. P. Wang 1846.

拉萨大黄 ***Rheum lhasaense*** A. J. Li & P. K. Hsiao, Fl. Xizang. 1: 598, f. 192: 1-3. 1983. **Holotype:** China. Xizang: Lhasa, alt. 4 600 m, 1965-08-19, Y. T. Chang & K. Y. Lang 1989.

甘肃大黄 ***Rheum potaninii*** A. Los. in Acta Inst. Bot. Acad. Sci. URSS Ser. I. Fasc. 3: 78. 1936. **Isotype:** China. Gansu: Fin-schan-lin, 1885-09-10, G. N. Potanin s. n.

歧穗大黄 ***Rheum przewalskyi*** A. Los in Acta Inst. Bot. Acad. Sci. URSS Ser. I. Fasc. 3: 115. 1936. **Isotype:** China. Qinghai: Tangut (= Qilianshan), 1872-08-16, N. M. Przewalski 393.

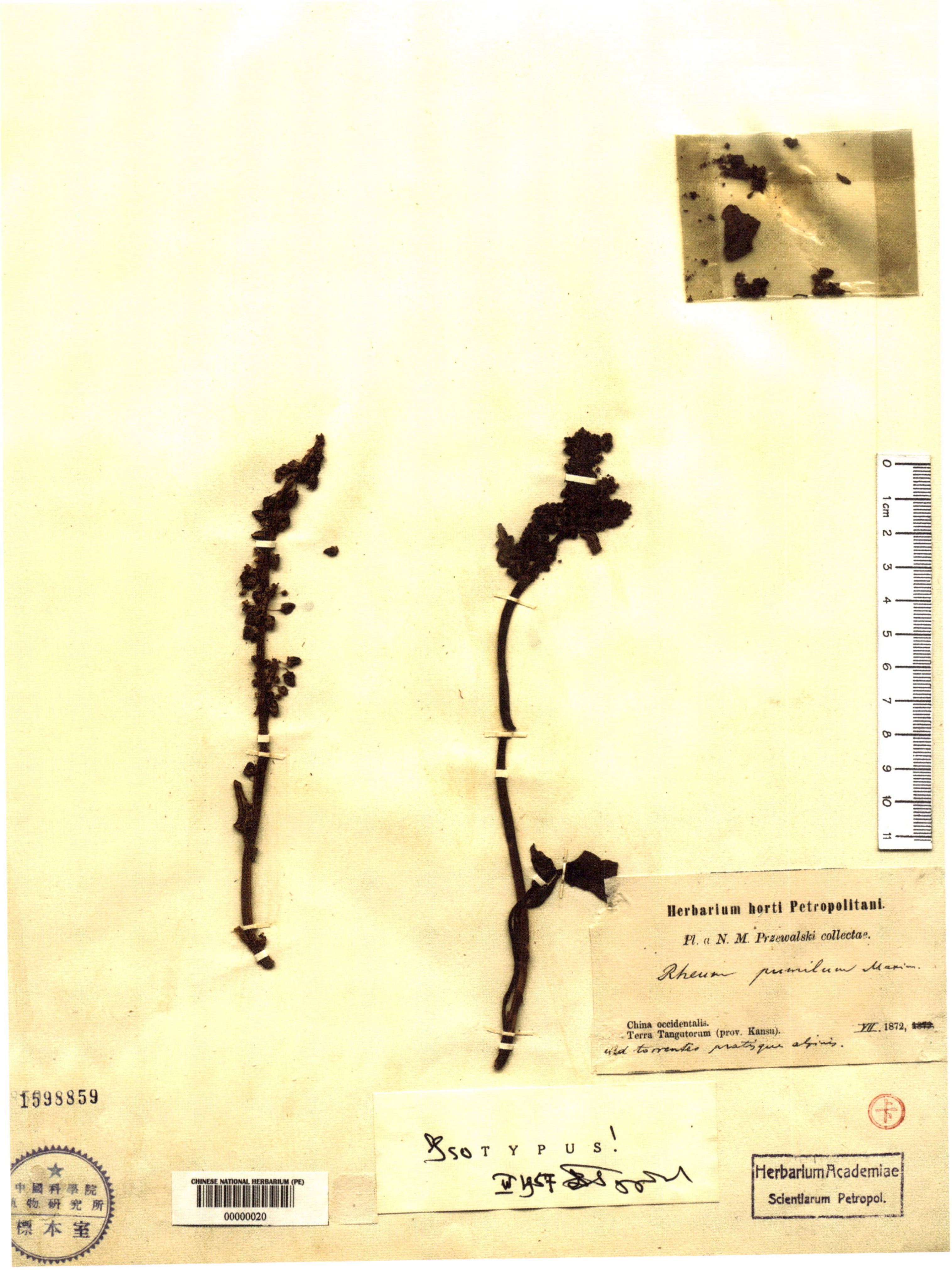

小大黄 ***Rheum pumilum*** Maxim. in Bull. Acad. Imp. Sci. St.-Pétersbourg 26: 503. 1880. **Isotype:** China. Qinghai: Tangut (= Qilianshan), 1872-07-??, N. M. Przewalski s. n.

总序大黄 ***Rheum racemiferum*** Maxim in Bull. Acad. Imp. Sci. St.-Pétersbourg 26: 503. 1880. **Isotype:** China. Nei Mongol: Alaschan, alt. 2 700 m, 1873-07-09, N. M. Przewalski s. n.

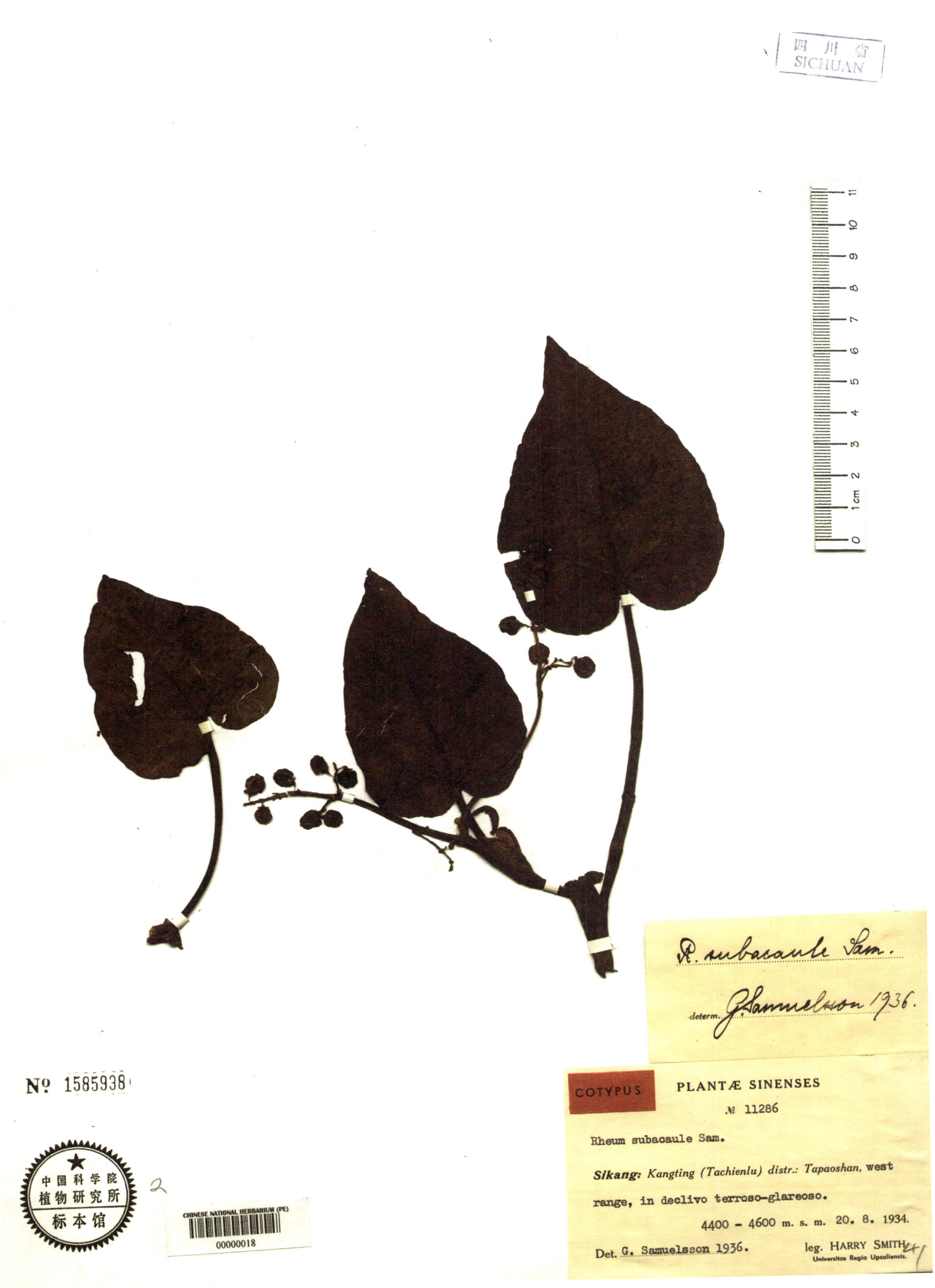

垂枝大黄 ***Rheum subacaule*** Sam. in Svensk Bot. Tidskr. 30: 712. 1936. **Paratype:** China. Sichuan: Kangding, alt. 4 400~4 600 m, 1934-08-20, H. Smith 11286.

单脉大黄 ***Rheum uninerve*** Maxim. in Bull. Acad. Imp. Sci. St.-Pétersbourg 26: 503. 1880. **Isotype:** China. Nei Mongol: Alaschan, 1873-07-(14-26), N. M. Przewalski s. n.

Chenopodiaceae

藜科

li ke

单性滨藜 ***Archiatriplex nanpinensis*** G. L. Chu in Journ. Arn. Arb. 68: 462, f. 1. 1987. **Paratype:** China. Sichuan: Songpan, Longkang, alt. 2 100 m, 1937-10-21, K. T. Fu 2166.

苞藜 ***Baolia bracteata*** H. W. Kung & G. L. Chu in Acta Phytotax. Sin. 16: 120, pl. 6: 2. 1978. **Holotype:** China. Gansu: Diebu, alt. 1 900 m, 1973-09-05, G. L. Chu & C. J. Wang 15620.

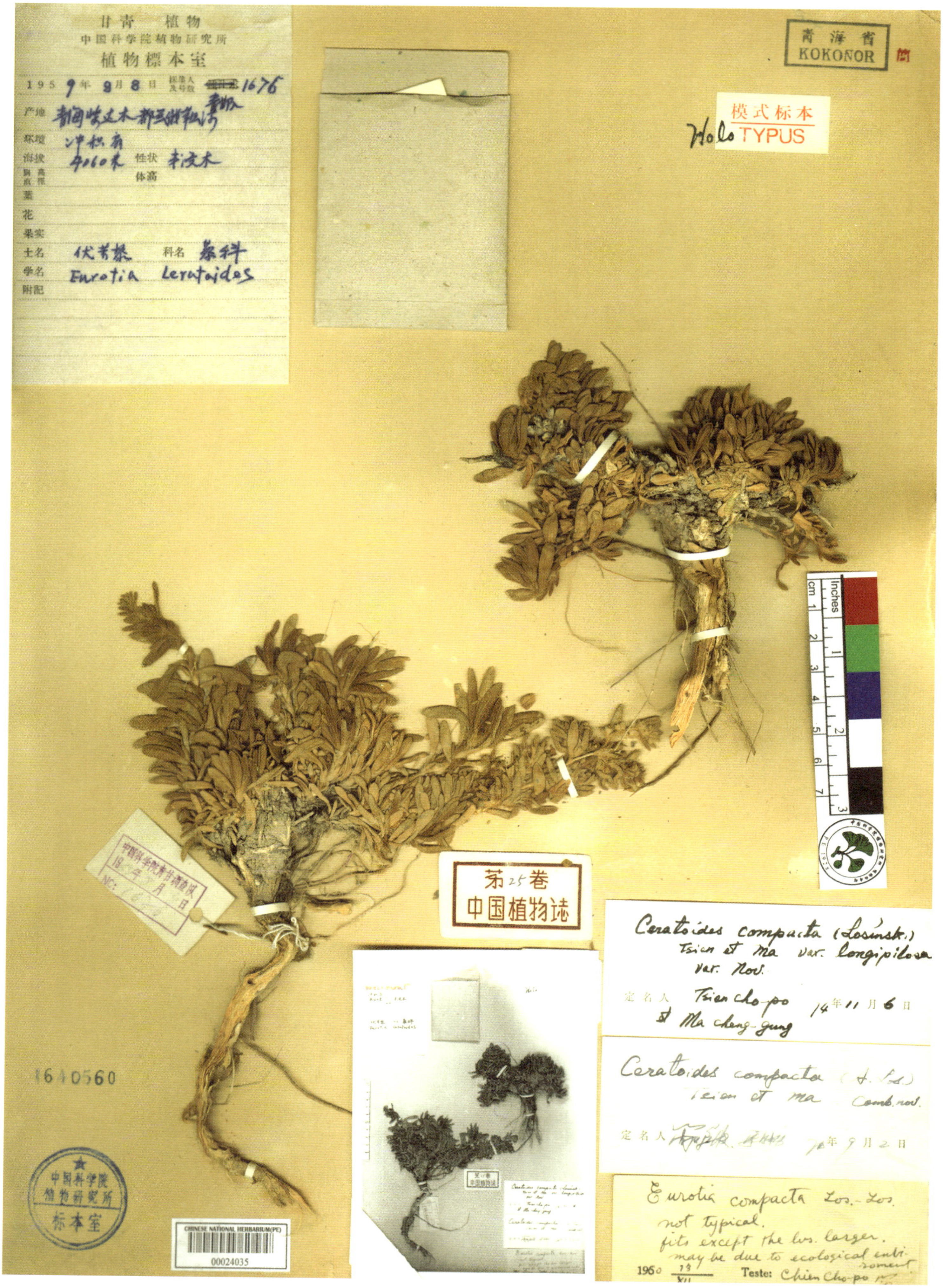

长毛垫状驼绒藜 ***Ceratoides compacta*** (Losinsk.) C. P. Tsien & C. G. Ma var. ***longipilosa*** C. P. Tsien & C. G. Ma in Acta Phytotax. Sin. 16: 117, pl. 5: 1. 1978. **Holotype:** China. Qinghai: Dulan, Chaidamu, alt. 4 060 m, 1959-08-08, Qinghai-Gansu Exped. 1676.

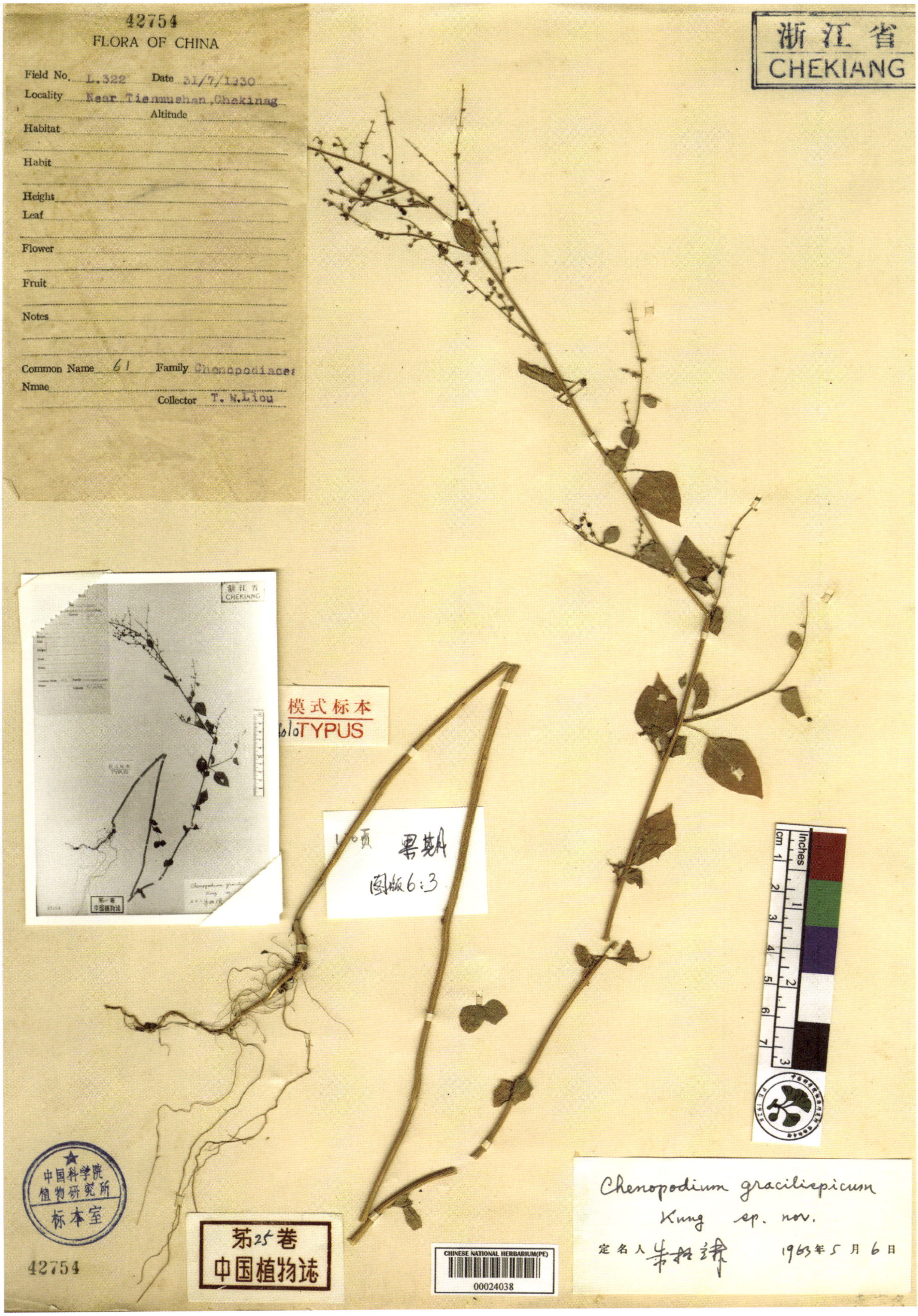

细穗藜 ***Chenopodium gracilispicum*** H. W. Kung in Acta Phytotax. Sin. 16: 120, pl. 6: 3. 1978. **Holotype:** China. Zhejiang: Linan, Tianmushan, 1930-07-31, T. N. Liou 322.

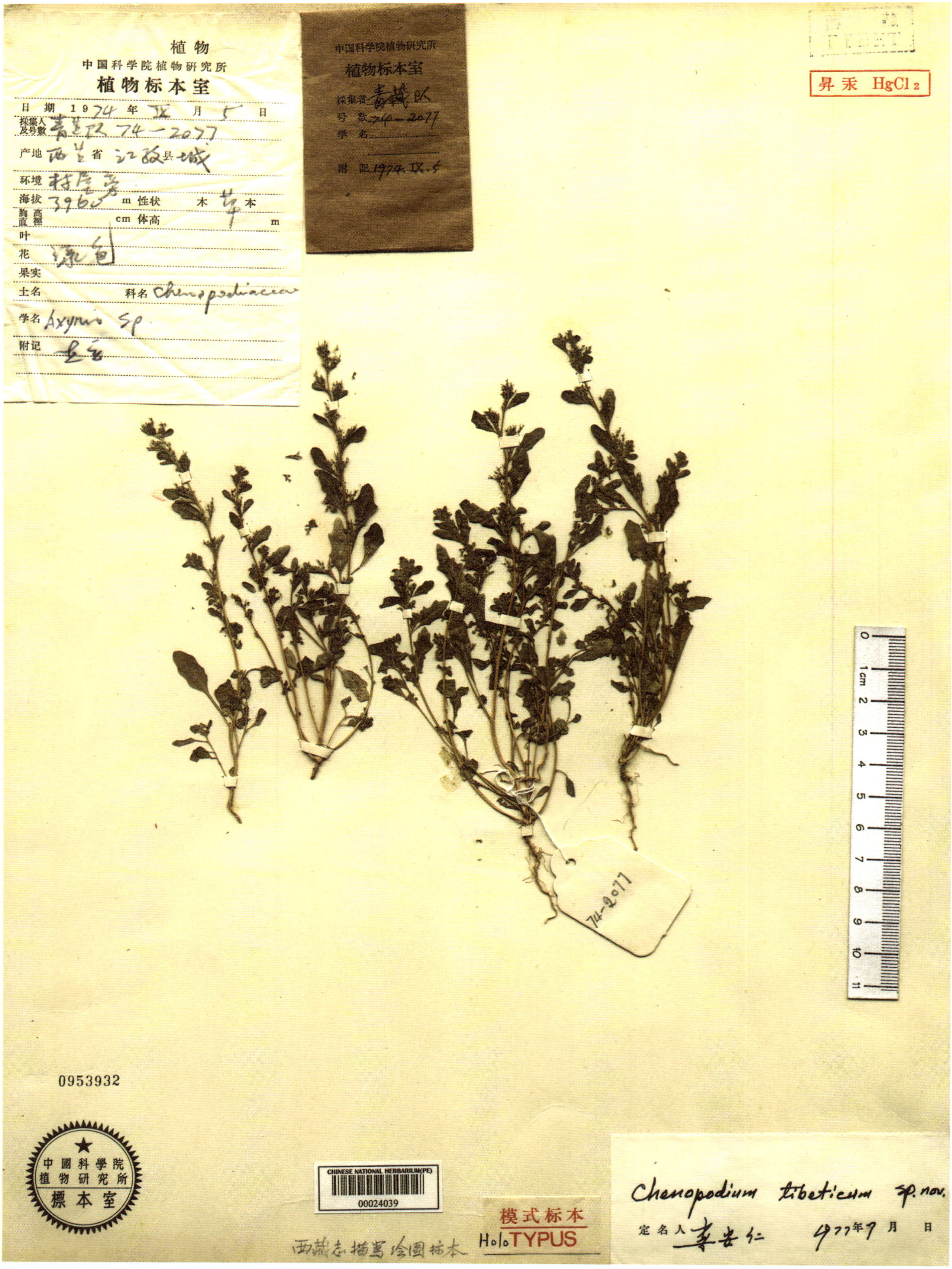

西藏藜 ***Chenopodium tibeticum*** A. J. Li, Fl. Xizang. 1: 638, f. 203. 1983. **Holotype:** China. Xizang: Gyangze, alt. 3 960 m, 1974-09-05, Qinghai-Xizang Exped. 2077.

东亚市藜 ***Chenopodium urbicum*** Linn. subsp. ***sinicum*** H. W. Kung & G. L. Chu in Acta Phytotax. Sin. 16: 121, pl. 6: 4. 1978. **Holotype:** China. Beijing, 1951-10-09, S. Y. Li & L. W. Xu 157.

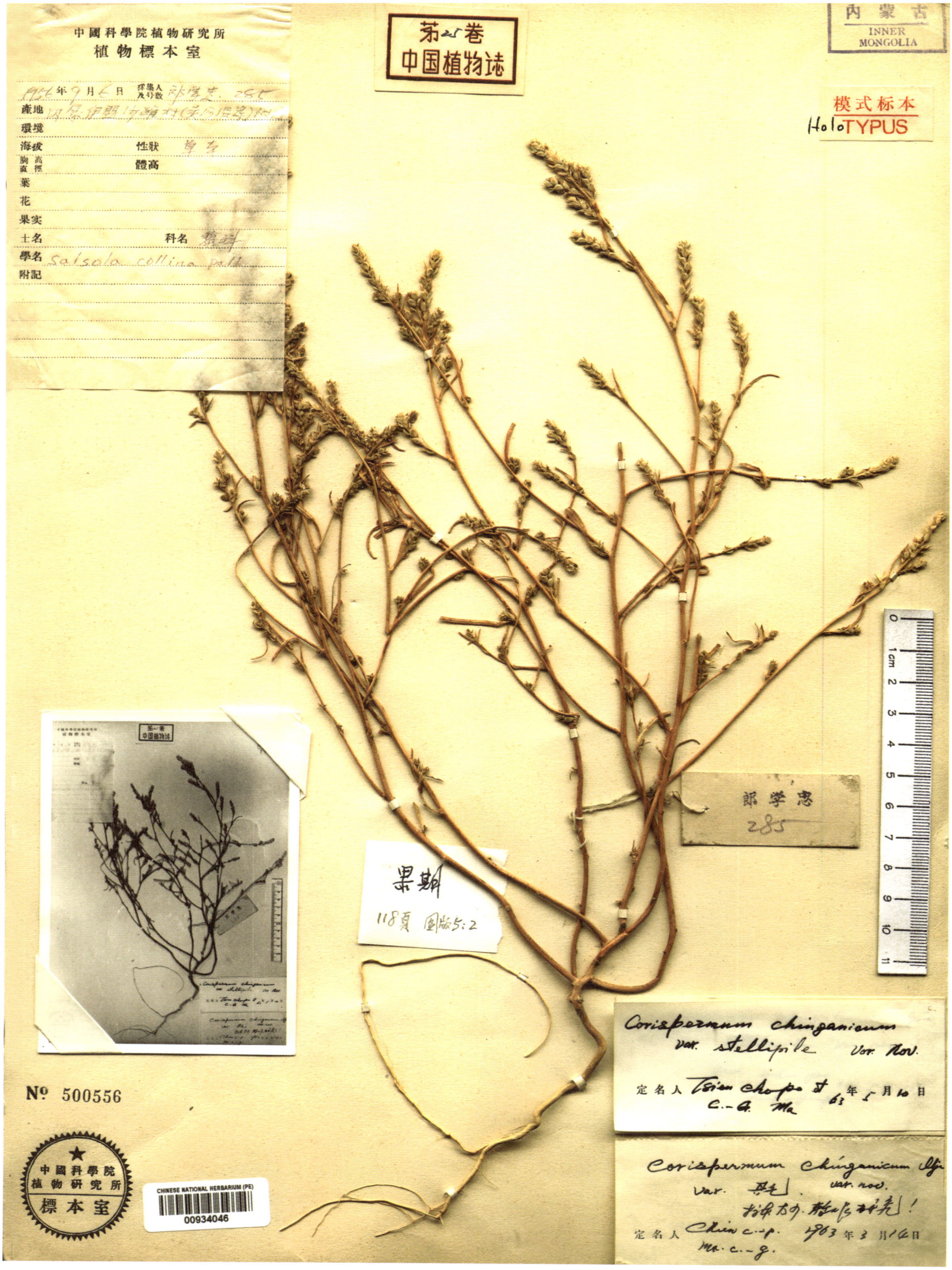

毛果兴安虫实 ***Corispermum chinganicum*** Iljin var. ***stellipile*** C. P. Tsien & C. G. Ma in Acta Phytotax. Sin. 16: 118, pl. 5: 2. 1978. **Holotype:** China. Nei Mongol: Ih Ju Meng, 1956-09-06, X. Z. Lang 285.

毛果辽西虫实 ***Corispermum dilutum*** (Kitag.) C. P. Tsien & C. G. Ma var. ***hebecarpum*** C. P. Tsien & C. G. Ma in Acta Phytotax. Sin. 16: 119, pl. 5: 4. 1978. **Holotype:** China. Nei Mongol: Chifeng, alt. 580 m, 1952-09-20, T. N. Liou 5146.

黄河虫实 ***Corispermum huanghoense*** C. P. Tsien & C. G. Ma in Acta Phytotax. Sin. 16: 118, pl. 8: 4. 1978. **Holotype:** China. Henan: Kaifeng, 1961-06-??, M. Z. Zhang & al. 002.

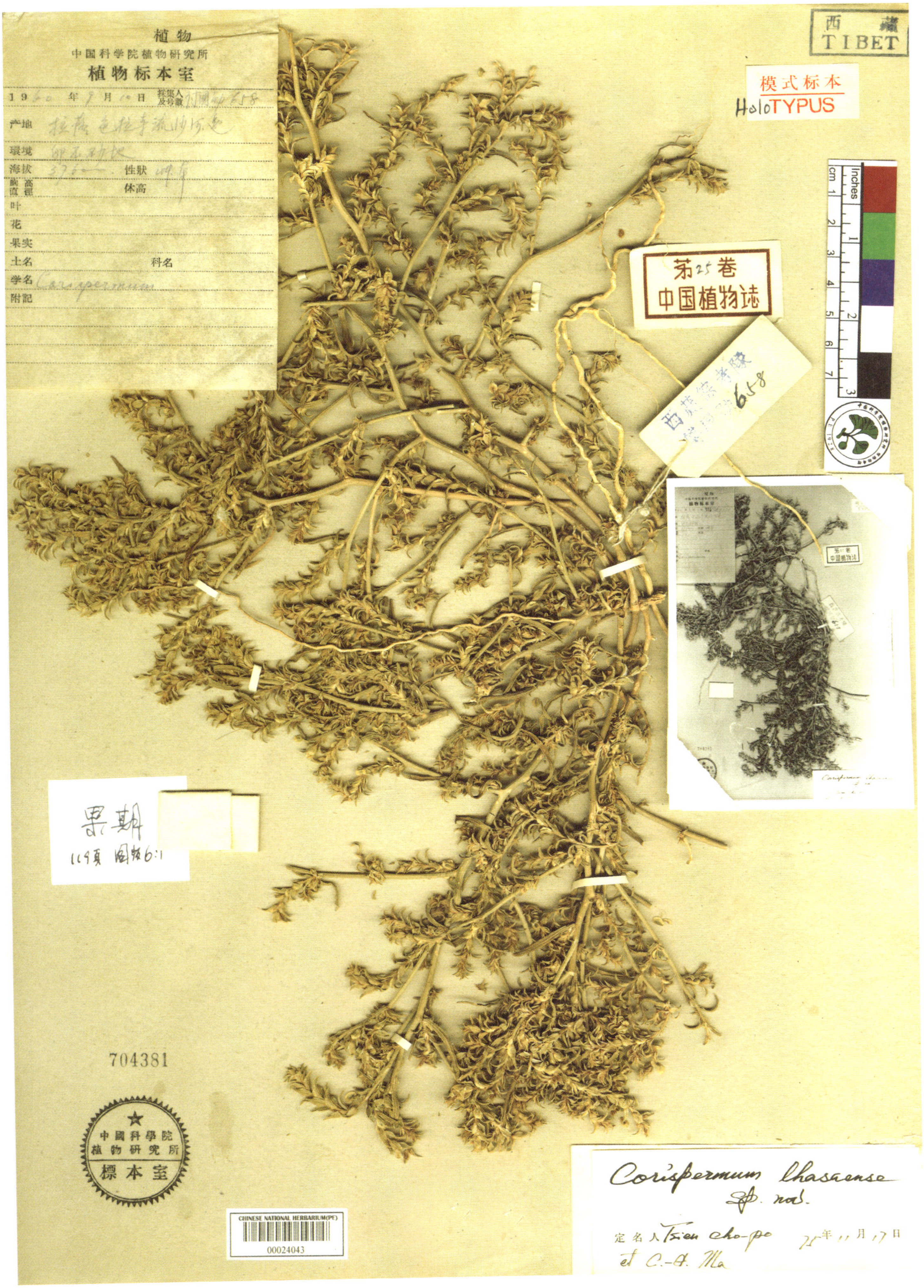

拉萨虫实 *Corispermum lhasaense* C. P. Tsien & C. G. Ma in Acta Phytotax. Sin. 16: 119, pl. 6: 1. 1978. **Holotype:** China. Xizang: Lhasa, alt. 3 760 m, 1960-09-10, G. X. Fu 658.

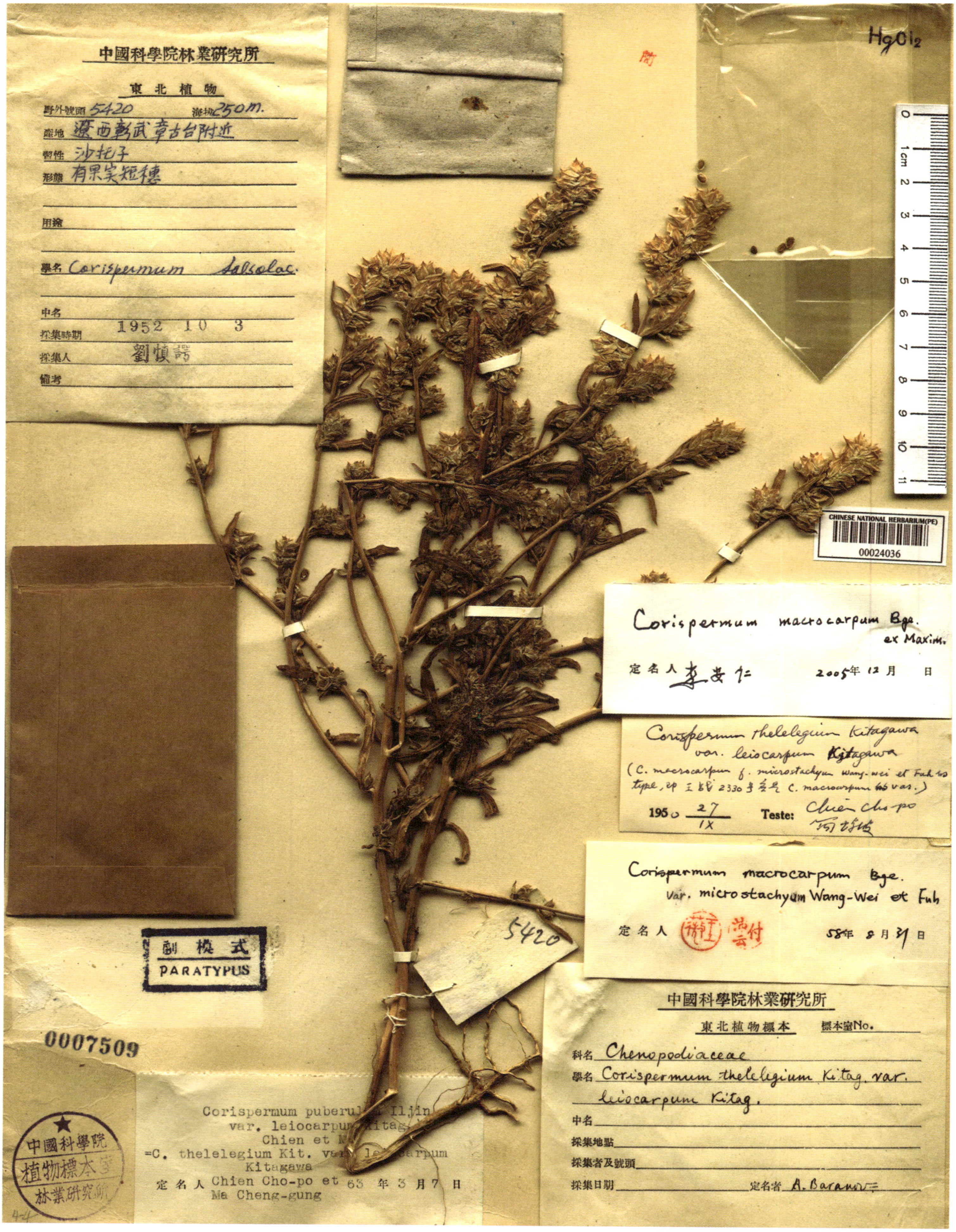

小穗虫实 ***Corispermum macrocarpum*** Bunge var. ***microstachyum*** P. Y. Fu & W. Wang, Fl. Pl. Herb. Chin. Bor.-Orient. 2: 110, f. 81. 1959. **Paratype:** China. Liaoning: Zhangwu, alt. 250 m, 1952-10-03, T. N. Liou 5420.

红虫实 ***Corispermum macrocarpum*** Bunge var. ***rubrum*** P. Y. Fu & W. Wang, Fl. Pl. Herb. Chin. Bor.-Orient. 2: 110, f. 81. 1959. **Isotype:** China. Liaoning: Zhangwu, alt. 65 m, 1952-10-02, T. N. Liou 5407.

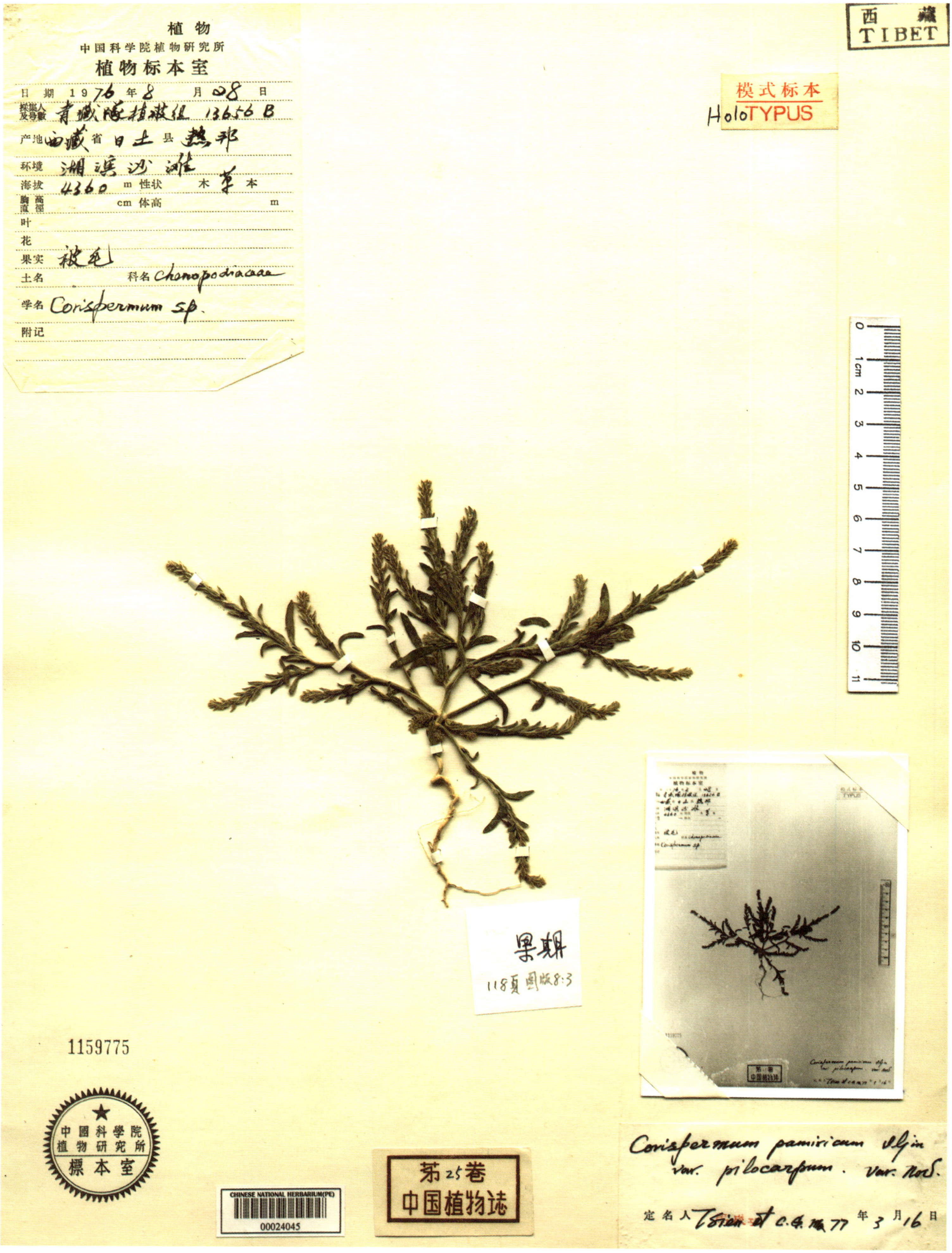

毛果帕米尔虫实 ***Corispermum pamiricum*** Iljin var. ***pilocarpum*** C. P. Tsien & C. G. Ma in Acta Phytotax. Sin. 16: 118, pl. 8: 3. 1978. **Holotype:** China. Xizang: Rutog, alt. 4 360 m, 1976-08-28, Qinghai-Xizang Exped. (Veget. Group) 13656 B.

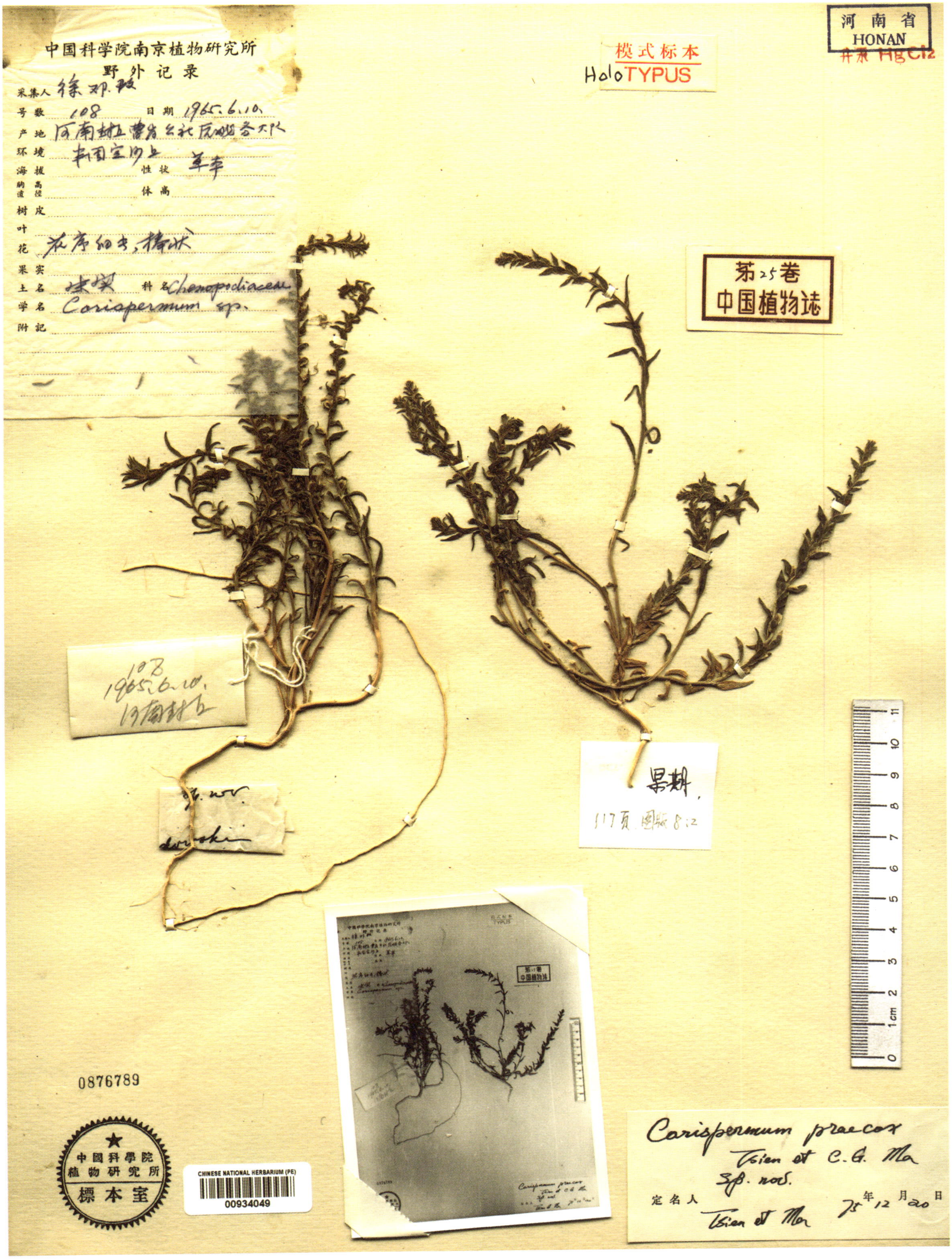

早熟虫实 ***Corispermum praecox*** C. P. Tsien & C. G. Ma in Acta Phytotax. Sin. 16: 117, pl. 8: 2. 1978. **Holotype:** China. Henan: Fengqiu, 1965-06-10, C. X. Xu & al. 108.

假镰叶虫实 ***Corispermum pseudofalcatum*** C. P. Tsien & C. G. Ma in Acta Phytotax. Sin. 16: 119, pl. 8: 5. 1978.
Holotype: China. Xizang: Xikazê, alt. 3 800 m, 1960-??-??, G. X. Fu 789.

光果软毛虫实 ***Corispermum puberulum*** Iljin var. ***ellipsocarpum*** C. P. Tsien & C. G. Ma in Acta Phytotax. Sin. 16: 118, pl. 5: 3. 1978. **Holotype:** China. Hebei: Weichang, 1962-09-18, W. Wang 3066.

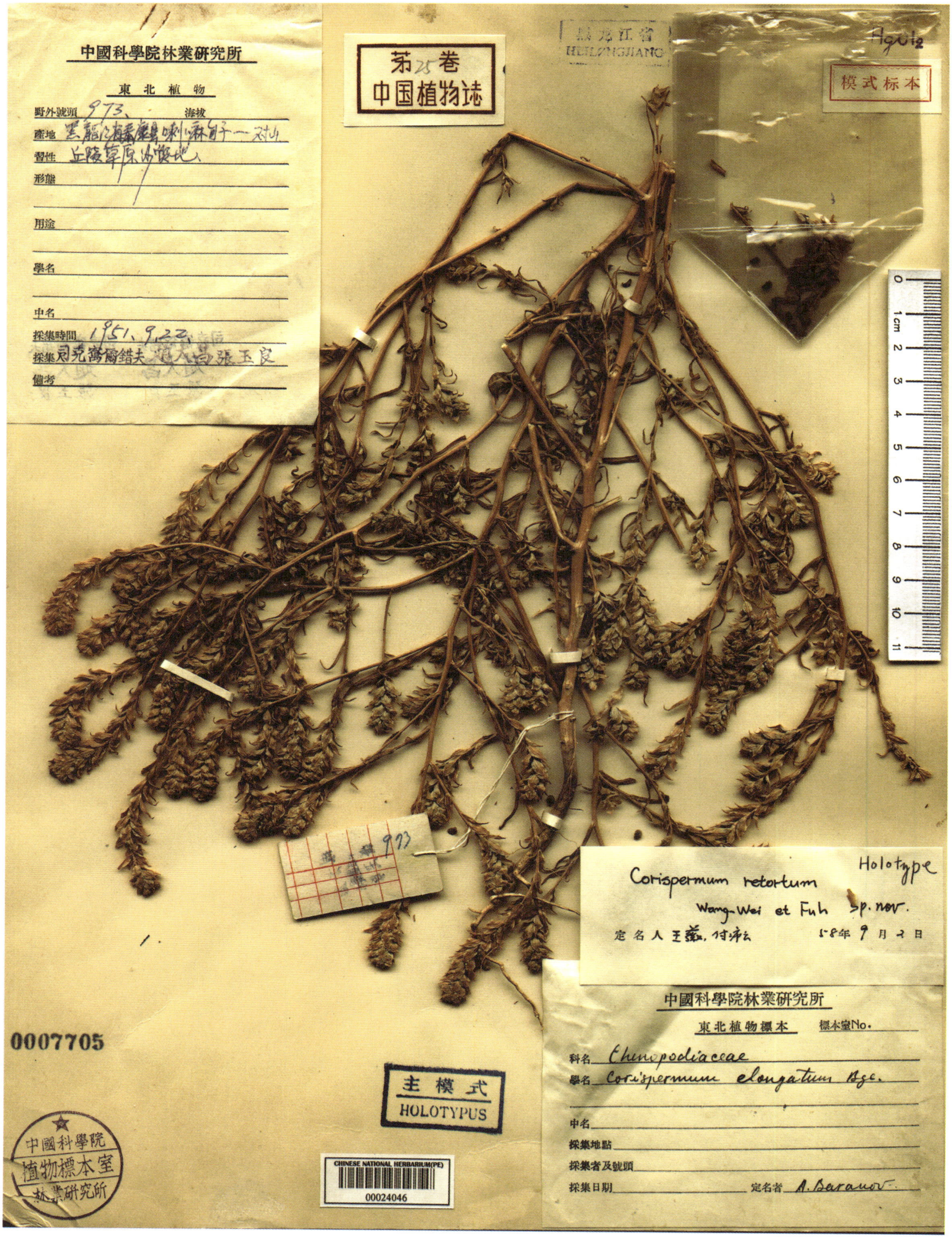

扭果虫实 ***Corispermum retortum*** W. Wang & P. Y. Fu, Fl. Pl. Herb. Chin. Bor.-Orient. 2: 110, f. 79. 1959. **Holotype:** China. Heilongjiang: Taikang, 1951-09-22, Skvortzov & al. 973.

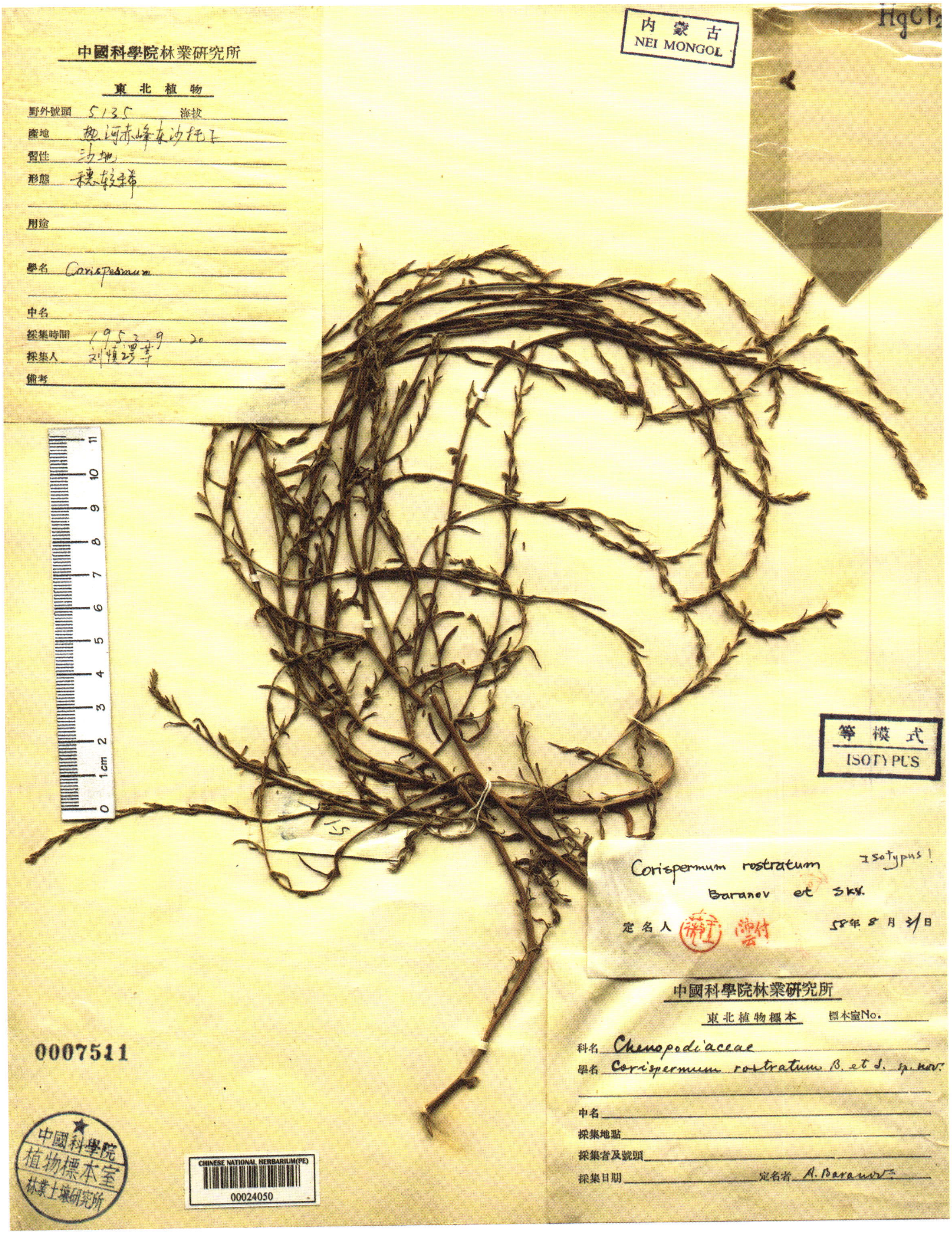

喙虫实 ***Corispermum rostratum*** Baranov & Skv., Fl. Pl. Herb. Chin. Bor.-Orient. 2: 110, f. 80. 1959. **Isotype:** China. Nei Mongol: Chifeng, 1952-09-20, T. N. Liou & al. 5135.

阿拉善单刺蓬 ***Cornulaca alaschanica*** C. P. Tsien & G. L. Chu in Acta Phytotax. Sin. 16: 122, pl. 8: 6. 1978. **Holotype:** China. Nei Mongol: Alxa Zuoqi (= Bayan Hot), 1964-07-??, B. S. Chen & Q. Zhang 234.

拉萨刺藜 ***Dysphania geoffreyi*** Sukhor. in Phytotaxa 203(2): 139, f. 1. 2015. **Holotype:** China. Xizang: Lhasa, alt. 4 150 m, 1965-09-05, Y. T. Chang & K. Y. Lang 2663.

黄毛头 ***Kalidium cuspidatum*** (Ung.-Sternb.) Grub. var. ***sinicum*** A. J. Li in Acta Phytotax. Sin. 16: 117, pl. 8: 1. 1978.
Holotype: China. Gansu: Zhangye, 1955-08-14, X. R. Zhang 33.

白茎盐生草 ***Salsola aptera*** Hand-Mazz. in Osterr. Bot. Zeitschr. 80: 339. 1931. **Isotype:** China. Nei Mongol: Ordos, 1922-09-26, P. Licent 6985.

青海猪毛菜 ***Salsola chinghaiensis*** A. J. Li in Acta Phytotax. Sin. 16: 122, pl. 7: 2. 1978. **Holotype:** China. Qinghai: Haixi, 1958-09-17, Z. Y. Zhu & al. 505.

戈壁猪毛菜 ***Salsola gobicola*** Iljin in Not. Syst. Inst. Bot. Kom. Acad. Sci. URSS 17: 124, f. 2, 3. 1955. **Isotype:** Mongolia. Gobi, between Zagan-Burjuk and Choir-Toora, 1886-07-18, G. N. Potanin s. n.

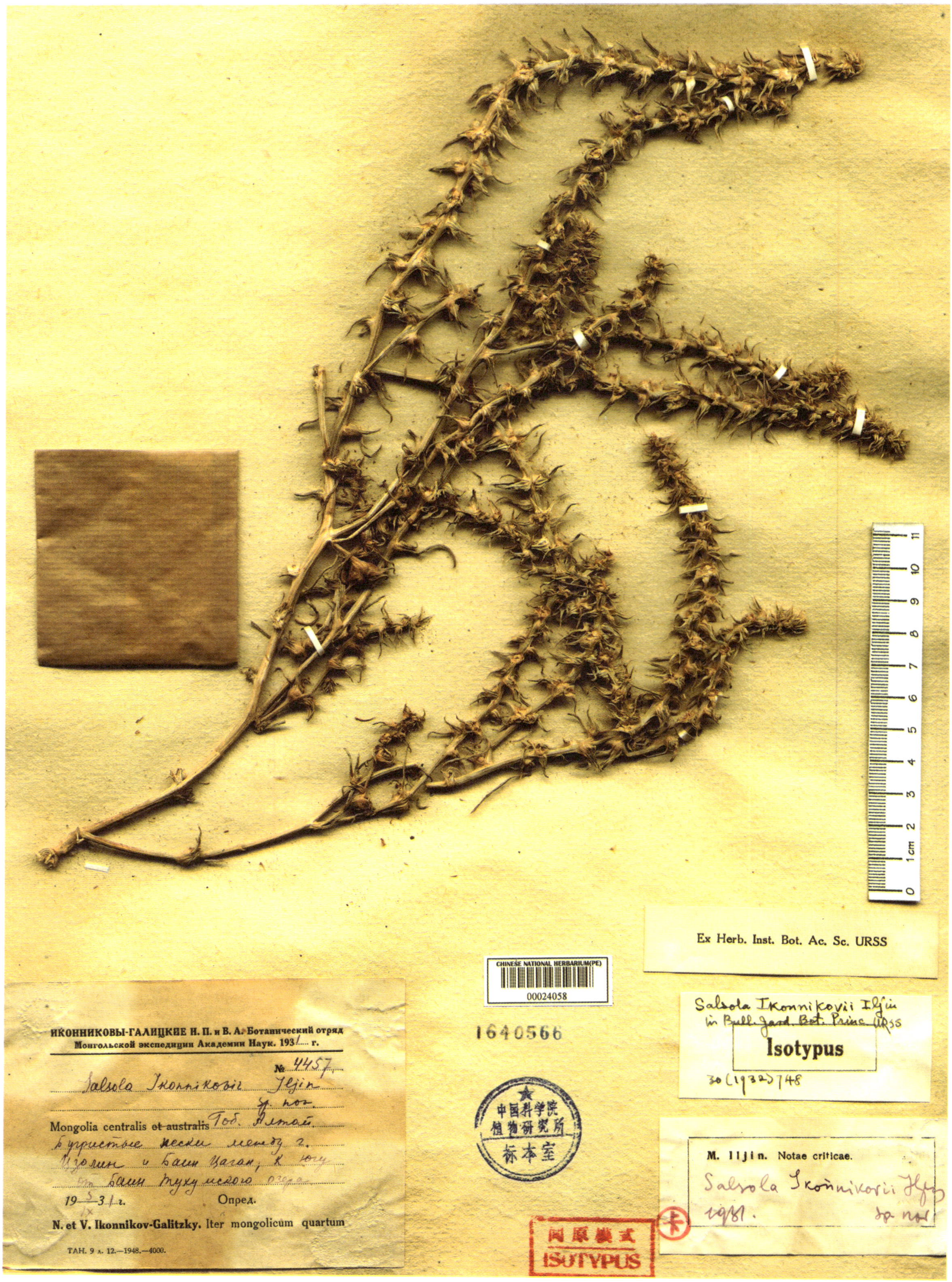

蒙古猪毛菜 ***Salsola ikonnikovi*** Iljin in Bull. Jard. Bot. Acad. Sci. URSS 30: 748. 1932. **Isotype:** Mongolia. Altai, between Dzolin and Bain-zagan, 1931-09-05, N. & V. Ikonnikov-Galitzky. 4457.

坡氏猪毛菜 ***Salsola potaninii*** Iljin in Not. Syst. Herb. Inst. Bot. Kom. Acad. Sci. URSS 17: 128, f. 4, 6. 1955. **Isotype:** Mongolia. Changai, 1886-09-04, G. N. Potanin s. n.

紫翅猪毛菜 ***Salsola roborowskii*** Iljin in Not. Syst. Herb. Inst. Bot. Kom. Acad. Sci. URSS 17: 136, f. 13, 14. 1955.

Isotype: China. Xinjiang: Hami, alt. 210~270 m, 1895-09-23, V. Roborowski s. n.

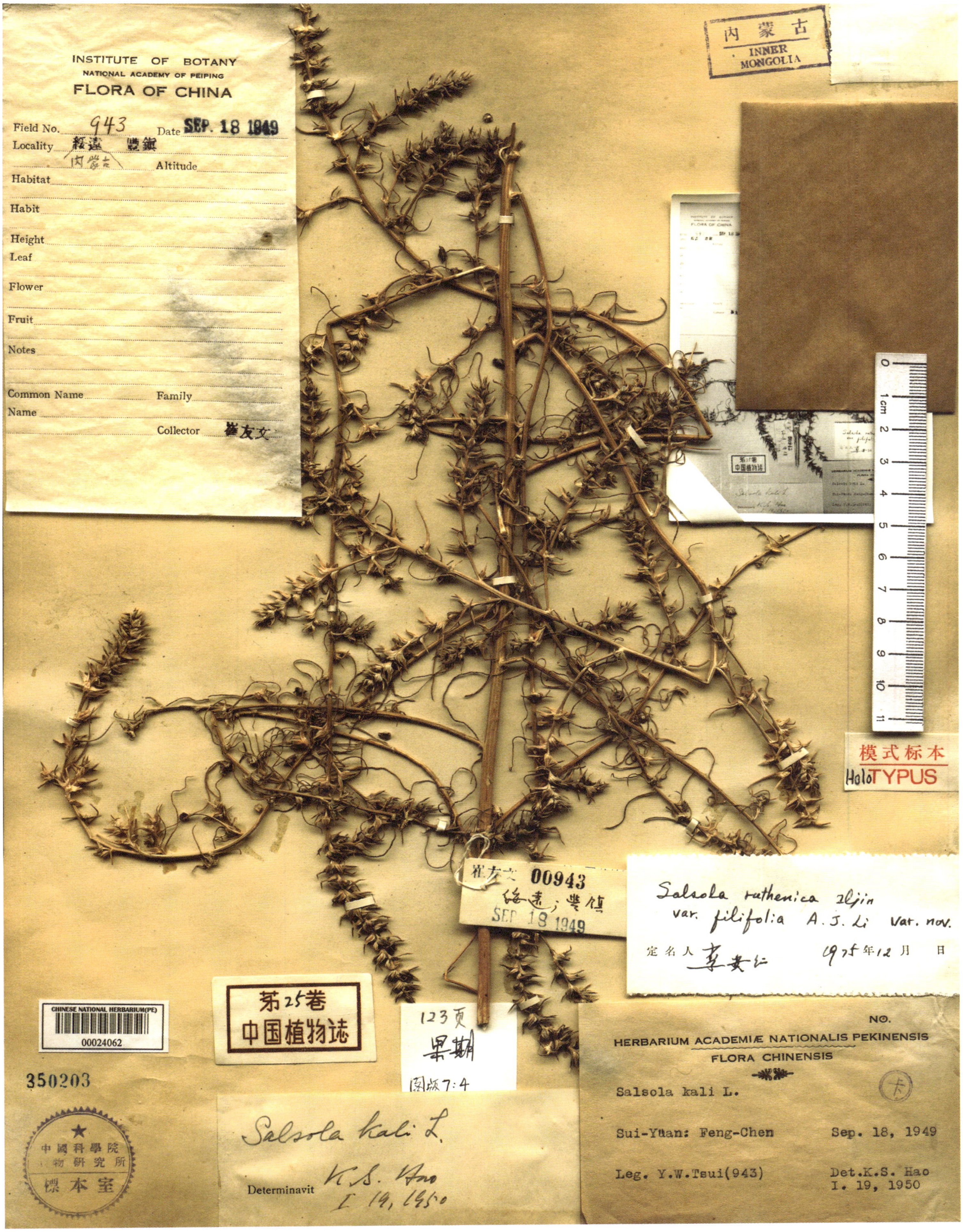

细叶猪毛菜 ***Salsola ruthenica*** Iljin var. ***filifolia*** A. J. Li in Acta Phytotax. Sin. 16: 123, pl. 7: 4. 1978. **Holotype:** China. Nei Mongol: Fengzhen, 1949-09-18, Y. W. Tsui 943.

新疆猪毛菜 ***Salsola sinkiangensis*** A. J. Li in Acta Phytotax. Sin. 16: 122, pl. 7: 3. 1978. **Holotype:** China. Xinjiang: Aksu, alt. 950 m, 1958-09-14, A. J. Li & J. R. Zhu 8408.

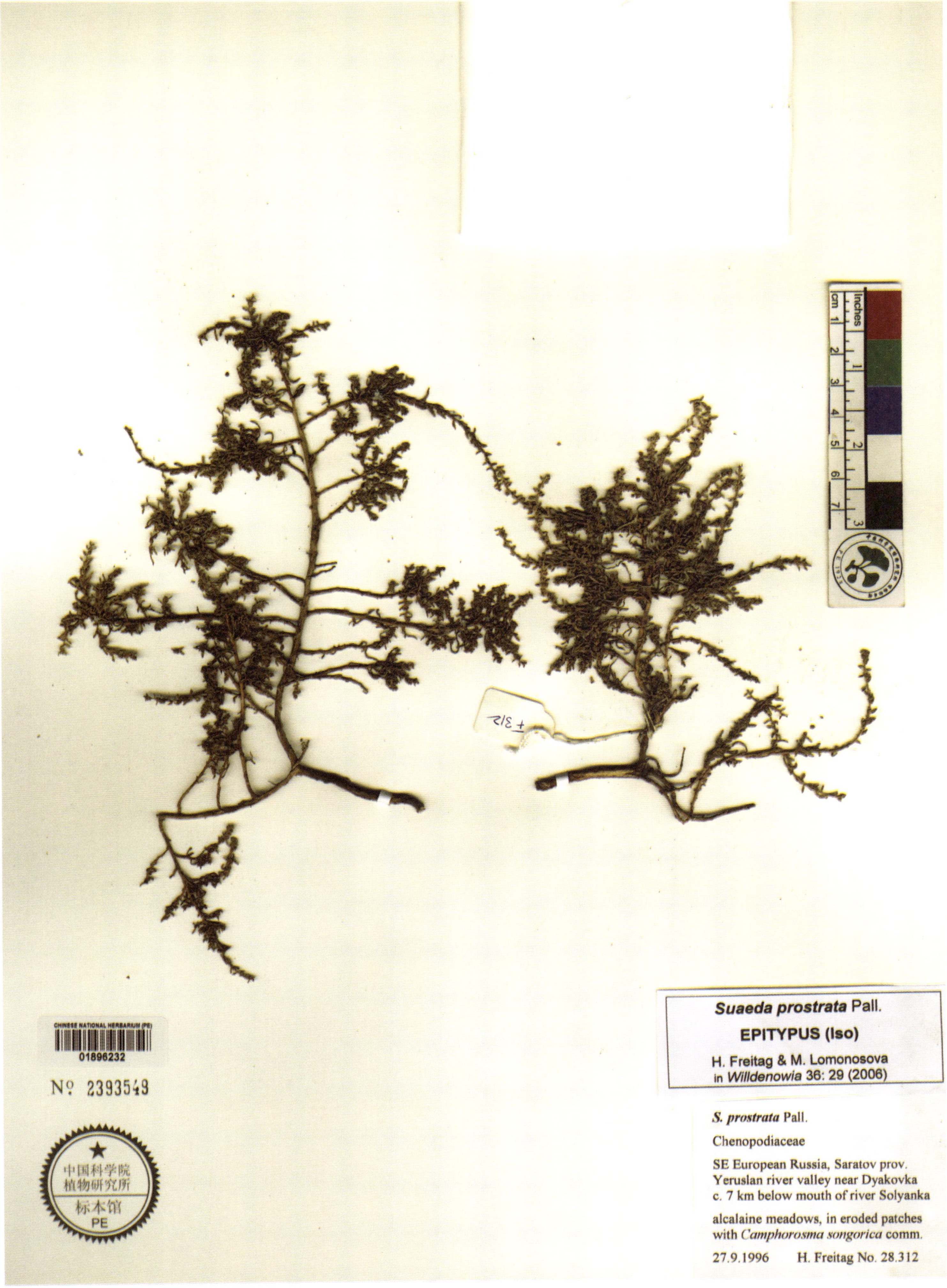

平卧碱蓬 ***Suacda prostrata*** Pall., Illustr. Pl. 55, t. 47. 1803. **Isoepitype** (designated by H. Freitag & M. Lomonosova in Willdenowia 36: 29, f. 5. 2006.): Russia. Saratov: Dyakovka, 1996-09-27, H. Freitag 28312.

硬枝碱蓬 ***Suaeda rigida*** H. W. Kung & G. L. Chu in Acta Phytotax. Sin. 16: 121. 1978. **Holotype:** China. Xinjiang: Bachu, 1958-09-15, A. J. Li & J. R. Zhu 7527.

盐地碱蓬 ***Suaeda salsa*** (Linn.) Pall., Illustr. Pl. 46. 1803. **Isoepitype** (designated by H. Freitag & M. Lomonosova in Willdenowia 36: 25, f. 3, 4. 2006.): Russia. Astrakhan: Astrakhan, 2004-10-07, M. Lomonosova 716.

西北利亚碱蓬 ***Suaeda sibirica*** Lomon. & Freitag in Willdenowia 36: 104. 2006. **Isotype:** Russia. Chita, Onon, Khuduktui lake, alt. 645 m, 2003-09-14, M. Lomonosova 521.

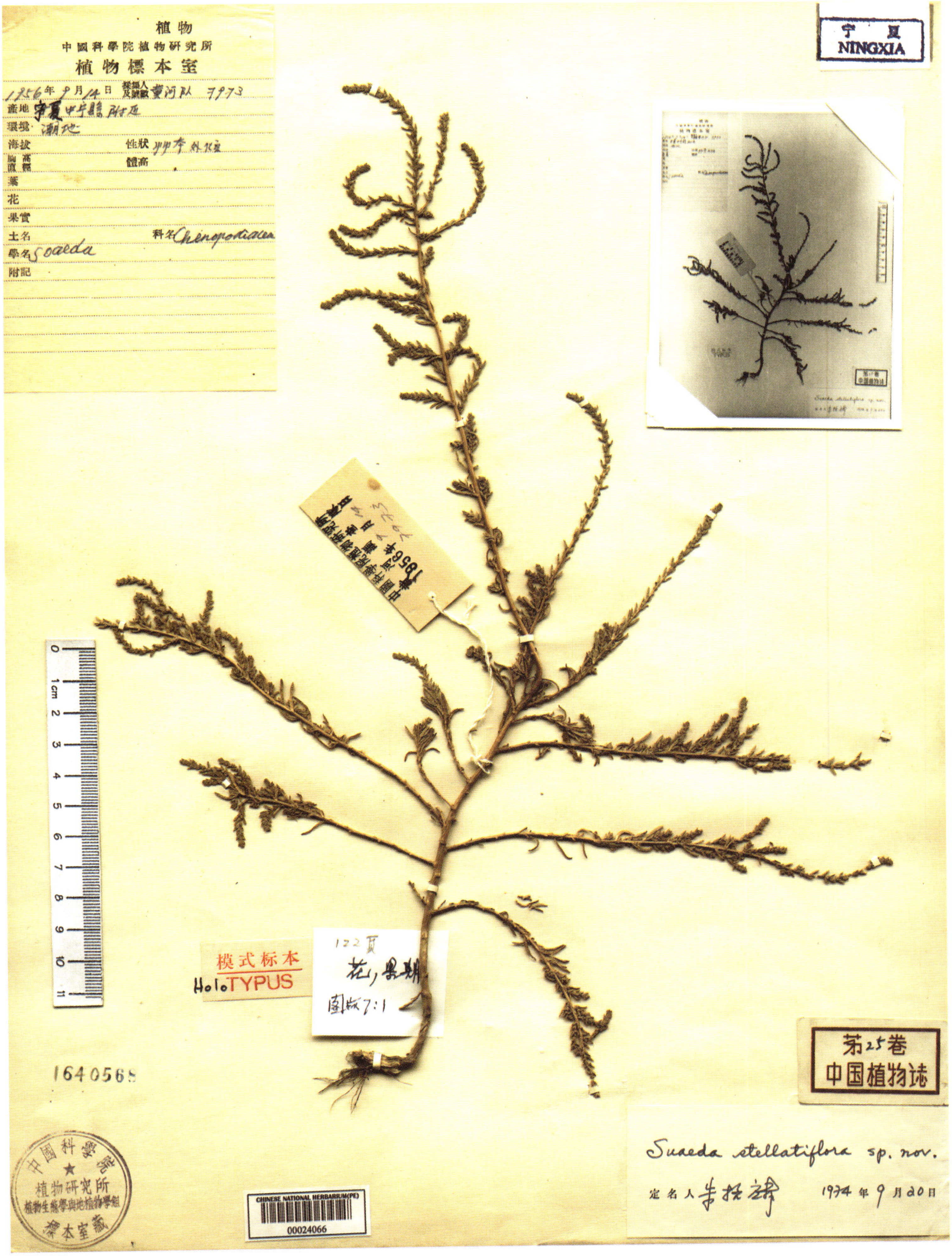

星果碱蓬 ***Suaeda stellatiflora*** G. L. Chu in Acta Phytotax. Sin. 16: 122, pl. 7: 1. 1978. **Holotype:** China. Ningxia: Zhongning, 1956-09-14, Yellow River Exped. 7973.

Amaranthaceae

苋科

xian ke

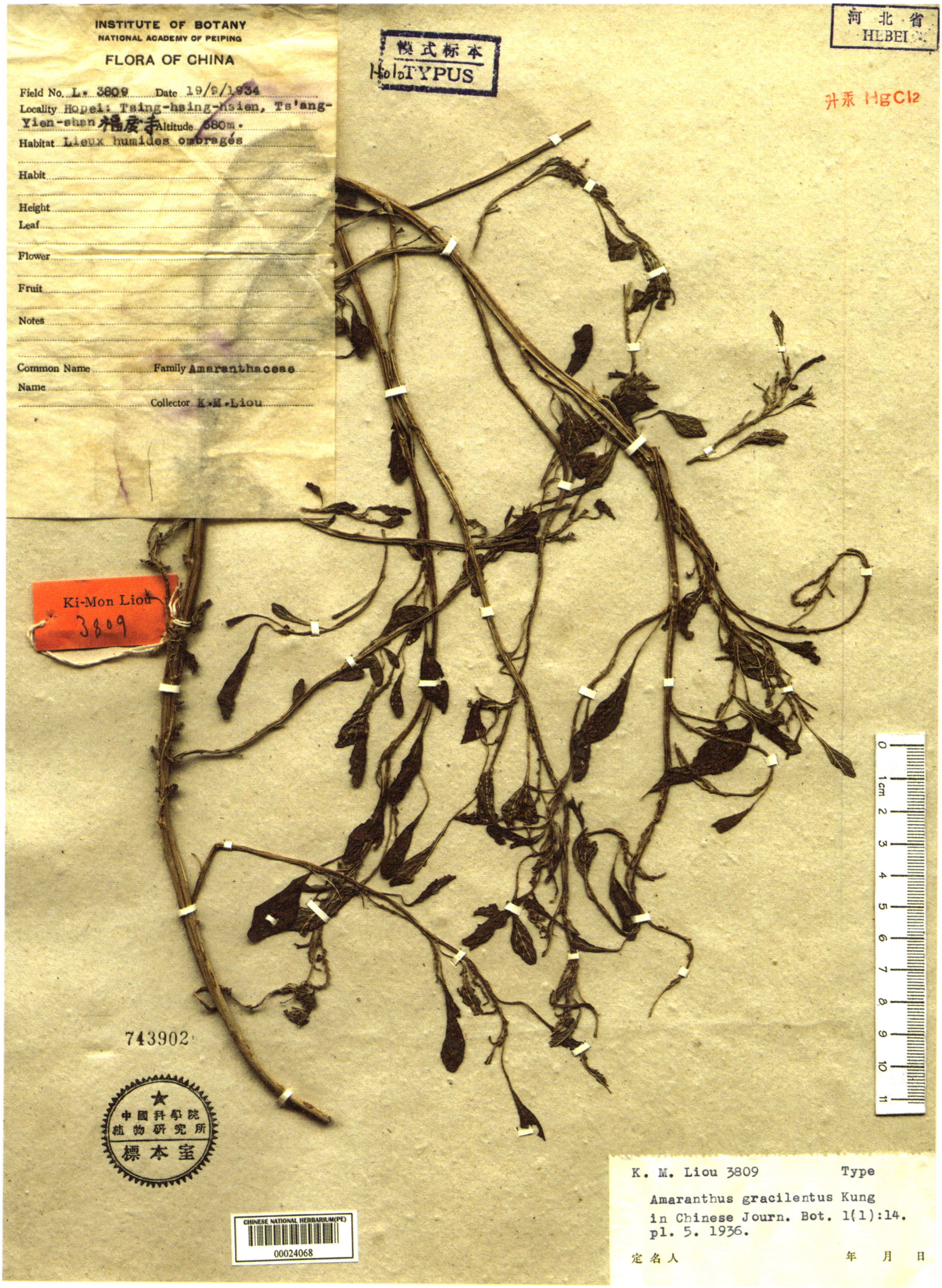

细枝苋 ***Amaranthus gracilentus*** H. W. Kung in Chin. Journ. Bot. 1: 14, pl. 5. 1936. **Holotype:** China. Hebei: Tsinghsing (= Jingjing), alt. 580 m, 1934-09-19, K. M. Liou 3809.

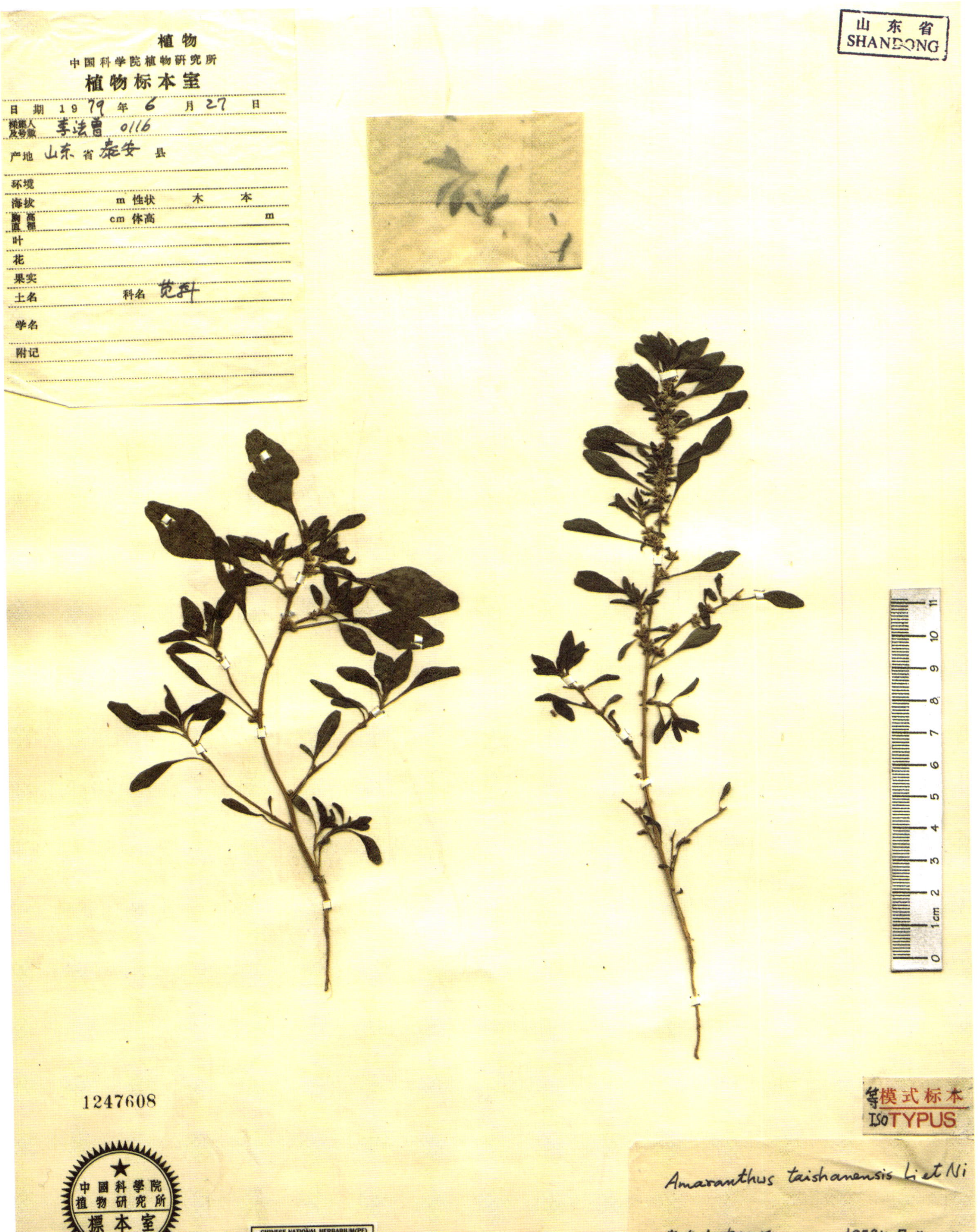

泰山苋 ***Amaranthus taishanensis*** F. Z. Li & C. K. Ni in Acta Phytotax. Sin. 19: 116. 1981. **Isotype:** China. Shandong: Taian, 1979-06-27, F. Z. Li 0116.

川牛膝 ***Cyathula officinalis*** K. C. Kuan in Acta Phytotax. Sin. 14: 60, f. 1, 3: A, 4: A. 1976. **Holotype:** China. Sichuan: Baoxing, alt. 1 800 m, 1963-09-02, K. C. Kuan & W. T. Wang 2779.

Portulacaceae

马齿苋科

machixian ke

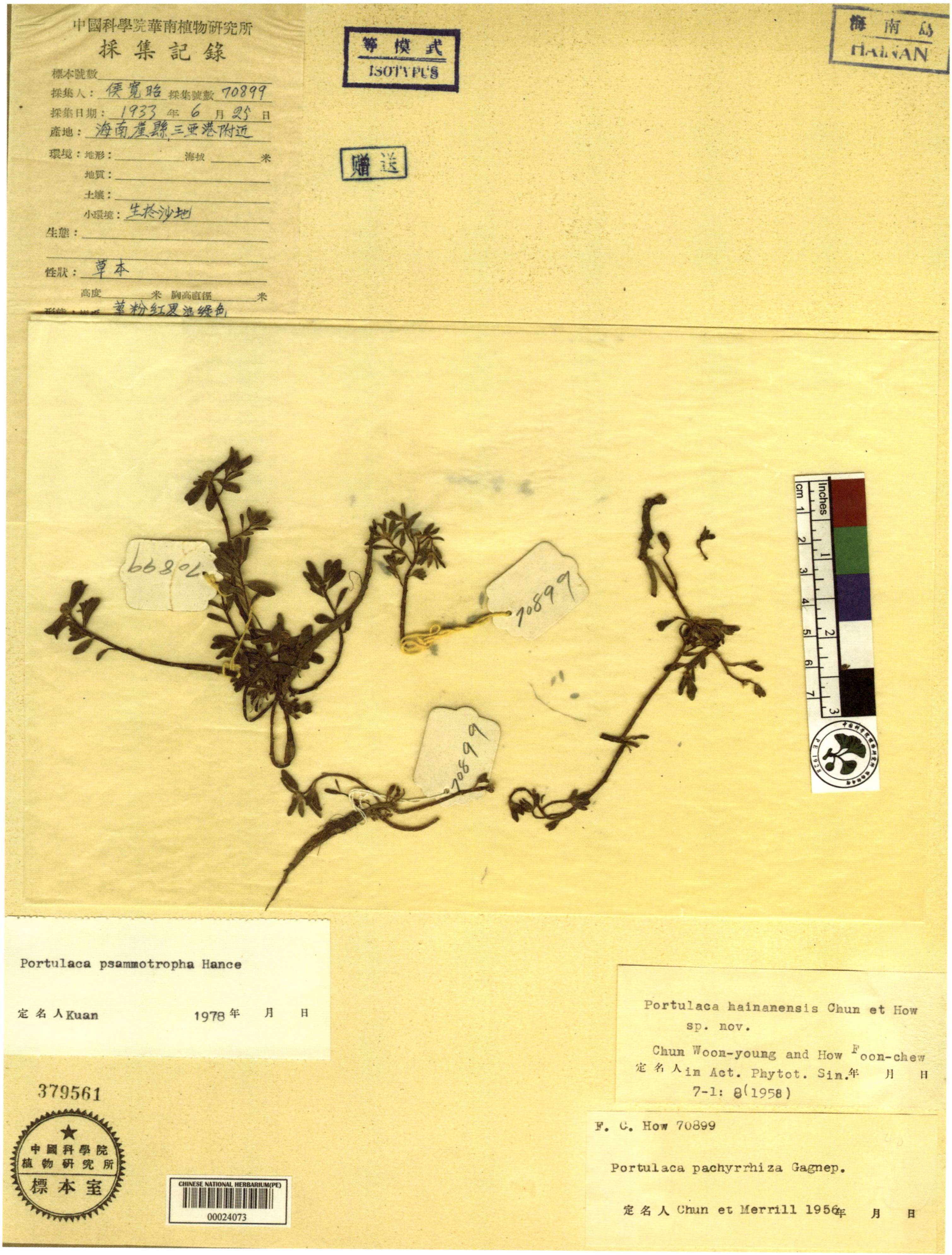

海南马齿苋 ***Portulaca hainanensis*** Chun & How in Acta Phytotax. Sin. 7: 8, pl. 2: 2. 1958. **Isotype:** China. Hainan: Yai Hsien (=Sanya), 1933-06-25, F. C. How 70899.

Caryophyllaceae

石竹科

shizhu ke

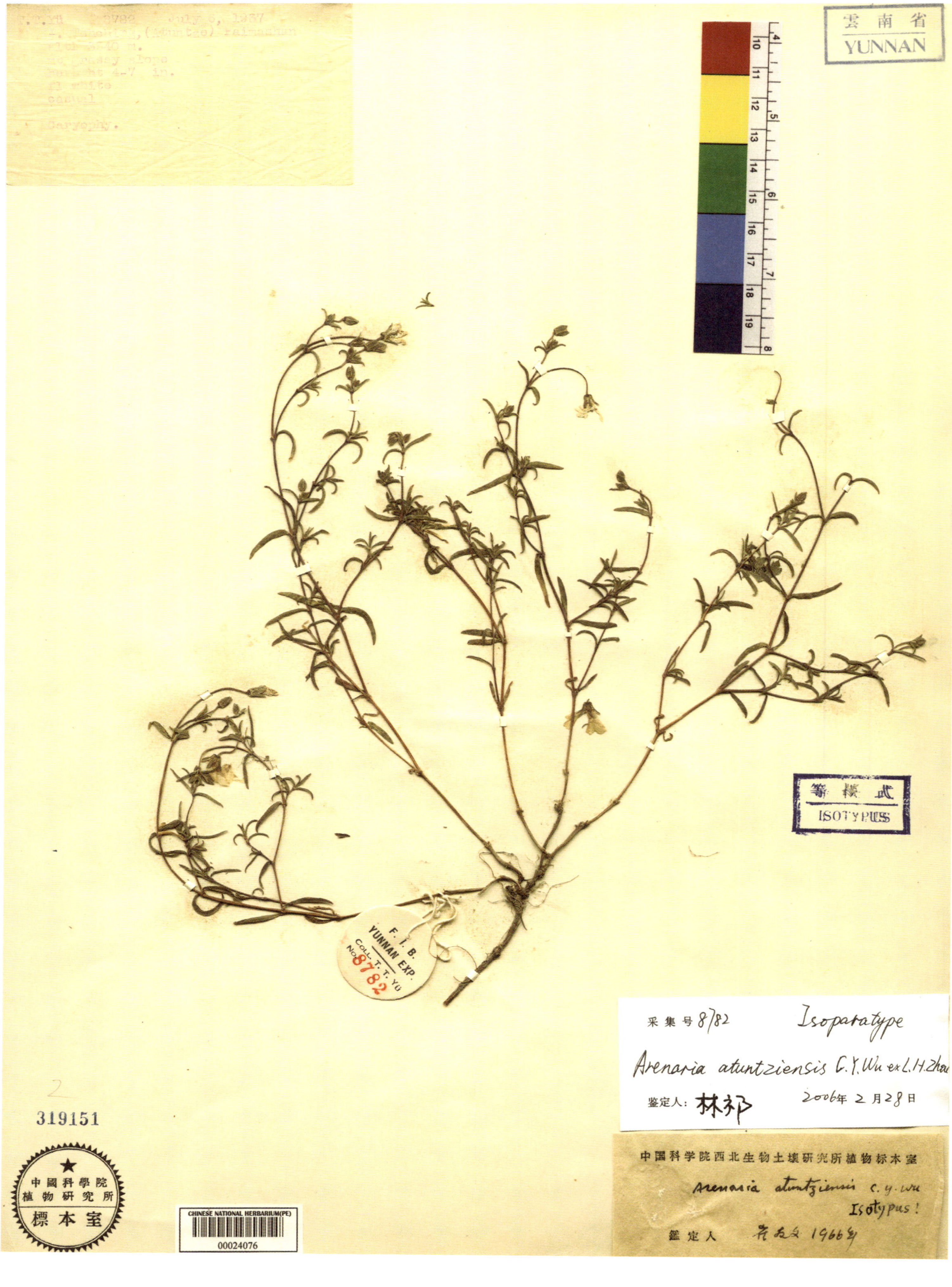

德钦无心菜 ***Arenaria atuntziensis*** C. Y. Wu ex L. H. Zhou in Acta Biol. Plateau Sin. 6: 27, t. 1: 12–13. 1987. **Isoparatype:** China. Yunnan: Dêqên, alt. 3 540 m, 1937-07-06, T. T. Yu 8782.

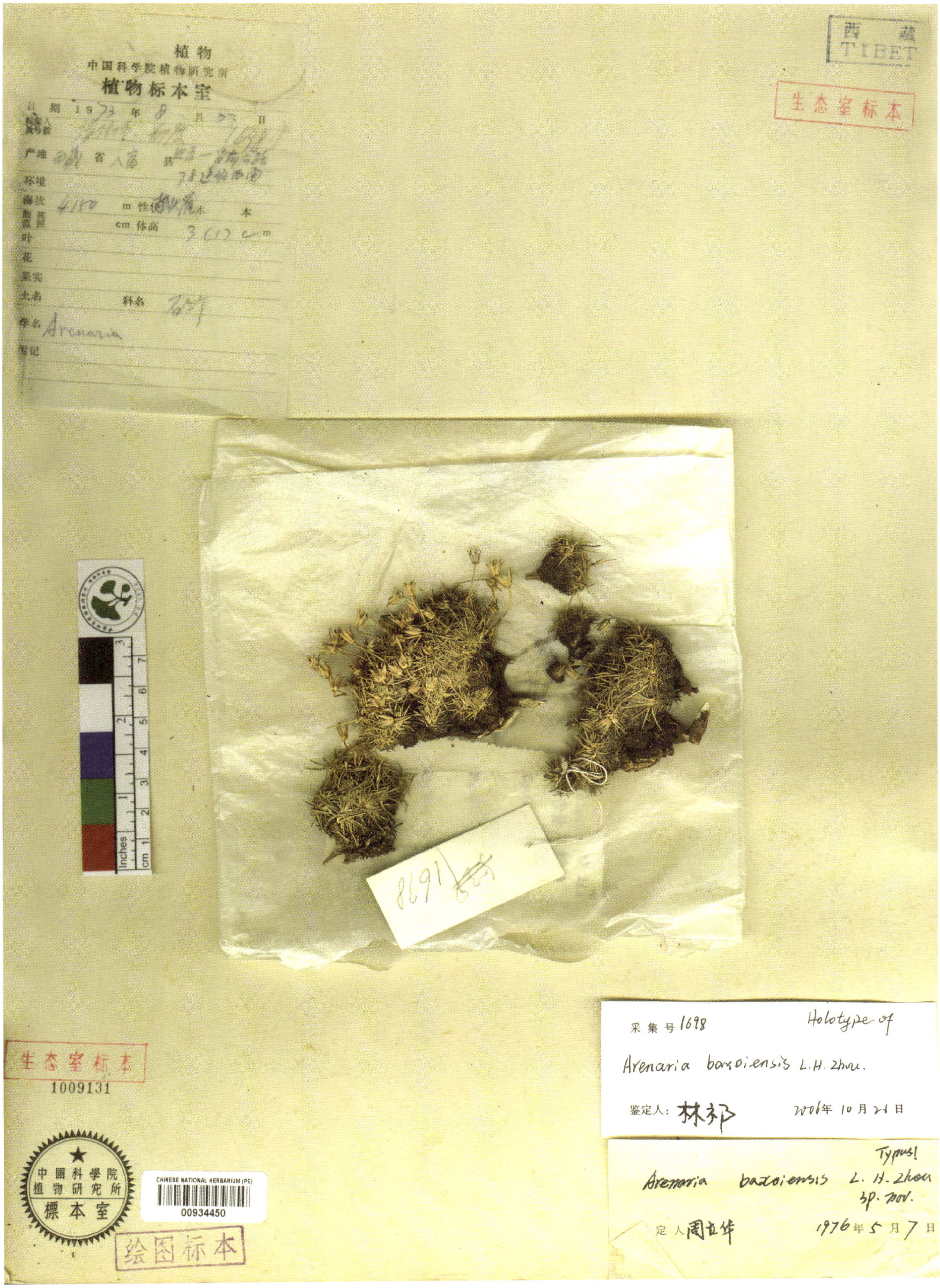

八宿雪灵芝 ***Arenaria baxoiensis*** L. H. Zhou, Fl. Xizang. 1: 676, f. 217: 20–23. 1983. **Holotype:** China. Xizang: Baxoi, alt. 4 150 m, 1973-08-27, J. W. Zhang & D. Zheng 1698.

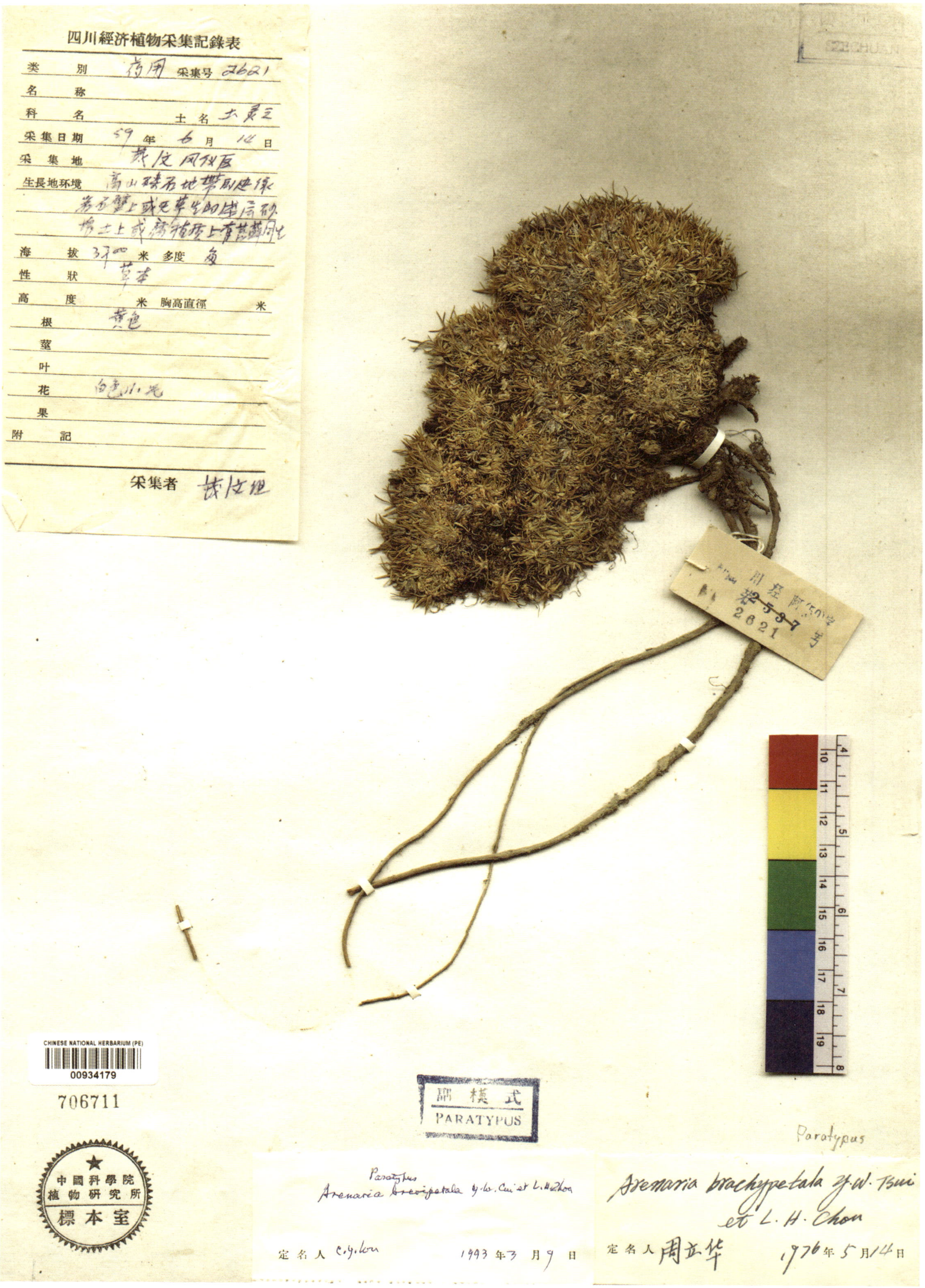

短瓣雪灵芝 ***Arenaria brevipetala*** Y. W. Cui & L. H. Zhou in Acta Phytotax. Sin. 18(3): 360, pl. 4. 1980. **Paratype:** China. Sichuan: Maowen, alt. 3 700 m, 1959-06-14, Maowen Exped. 2621.

道孚无心菜 ***Arenaria dawuensis*** A. J. Li & Q. Ban in Acta Phytotax. Sin. 41(4): 390, pl. 1. 2003. **Holotype:** China. Sichuan: Daofu, alt. 4 600 m, 1934-07-09, H. Smith 11932.

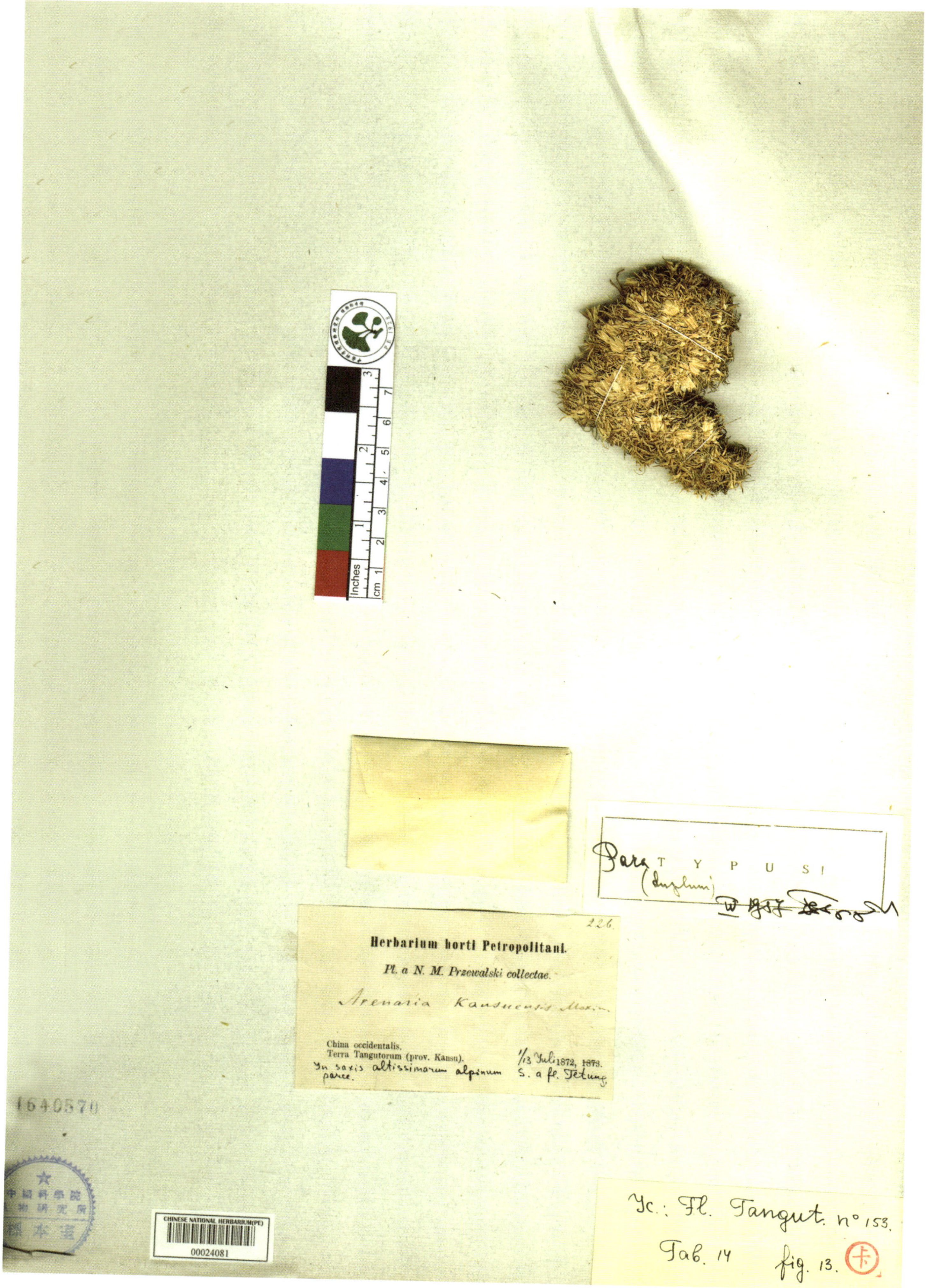

甘肃雪灵芝 ***Arenaria kansuensis*** Maxim. in Bull. Acad. Imp. Sci. St-Petersb. 26: 428. 1880. **Isotype:** China. Qinghai: Terra Tanguforum, 1872-07-(01-13), N. M. Przewalski 226.

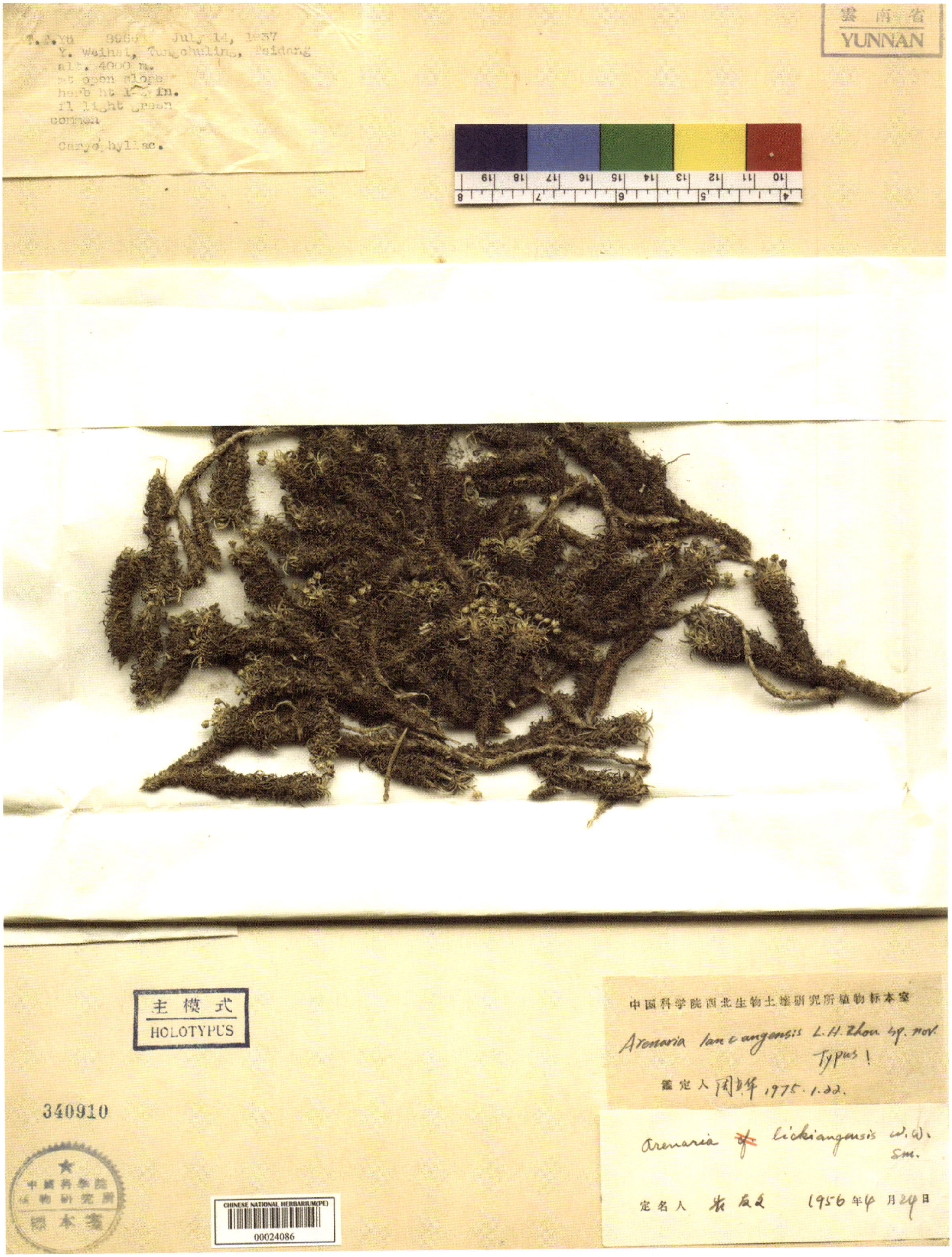

澜沧雪灵芝 ***Arenaria lancangensis*** L. H. Zhou in Acta Phytotax. Sin. 18(3): 357, pl. 2. 1980. **Holotype:** China. Yunnan: Weixi, alt. 4 000 m, 1937-07-14, T. T. Yu 8966.

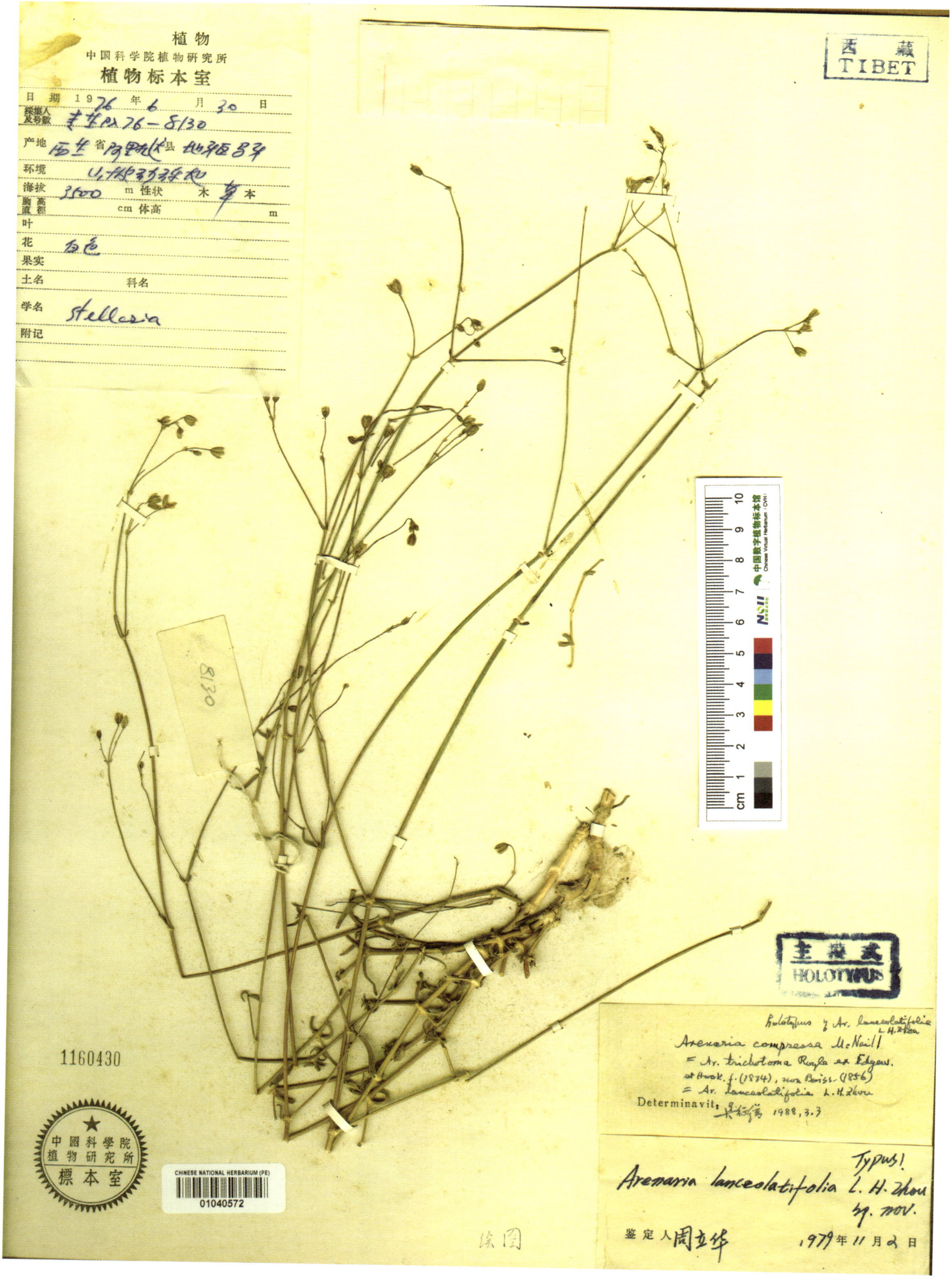

披针叶无心菜 ***Arenaria lanceolatifolia*** L. H. Zhou in Bull. Bot. Lab. N.-E. Forest. Inst., Harbin 9: 53, f. 1. 1980.
Holotype: China. Xizang: Zanda, alt. 3 500 m, 1976-06-30, Qinghai-Xizang Exped. 76-8130.

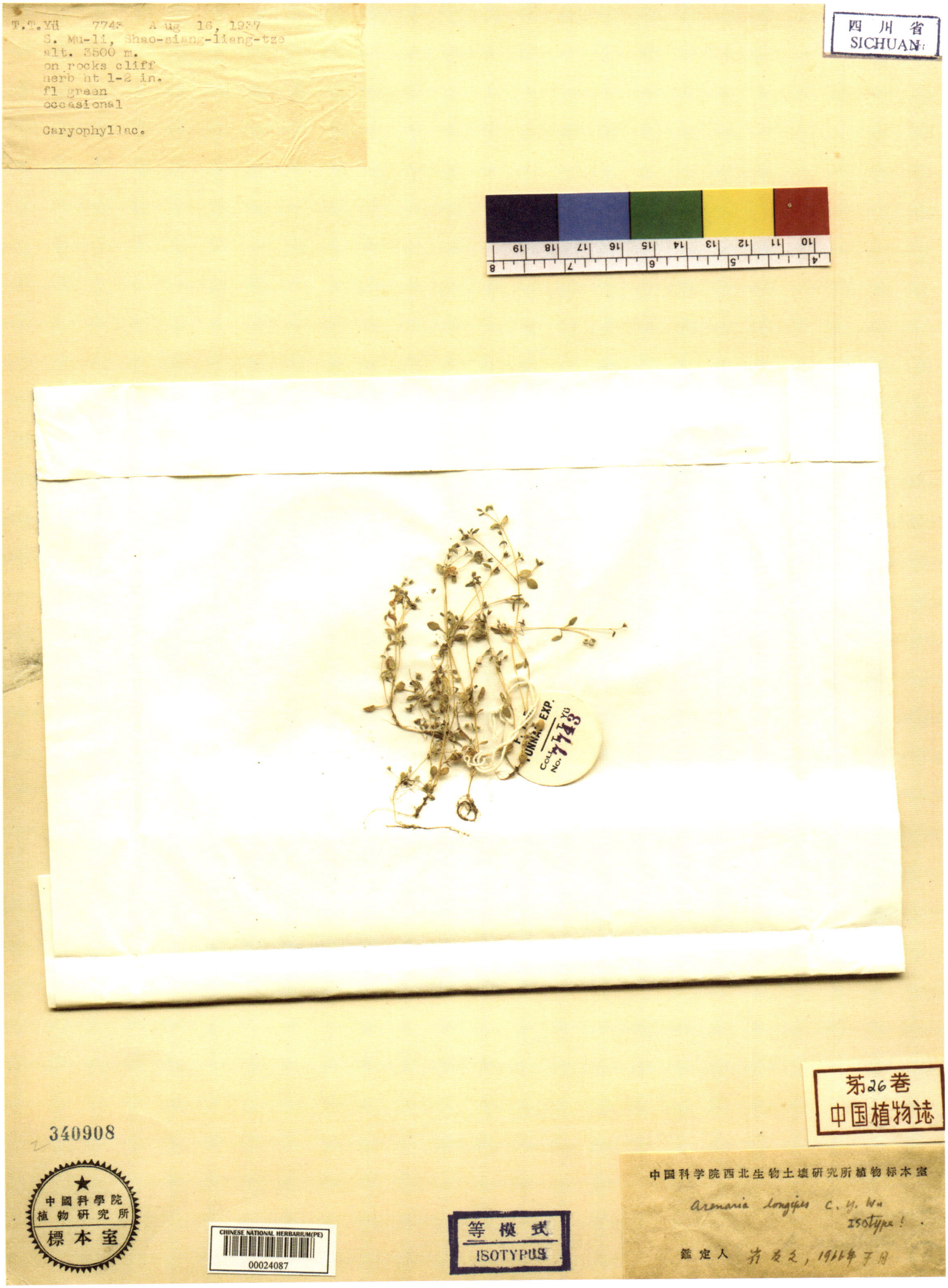

长梗无心菜 ***Arenaria longipes*** C. Y. Wu ex L. H. Zhou in Acta Biol. Plateau Sin. 6: 39, pl. 8: 7–10. 1987. **Isotype:** China. Sichuan: Muli, alt. 3 500 m, 1937-08-16, T. T. Yu 7743.

五蕊老牛筋 ***Arenaria pentandra*** Maxim. in Bull. Acad. Imp. Sci. St-Petersb. 26: 429. 1880. **Isotype:** Kazakhstan. Songoria, 1876-07-27, G. N. Potanin s. n.

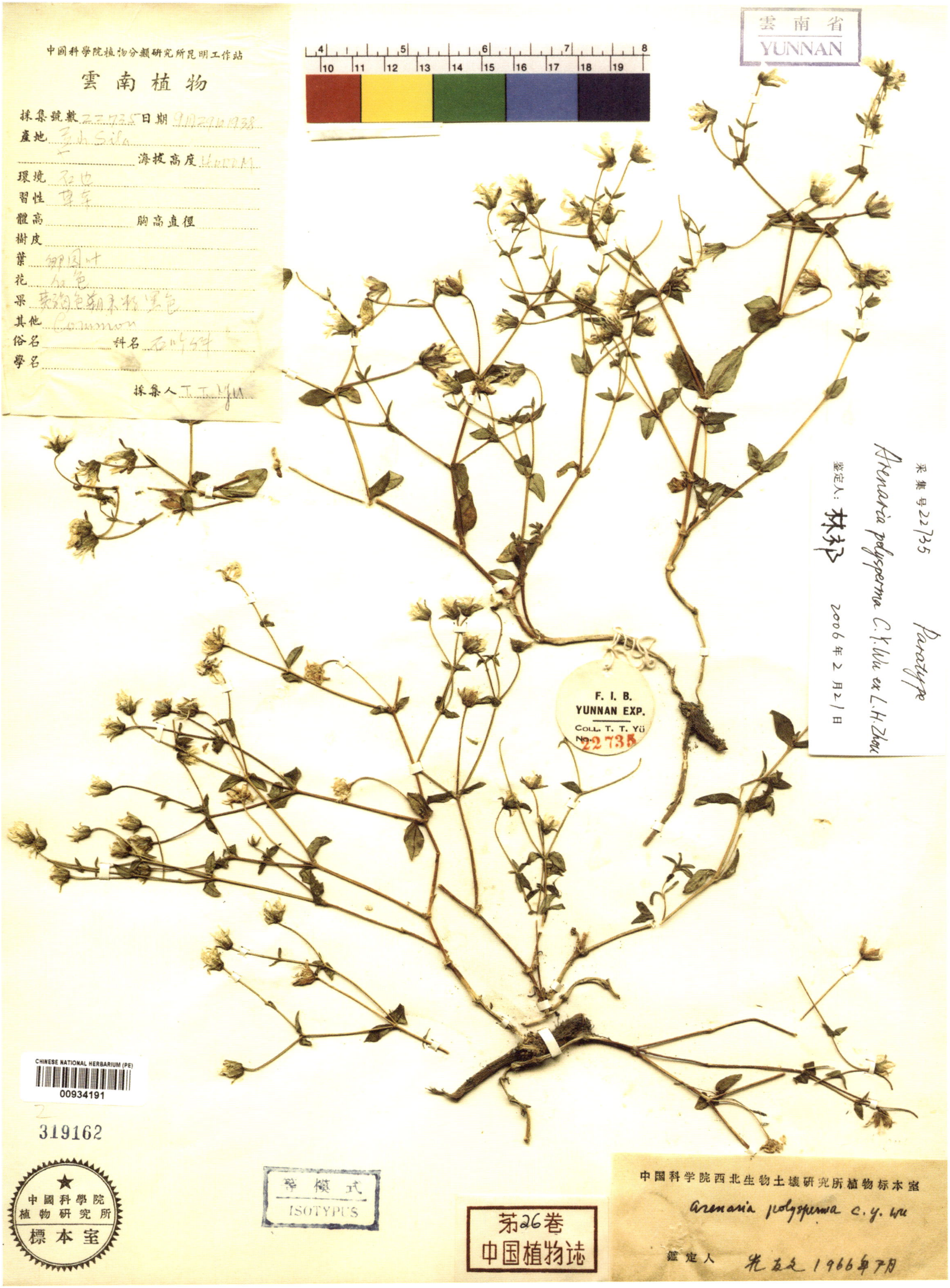

多子无心菜 ***Arenaria polysperma*** C. Y. Wu ex L. H. Zhou in Acta Biol. Plateau Sin. 6: 33, pl. 5: 9–12. 1987. **Paratype:** China. Yunnan: Xila, alt. 4 000 m, 1938-09-29, T. T. Yu 22735.

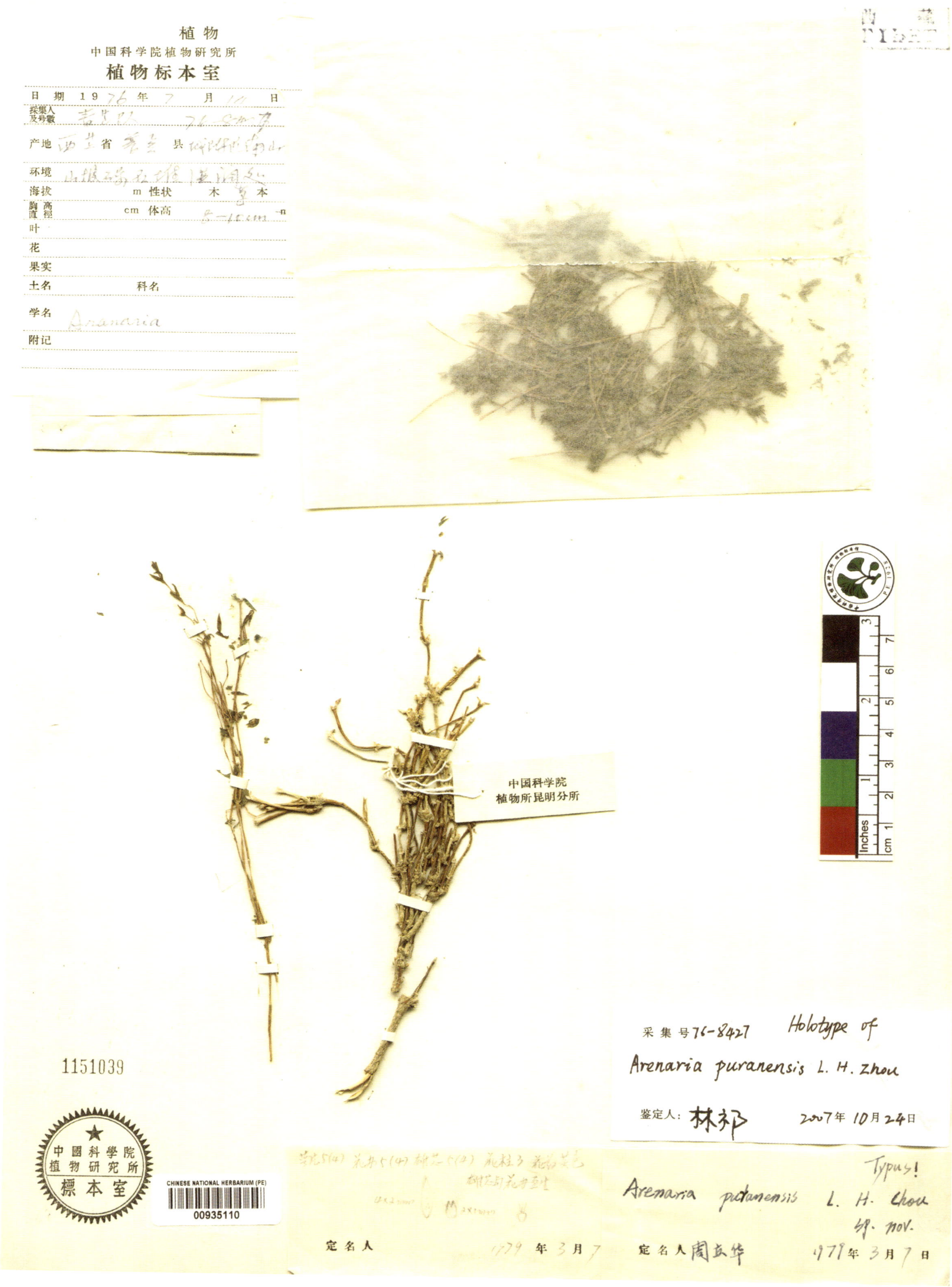

普兰无心菜 ***Arenaria puranensis*** L. H. Zhou, Fl. Xizang. 1: 686, f. 219: 4–6. 1983. **Holotype:** China. Xizang: Burang, 1976-07-14, Qinghai-Xizang Exped. 76-8427.

青藏雪灵芝 ***Arenaria roborowskii*** Maxim., Fl. Tangut. 87, pl. 29, f. 8–17. 1889. **Isotype:** China. Qinghai: Precise locality not known. 1884-06-(08-20), N. M. Przewalski s. n.

土门无心菜 ***Arenaria tumengelaensis*** L. H. Zhou in Acta Phytotax. Sin. 18(3): 357, f. 1. 1980. **Paratype:** China. Xizang: Amdo, alt. 4 600~4 700 m, 1976-08-05,Qinghai-Xizang Exped. D. D. Tao 10771.

毛维西无心菜 ***Arenaria weissiana*** Hand.-Mazz. var. ***puberula*** C. Y. Wu ex L. H. Zhou in Acta Biol. Plateau Sin. 6: 34. 1987. **Isotype:** China. Sichuan: Muli, alt. 3 900 m, 1937-07-28, T. T. Yu 7432.

镇康无心菜 ***Arenaria zhenkangensis*** C. Y. Wu ex L. H. Zhou in Acta Biol. Plateau Sin. 6: 36. 1987. **Isotype:** China. Yunnan: Zhenkang, alt. 2 850 m, 1938-07-31, T. T. Yu 17133.

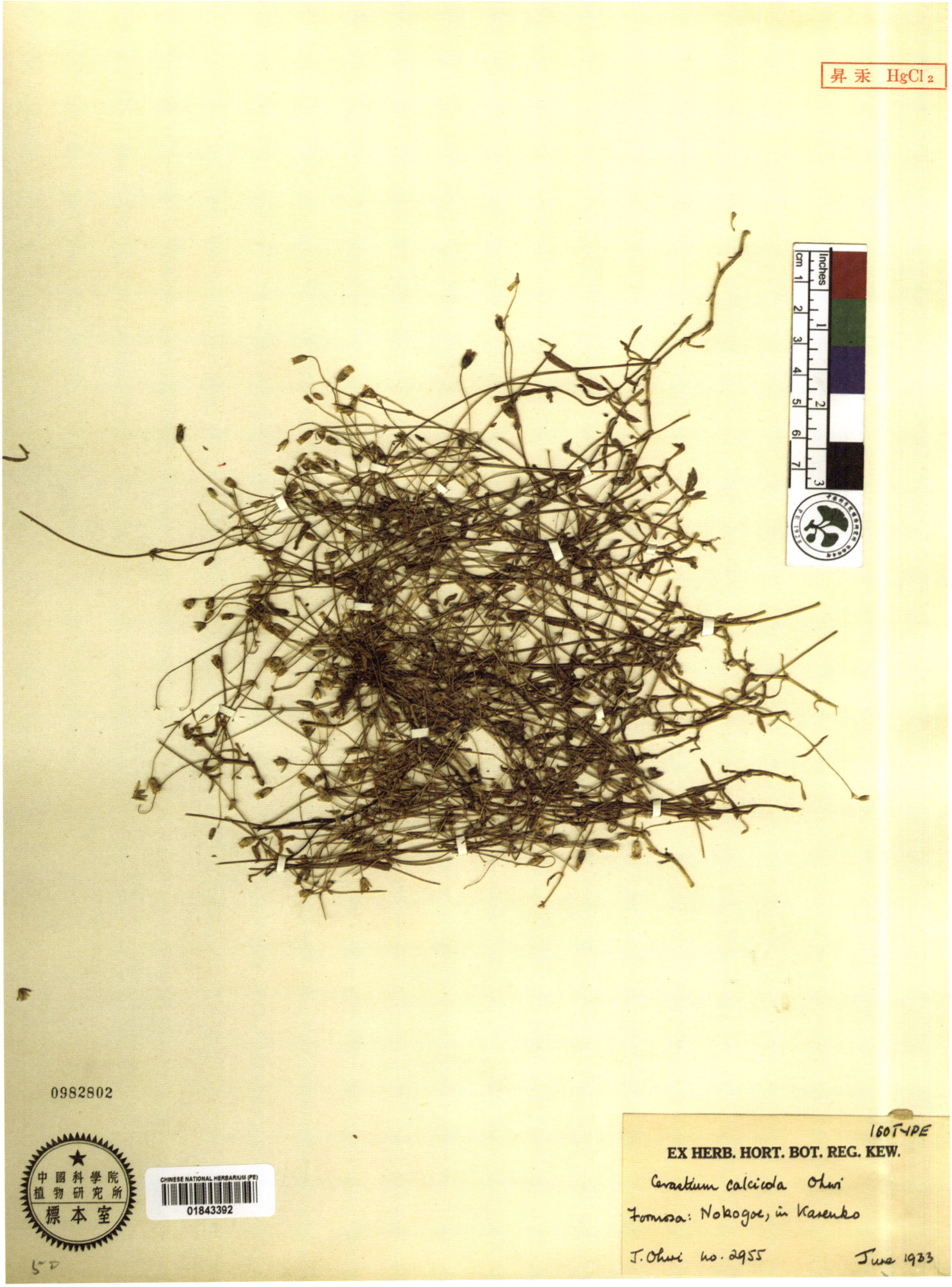

钙生卷耳 ***Cerastium calcicola*** Ohwi. in Repert. Spec. Nov. Regni Veg. 36(1–6): 46. 1934. **Isotype:** China. Taiwan: Kiraikei in Karenkocho, 1933-06-??, J. Ohwi 2955.

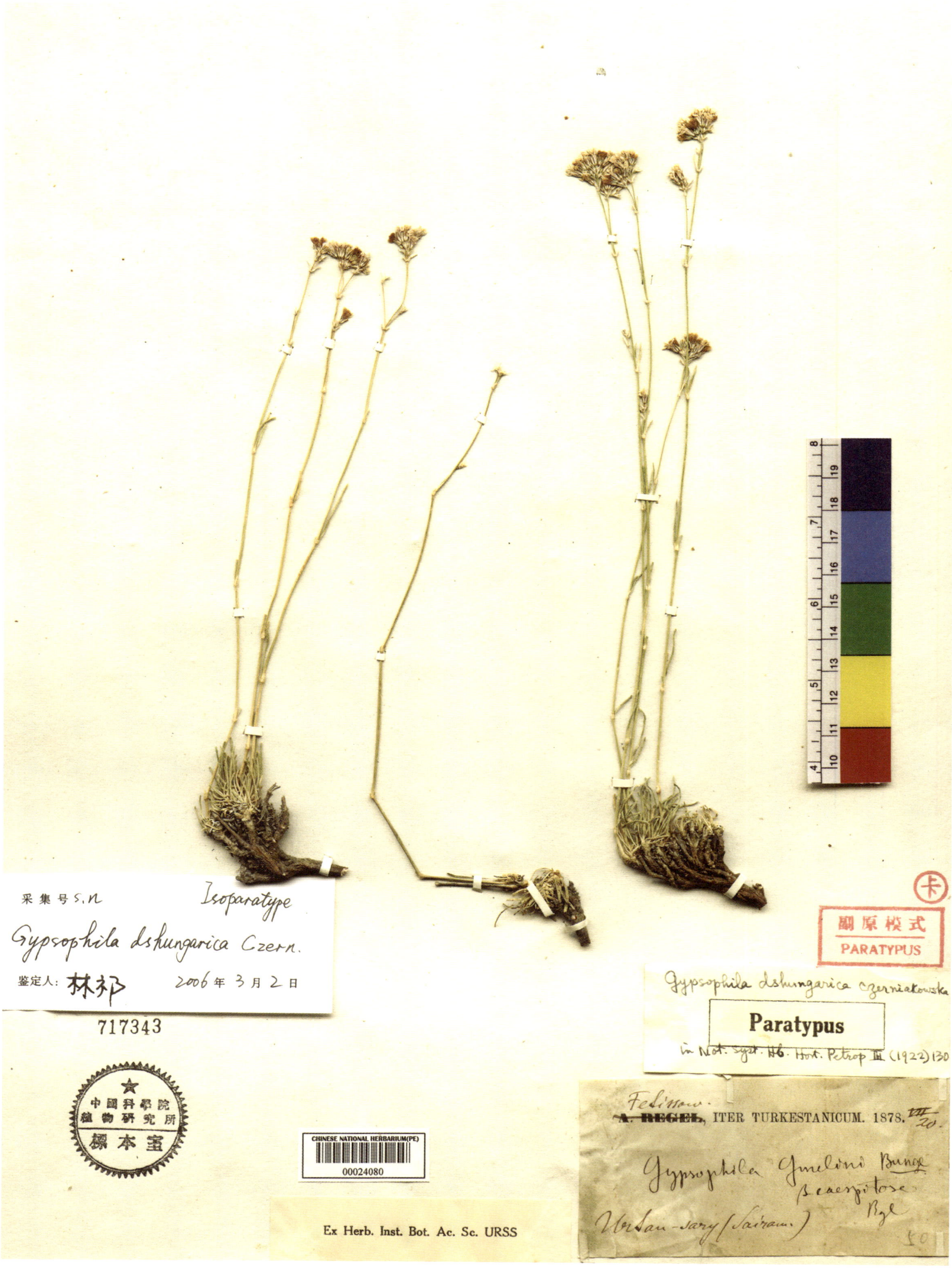

准噶尔石头花 ***Gypsophila dshungarica*** Czerniak. in Bot. Mater. Gerb. Glavn. Bot. Sada SSSR 3(27–30): 130. 1922.
Isoparatype: Kazakhstan. Llrtan-sary, 1878-07-20, Fefissow s. n.

华山石头花 ***Gypsophila huashanensis*** Y. W. Cui & D. Q. Lu in Acta Phytotax. Sin. 31(6): 565, f. 1. 1993. **Isotype:** China. Shaanxi: Huashan, alt. 2 000 m, 1966-08-10, T. P. Wang 19650.

狭叶假繁缕 ***Krascheninikowia sylvatica*** Maxim. in Mem. Acad. Sci. St-Petersb. Sav. Etrang 9: 57. 1859. **Lectotype** (designated here): China. Heilongjiang: Amur, 1855-06-08, C. Maximowicz s. n.

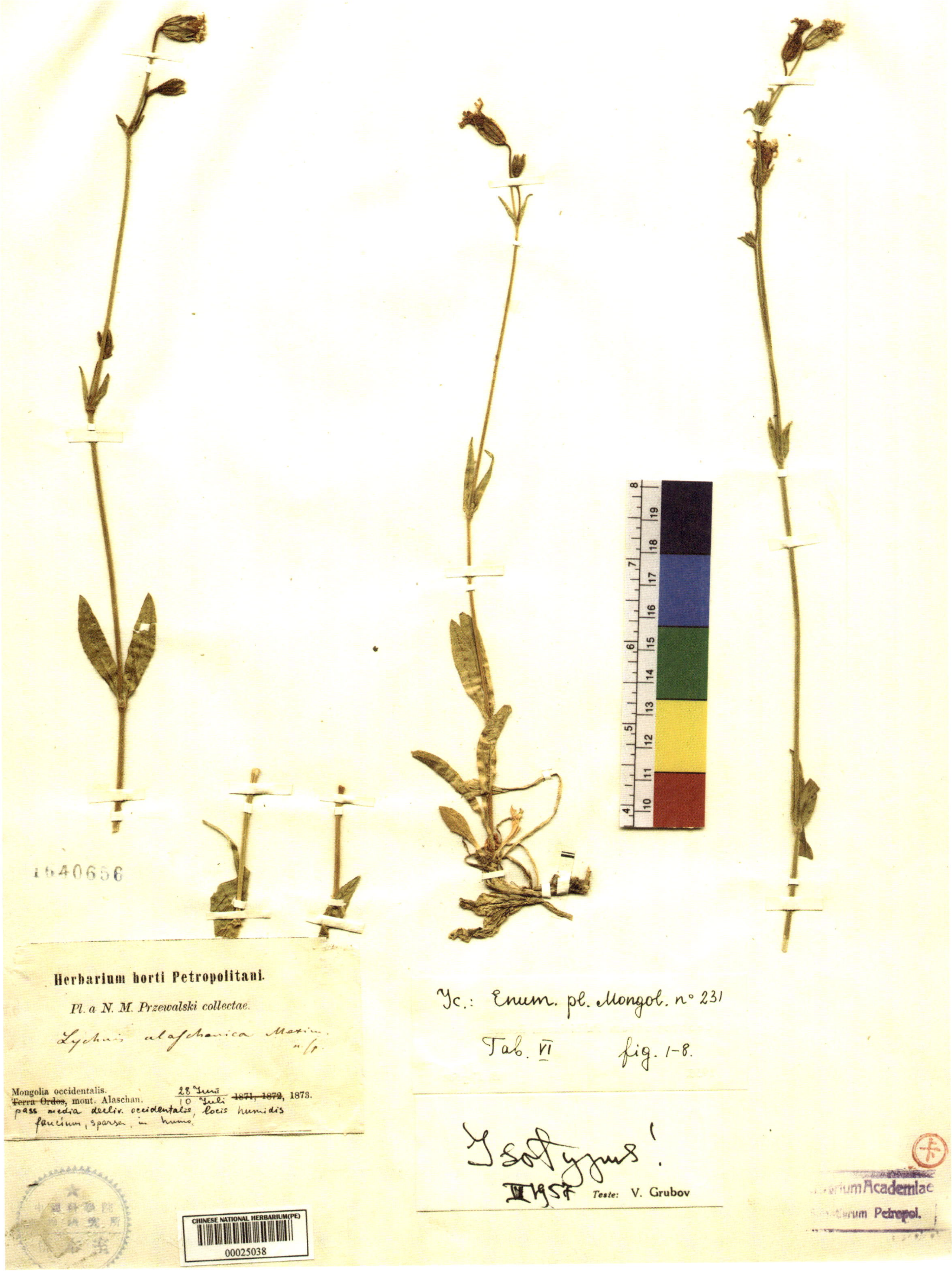

贺兰山蝇子草 ***Lychnis alaschanica*** Maxim. in Bull. Acad. Imp. Sci. St-Petersb. 26: 427. 1880. **Isotype:** China. Nei Mongol: Alaschan, 1873-06-28, N. M.Przewalski s. n.

浅裂剪秋罗 ***Lychnis cognata*** Maxim. in Mém. Acad. Imp. Sci. St.-Pétersb. Sav. Etrang 9: 55. 1859. **Isotype:** China. Beijing: Baihuashan, Fischer s. n.

具腺剪秋罗 ***Lychnis glandulosa*** Maxim., Fl. Tangut. 1: 83, pl. 29: 1–6. 1889. **Lectotype** (designated here): China. Qinghai: Tangut, alt. 3 500 m, 1880-06-23, N. M. Przewalski 452.

丝瓣剪秋罗 ***Lychnis laciniata*** Maxim. var. ***mandshurica*** Maxim. in Bull. Acad. Sci. St- Petersbg. 11: 429. 1867.
Isotype: China. Liaoning: Mandshuria, 1860-08-20, C. Maximowicz s. n.

蒙古剪秋罗 ***Lychnis mongolia*** Maxim., Enum. Pl. Mongol. 94, pl. 13. 1889. **Isotype:** Mongolia. Changai, 1886-09-19, G. N. Potanin.s. n.(right).

定日女娄菜 ***Melandrium dingriense*** Y. W. Cui & P. Ke ex L. H. Zhou, Fl. Xizang. 1: 716, f. 227: 1-4. 1983. **Holotype:** China. Xizang: Tingri, alt. 4 100 m, 1959-07-29, Xizang Exped. 676.

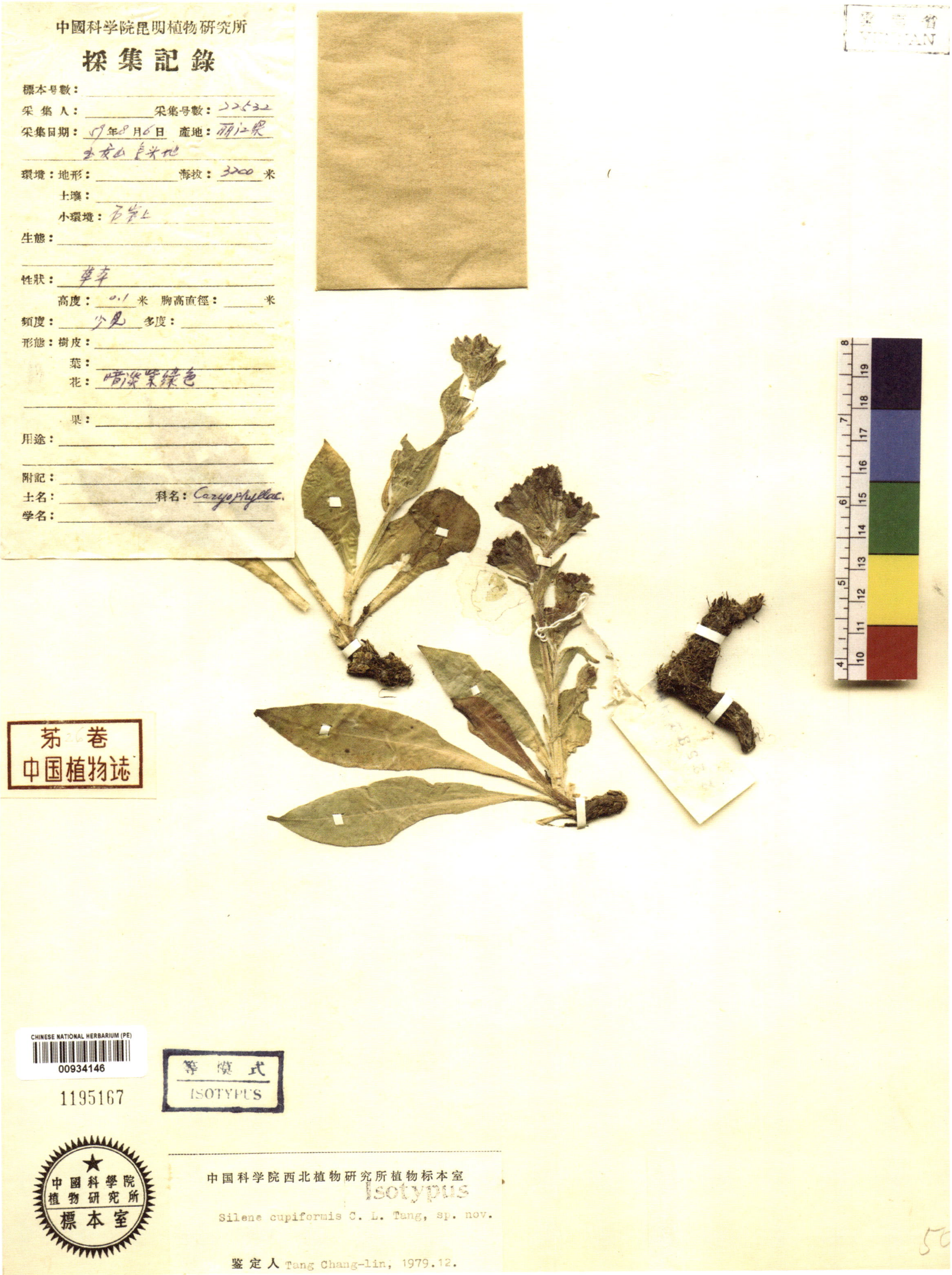

杯萼蝇子草 ***Silene cupiformis*** C. L. Tang in Acta Bot. Yunnan. 4(2): 152, f. 5: 6–9. 1982. **Isotype:** China. Yunnan: Lijiang, alt. 3 200 m, 1959-08-06, Lijiang Exped. 22532.

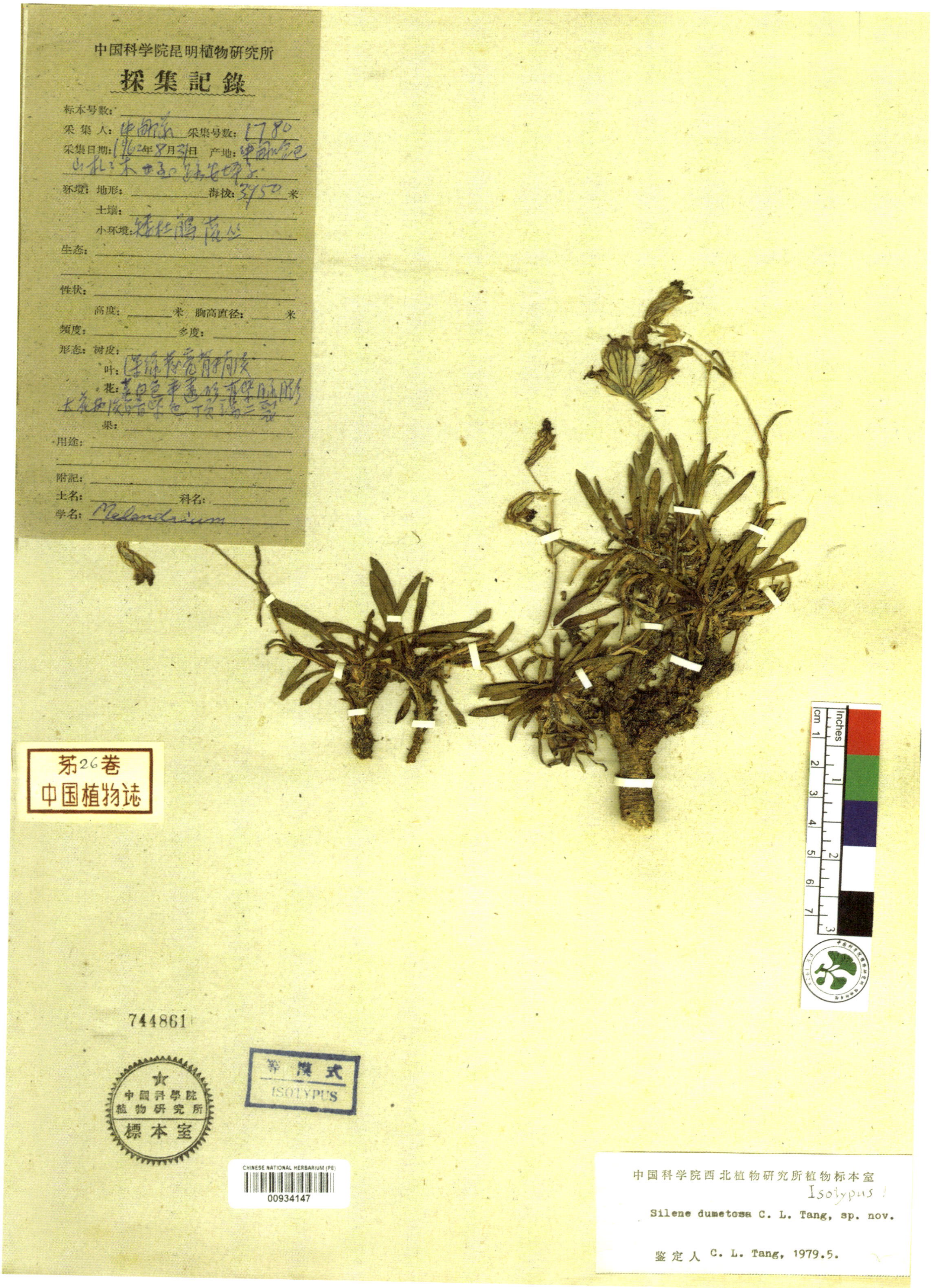

灌丛蝇子草 ***Silene dumetosa*** C. L. Tang in Acta Bot. Yunnan. 4(2): 154, f. 6. 1982. **Isotype:** China. Yunnan: Zhongdian(=Shang ri-La) , alt. 3 950 m, 1962-08-21, Zhongdian Exped. 1780.

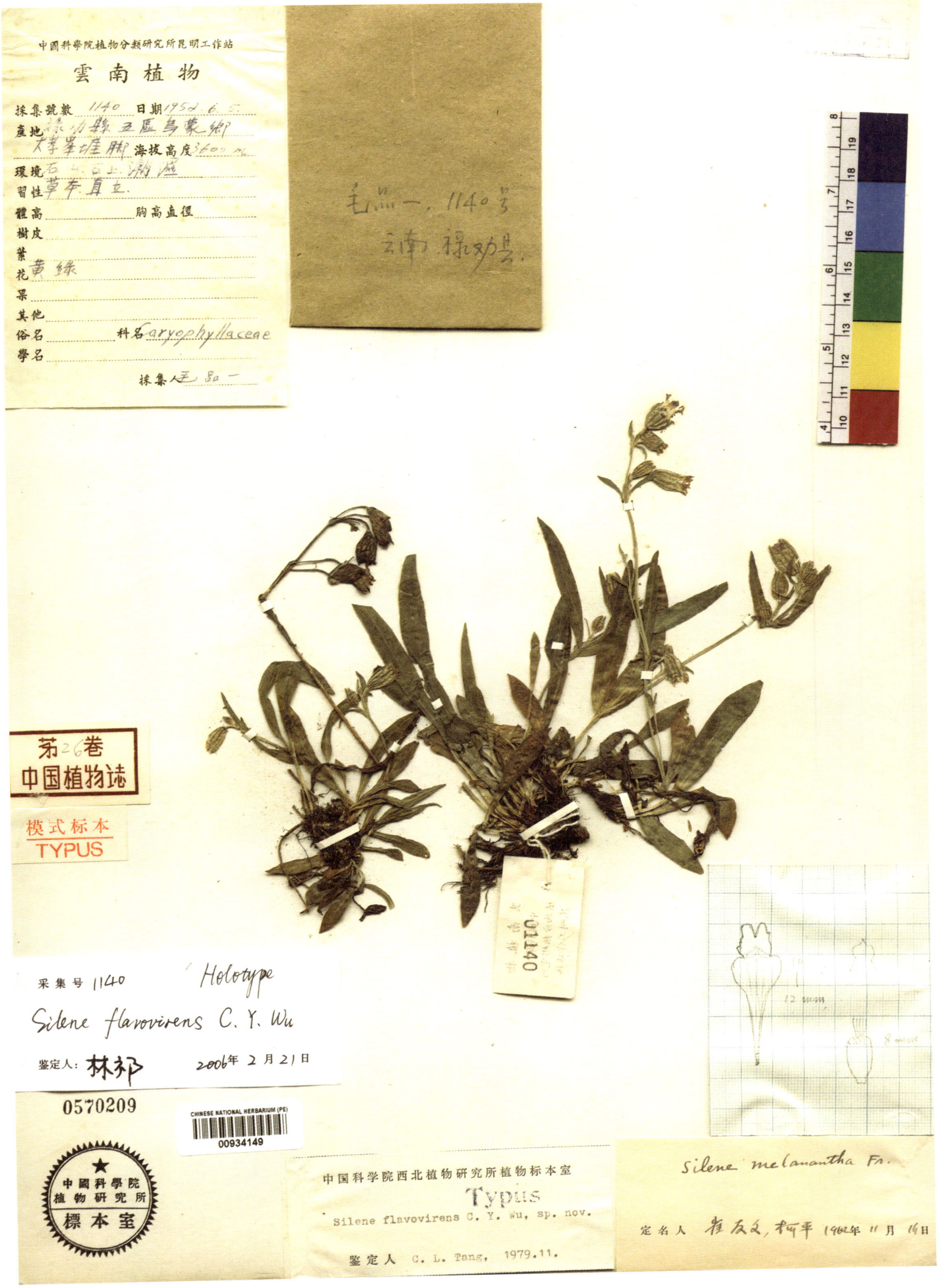

黄绿蝇子草 ***Silene flavovirens*** C. Y. Wu in Acta Bot. Yunnan. 4(2): 146, f. 2. 1982. **Holotype:** China. Yunnan: Luquan, alt. 3 600 m, 1952-06-05, P. I Mao 1140.

后缝蝇子草 ***Silene foliosa*** Maxim. in Mem. Acad. Sci. St-Petersb. Sav. Etrang. 9: 53. 1859. **Lectotype** (designated here): China. Heilongjiang: Amur. 1855-07-28, C. Maximowicz s. n.

小花石缝蝇子草 ***Silene foliosa*** Maxim. var. ***mongolica*** Maxim., Enum. Pl. Mongol. 1: 91. 1889. **Isotype:** China. Nei Mongol: Ordos, 1884-08-22, G. N. Potanin s. n.

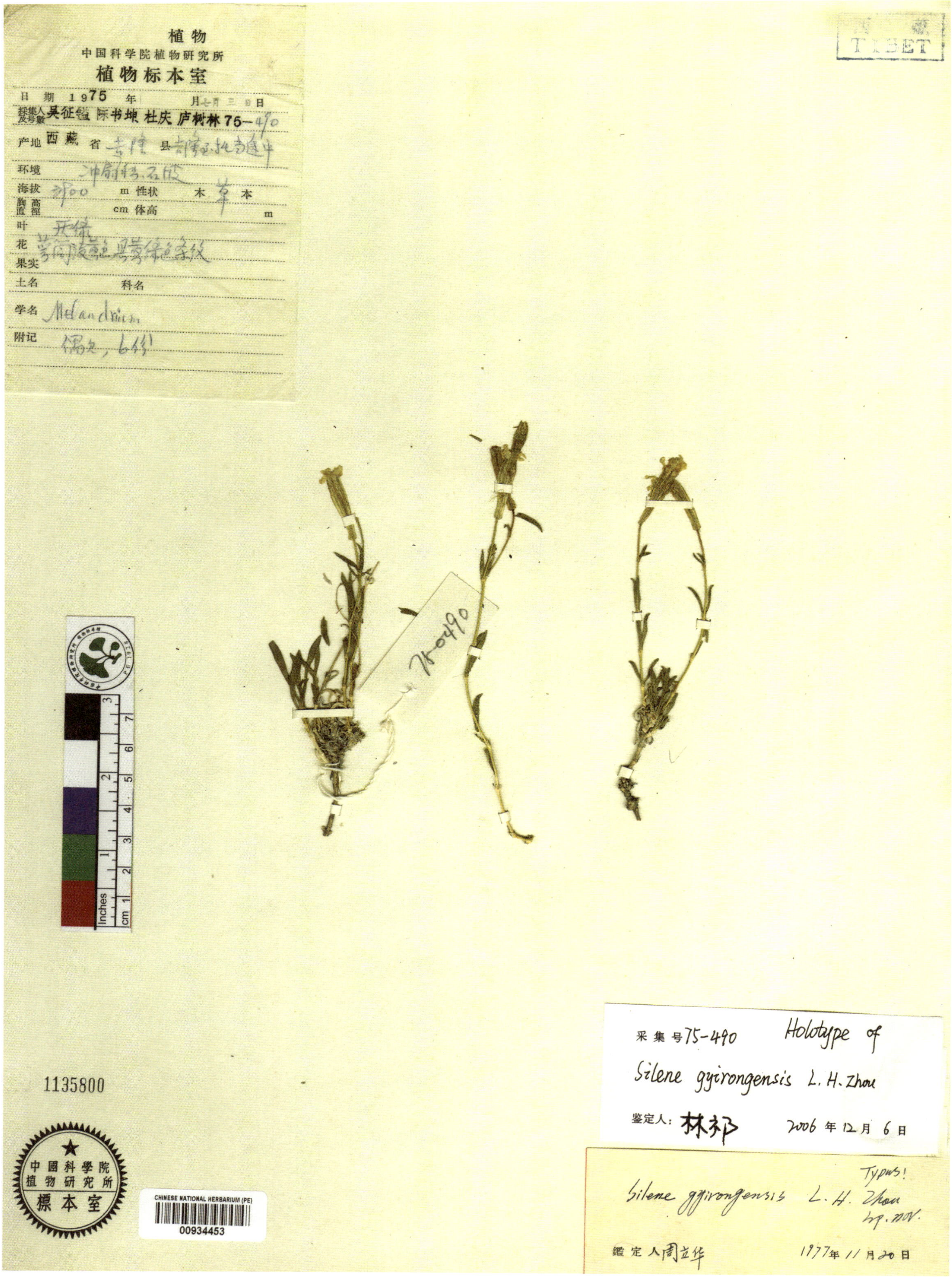

吉隆蝇子草 ***Silene gyirongensis*** L. H. Zhou, Fl. Xizang. 1: 739, f. 220: 4–6. 1983. **Holotype:** China. Xizang: Gyirong, alt. 3 900 m, 1975-07-03, C. Y. Wu & al. 75-490.

凿瓣蝇子草 ***Silene incisa*** C. L. Tang in Acta Bot. Yunnan. 2(4): 428, f. 1. 1980. **Isotype:** China. Chongqing: Nanchuan, alt. 1 700 m, 1957-10-11, J. H. Xiong & Z. L. Zhou 93911.

朝鲜蝇子草 ***Silene koreana*** Kom. in Acta Hort. Petrop. 18: 440. 1901. **Isosyntype:** D. P. R. Korea. Precise locality not known, 1897-07-26, V. Komarov 632.

喇嘛蝇子草 ***Silene lamarum*** C. Y. Wu in Acta Bot. Yunnan. 4(2): 153. 1982. **Holotype:** China. Sichuan: Muli, alt. 3 900 m, 1937-07-28, T. T. Yu 7434.

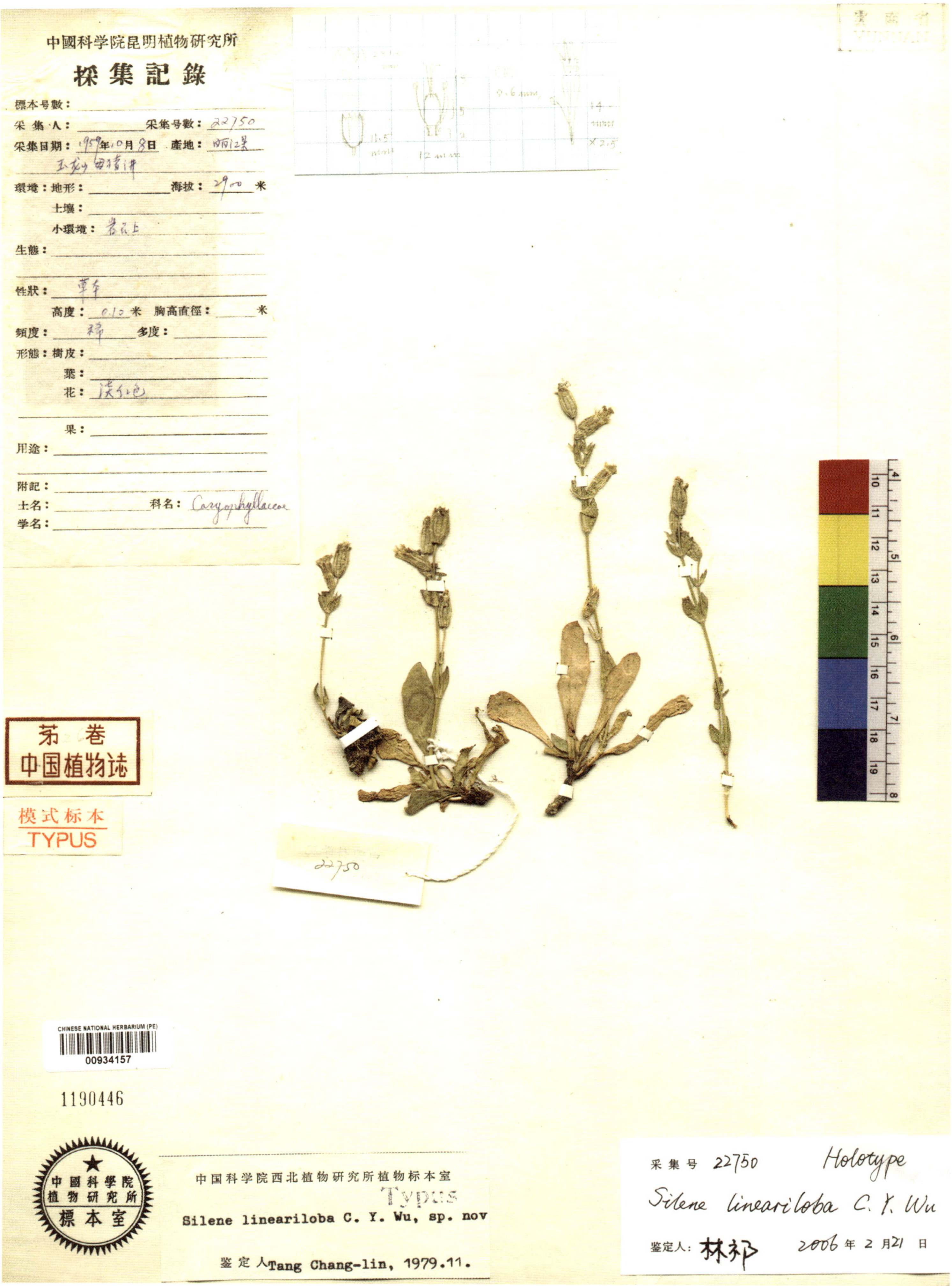

线瓣蝇子草 ***Silene lineariloba*** C. Y. Wu in Acta Bot. Yunnan. 4(2): 148, f. 1: 6–9. 1982. **Holotype:** China. Yunnan: Lijiang, alt. 2 900 m, 1959-10-08, Lijiang Exped. 22750.

长柱蝇子草 ***Silene macrostyla*** Maxim. in Mem. Acad. Sci. St-Petersb. Sav. Etrang. 9: 54. 1859. **Lectotype** (designated here): China. Heilongjiang: Amur, 1855-08-09, C. Maximowicz s. n.

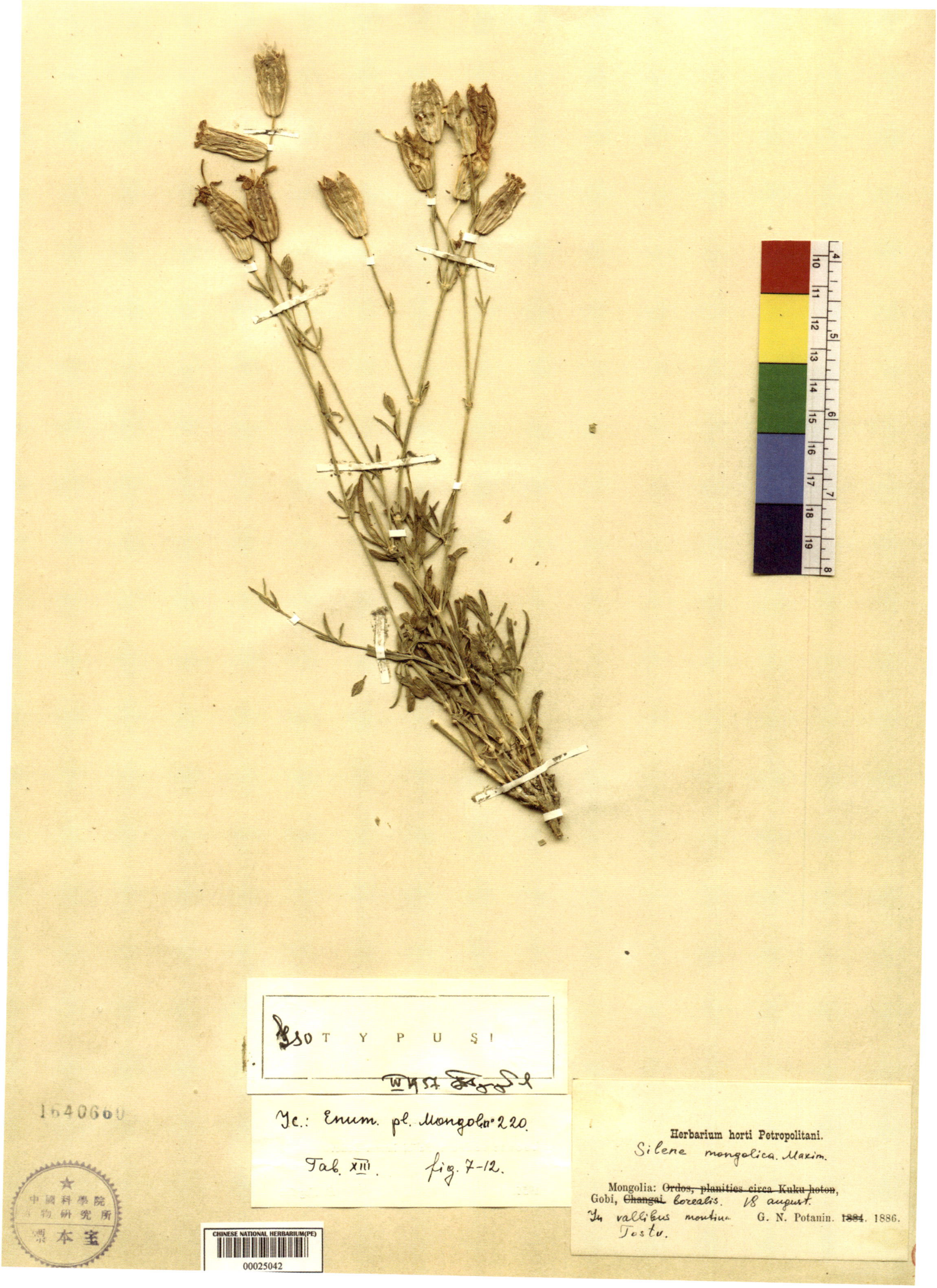

蒙古蝇子草 ***Silene mongolica*** Maxim., Enum. Pl. Nongolia 1: 88.1889. **Isotype:** Mongolia. Gobi, 1886-08-18, G. N. Potanin s. n.

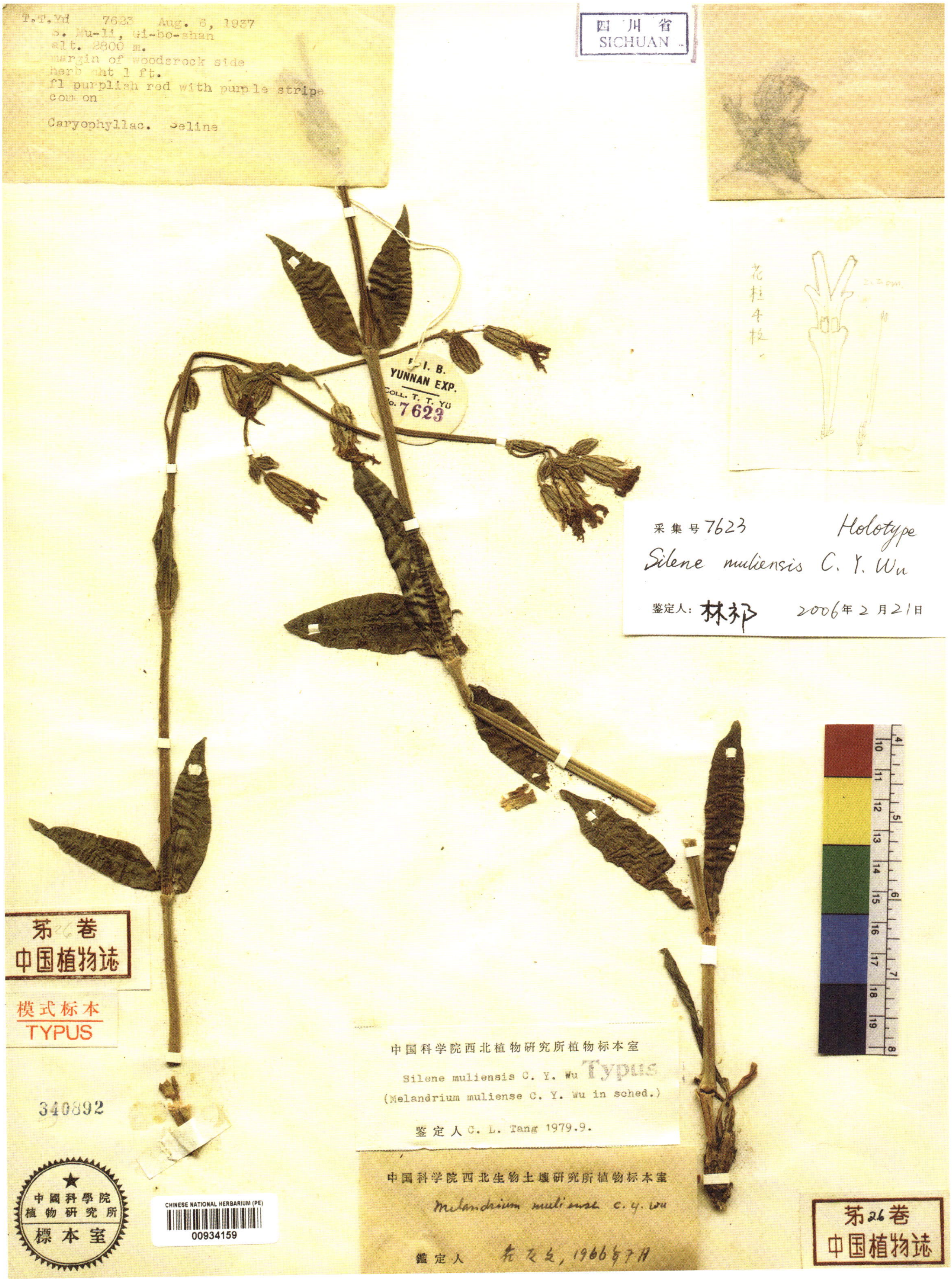

木里蝇子草 *Silene muliensis* C. Y. Wu in Acta Bot. Yunnan. 4(2): 147, f. 3. 1982. **Holotype:** China. Sichuan: Muli, alt. 2 800 m, 1937-08-06, T. T. Yu 7623.

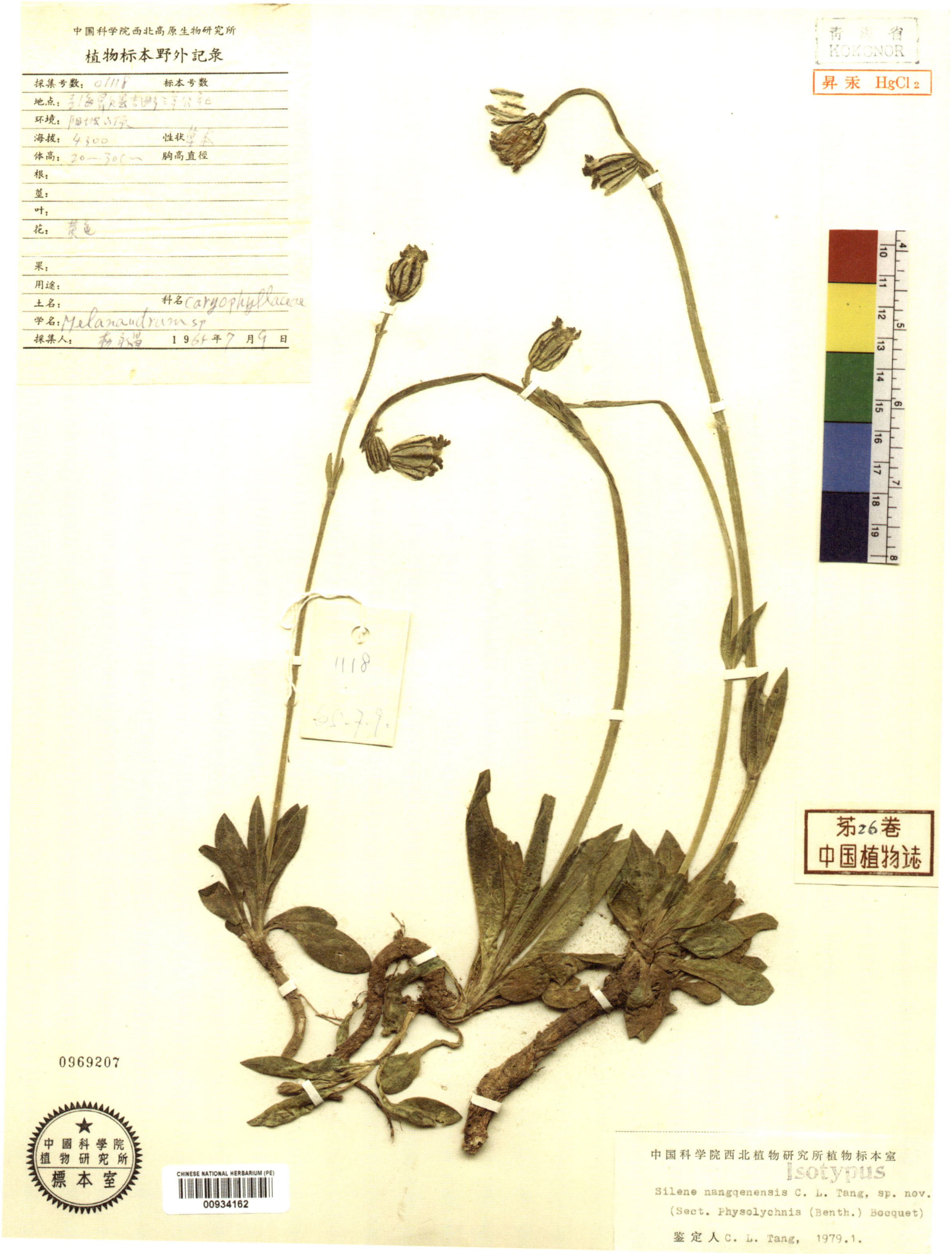

囊谦蝇子草 ***Silene nangqenensis*** C. L. Tang in Acta Bot. Yunnan. 2(4): 433, f. 4. 1980. **Isotype:** China. Qinghai: Nangqian, alt. 4 300 m, 1965-07-09, Y. C. Yang 01118.

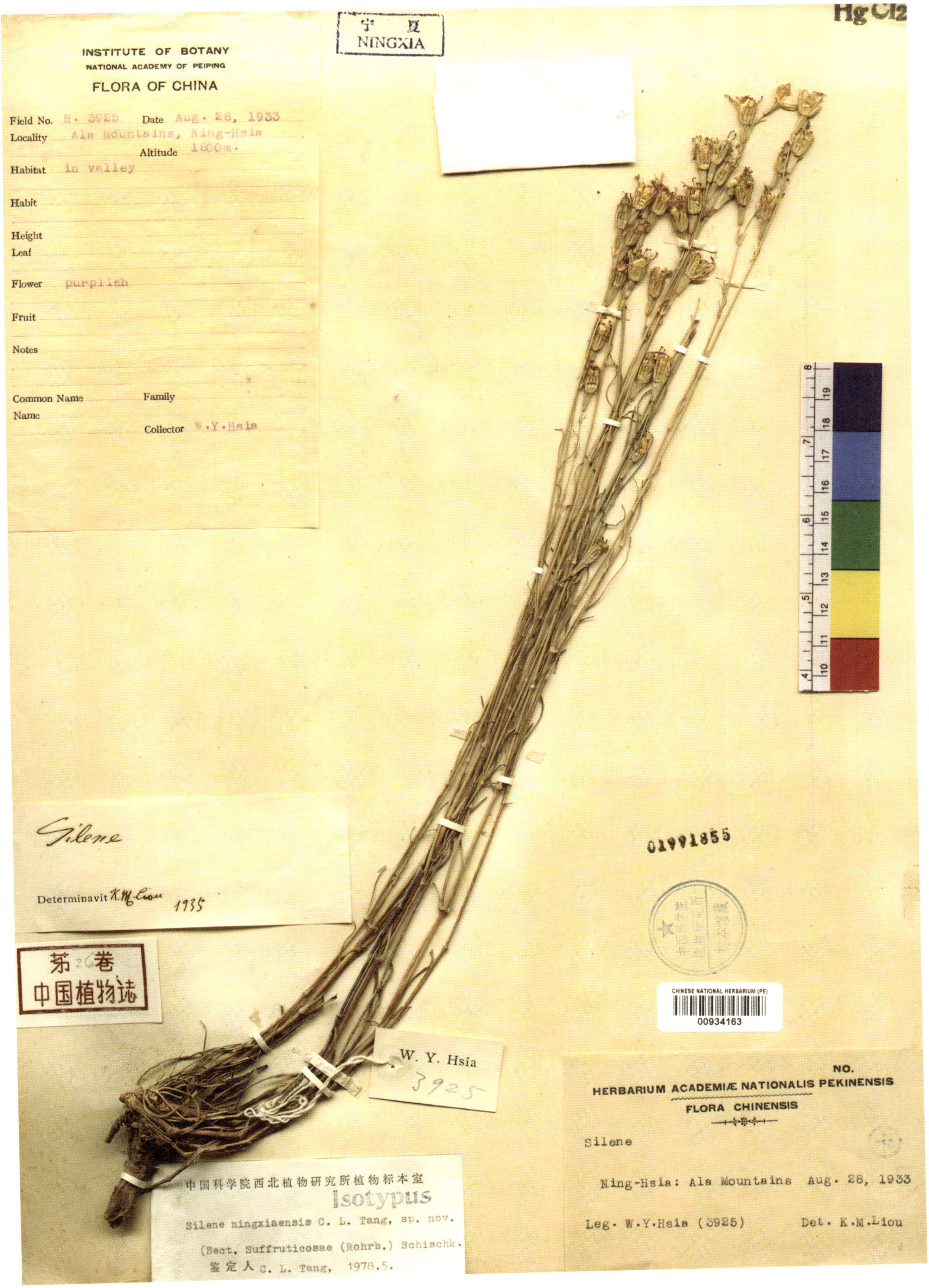

宁夏蝇子草 ***Silene ningxiaensis*** C. L. Tang in Acta Bot. Yunnan. 2(4): 431, f. 3. 1980. **Isotype:** China. Ningxia: Helanshan, alt. 1 800 m, 1933-08-28, W. Y. Hsia 3925.

林芝蝇子草 ***Silene nyingchiensis*** L. H. Zhou in Bull. Bot. Lab. N.-E. Forest. Inst., Harbin 9: 59, f. 1. 1980. **Holotype:** China. Xizang: Nyingchi, alt. 3 100 m, 1965-08-03, Y. T. Chang & K. Y. Lang 1264.

倒披针叶蝇子草 ***Silene oblanceolata*** W. W. Smith in Notes Roy. Bot. Gard. Edinburgh 11(55): 227. 1919. **Isotype:** China. Yunnan: Mekong-Salween, alt. 3 333 m, 1914-09-??, G. Forrest 13331.

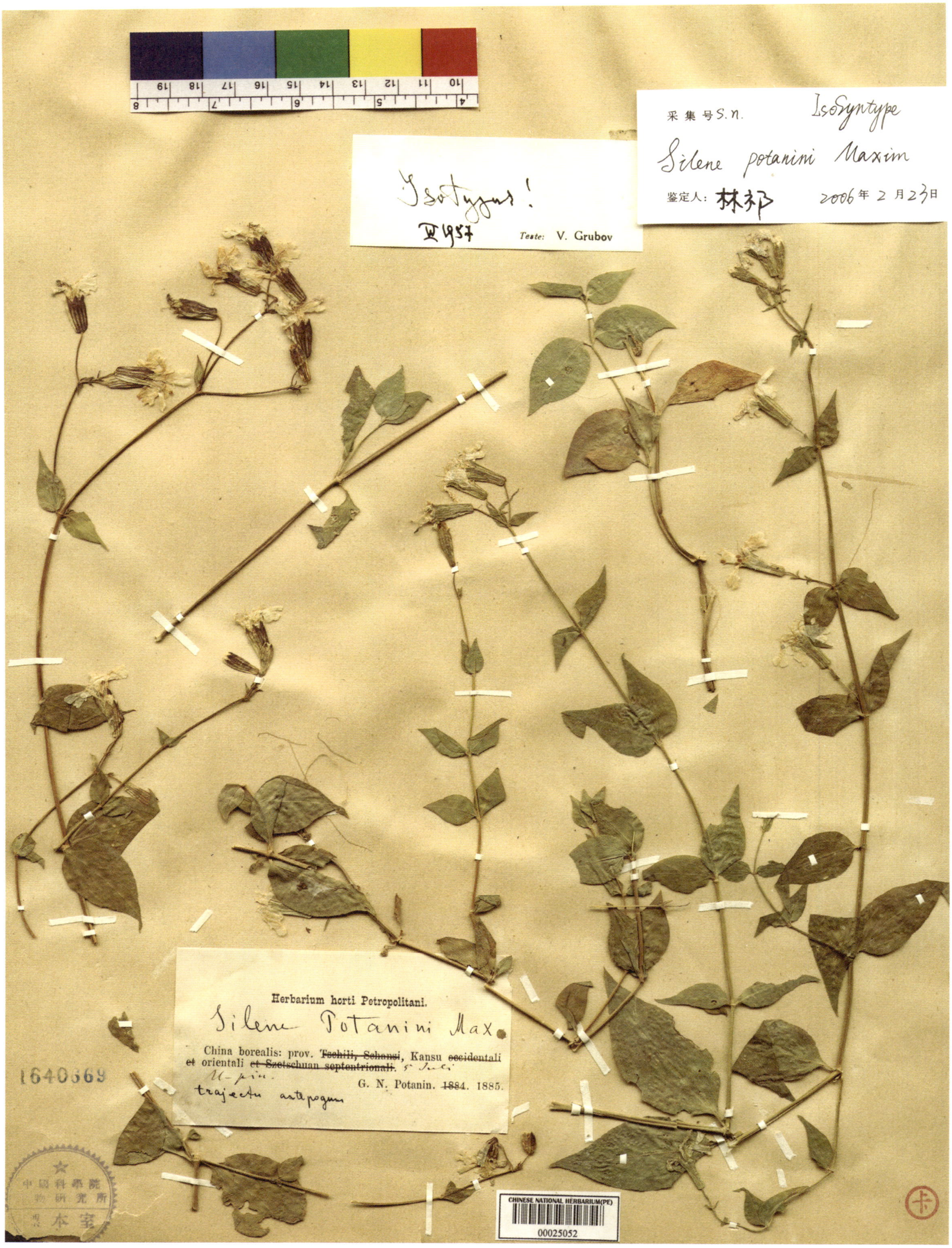

甘南鹤草 ***Silene potanini*** Maxim. in Acta Hort. Petrop. 11: 66. 1889. **Lectotype** (designated here): China. Gansu: Wuping, 1885-06-21, G. N. Potanin s. n.

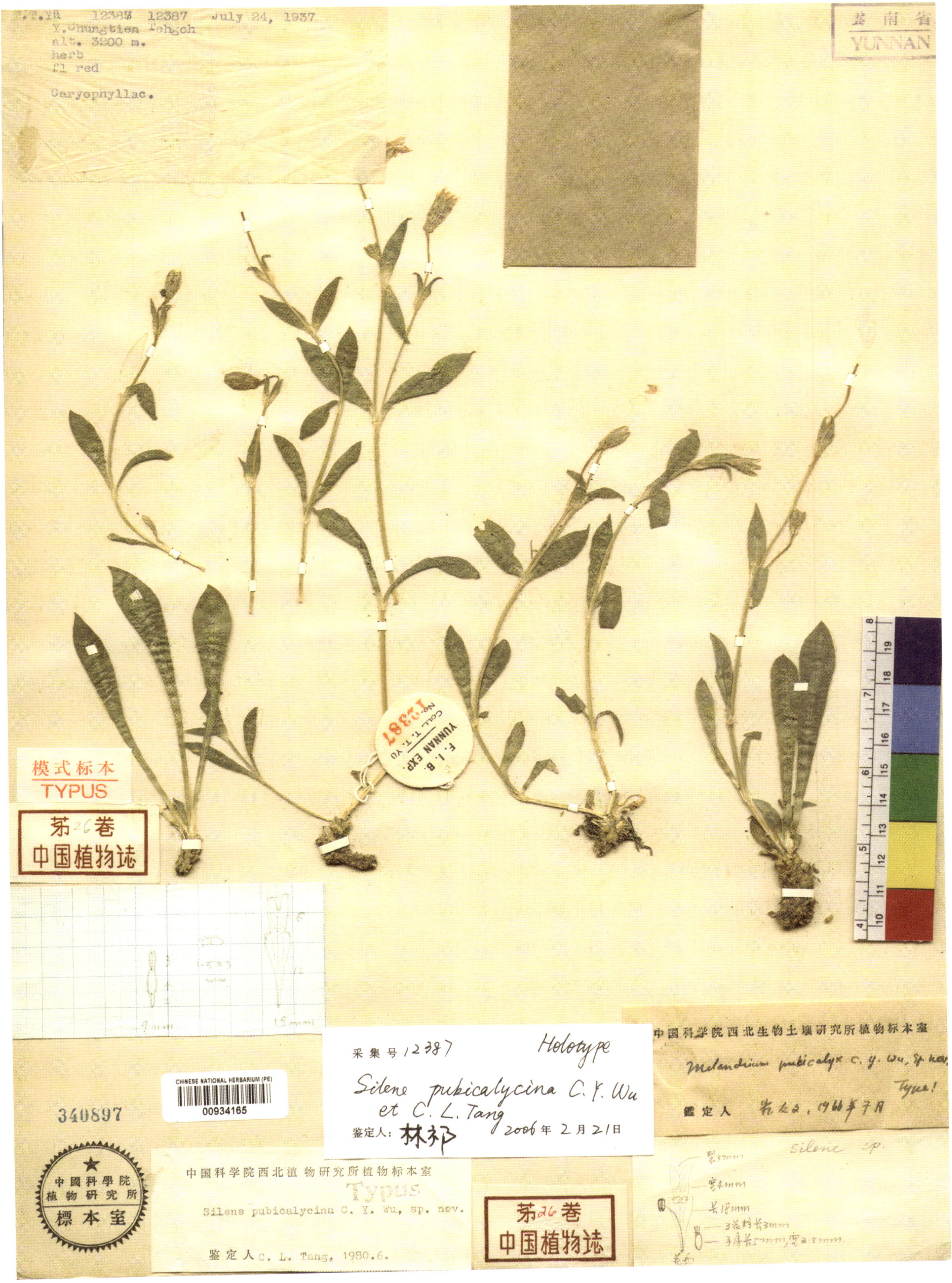

毛萼蝇子草 ***Silene pubicalycina*** C. Y. Wu in Acta Bot. Yunnan. 4(2): 151, f. 5. 1982. **Holotype:** China. Yunnan: Zhongdian (=Shangri-La), alt. 3 200 m, 1937-07-24, T. T. Yu 12387.

毛柱蝇子草 ***Silene pubistyla*** L. H. Zhou, Fl. Xizang. 1: 734, f. 214: 7–11. 1983. **Holotype:** China. Xizang: Zada, alt. 3 000 m, 1976-07-02, Qinghai-Xizang Exped. Geobotany Sect. 12935.

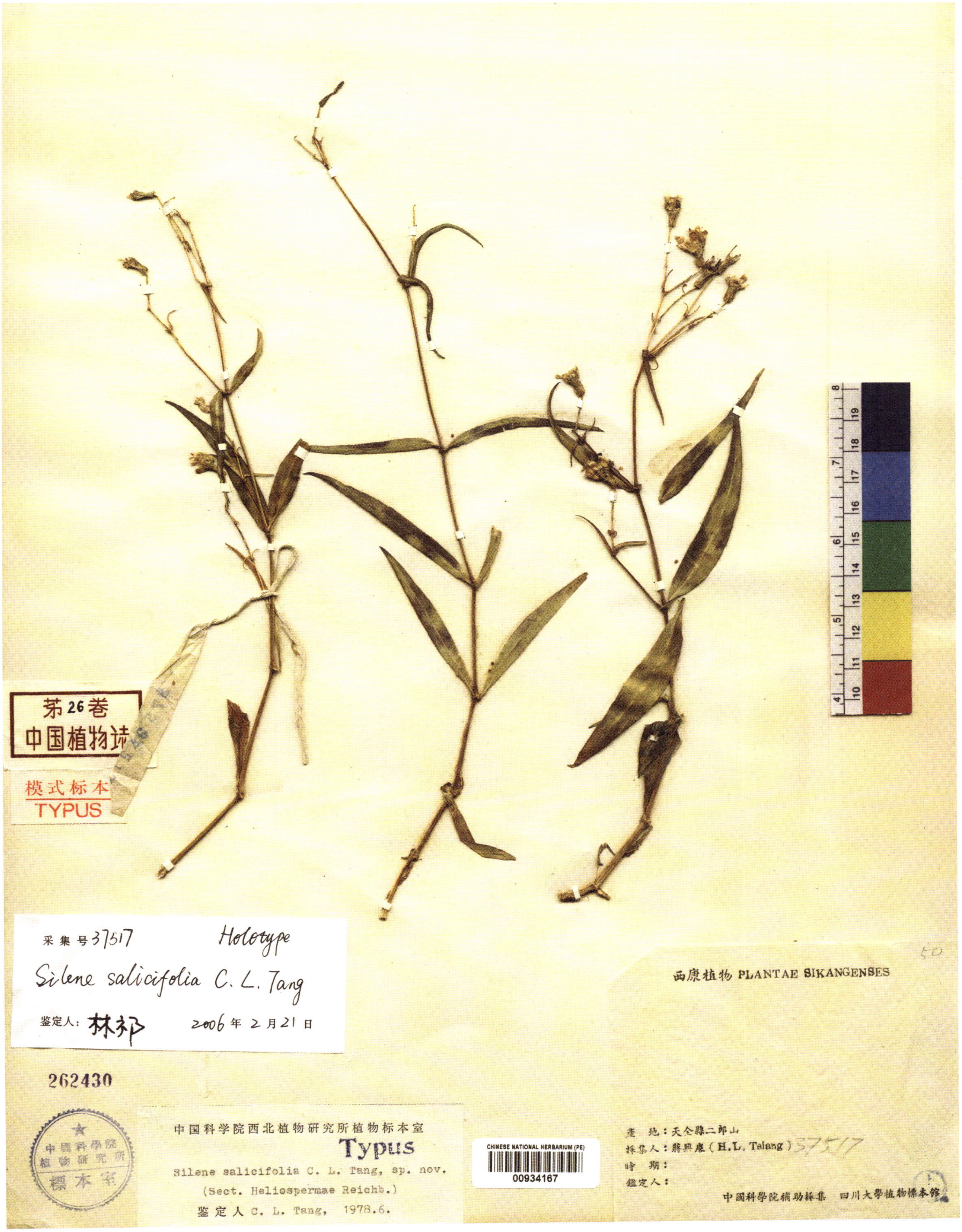

柳叶蝇子草 ***Silene salicifolia*** C. L. Tang in Acta Bot. Yunnan. 2(4): 439, f. 8. 1980. **Holotype:** China. Sichuan: Tianquan, alt. 2 650 m, 1953-10-14, W. P. Fang & H. L. Tsiang 37517.

安徽繁缕 ***Stellaria anhweiensis*** Migo. in J. Shanghai Sci. Inst. 3(4): 145. 1939. **Isotype:** China. Anhui: She Xian, 1935-06-03, H. Migo s. n.

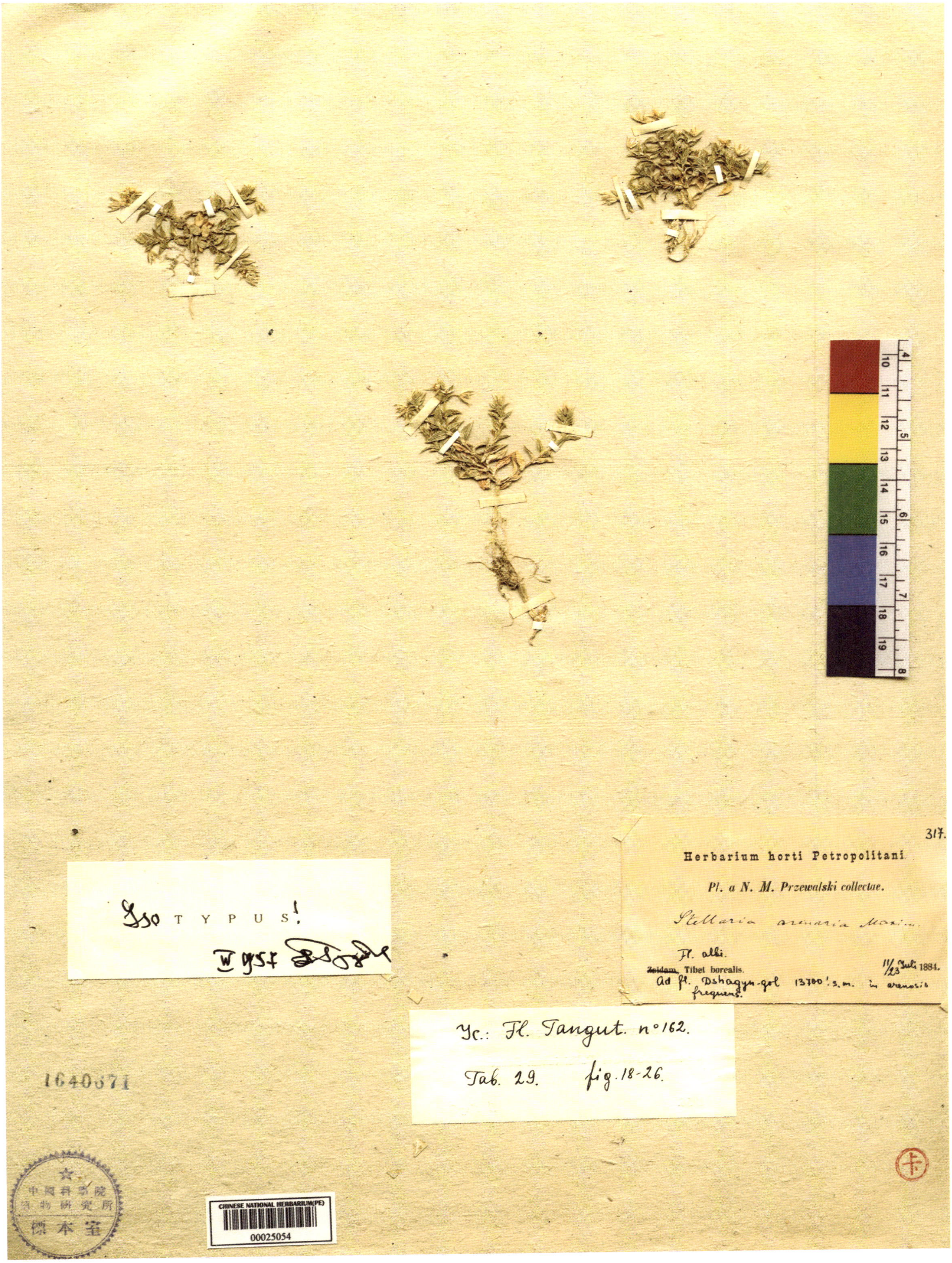

沙生繁缕 ***Stellaria arenaria*** Maxim., Fl. Tangut. 91, pl. 29, f. 18. 1889. **Isotype:** China. Xizang: Precise locality not known, alt. 4 330 m, 1884-07-(11-23), N. M. Przewalski 317.

二柱繁缕 ***Stellaria bistyla*** Y. Z. Zhao in Bull. Bot. Res., Harbin 5(4): 142, f. 1. 1985. **Isoparatype:** China. Nei Mongol: Helanshan, 1962-07-02, NMU 131.

雪灵芝状繁缕 ***Stellaria decumbens*** Edgew. var. ***arenarioides*** L. H. Zhou, Fl. Xizang. 1: 703, f. 225: 11–16. 1983.
Holotype: China. Xizang: Zayü, alt. 4 800 m, 1973-08-25, J. W. Zhang 1297.

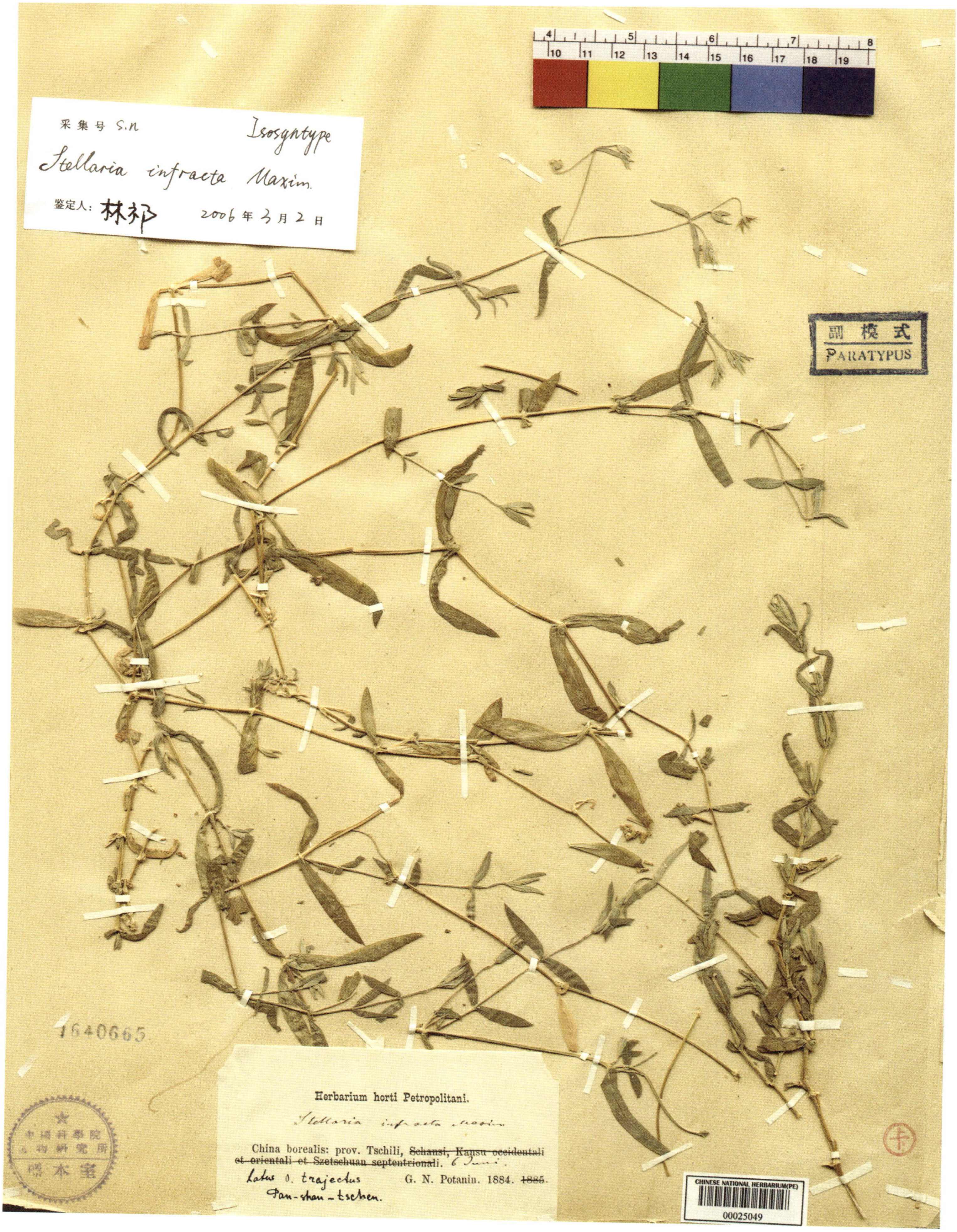

内弯繁缕 ***Stellaria infracta*** Maxim. in Acta Hort. Petrop. 11: 72. 1890. **Lectotype** (designated here): China. Hebei: Panshan, 1884-??-??, G. N. Potanin s. n.

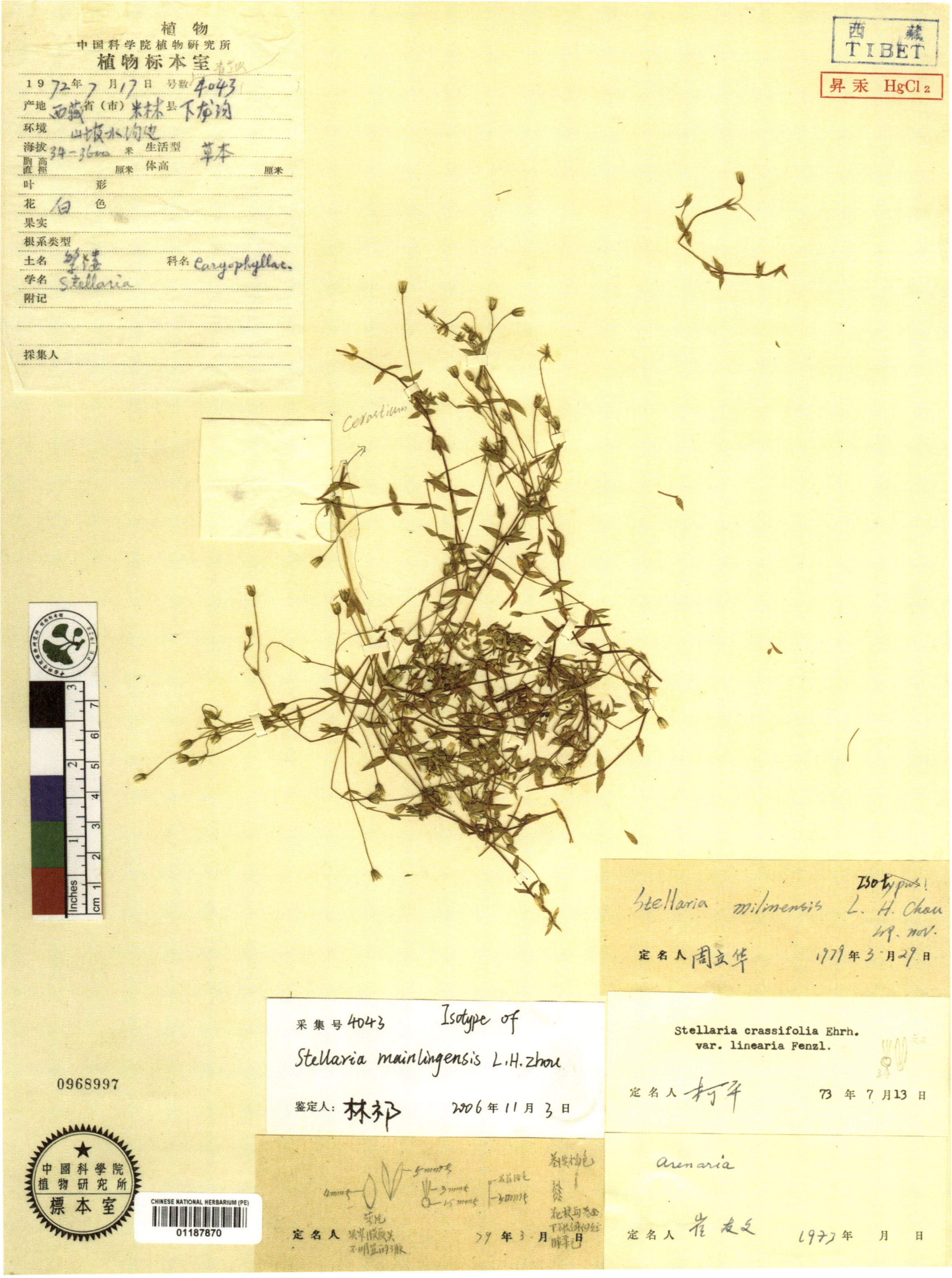

米林繁缕 ***Stellaria mainlingensis*** L. H. Zhou, Fl. Xizang. 1: 693, f. 221: 6–10. 1983. **Isotype:** China. Xizang: Mainling, alt. 3 400~3 600 m, 1972-07-17, Qinghai-Xizang Exped. 4043.

聂拉木繁缕 ***Stellaria nyalamensis*** L. H. Zhou, Fl. Xizang. 1: 693, f. 219: 7–10. 1983. **Isotype:** China. Xizang: Nyalam, alt. 2 700~2 800 m, 1972-08-14, Xizang Medic. Herb. Exped. 1170.

八蕊繁缕 ***Stellaria octandra*** Pobed. in Bull. Jard. Bot. Princ. URSS 28: 586. 1929. **Lectotype** (designated here): China. Sichuan: Chengdu, 1893-03-23, G. N. Potanin s. n.

细柄繁缕 ***Stellaria petiolaris*** Hand.-Mazz. in Oesterr. Bot. Zeitschr. 89: 57. 1940. **Isotype:** China. Sichuan: Baoxing, alt. 2 400 m, 1936-06-22, K. L. Chu 2891.

柳叶繁缕 ***Stellaria salicifolia*** Y. W. Cui ex P. Ke in Acta Bot. Yunnan. 7(1): 77, f. 2. 1985. **Isotype:** China. Shaanxi: Zhouzhi, 1952-06-13, P. C. Kou 1314.

短瓣绵毛繁缕 ***Stellaria semivestita*** Edgew. ex Edgew. & Hook. f. var. ***brevipetala*** L. H. Zhou, Fl. Xizang. 1: 692, f. 221: 11–15. 1983. **Isotype:** China. Xizang: Nyalam, alt. 4 000 m, 1975-06-24,Qinghai-Xizang Exped. 5854.

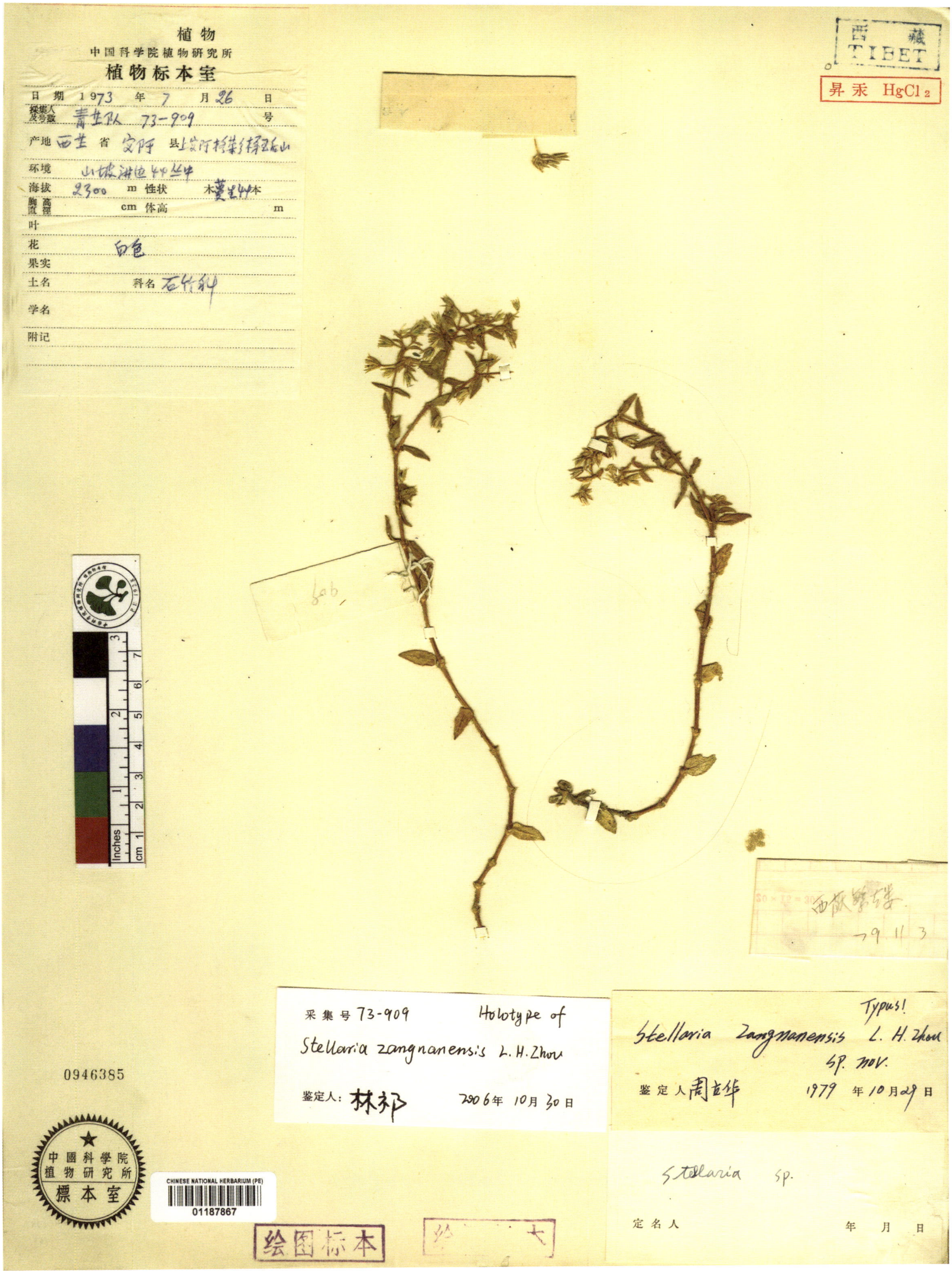

藏南繁缕 ***Stellaria zangnanensis*** L. H. Zhou in Bull. Bot. Lab. N.-E. Forest. Inst., Harbin 9: 56, f. 2. 1980. **Holotype:** China. Xizang: Zayü, alt. 2 300 m, 1973-07-26, Qinghai-Xizang Exped. 73-909.

Berberidaceae

小檗科

xiaoboke

那觉小檗 ***Berberis atroviridiana*** T. S. Ying in Acta Phytotax. Sin. 37(4): 336, f. 12: 10-12. 1999. **Holotype:** China. Xizang: Zayü, alt. 3 200 m, 1935-09-??, C. W. Wang 66536.

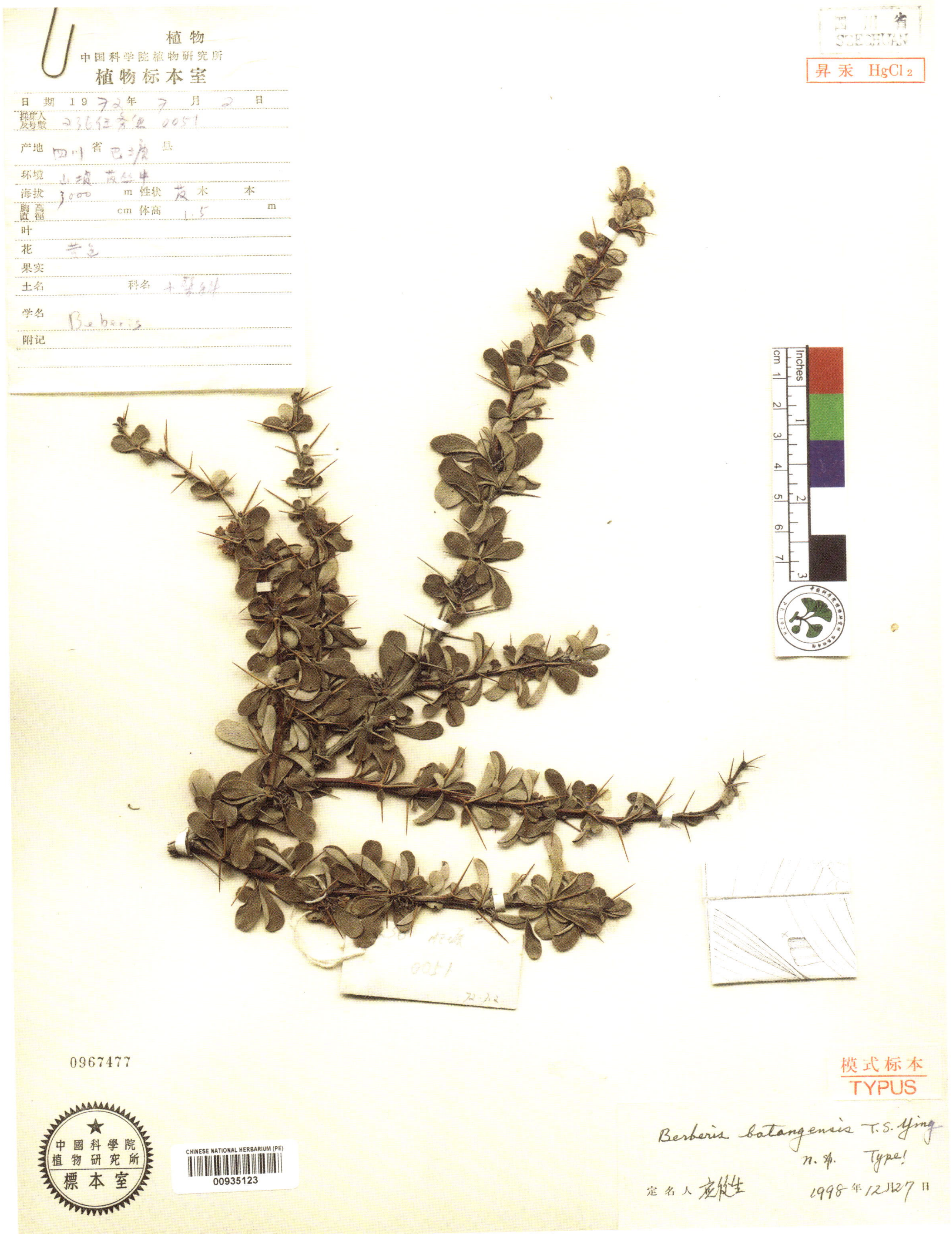

巴塘小檗 ***Berberis batangensis*** T. S. Ying in Acta Phytotax. Sin. 37(4): 344, f. 11: 1-9. 1999. **Holotype:** China. Sichuan: Batang, alt. 3 000 m, 1972-07-02, 236 Coll. Team 0051.

北京小檗 ***Berberis beijingensis*** T. S. Ying in Acta Phytotax. Sin. 37(4): 324, f. 8: 1-8. 1999. **Holotype:** China. Beijing: West Hill, 1930-05-09, H. F. Chow 40202.

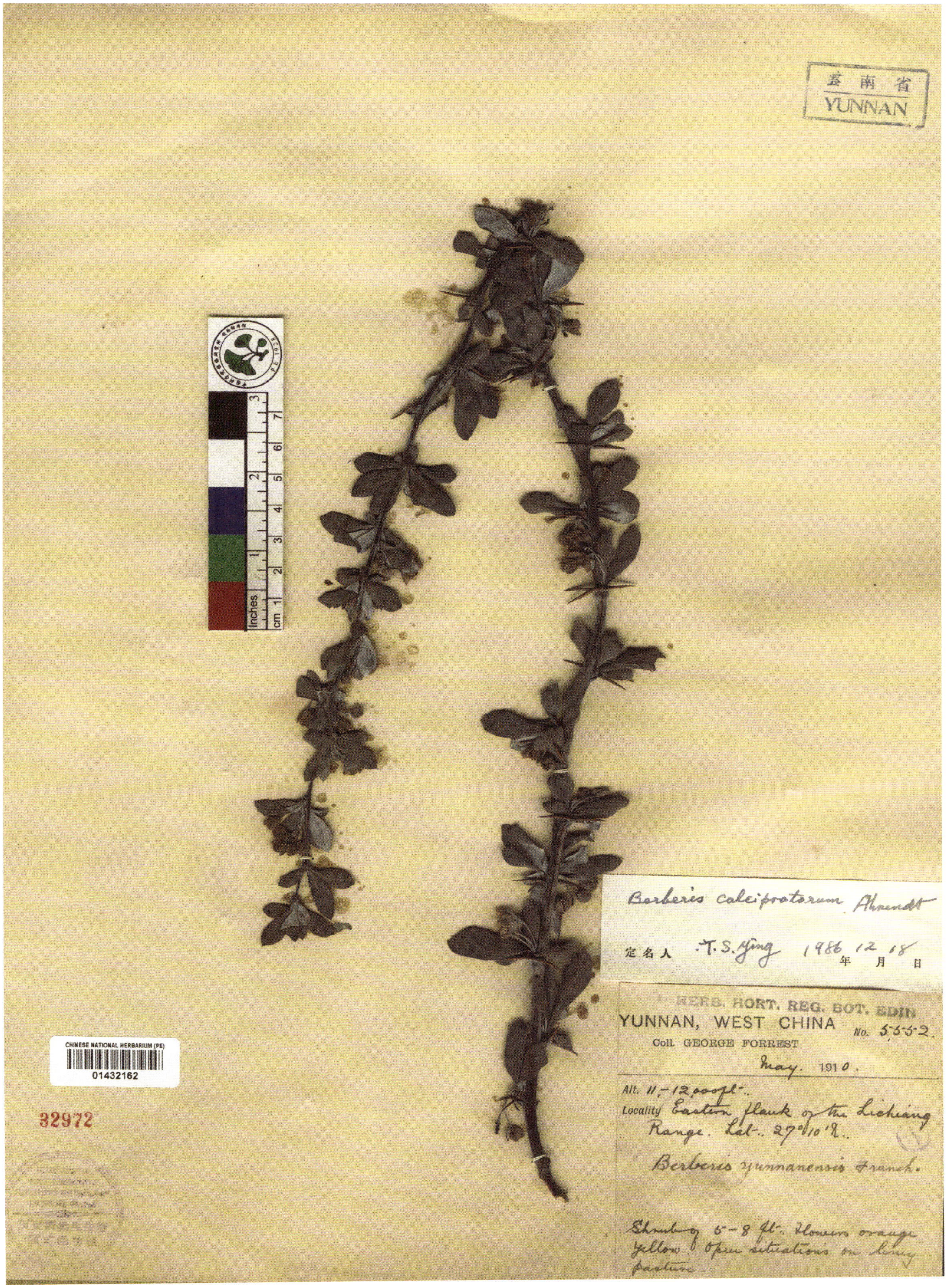

钙原小檗 ***Berberis calcipratorum*** Ahrendt in J. Linn. Soc. Bot. 57: 130. 1961. **Isotype:** China. Yunnan: Lijiang, alt. 3 355~3 660 m, 1910-05-??, G. Forrest 5552.

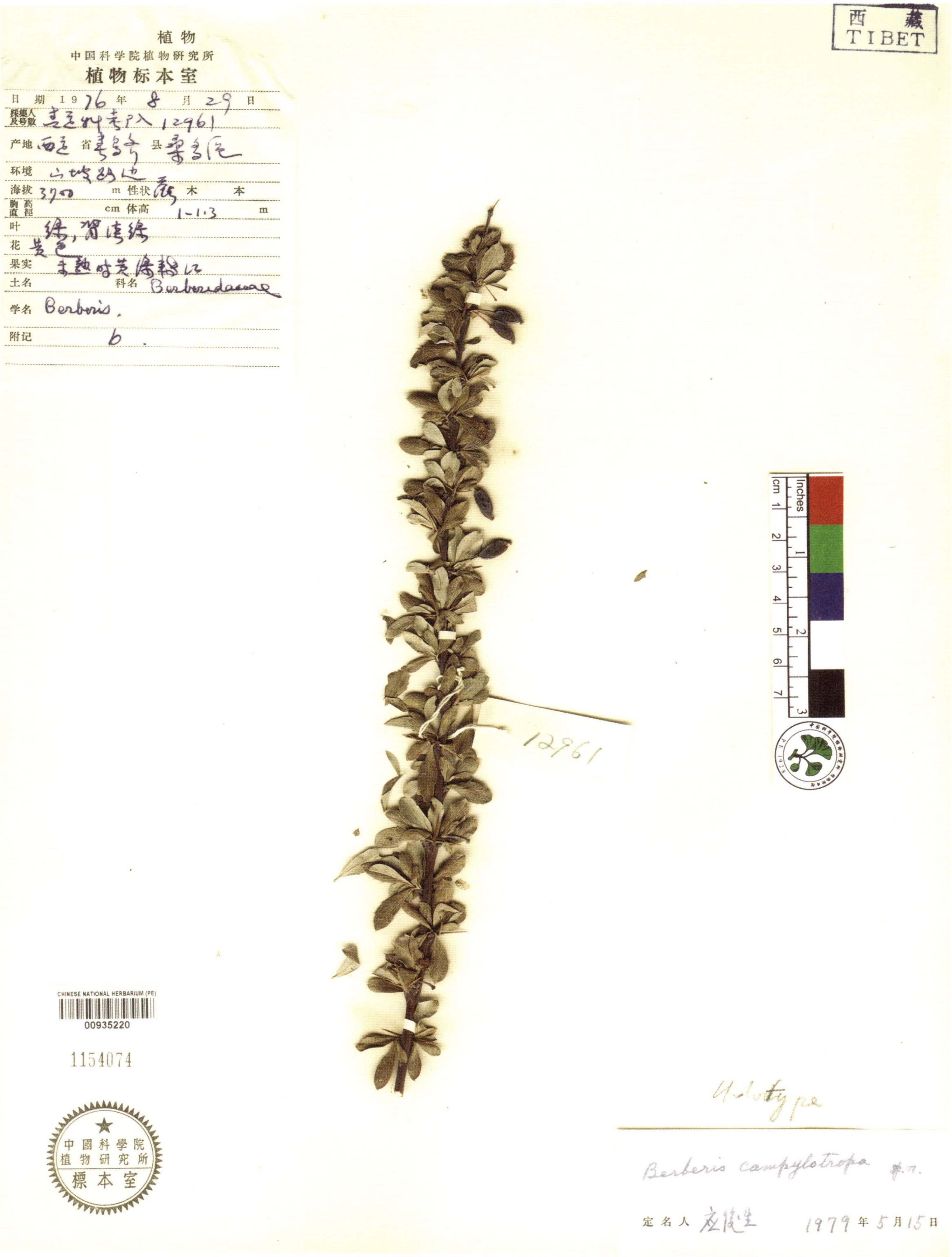

弯果小檗 ***Berberis campylotropa*** T. S. Ying, Fl. Xizang. 2: 152. 1985. **Holotype:** China. Xizang: Riwoqê, alt. 3 700 m, 1976-08-29, Qinghai-Xizang Exped. 12961.

被粉小檗 ***Berberis cavaleriei*** Lévl. var. ***pruinosa*** Byhouwer in J. Arnold Arbor. 9(2-3): 132. 1928. **Isotype:** China. Anhui: Wuyuan, 1925-08-07, R. C. Ching 3248.

华东小檗 ***Berberis chingii*** W. C. Cheng in Contr. Biol. Lab. Sci. Soc. China, Bot. Ser. 9: 191, f. 17. 1934. **Isotype:** China. Anhui: Wuyuan, 1925-08-07, R. C. Ching 3248.

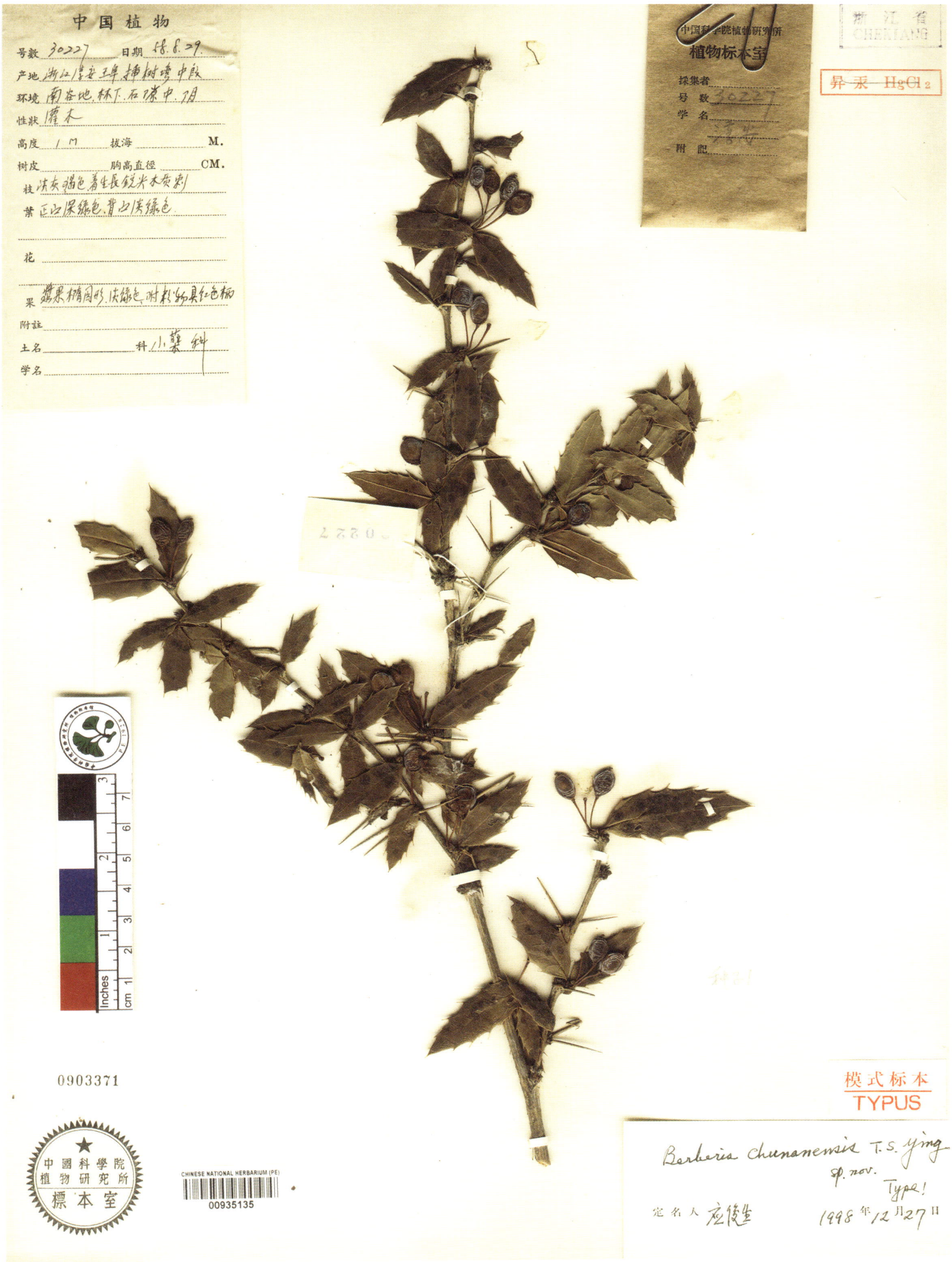

淳安小檗 ***Berberis chunanensis*** T. S. Ying in Acta Phytotax. Sin. 37(4): 315, f. 5: 9-16. 1999. **Holotype:** China. Zhejiang: Chunan, 1958-08-29, Anonymous 30227.

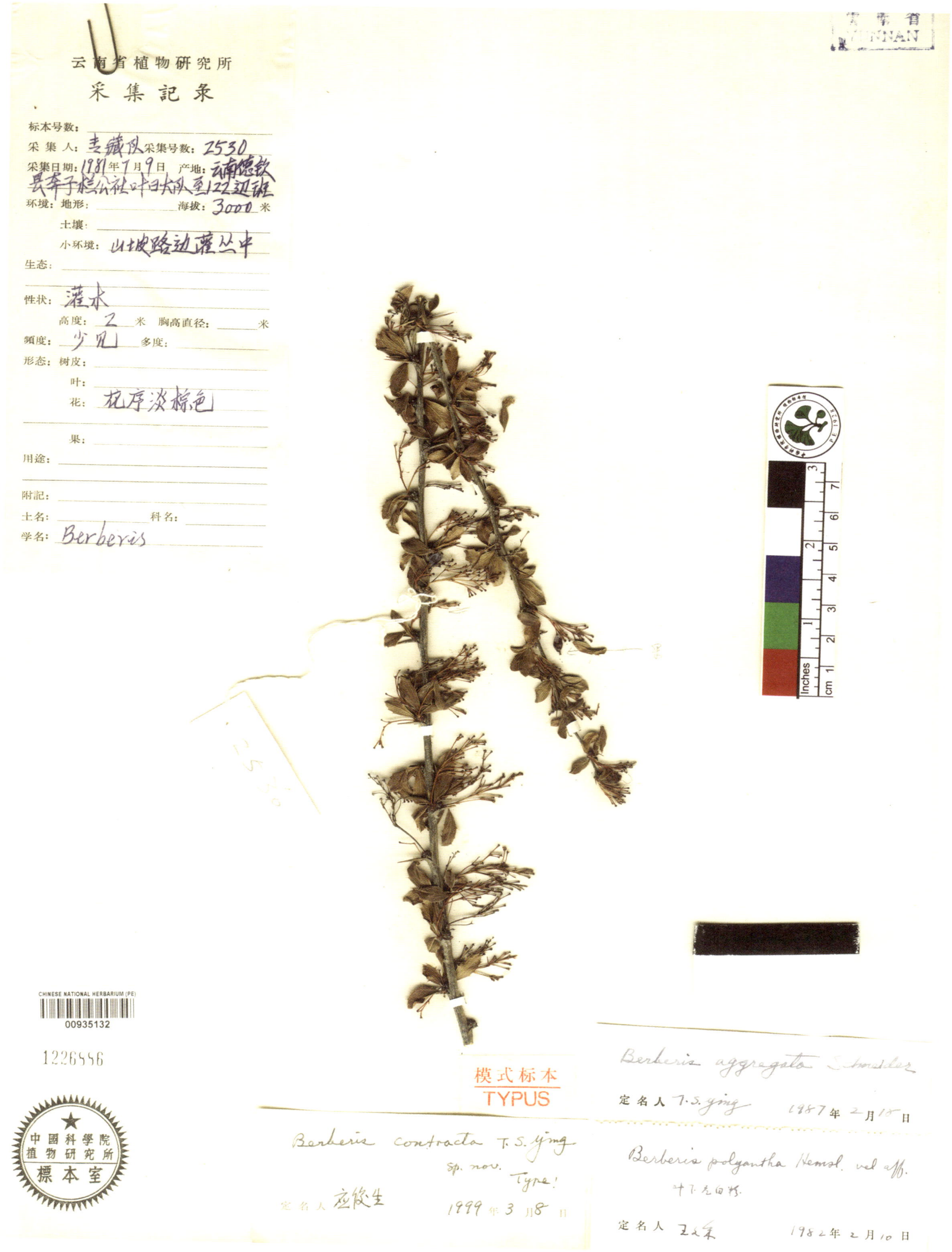

德钦小檗 ***Berberis contracta*** T. S. Ying in Acta Phytotax. Sin. 37(4): 322, f. 7: 10-18. 1999. **Holotype:** China. Yunnan: Dêqên, alt. 3 000 m, 1981-07-09, Qinghai-Xizang Exped. 2530.

城口小檗 ***Berberis daiana*** T. S. Ying in Acta Phytotax. Sin. 37(4): 345, f. 16: 1-6. 1999. **Holotype:** China. Chongqing: Chengkou, alt. 2 550 m, 1958-09-20, T. L. Dai 107268.

稻城小檗 ***Berberis daochengensis*** T. S. Ying in Acta Phytotax. Sin. 37(4): 336, f. 13: 1-6. 1999. **Holotype:** China. Sichuan: Daocheng, alt. 3 380 m, 1973-07-31, Sichuan Veget. Exped. 2426.

直穗小檗 ***Berberis dasystachya*** Maxim. in Bull. Acad. Imp. Sci. St.-Petersb. 23: 308. 1877. **Isotype:** China. Gansu: Qilianshan, 1873-06-??, N. M. Przewalski 62.

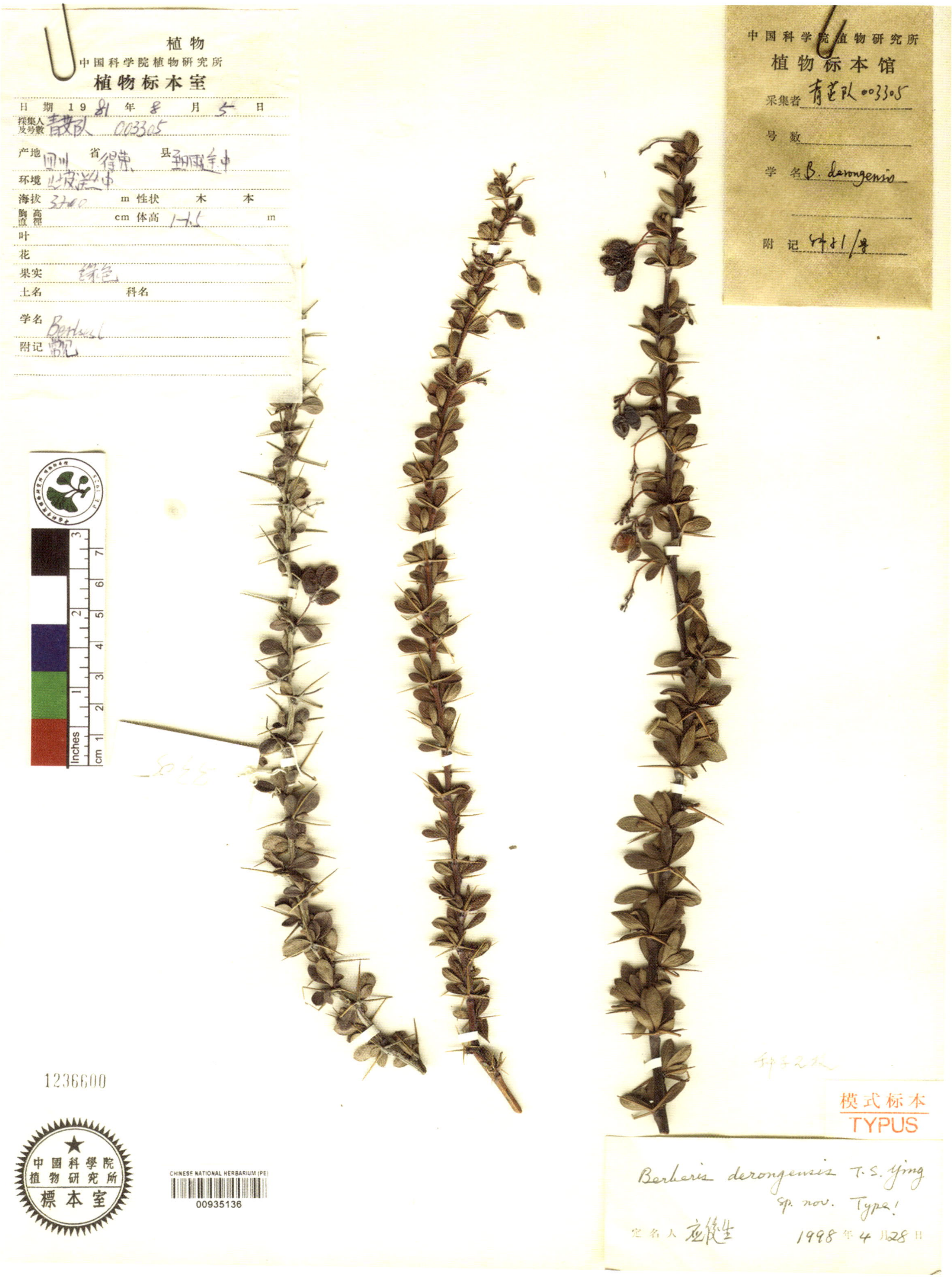

得荣小檗 ***Berberis derongensis*** T. S. Ying in Acta Phytotax. Sin. 37(4): 333, f. 10: 12-14. 1999. **Holotype:** China. Sichuan: Derong, alt. 3 200 m, 1981-08-05, Qinghai-Xizang Exped. 003305.

鲜黄小檗 ***Berberis diaphana*** Maxim. in Bull. Acad. Imp. Sci. St.-Petersb. 23(2): 309. 1877. **Isotype:** China. Gansu: Qilianshan, 1872-08-25, N. M. Przewalski 177.

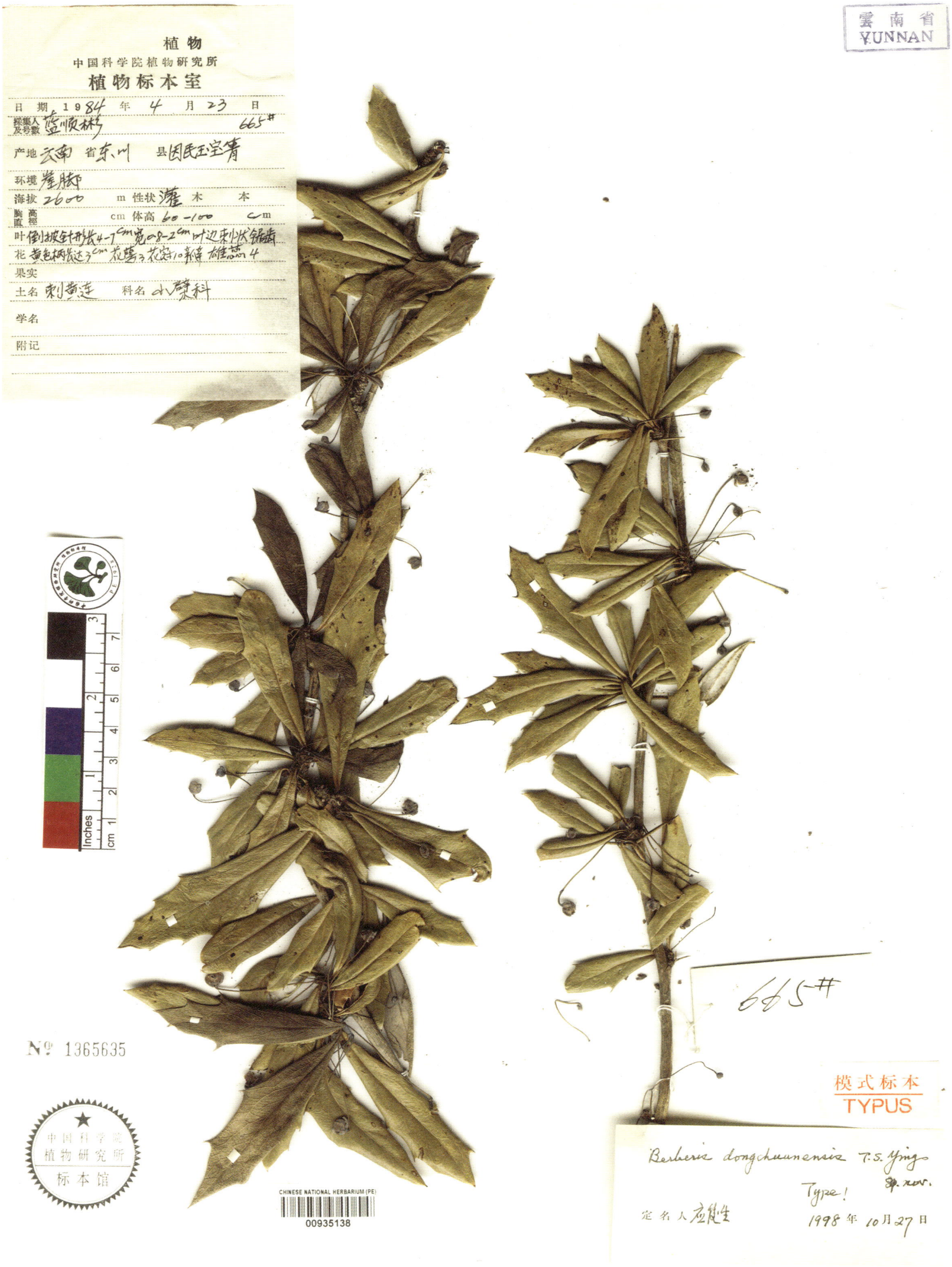

东川小檗 ***Berberis dongchuanensis*** T. S. Ying in Acta Phytotax. Sin. 37(4): 312, f. 4: 1-8. 1999. **Holotype:** China. Yunnan: Dongchuan, alt. 2 600 m, 1984-04-23, S. B. Lan 665.

吉隆小檗 ***Berberis gilungensis*** T. S. Ying, Fl. Xizang. 2: 134. 1985. **Holotype:** China. Xizang: Gyirong, alt. 3 200 m, 1972-06-05, Xizang Medic. Herb. Exped. 135.

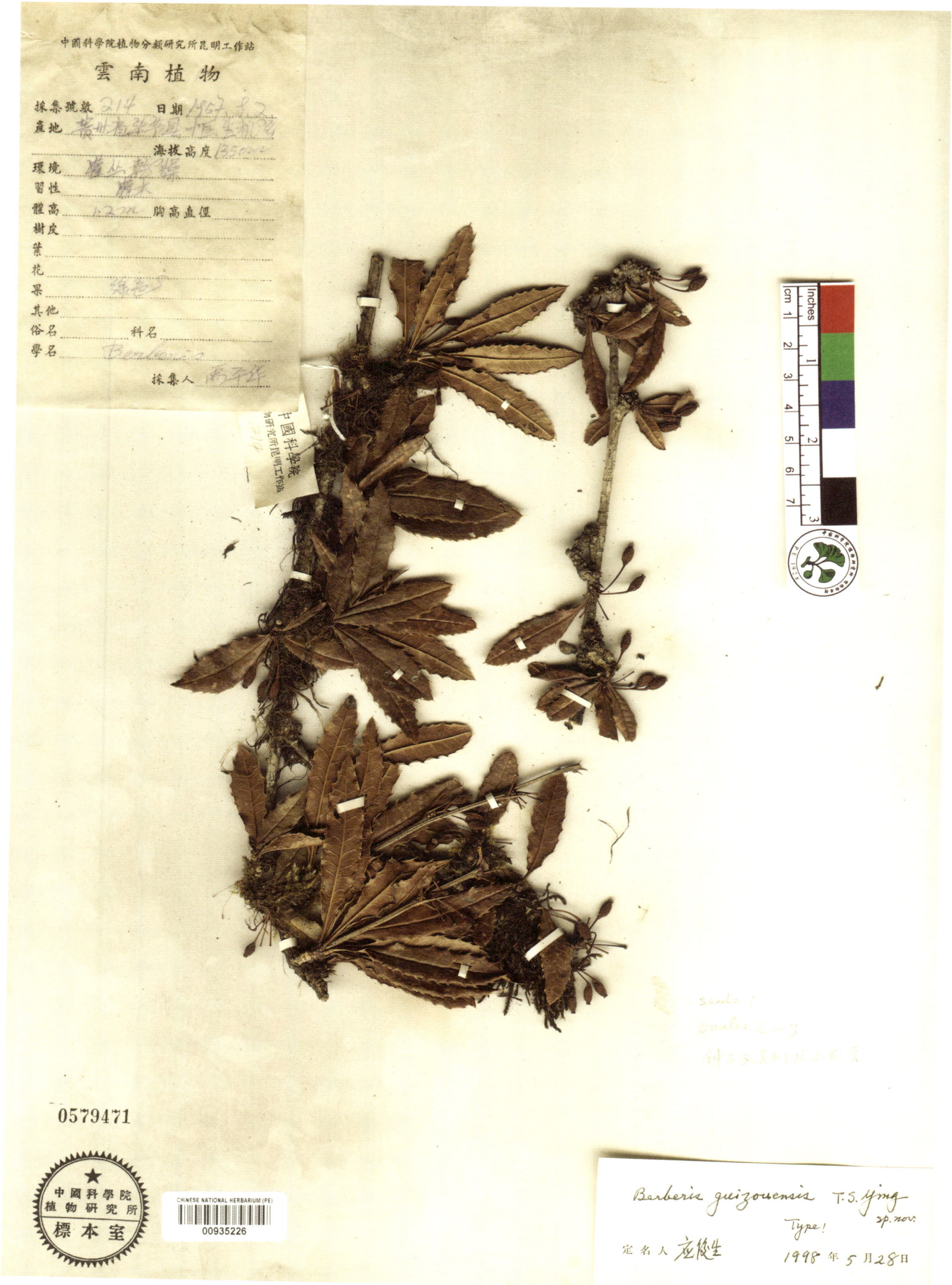

毕节小檗 ***Berberis guizhouensis*** T. S. Ying in Acta Phytotax. Sin. 27(4): 320, f. 6: 1-4. 1999. **Holotype:** China. Guizhou: Bijie, alt. 1 350 m, 1957-09-02, P. H. Yu 214.

洮河小檗 ***Berberis haoi*** T. S. Ying in Acta Phytotax. Sin. 37(4): 339, f. 14: 11-13. 1999. **Holotype:** China. Gansu: Min Xian, alt. 1 800 m, 1930-06-26, K. S. Hao 533.

直脉小檗 ***Berberis holocraspedon*** Ahrendt in J. Bot. 22. 1914. **Isotype:** China. Yunnan: Shunning (=Fengqing), alt. 3 200 m, 1938-11-21, T. T. Yu 18228.

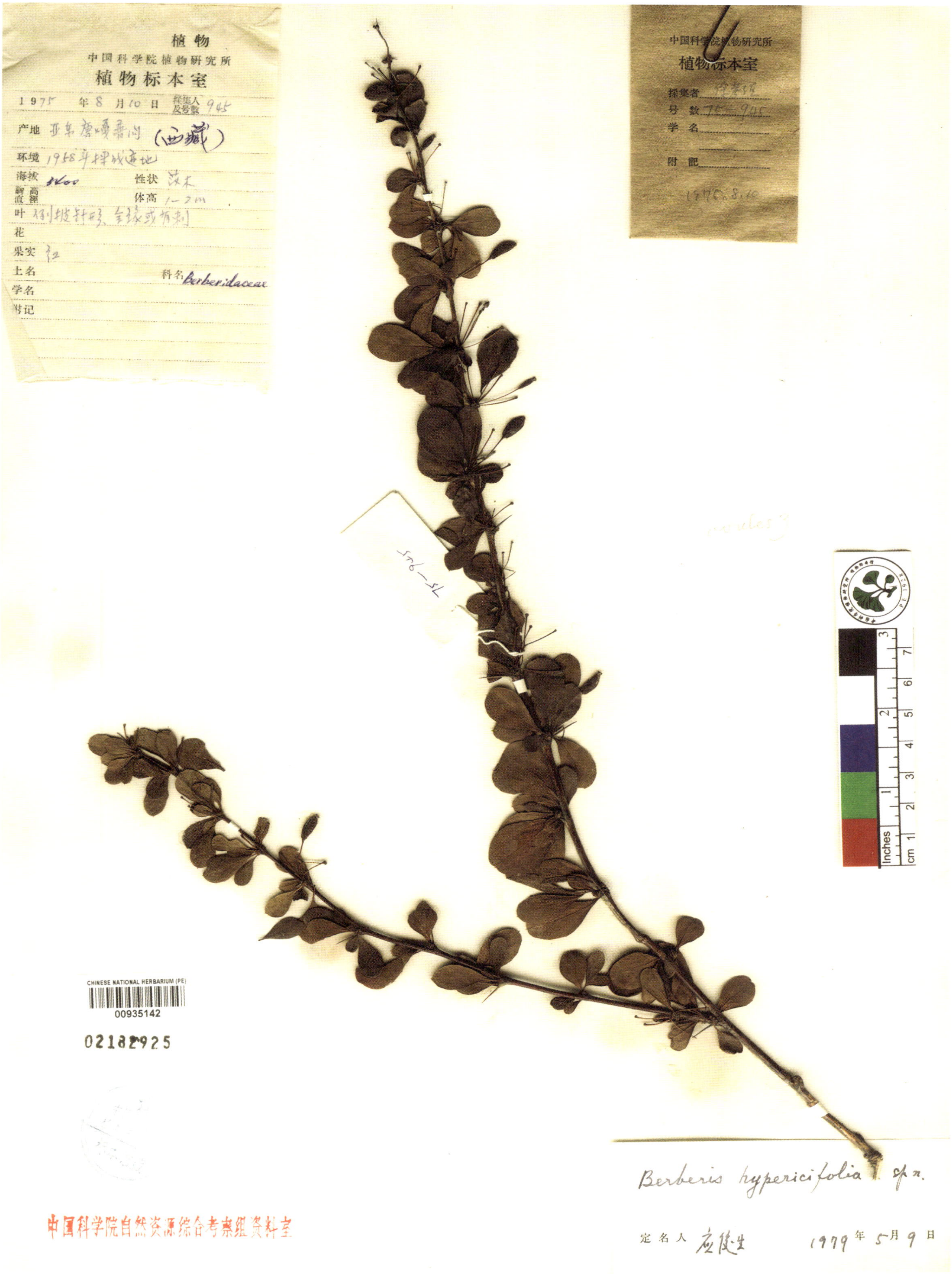

异叶小檗 ***Berberis hypericifolia*** T. S. Ying, Fl. Xizang. 2: 140. 1985. **Holotype:** China. Xizang: Yadong, alt. 3 400 m, 1975-08-10, Qinghai-Xizang Exped. 945.

甘南小檗 ***Berberis integripetala*** T. S. Ying in Acta Phytotax. Sin. 37(4): 334, f. 12:1-9. 1999. **Holotype:** China. Gansu: Cheng Xian, alt. 1 800 m, 1984-05-09, Q. R. Wang & al. 11510.

金佛山小檗 ***Berberis jinfushanensis*** T. S. Ying in Acta Phytotax. Sin. 37(4): 316, f. 5: 1-8. 1999. **Holotype:** China. Chongqing: Nanchuan, alt. 1 650 m, 1988-04-18, Z. Y. Liu 10913.

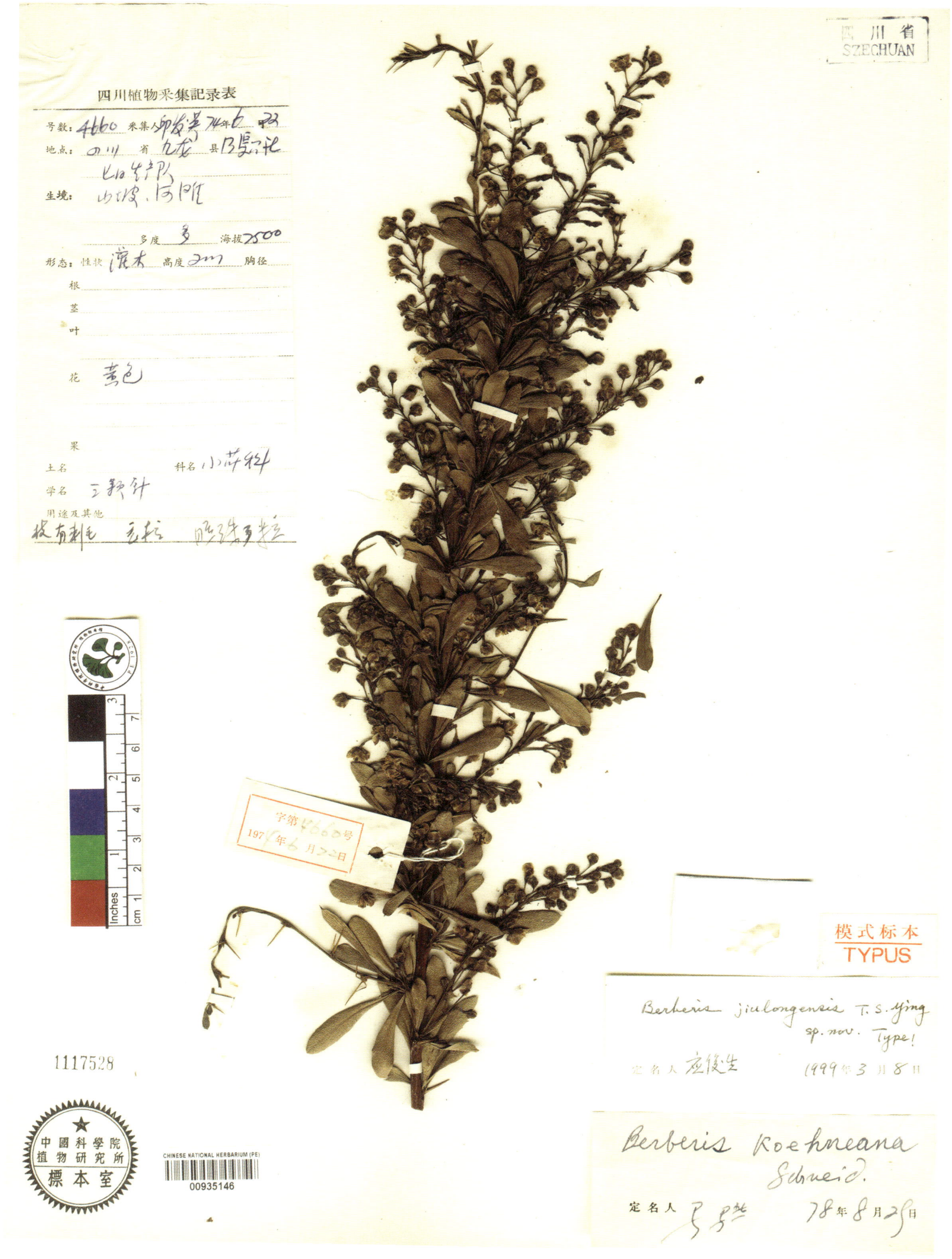

九龙小檗 ***Berberis jiulongensis*** T. S. Ying in Acta Phytotax. Sin. 37(4): 320, f. 7: 1-9. 1999. **Holotype:** China. Sichuan: Jiulong, alt. 2 500 m, 1974-06-22, F. Y. Qiu 4660.

康定小檗 ***Berberis kangdingensis*** T. S. Ying in Acta Phytotax. Sin. 37(4): 349, f. 17: 1-3. 1999. **Holotype:** China. Sichuan: Kangding, alt. 2 700 m, 1934-04-11, H. Smith 13039.

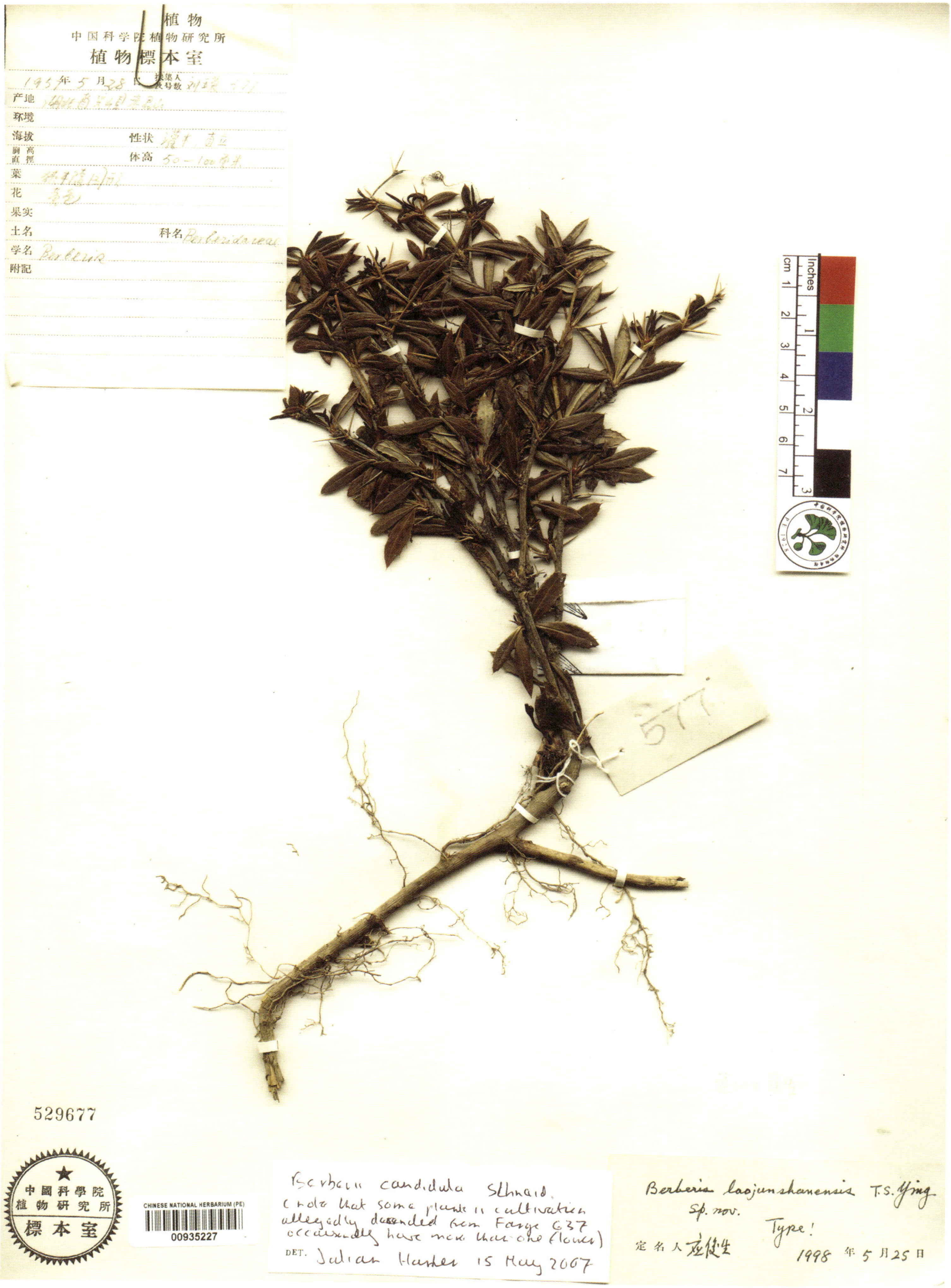

老君山小檗 ***Berberis laojunshanensis*** T. S. Ying in Acta Phytotax. Sin. 37(4): 318, f. 6: 5-13. 1999. **Holotype:** China. Hubei: Xingshan, 1957-05-28, Y. Liu 577.

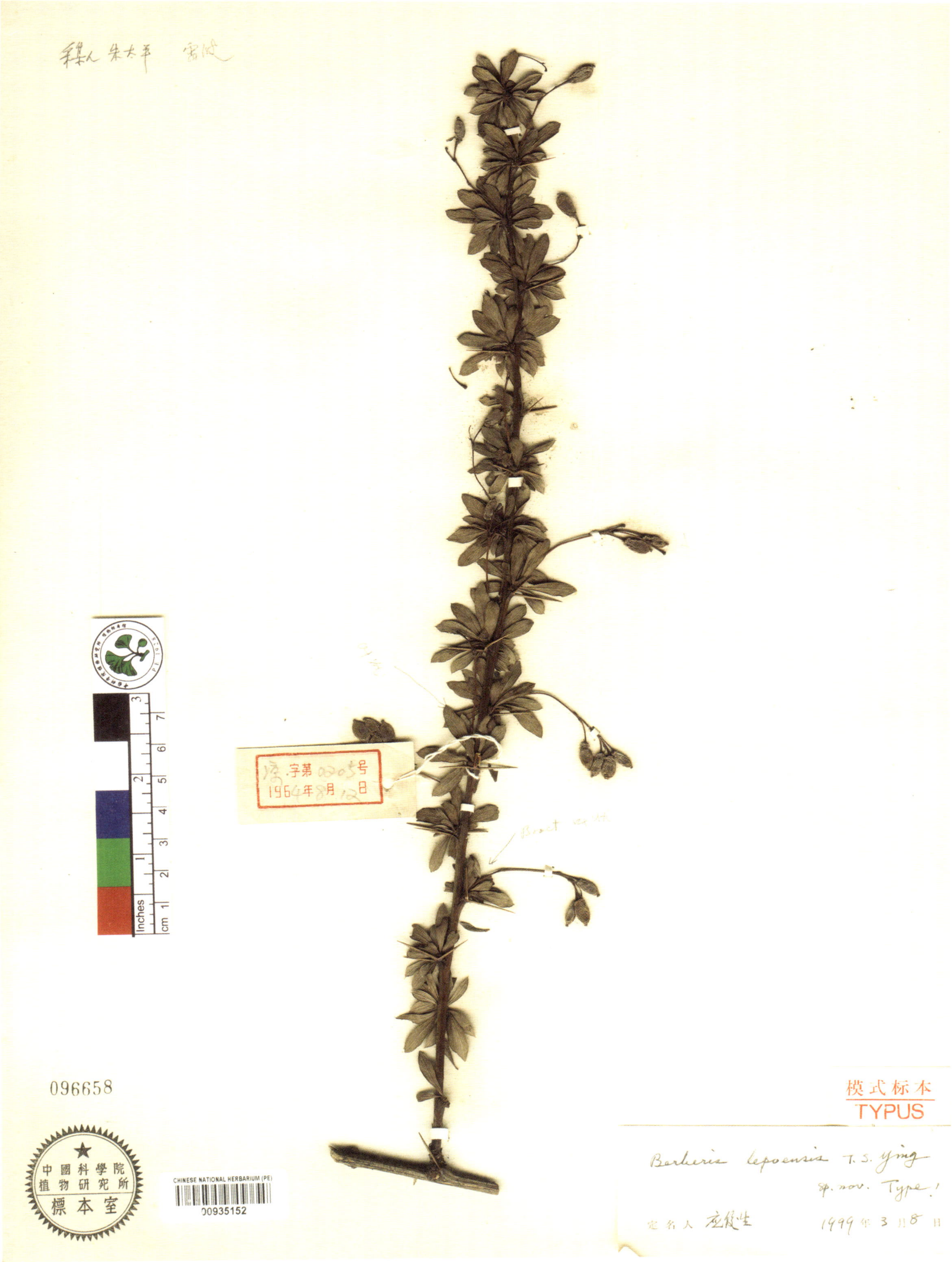

雷波小檗 ***Berberis leboensis*** T. S. Ying in Acta Phytotax. Sin. 37(4): 328, f. 9: 12-20. 1999. **Holotype:** China. Sichuan: Leibo, 1964-08-12, T. P. Zhu 0205.

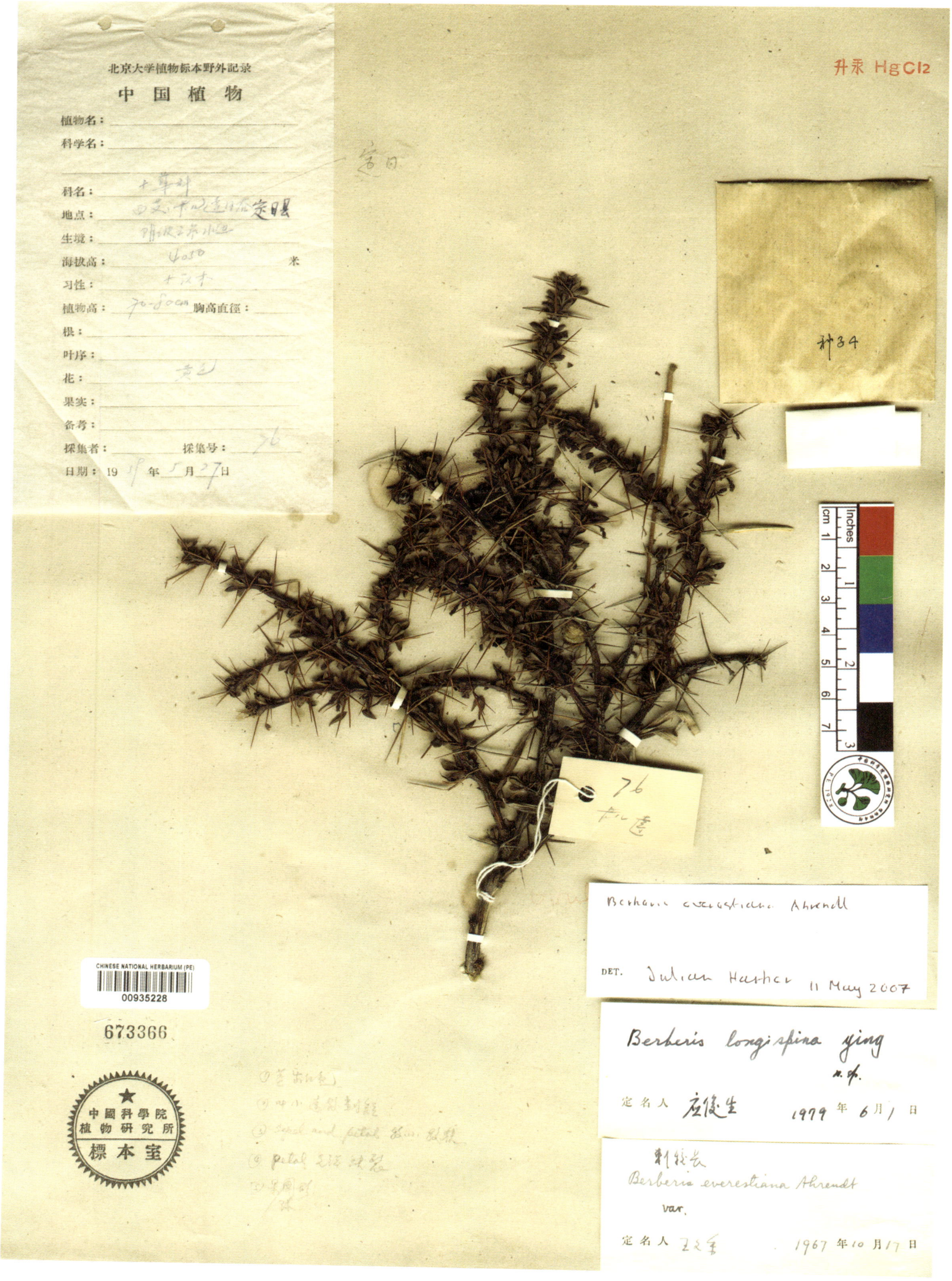

长刺小檗 ***Berberis longispina*** T. S. Ying, Fl. Xizang. 2: 148. 1985. **Holotype:** China. Xizang: Tingri, alt. 4 050 m, 1959-05-27, Anonymous 76.

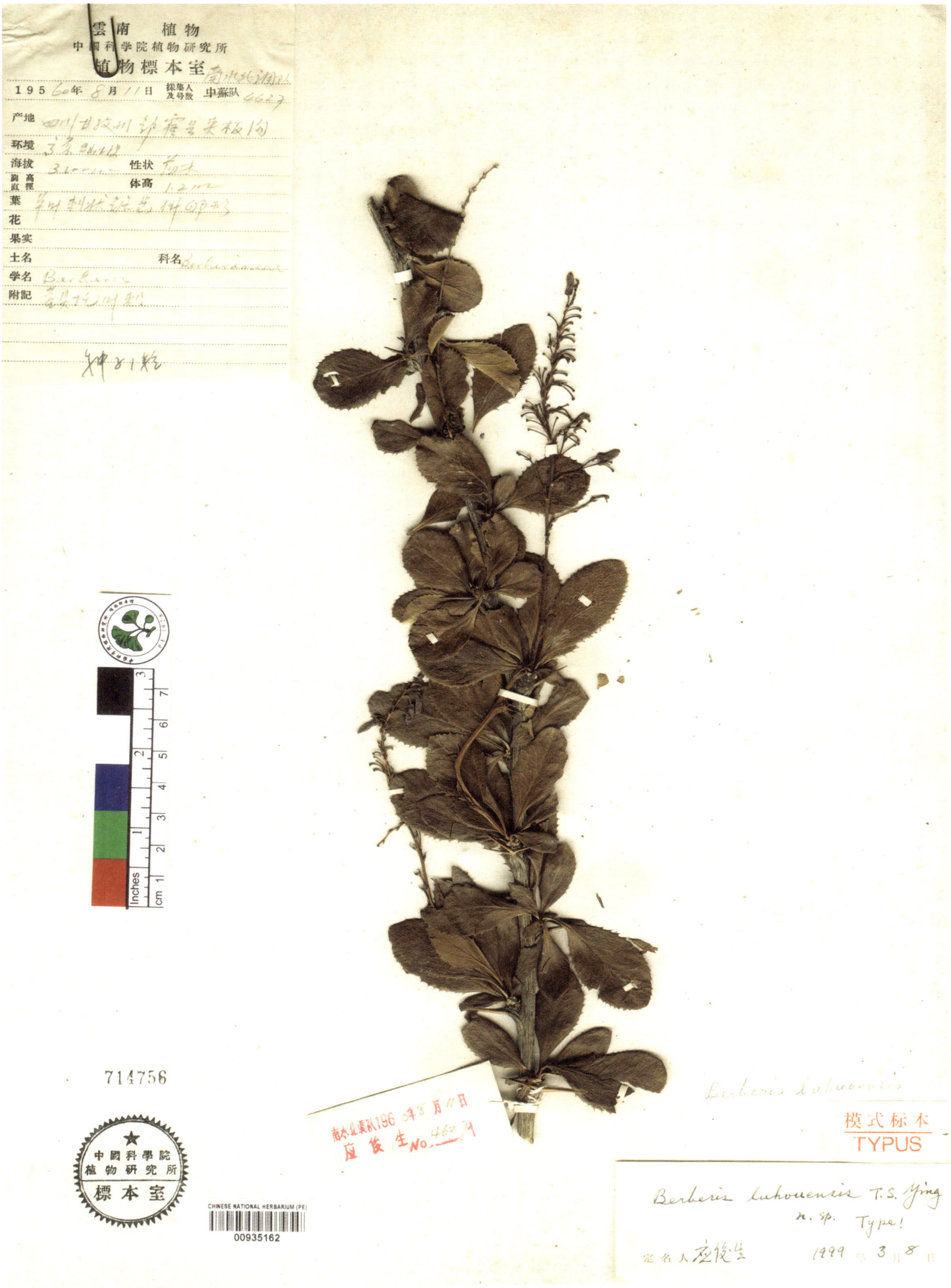

炉霍小檗 ***Berberis luhuoensis*** T. S. Ying in Acta Phytotax. Sin. 37(4): 323, f. 8: 9-17. 1999. **Holotype:** China. Sichuan: Luhuo, alt. 3 100 m, 1960-08-11, T. S. Ying 4627.

冕宁小檗 ***Berberis mianningensis*** T. S. Ying in Acta Phytotax. Sin. 37(4): 347, f. 17: 9-12. 1999. **Holotype:** China. Sichuan: Mianning, alt. 2 650 m, 1959-07-19, S. K. Wu 2021.

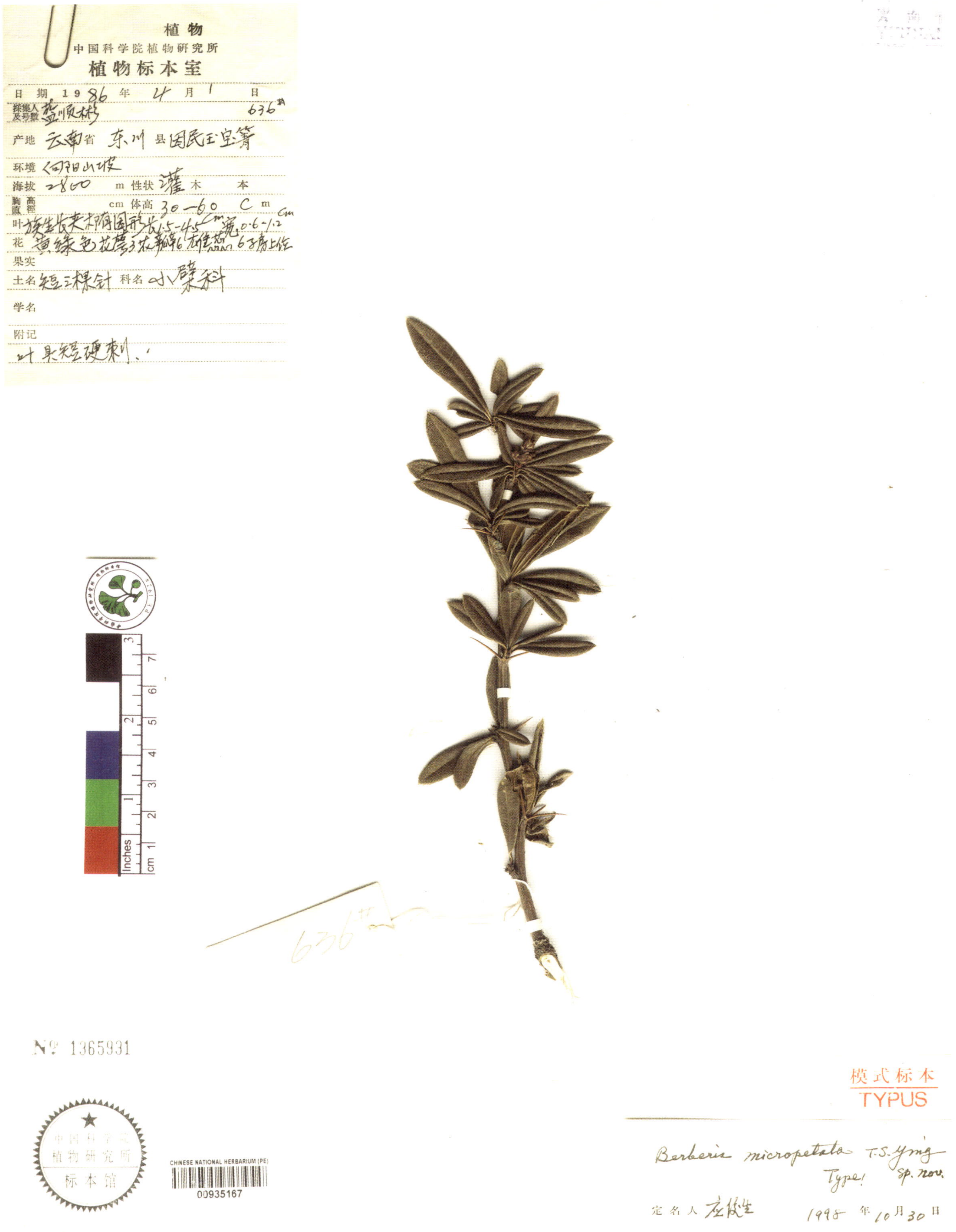

小瓣小檗 ***Berberis micropetala*** T. S. Ying in Acta Phytotax. Sin. 37(4): 313, f. 4: 9-17. 1999. **Holotype:** China. Yunnan: Dongchuan, alt. 2 800 m, 1986-04-01, S. B. Lan 636.

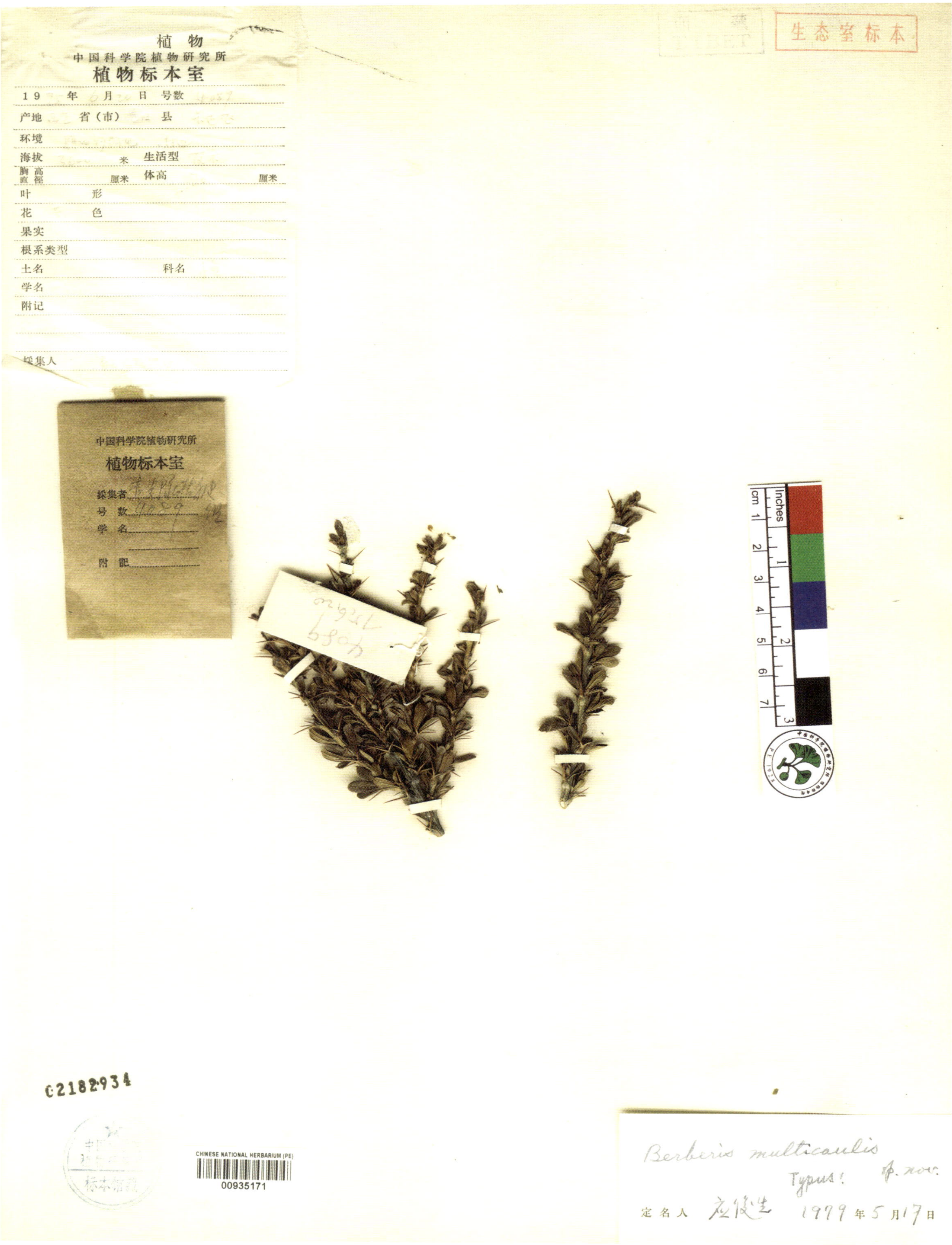

多枝小檗 ***Berberis multicaulis*** T. S. Ying, Fl. Xizang. 2:147, f. 4: 8-14. 1985. **Holotype:** China. Xizang: Tingri, alt. 3 600 m, 1975-06-20, Qinghai-Xizang Exped. 4089.

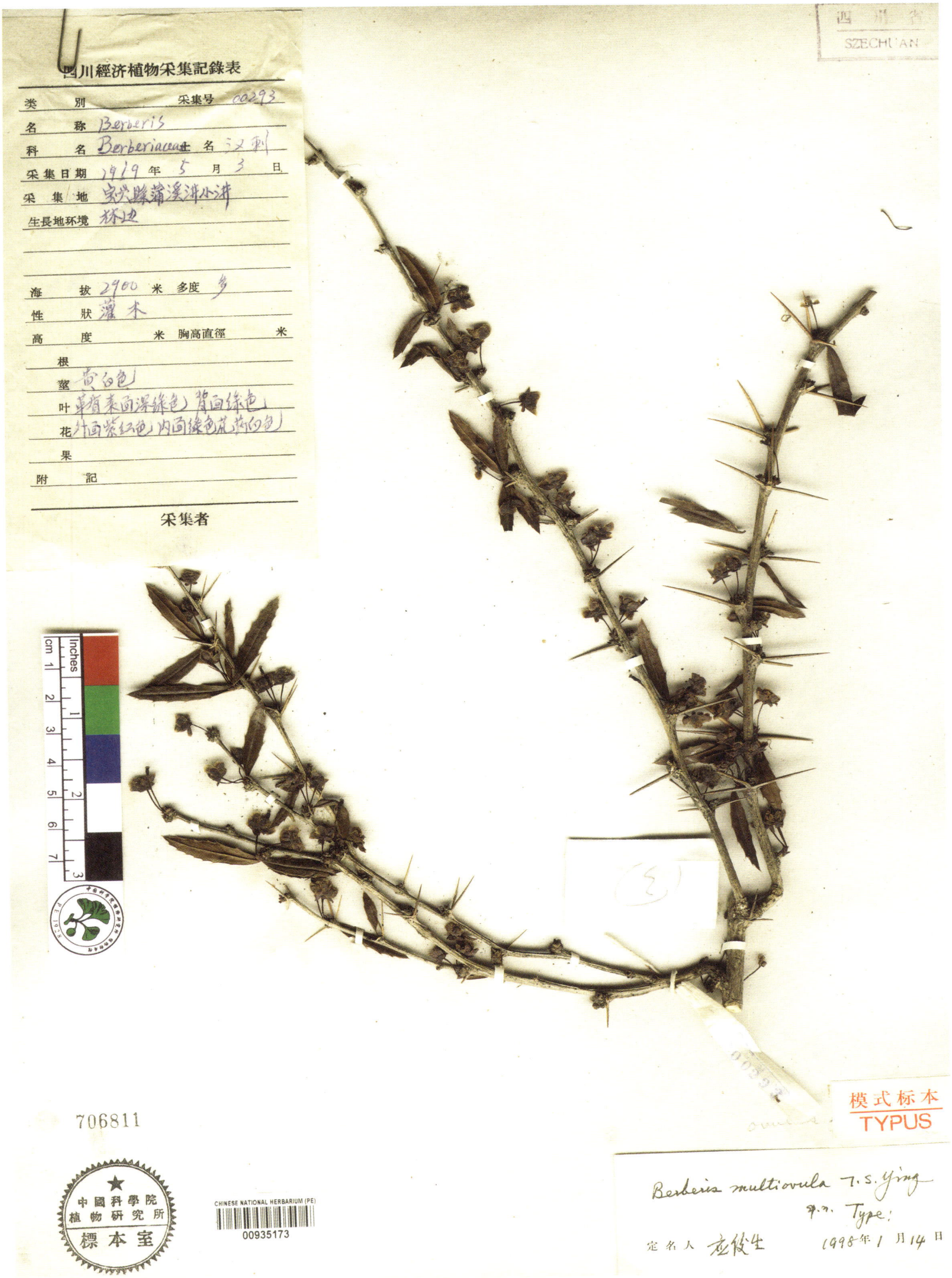

多珠小檗 ***Berberis multiovula*** T. S. Ying in Acta Phytotax. Sin. 37(4): 309, f. 3: 10-20. 1999. **Holotype:** China. Sichuan: Baoxing, alt. 2 900 m, 1959-05-03, Sichuan Econ. Pl. Exped. 00293.

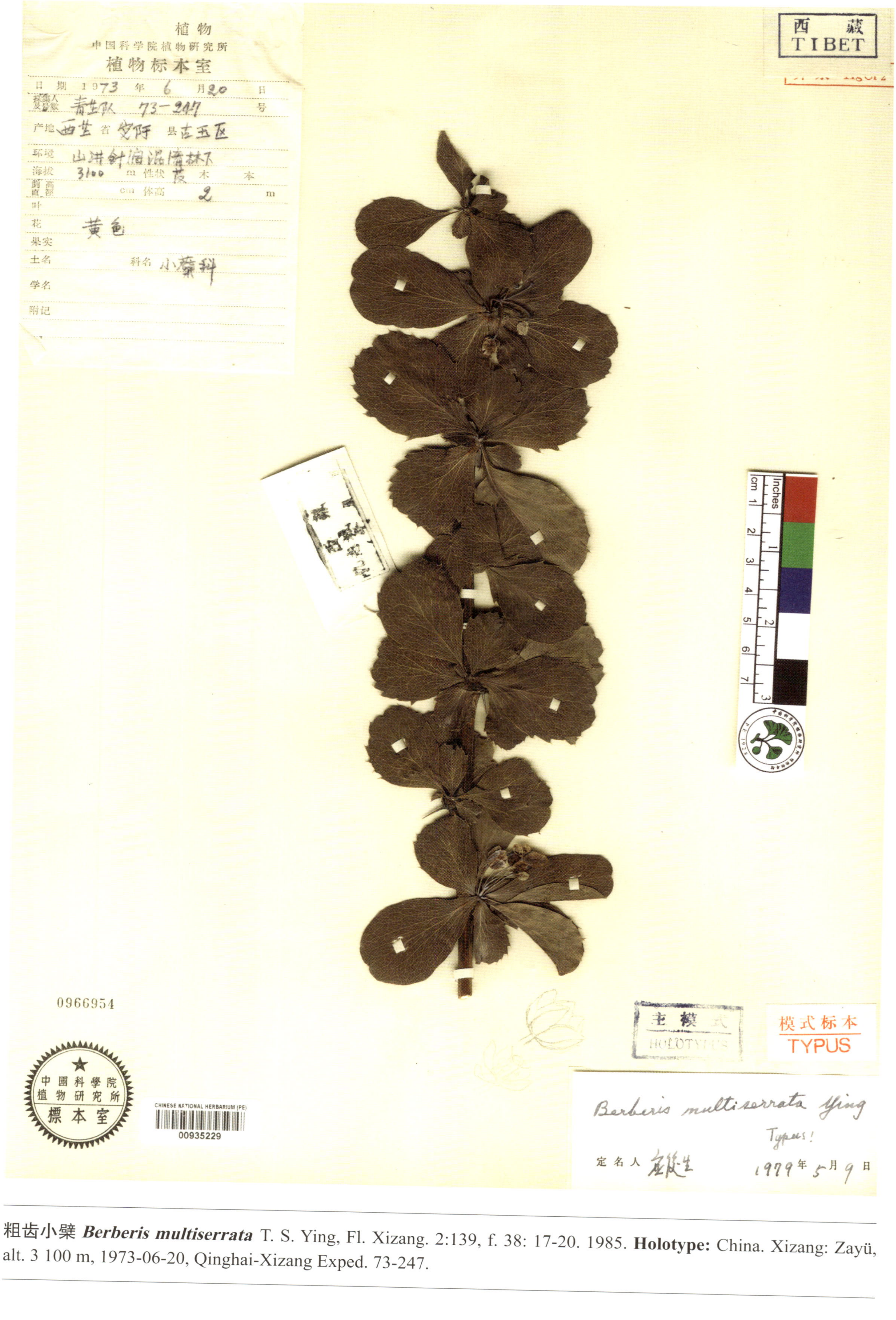

粗齿小檗 ***Berberis multiserrata*** T. S. Ying, Fl. Xizang. 2:139, f. 38: 17-20. 1985. **Holotype:** China. Xizang: Zayü, alt. 3 100 m, 1973-06-20, Qinghai-Xizang Exped. 73-247.

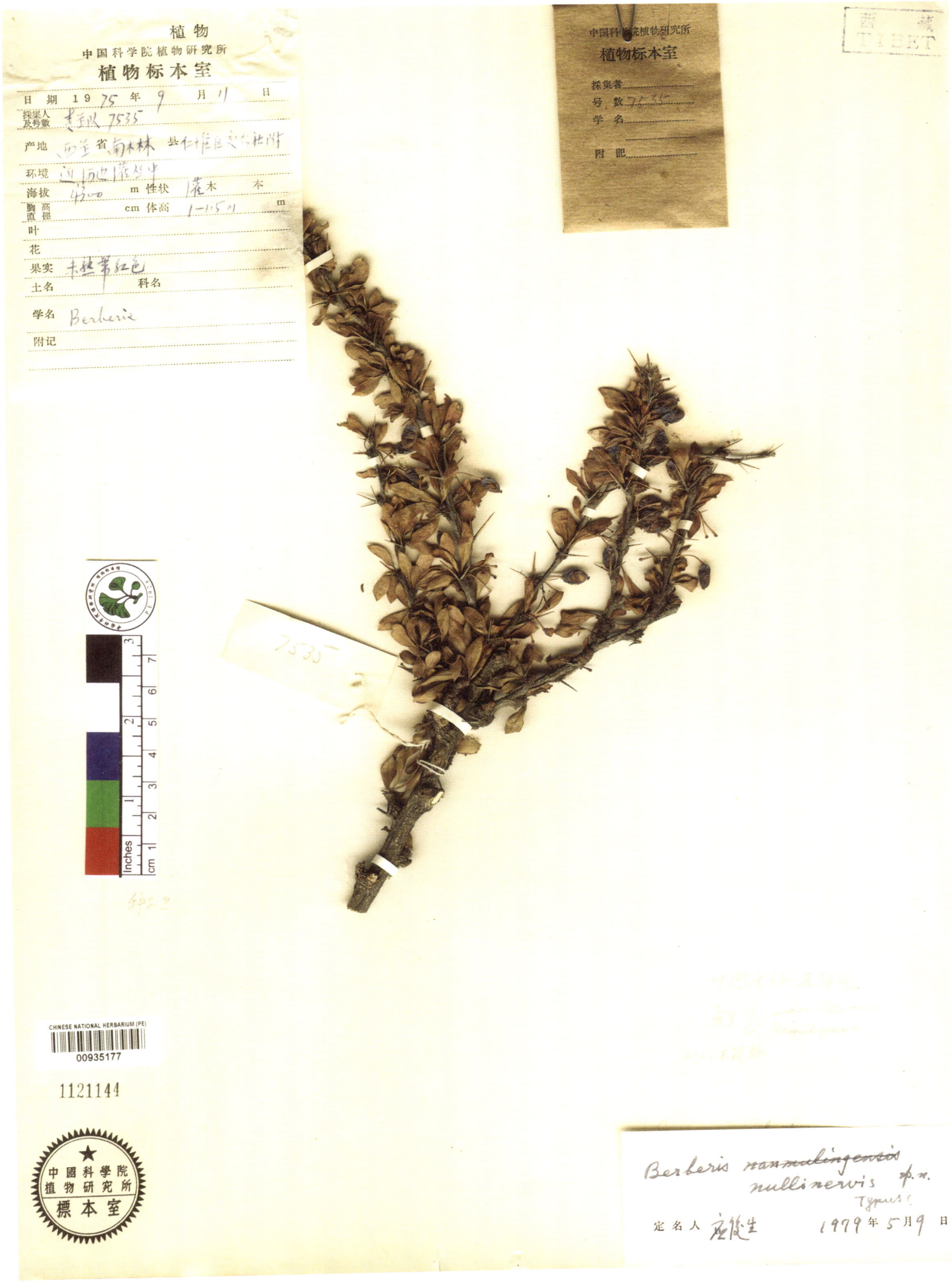

无脉小檗 ***Berberis nullinervis*** T. S. Ying, Fl. Xizang. 2: 141. 1985. **Holotype:** China. Xizang: Namling, alt. 4 300 m, 1975-09-11, Qinghai-Xizang Exped. 7535

裂瓣小檗 ***Berberis obovatifolia*** T. S. Ying, Fl. Xizang. 2: 146. 1985. **Holotype:** China. Xizang: Lhasa, alt. 3 900 m, 1975-05-25, Qinghai-Xizang Exped. 75-55.

拟粉叶小檗 ***Berberis parapruinosa*** T. S. Ying, Fl. Xizang. 2: 145, f. 41: 16-22. 1985. **Holotype:** China. Xizang: Nyalam, alt. 2 750 m, 1966-05-06, Y. T. Chang & K. Y. Lang 3415.

石楠叶小檗 ***Berberis photiniaefolia*** C. M. Hu in Bull. Bot. Res., Harbin 6(2): 4, f. 1. 1986. **Isotype:** China. Guangdong: Zijin, C. F. Wei 120949.

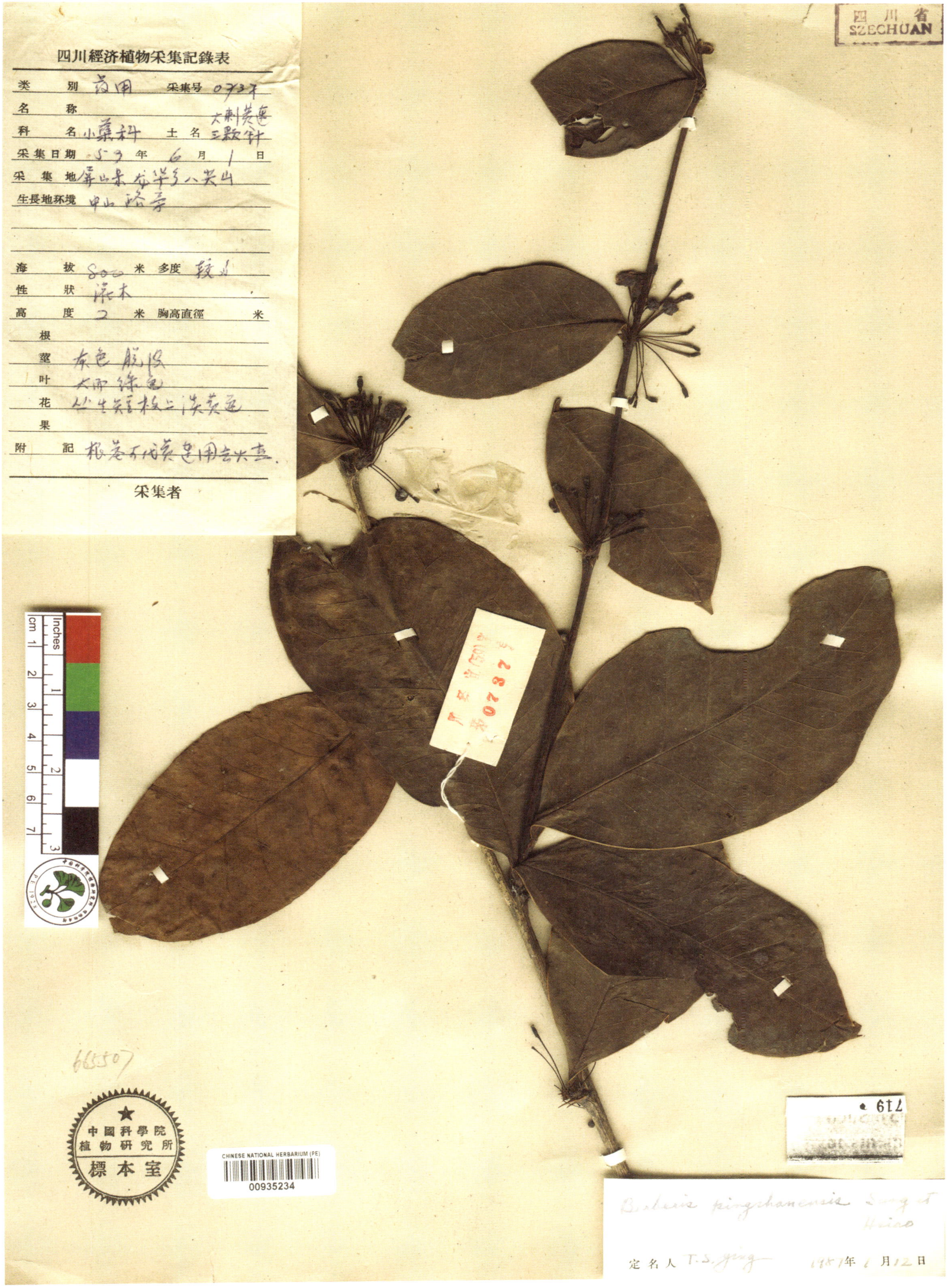

屏山小檗 ***Berberis pingshanensis*** W. C. Sung & P. K. Hsiao in Acta Phytotax. Sin. 12(4): 387, pl. 77. 1974. **Isotype:** China. Sichuan: Pingshan, alt. 800 m, 1959-06-01, Sichuan Econ. Pl. Exped. 0737.

平武小檗 ***Berberis pingwuensis*** T. S. Ying in Acta Phytotax. Sin. 37(4): 339, f. 14: 1-10. 1999. **Holotype:** China. Sichuan: Pingwu, alt. 1 800 m, 1971-09-10, 236 Coll. Team 0882.

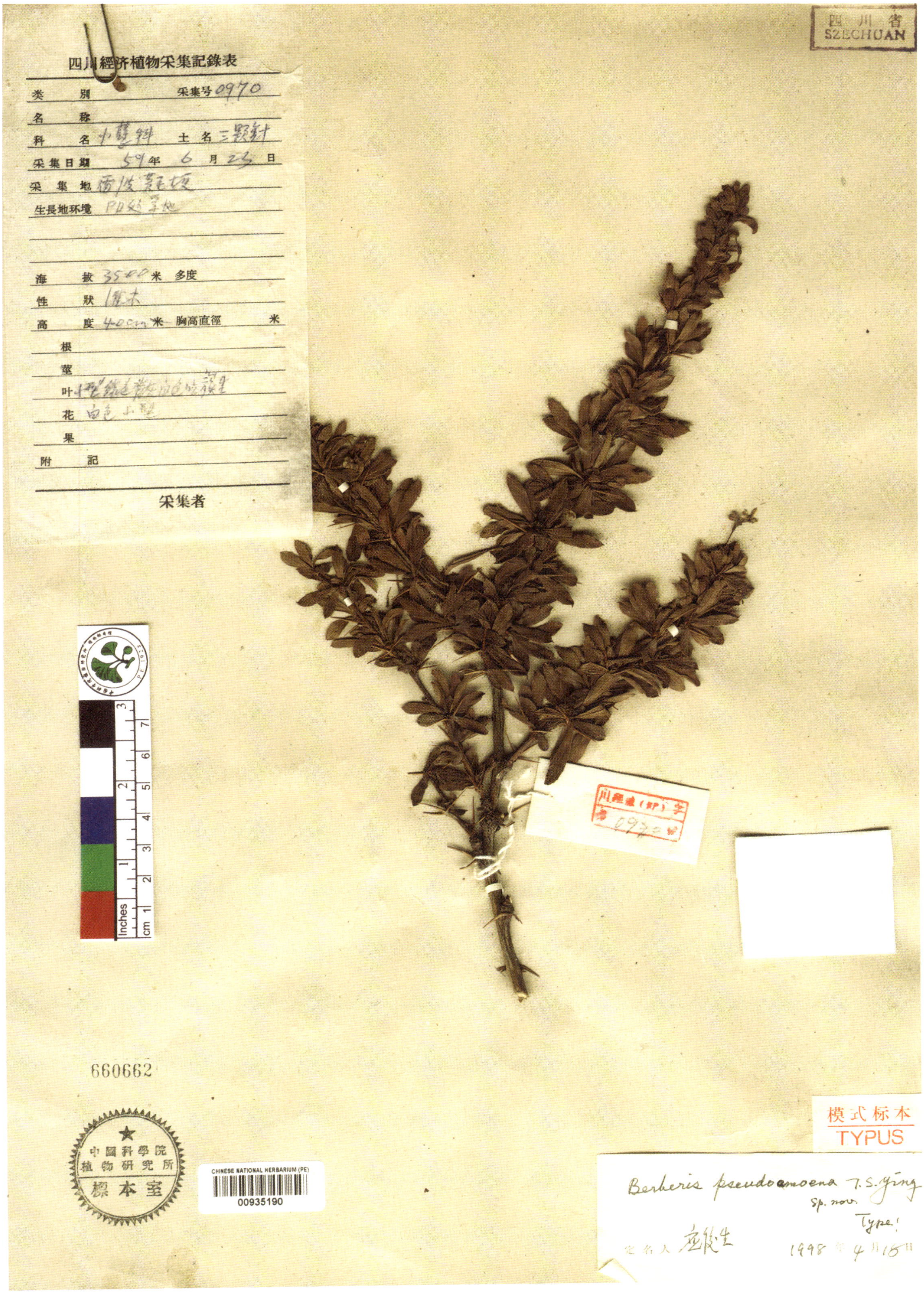

假美丽小檗 ***Berberis pseudoamoena*** T. S. Ying in Acta Phytotax. Sin. 37(4): 331, f. 11: 10-18. 1999. **Holotype:** China. Sichuan: Leibo, alt. 3 500 m, 1959-06-23, Liangshan Division, Sichuan Econ. Pl. Exped. 0970.

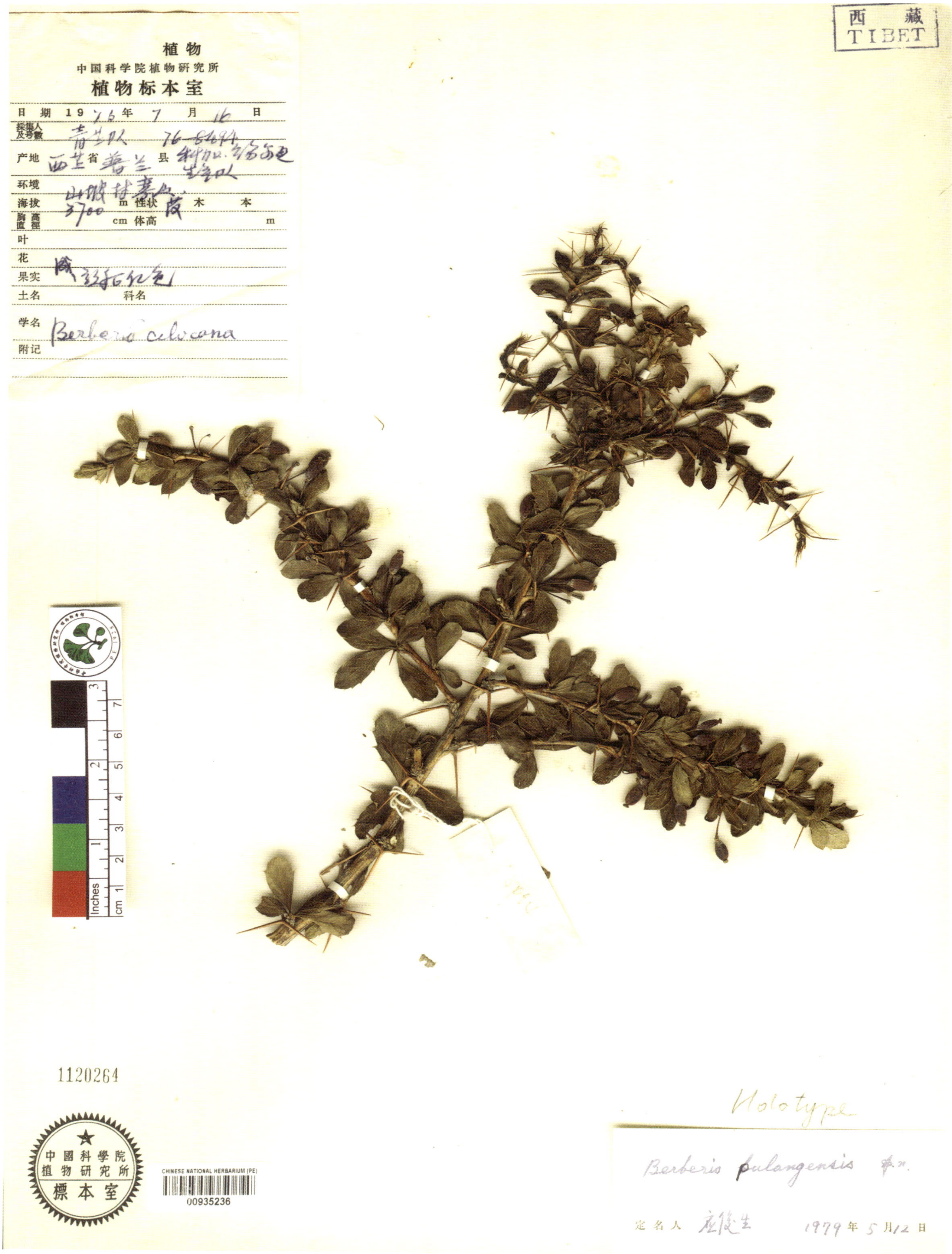

普兰小檗 ***Berberis pulangensis*** T. S. Ying, Fl. Xizang. 2: 133. 1985. **Holotype:** China. Xizang: Purang, alt. 3 700 m, 1976-07-16, Qinghai-Xizang Exped. 76-8494.

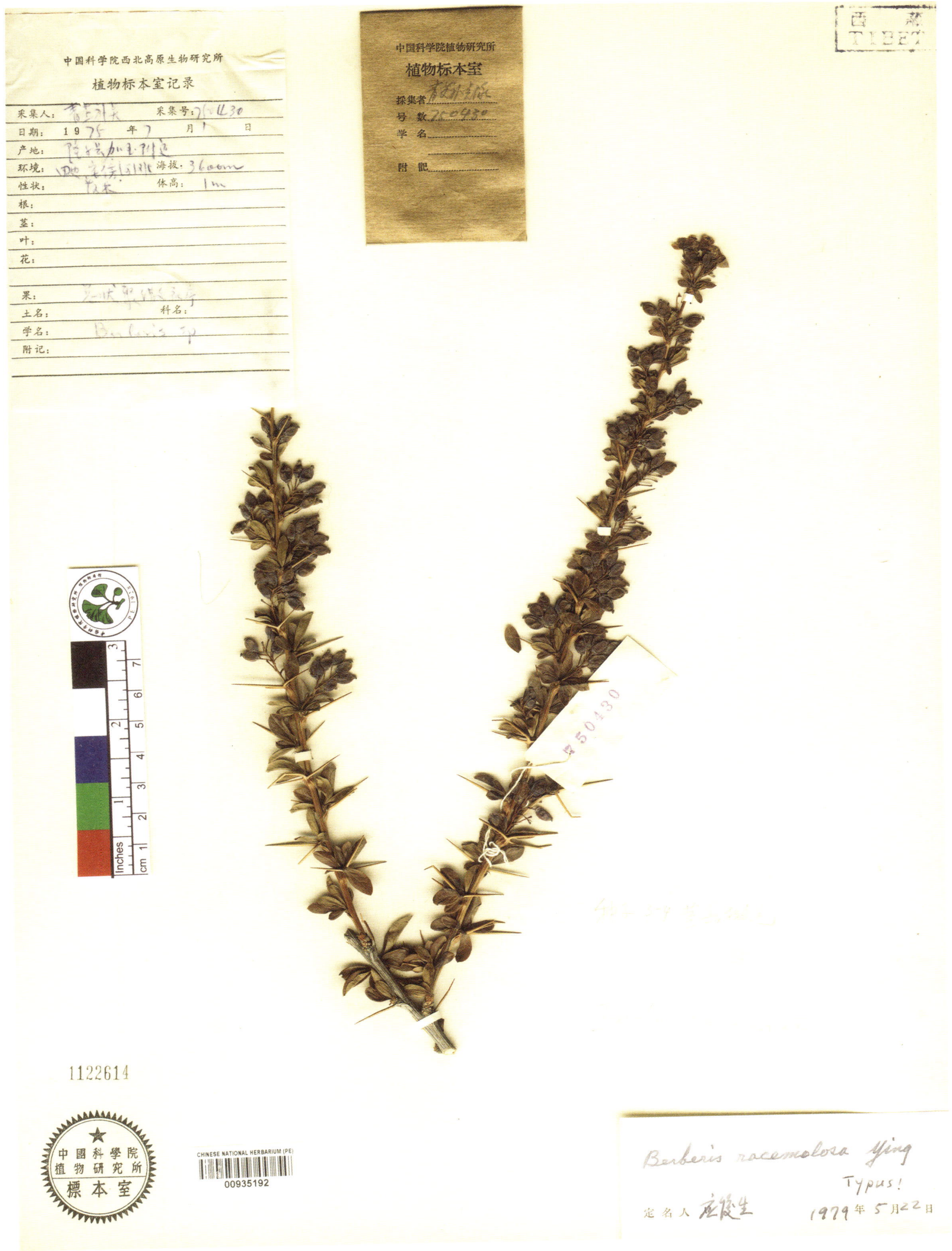

短序小檗 ***Berberis racemulosa*** T. S. Ying, Fl. Xizang. 2: 129-130, f. 38: 8-14. 1985. **Holotype:** China. Xizang: Lhünzê, alt. 3 600 m, 1975-07-01, Qinghai-Xizang Exped. 750430.

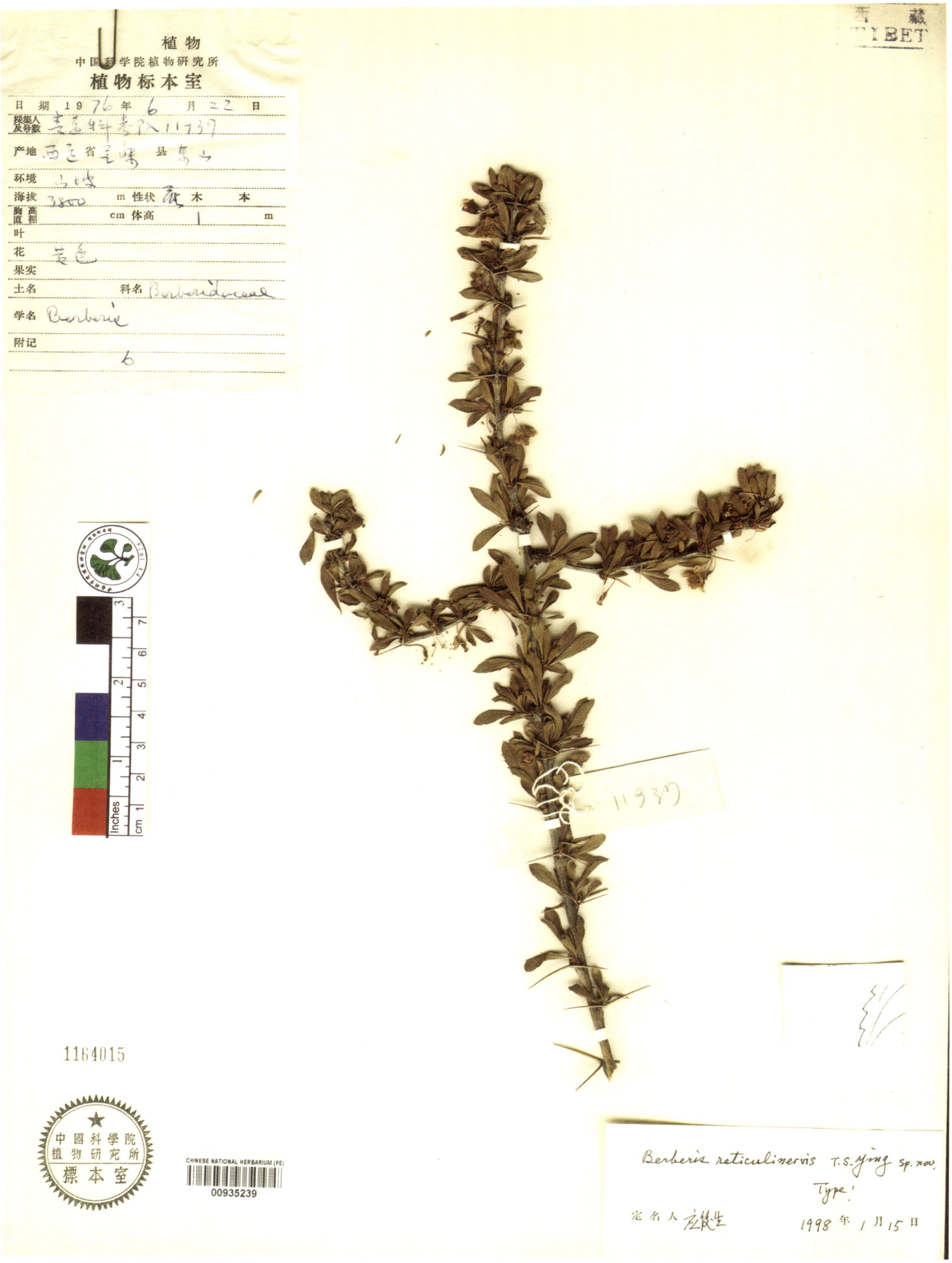

芒康小檗 ***Berberis reticulinervis*** T. S. Ying in Acta Phytotax. Sin. 37(4): 305, f. 1: 1-7. 1999. **Holotype:** China. Xizang: Markam, alt. 3 800 m, 1976-06-22, Qinghai-Xizang Exped. 11937.

无梗小檗 ***Berberis reticulinervis*** T. S. Ying var. ***brevipedicellata*** T. S. Ying in Acta Phytotax. Sin. 37(4): 307, f. 1: 8. 1999. **Holotype:** China. Gansu: Min Xian, alt. 1 600 m, 1959-05-23, S. Jiang & T. L. Chin 443.

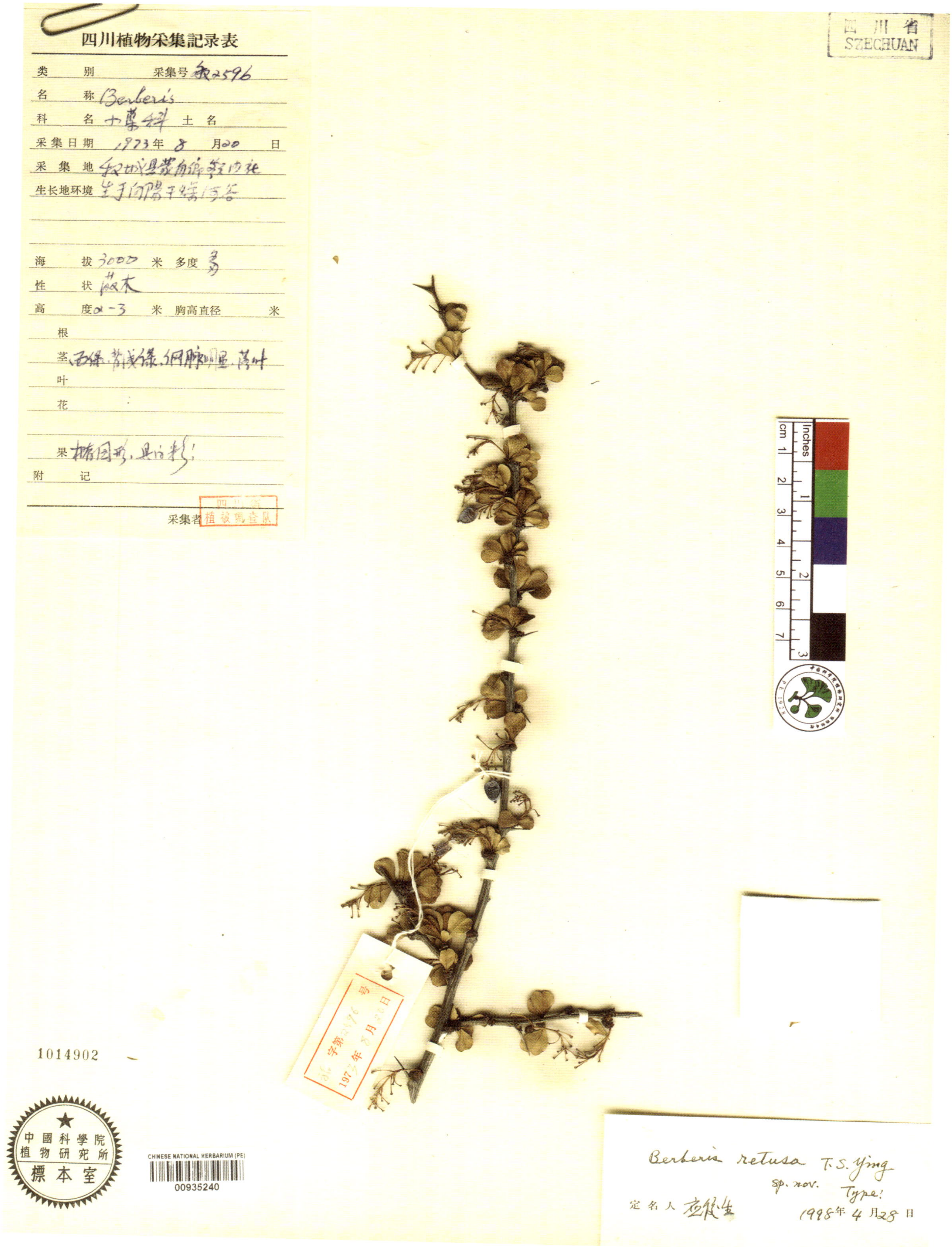

心叶小檗 ***Berberis retusa*** T. S. Ying in Acta Phytotax. Sin. 37(4): 338, f. 13: 7-11. 1999. **Holotype:** China. Sichuan: Daocheng, alt. 3 000 m, 1973-08-20, Sichuan Veget. Exped. 2596.

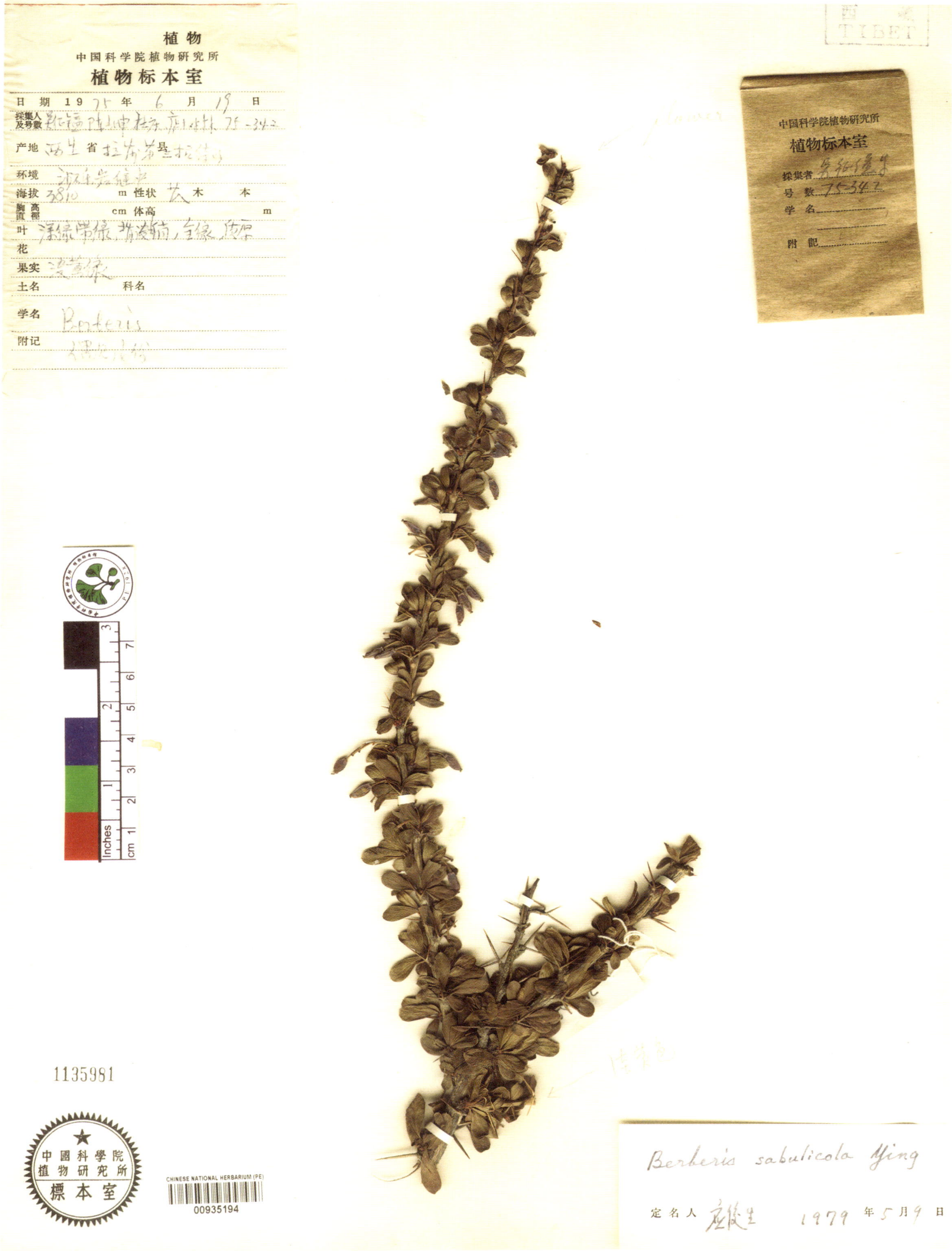

砂生小檗 ***Berberis sabulicola*** T. S. Ying, Fl. Xizang. 2: 133. 1985. **Holotype:** China. Xizang: Lhasa, alt. 3 810 m, 1975-06-19, C. Y. Wu & al. 75-342.

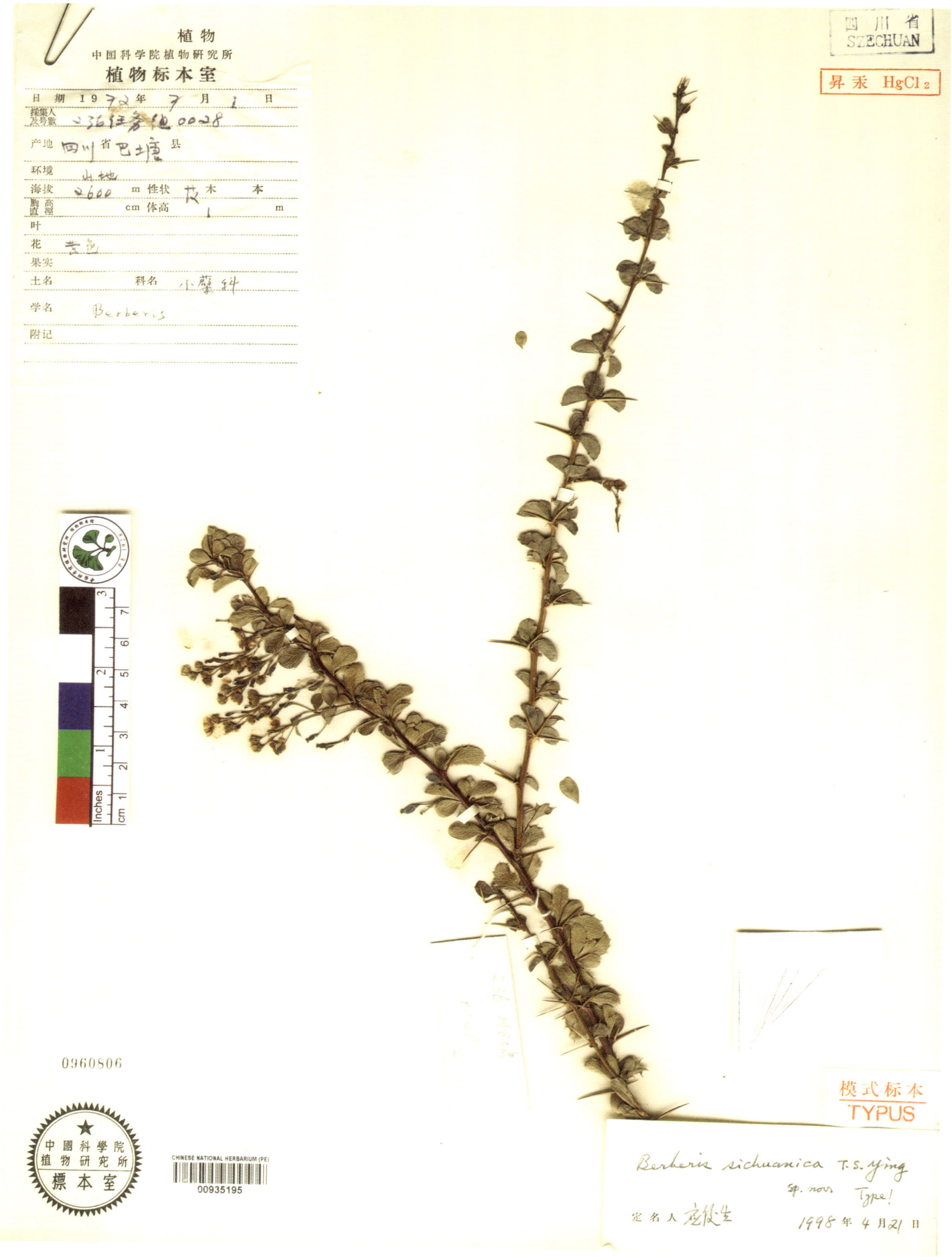

四川小檗 ***Berberis sichuanica*** T. S. Ying in Acta Phytotax. Sin. 37(4): 329, f. 10: 1-11. 1999. **Holotype:** China. Sichuan: Batang, alt. 2 600 m, 1972-07-01, 236 Coll. Team 0028.

古宗金花小檗 ***Berberis subcaulialata*** Schneid. var. ***guhtzunica*** Ahrendt in J. Bot., 79(Suppl.): 76. 1942. **Isotype:** China. Sichuan: Muli, alt. 3 100 m, 1937-12-05, T. T. Yu 14840.

细梗小檗 ***Berberis tenuipedicella*** T. S. Ying in Acta Phytotax. Sin. 37(4): 343, f. 15: 9-12. 1999. **Holotype:** China. Sichuan: Kangding, alt. 2 450 m, 1960-05-22, T. S. Ying 3542.

天水小檗 ***Berberis tianshuiensis*** T. S. Ying in Acta Phytotax. Sin. 37(4): 341, f. 15: 1-8. 1999. **Holotype:** China. Gansu: Tianshui, alt. 1 800 m, 1984-05-05, Q. R. Wang & M. S. Yan 11375.

毛序小檗 ***Berberis trichiata*** T. S. Ying, Fl. Xizang. 2: 125, f. 38: 1-7. 1985. **Holotype:** China. Xizang: Markam, alt. 3 500 m, 1976-06-09, Qinghai-Xizang Exped. 11833.

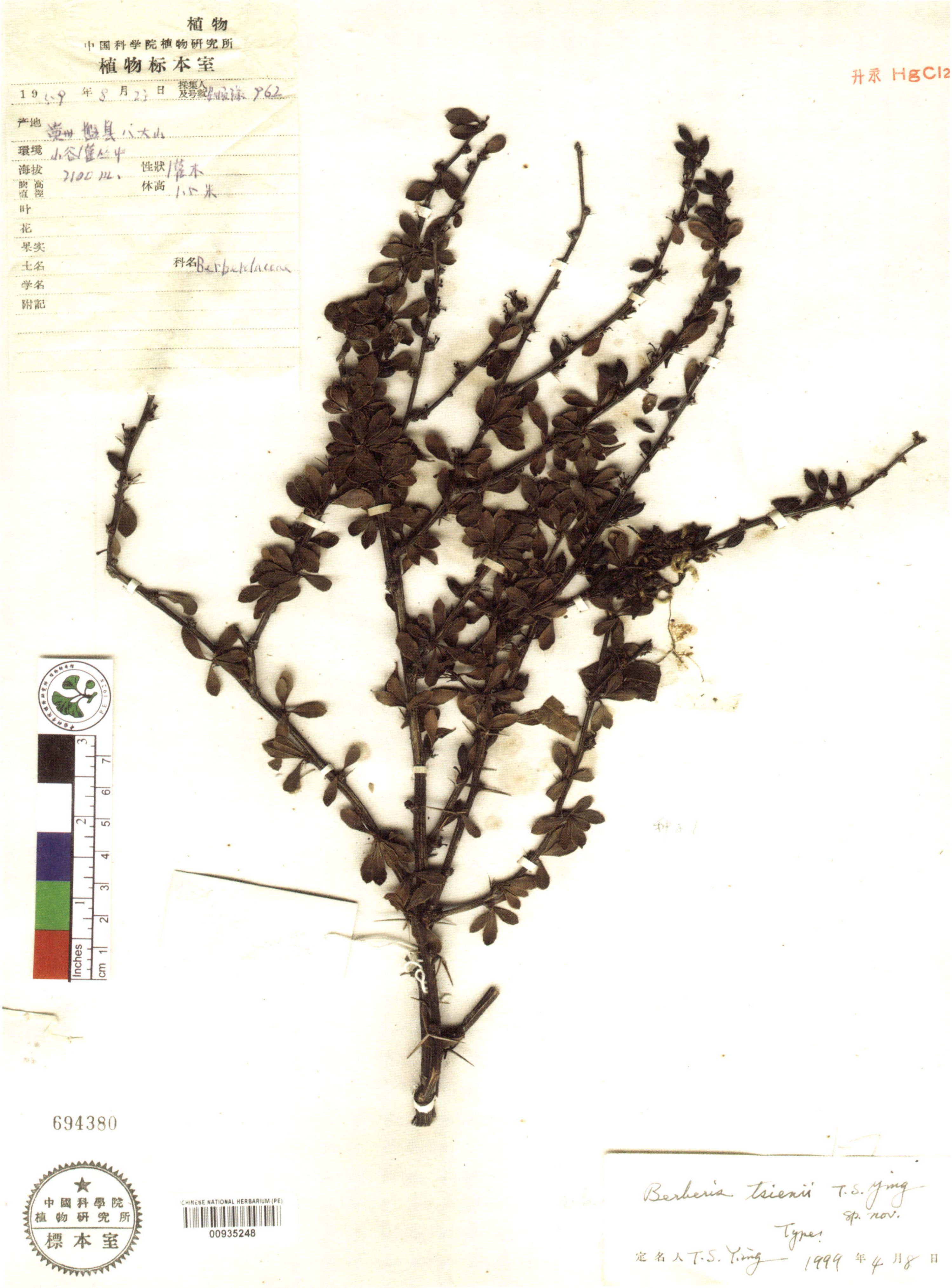

永思小檗 ***Berberis tsienii*** T. S. Ying in Acta Phytotax. Sin. 37(4): 307, f. 1: 9-13. 1999. **Holotype:** China. Guizhou: Pan Xian, alt. 2 100 m, 1959-08-23, Anshun Exped. 962.

阴生小檗 ***Berberis umbratica*** T. S. Ying, Fl. Xizang. 2: 135, f. 41: 1-7. 1985. **Holotype:** China. Xizang: Bomi, alt. 3 340 m, 1965-06-19, T. S. Ying & D. Y. Hong 650285.

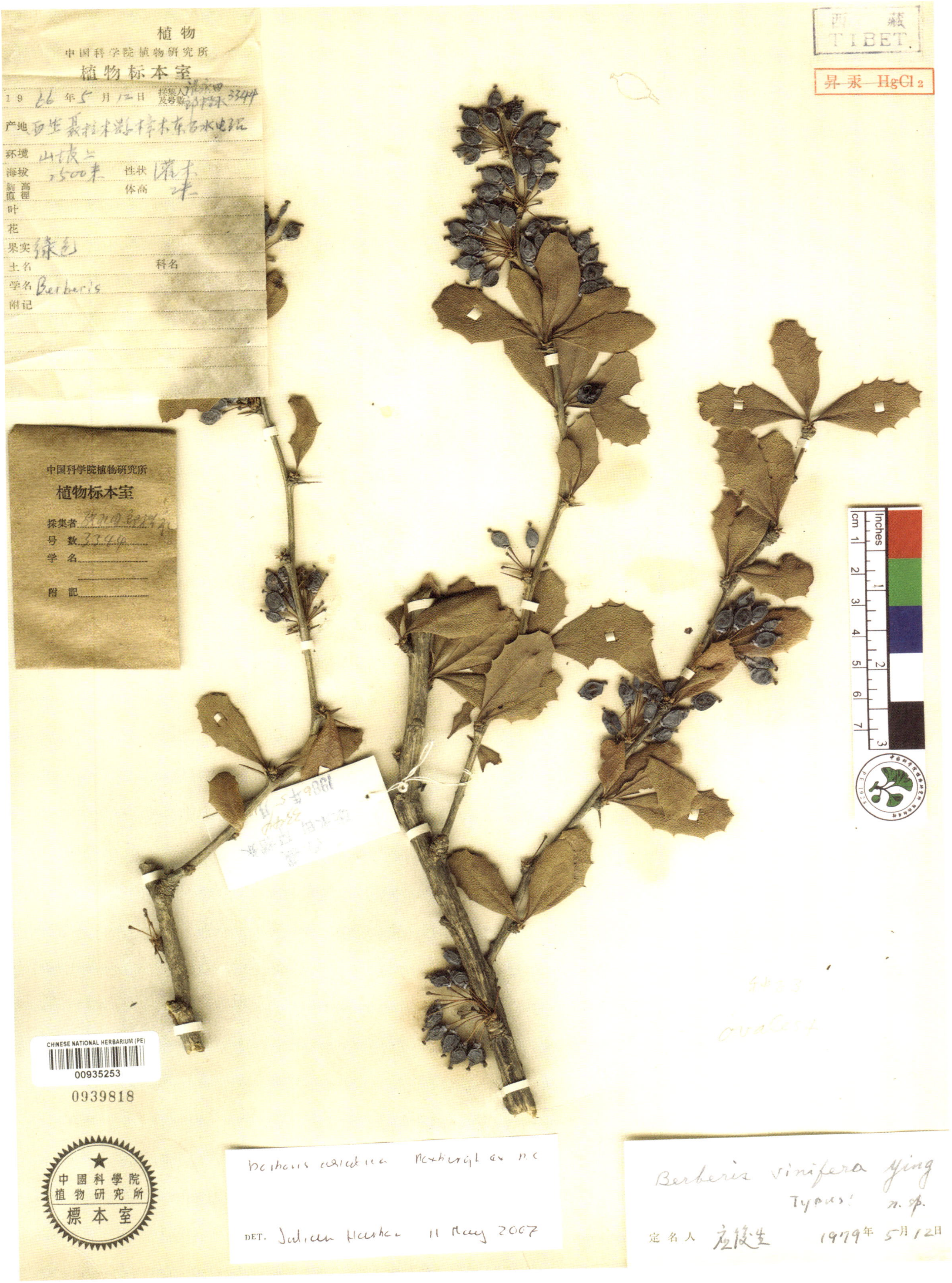

可食小檗 ***Berberis vinifera*** T. S. Ying, Fl. Xizang. 2: 142, f. 41: 15. 1985. **Holotype:** China. Xizang: Nyalam, alt. 2 500 m, 1966-05-12, Y. T. Chang & K. Y. Lang 3344.

威宁小檗 ***Berberis weiningensis*** T. S. Ying in Acta Phytotax. Sin. 37(4): 326, f. 9: 1-11. 1999. **Holotype:** China. Guizhou: Weining, 1979-09-19, P. C. Tsoong 1817.

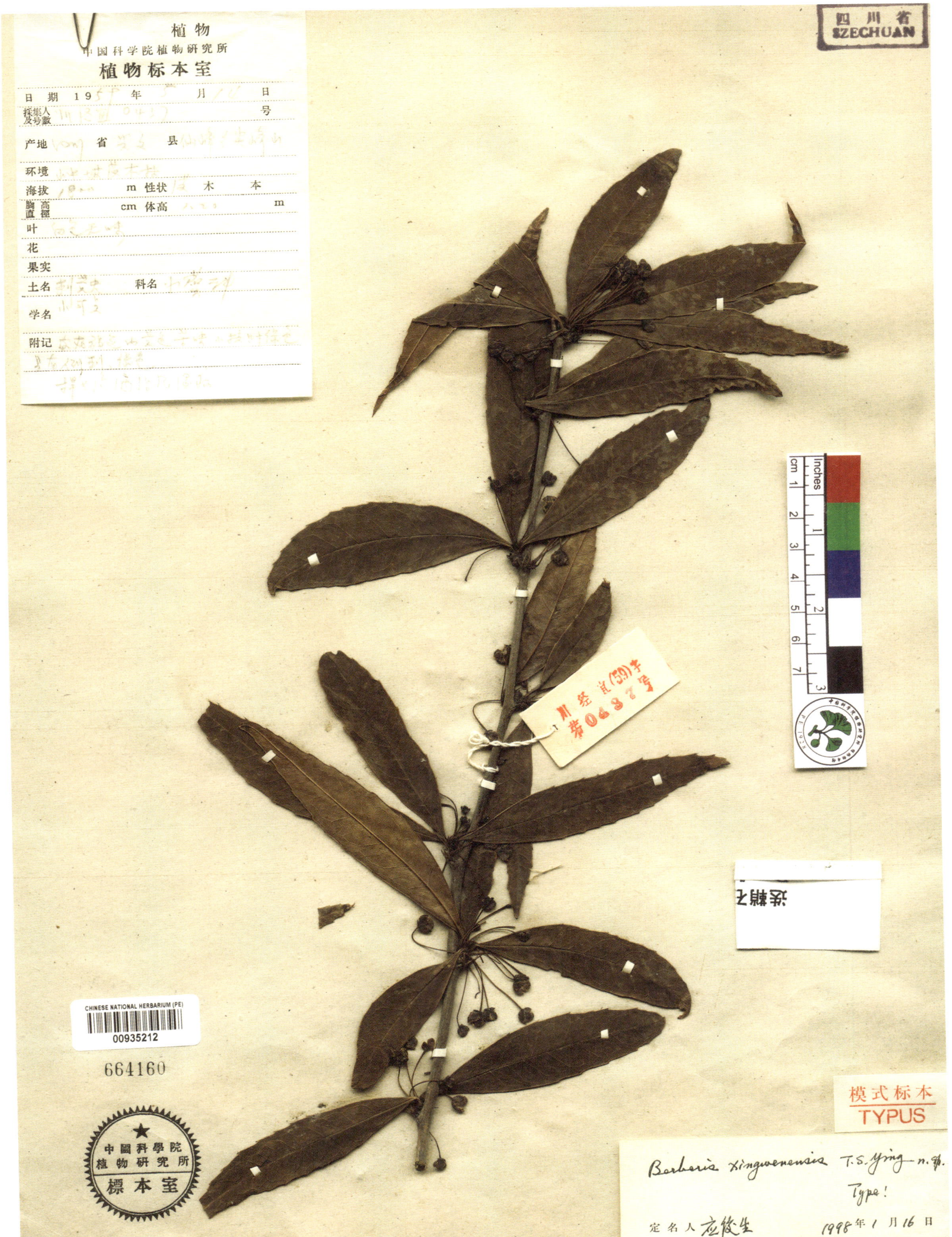

兴文小檗 ***Berberis xingwenensis*** T. S. Ying in Acta Phytotax. Sin. 37(4): 311, f. 3: 1-9. 1999. **Holotype:** China. Sichuan: Xingwen, alt. 1 800 m, 1959-05-14, Yibin Division, Sichuan Econ. Pl. Exped. 0437.

德浚小檗 ***Berberis yuii*** T. S. Ying in Acta Phytotax. Sin. 37(4): 309, f. 3: 10-20. 1999. **Holotype:** China. Sichuan: Muli, alt. 3 600~3 900 m, 1937-06-21, T. T. Yu 6530.

紫云小檗 ***Berberis ziyunensis*** P. K. Hsiao & Z. Y. Li in Acta Bot. Yunnan. 21(1): 30, f. 1. 1999. **Isotype:** China. Guizhou: Ziyun, alt. 1 300 m, 1991-04-10, S. Z. He 9109.

红毛七 ***Caulophyllum robustum*** Maxim. in Mem. Acad. Imp. Sci. St.-Petersb. Divers Savans 9: 33. 1859. **Isosyntype:** Russia. Amur, 1855-07-09, Maximowicz s. n.

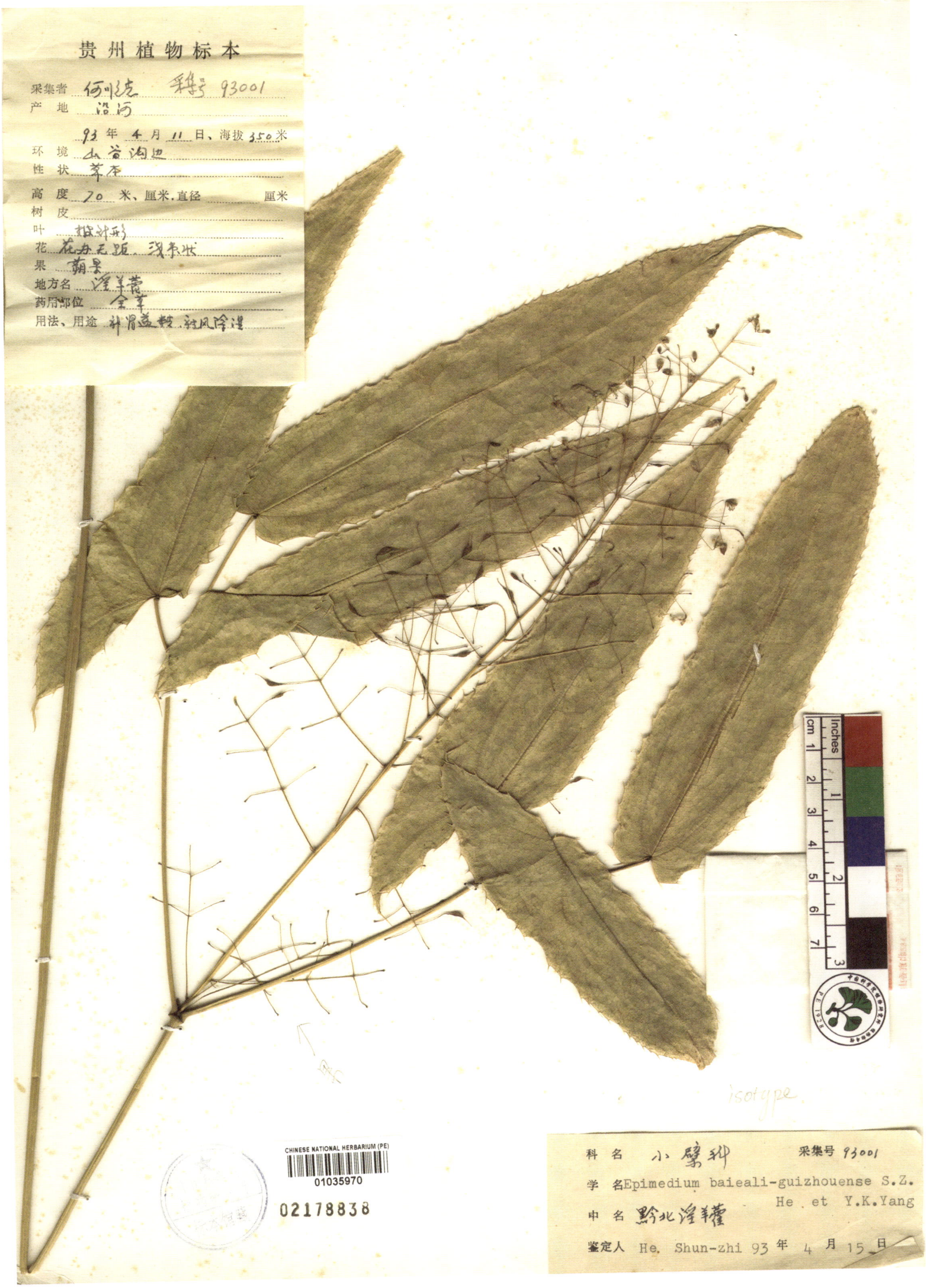

黔北淫羊藿 ***Epimedium boreali-guizhouense*** S. Z. He &Y. K. Yang in J. Pl. Resour. Envir. 2(4): 51. 1993. **Isotype:** China. Guizhou: Yanhe, alt. 350 m, 1993-04-11, S. Z. He 93001.

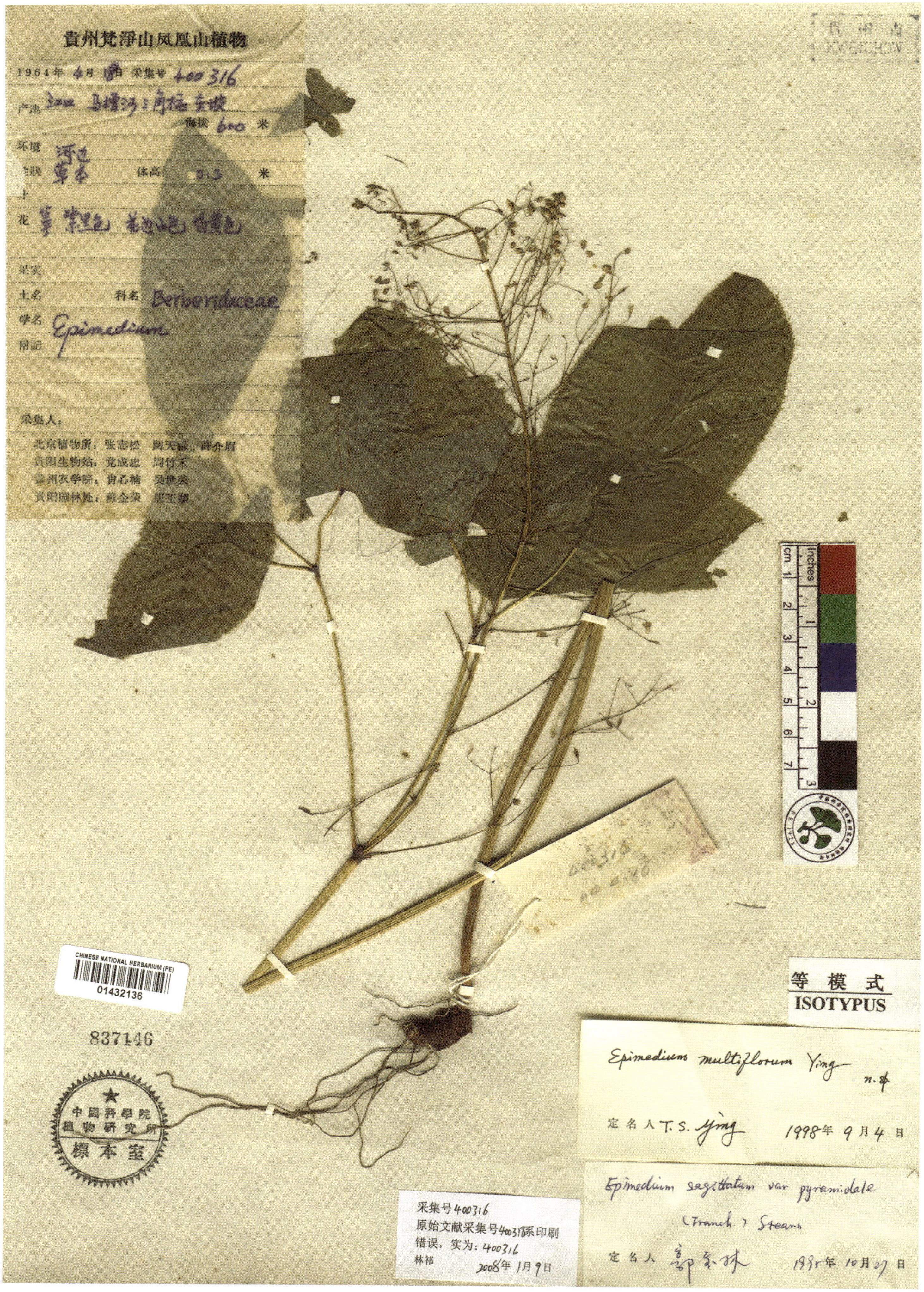

多花淫羊藿 ***Epimedium multiflorum*** T. S. Ying, Fl. Reip. Pop. Sin. 29: 278, 310. 2001. **Paratype:** China, Guizhou: Jiangkou，alt. 600 m, 1964-04-18, Z. S. Zhang & al. 400316.

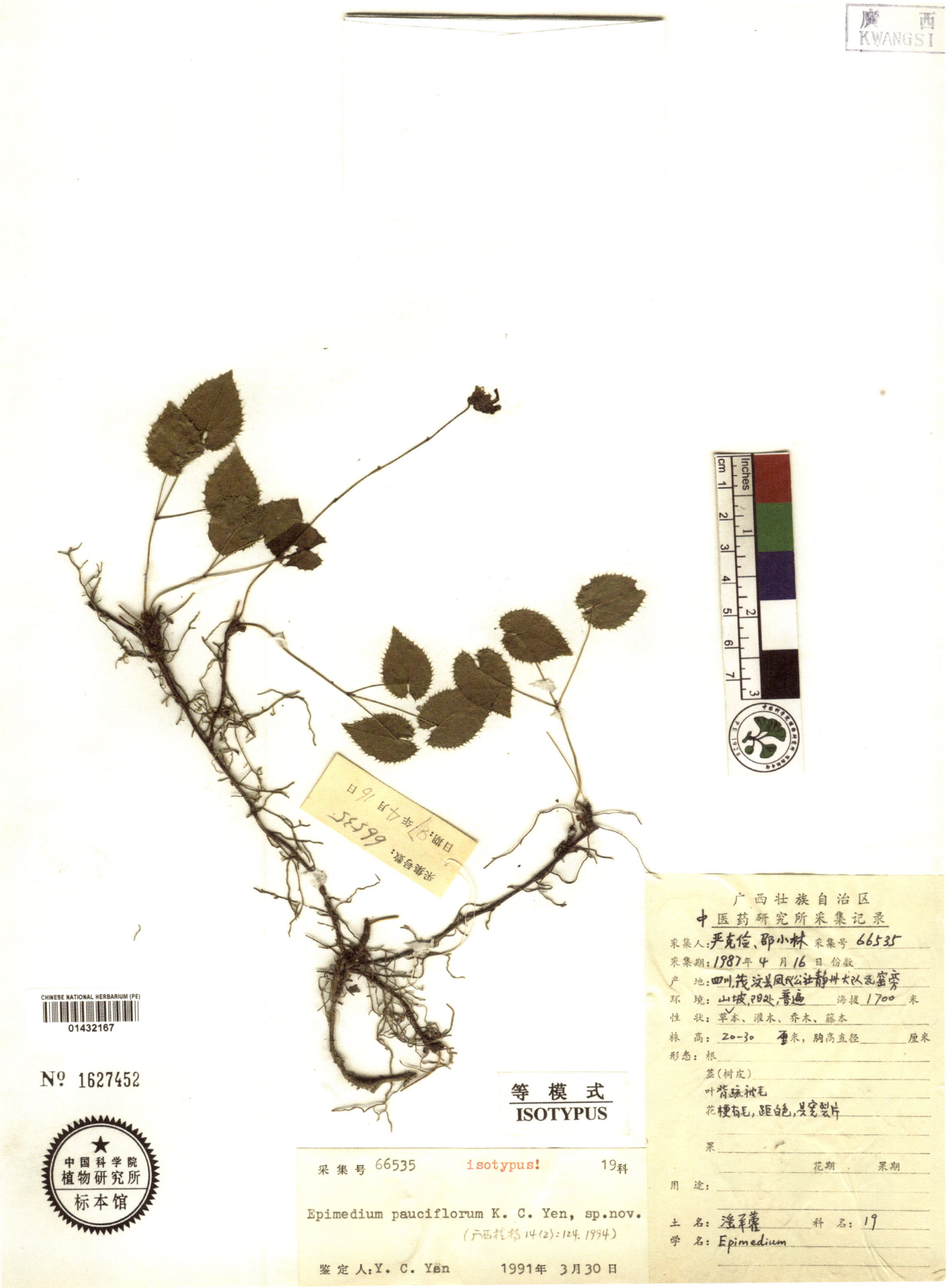

少花淫羊藿 ***Epimedium pauciflorum*** K. C. Yen in Guihaia 14(2): 124, f. 1. 1994. **Isotype:** China. Sichuan: Maowen, alt. 1 700 m, 1987-04-16, K. C. Yen & S. L. Shao 66535.

柔毛淫羊藿 ***Epimedium pubescens*** Maxim. in Bull. Acad. Imp. Sci. St-Petersb. 23: 309. 1877. **Isotype:** China. Shanxi: Precise locality not known, 1875-03-22, Piasezki s. n.

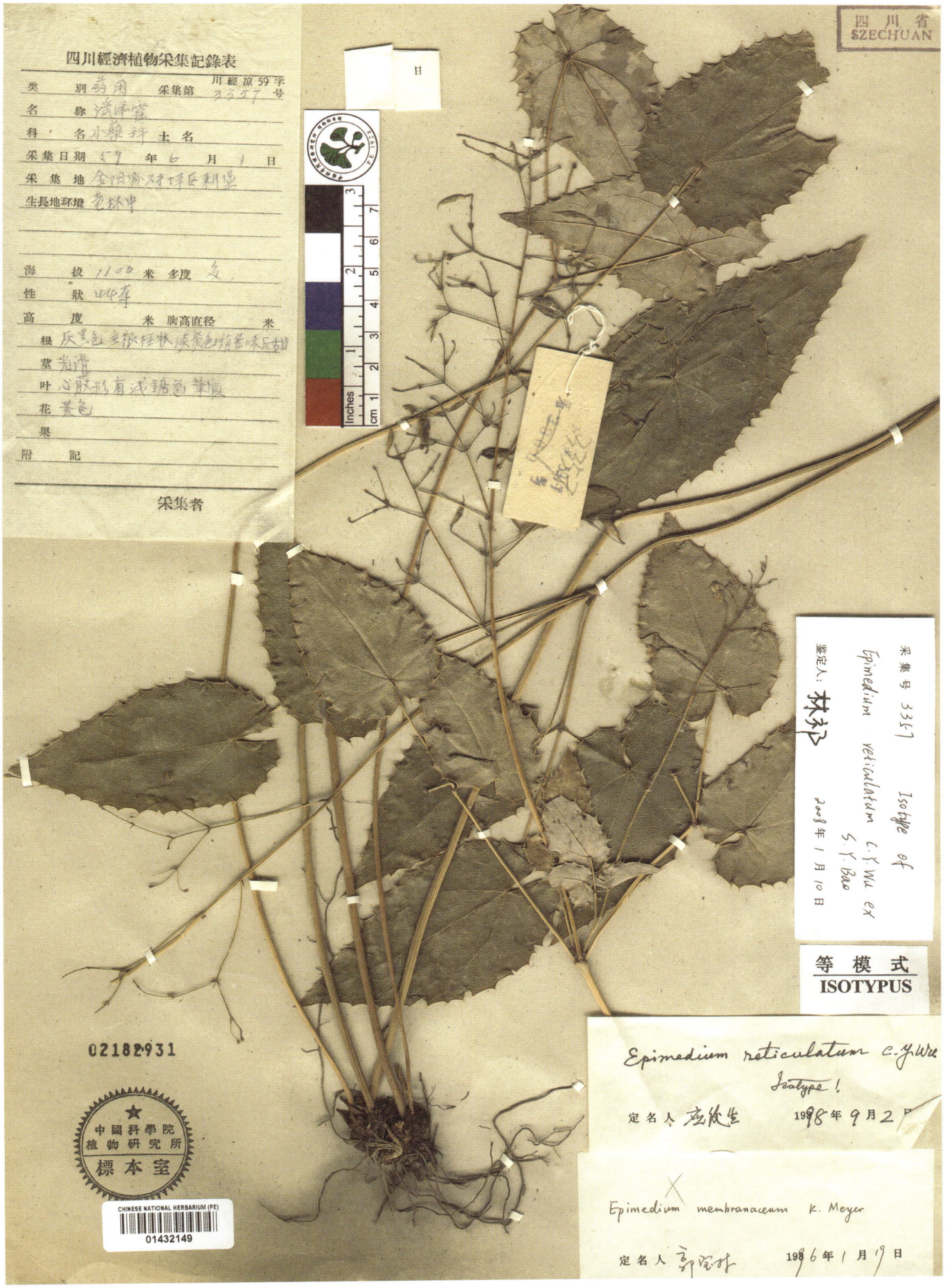

革叶淫羊藿 ***Epimedium reticulatum*** C. Y. Wu ex S. Y. Bao in Acta Phytotax. Sin. 25(2): 156, f. 6. 1987. **Isotype:** China. Sichuan: Jinyang, alt. 1 100 m, 1959-06-01, Sichuan Econ. Pl. Exped. (Liangshan) 3357.

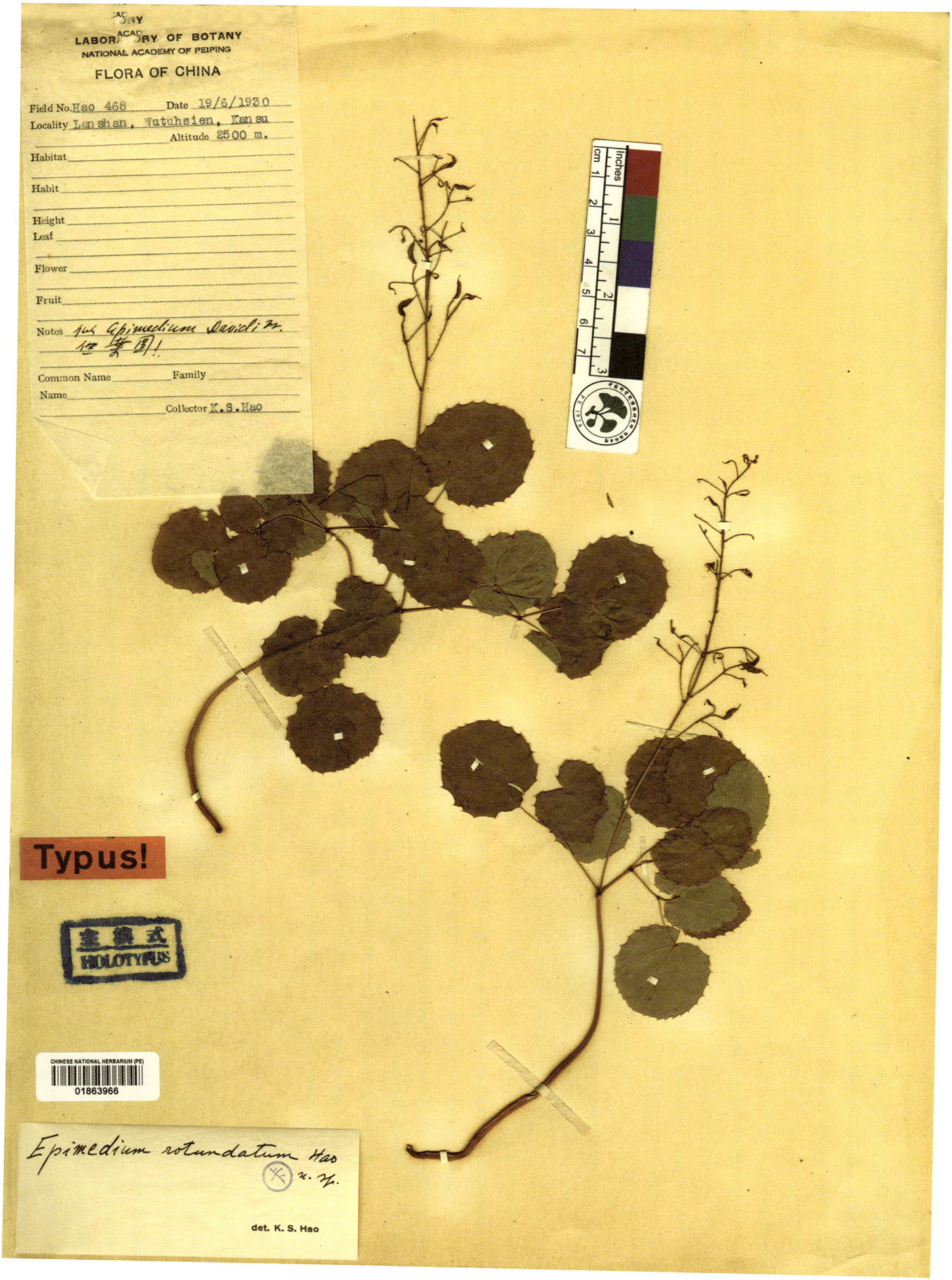

圆叶淫羊藿 ***Epimedium rotundatum*** K. S. Hao in Repert. Spec. Nov. Regni Veg. 36(12-15): 223. 1934. **Holotype:** China. Gansu: Wudu, alt. 2 500 m, 1930-06-19, K. S. Hao 468.

单叶淫羊藿 ***Epimedium simplicifolium*** T. S. Ying in Acta Phytotax. Sin. 13(2): 51, pl. 8, f. 1. 1975. **Holotype:** China. Guizhou: Wuchuan, 1928-07-??, P. C. Tsoong 606.

巫山淫羊藿 ***Epimedium wushanense*** T. S. Ying in Acta Phytotax. Sin. 13(2): 55, pl. 8, f. 2. 1975. **Holotype:** China. Chongqing: Wushan, alt. 1 200 m, 1939-05-26, T. P. Wang 10757.

宜章十大功劳 ***Mahonia cardiophylla*** T. S. Ying & Boufford, Fl. Reip. Pop. Sin. 29: 239, 308. 2001. **Holotype:** China. Hunan: Yizhang, alt. 1 500~1 700 m, P. C. Tsoong 750.

凤庆十大功劳 ***Mahonia duclouxiana*** Gagnep. var. ***hilaica*** Ahrendt in J. Linn. Soc. Bot. 57: 308. 1961. **Isotype:** China. Yunnan: Shunning (=Fengqing), alt. 2 500 m, 1938-06-26, T. T. Yu 16471.

遵义十大功劳 ***Mahonia imbricata*** T. S. Ying & Boufford, Fl. Reip. Pop. Sin. 29: 309. 2001. **Holotype:** China. Guizhou: Zunyi, alt. 1 900 m, 1959-04-10, N Guizhou Exped. 0122.

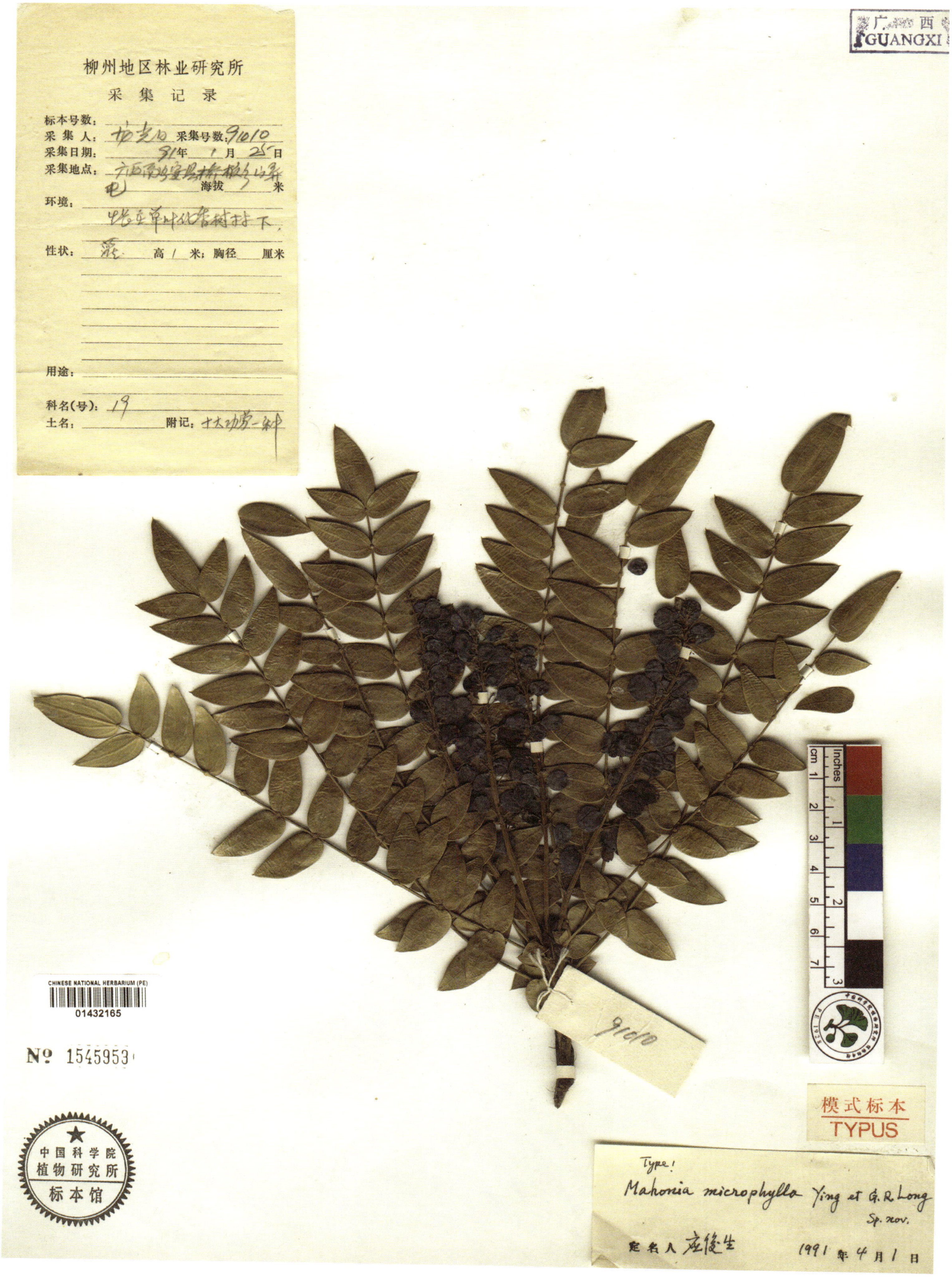

小叶十大功劳 ***Mahonia microphylla*** T. S. Ying & G. R. Long in Acta Phytotax. Sin. 37(3): 282, f. 1. 1999. **Holotype:** China. Guangxi: Rong’an, 1991-01-25, G. R. Long 91010.

单齿十大功劳 ***Mahonia monodens*** J. Y. Wu, H. N. Qin & S. Z. He in Bot. J. Linn. Soc. 159: 357, f. 1-12. 2009.
Holotype: China. Guangxi: Tiandeng, alt. 600 m, 2006-10-01, J. Y. Wu 06101.

网脉十大功劳 ***Mahonia reticulinervia*** C. Y. Wu ex S. Y. Bao in Acta Phytotax. Sin. 25(2): 153, f. 3. 1987. **Isotype:** China. Yunnan: Xichou, alt. 1 000 m, 1939-12-27, C. W. Wang, 86066.

郑氏八角莲 ***Podophyllum chengii*** Chien in Contr. Biol. Lab. Sci. Soc. China 10(2): 108, f. 16. 1936. **Lectotype** (designated by Yun Lin & al. in But. Bot. Res., Harbin 33: 517. 2013.): China. Zhejiang: Suichang, 1933-04-30, S. Chen 1254.

Menispermaceae

防己科

fangji ke

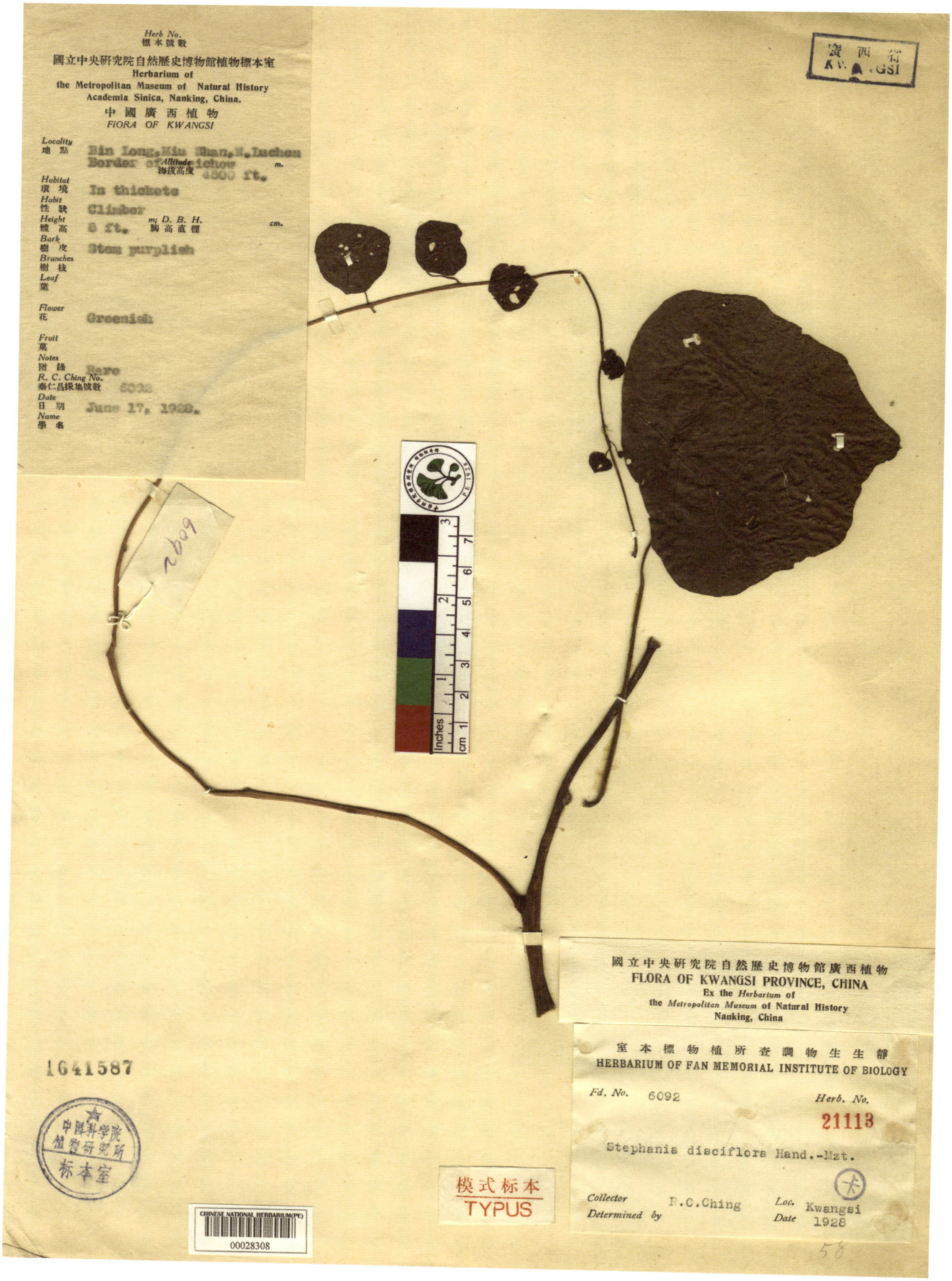

花盘地不容 ***Stephania disciflora*** Hand.-Mazz. in Symb. Sin. 7(2): 261. 1931. **Isoparatype:** China. Guangxi: Luocheng, alt. 1 373 m, 1928-06-17, R. C. Ching 6092.

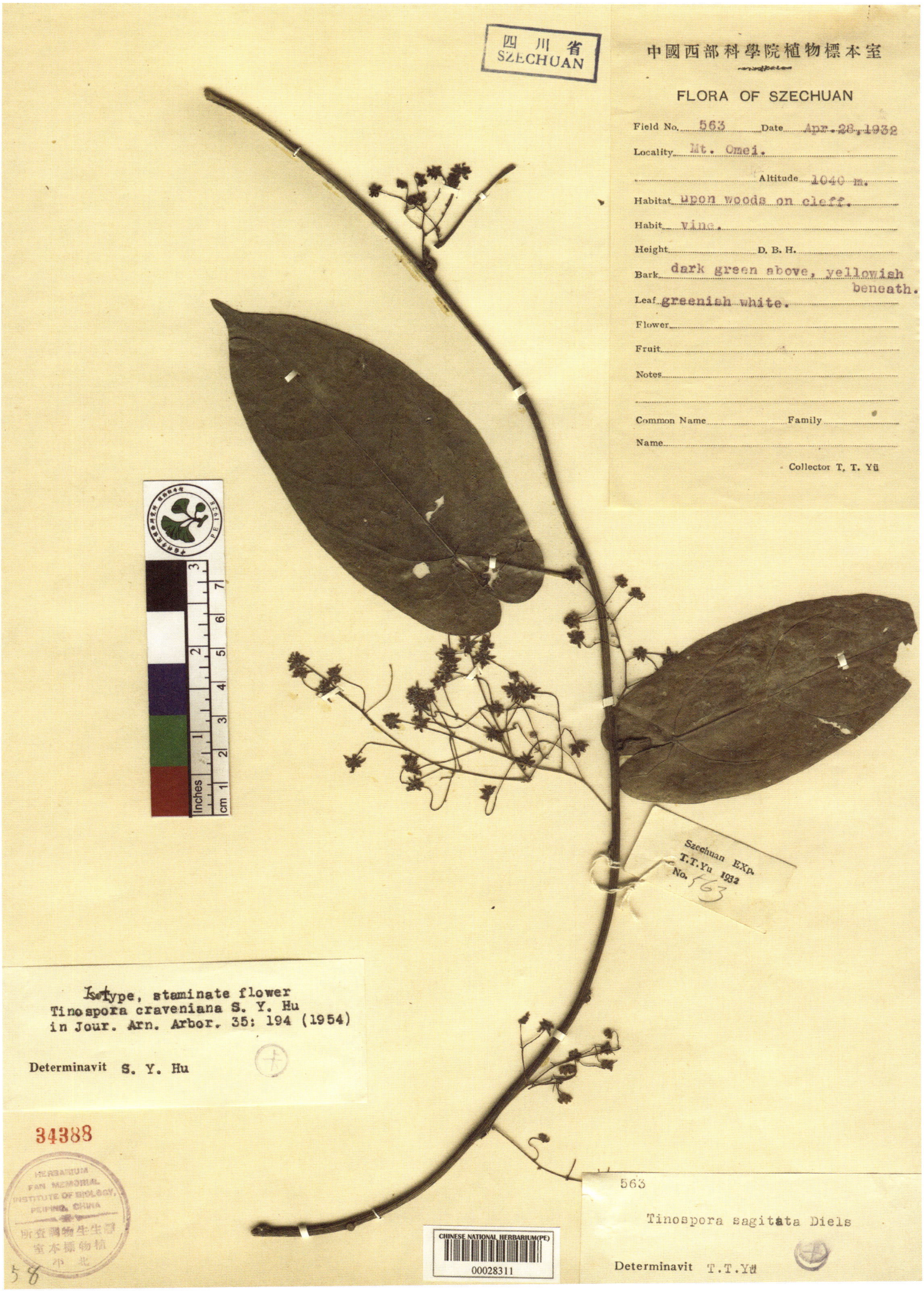

峨眉青牛胆 ***Tinospora craveniana*** S. Y. Hu in J. Arnold Arbor. 35(2): 194, f. 1: 6. 1954. **Lectotype** (designated by Lo, Fl. Reip. Pop. Sin. 30(1): 24. 1996): China. Sichuan: Emei, Emeishan, alt. 1 040 m, 1933-04-9, T. T. Yu 563.

中间青牛胆 ***Tinospora intermedia*** S. Y. Hu in J. Arnold Arbor. 35(2): 196, f. 1: 5. 1954. **Isosyntype:** China. Sichuan: Emei, Emeishan, 1941-08-10, W. P. Fang 17522.

云南青牛胆 *Tinospora yunnanensis* S. Y. Hu in J. Arnold Arbor. 35(2): 197, f. 1: 4. 1954. **Isotype:** China. Yunnan: Jianshui, alt. 1 900 m, 1933-04-09, H. T. Tsai 53100.

Magnoliaceae

木兰科

mulan ke

假地枫皮 ***Illicium jiadifengpi*** B. N. Chang in Acta Bot. Yunnan. 4(1): 47. f.1982. **Isotype:** China. Guangxi: Longsheng, alt. 1 600 m, 1955-04-24, Guangfu Forest Exped. 104.

莽草 ***Illicium lanceolatum*** A. C. Smith in Sargentia 7: 43, f. 11: a-g. 1947. **Paratype:** China. Jiangsu: Yixing, 1926-??-??, C. L. Tso 530.

闽皖八角 ***Illicium minwanense*** B. N. Chang & S. D. Zhang in Guihaia 5(3): 175, f. 1985. **Paratype:** China. Anhui: Xiuning, alt. 1 130 m, 1983-04-01, J. Z. Shao 82087.

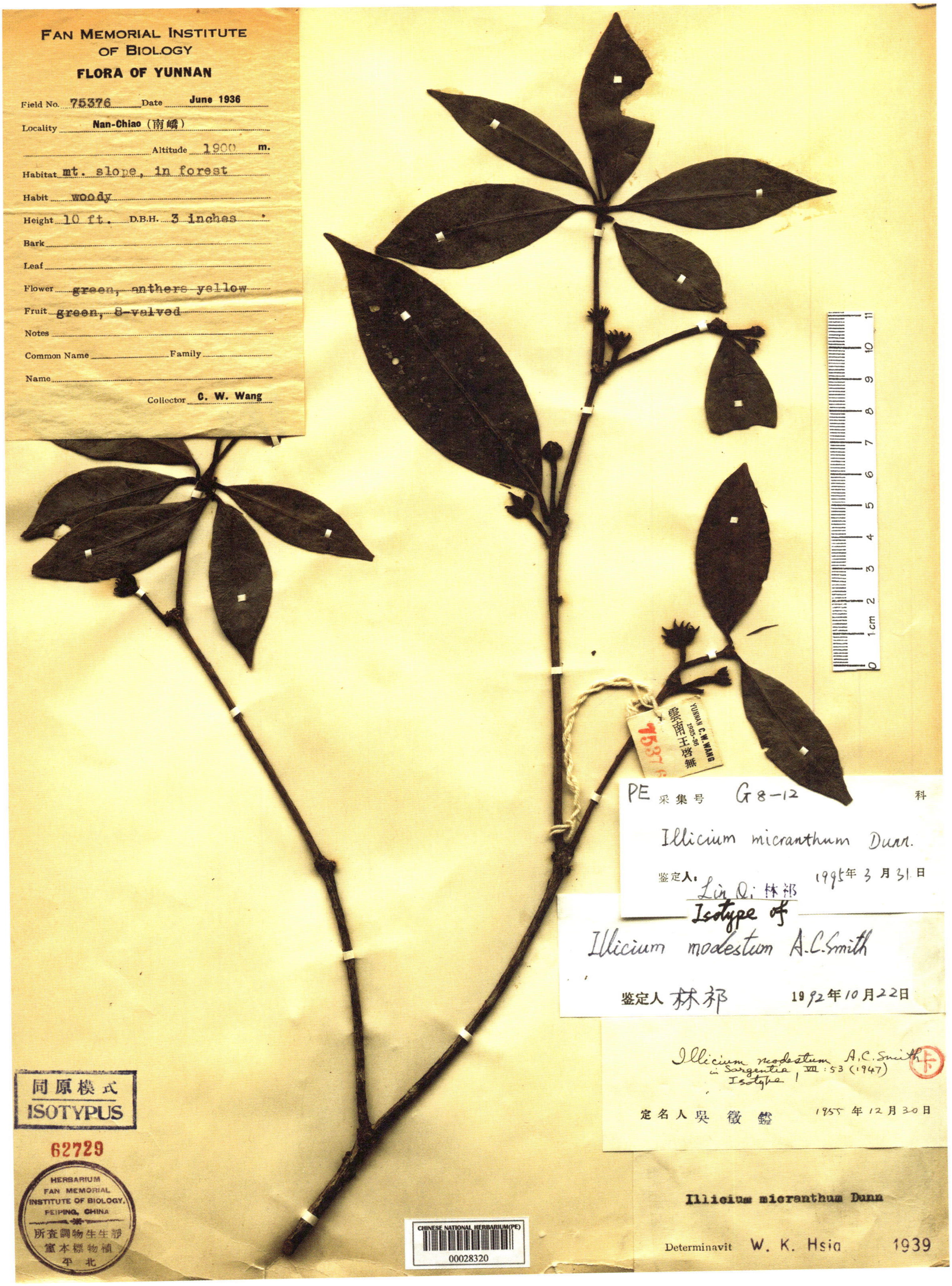

滇南八角 ***Illicium modestum*** A. C. Smith in Sargentia 7: 51, 53. 1947. **Isotype:** China. Yunnan: Nanchiao (=Menghai), alt. 1 900 m, 1936-06-??, C. W. Wang 75376.

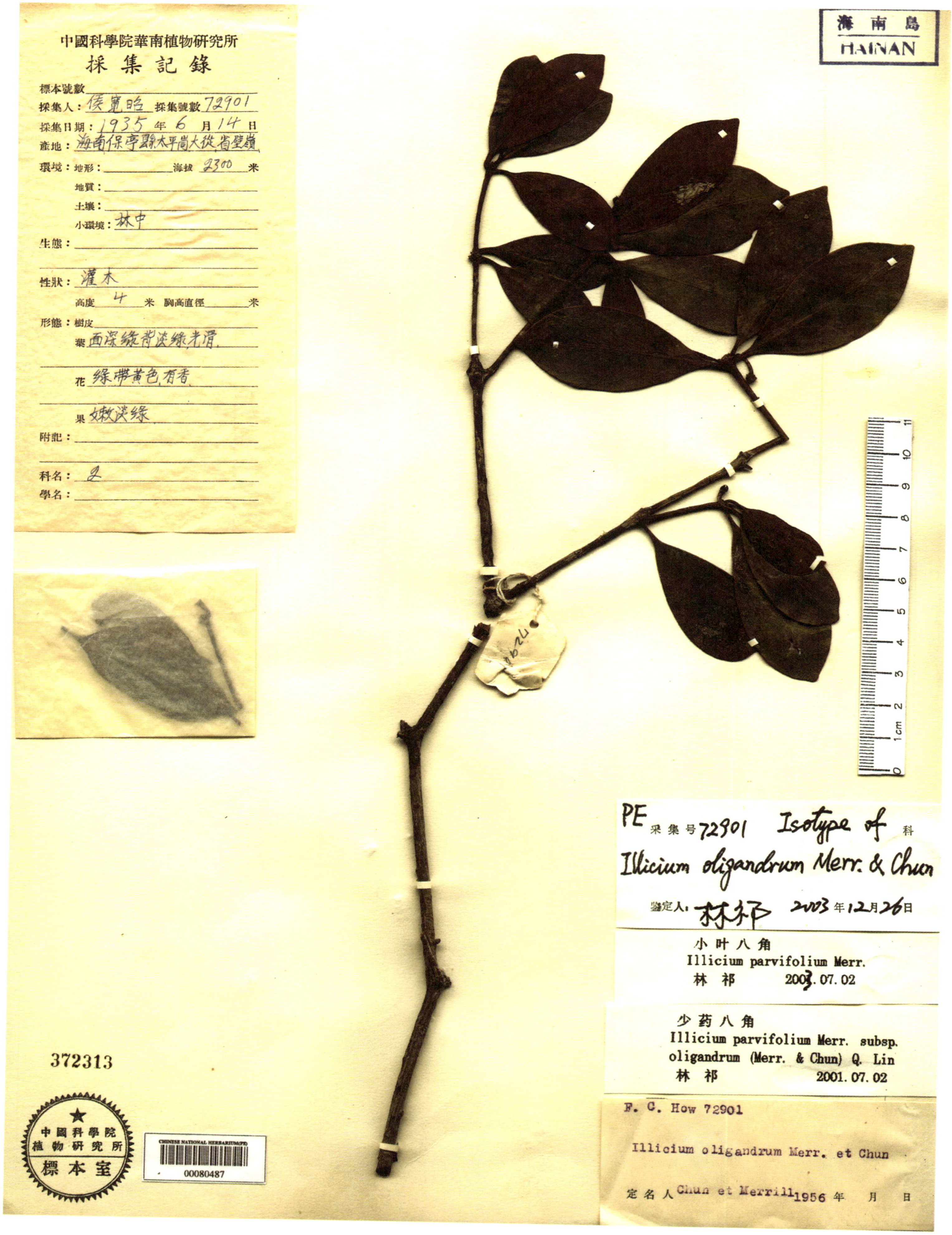

少药八角 ***Illicium oligandrum*** Merr. & Chun in Sunyatsenia 5(1–3): 57. 1940. **Isotype:** China. Hainan: Baoting, alt. 2 300 m, 1935-06-14, F. C. How 72901.

粤中八角 ***Illicium tsangii*** A. C. Smith in Sargentia 7: 61, f. 11: h-l. 1947. **Paratype:** China. Guangdong: Zengcheng, 1932-04-18, W.T. Tsang 20268.

启无八角 ***Illicium wangii*** Hu in Bull. Fan Mem. Inst. Biol. 10: 120. 1940. **Holotype:** China. Yunnan: Fohai (=Menghai), alt. 1 520 m, 1936-05-??, C. W. Wang 73695.

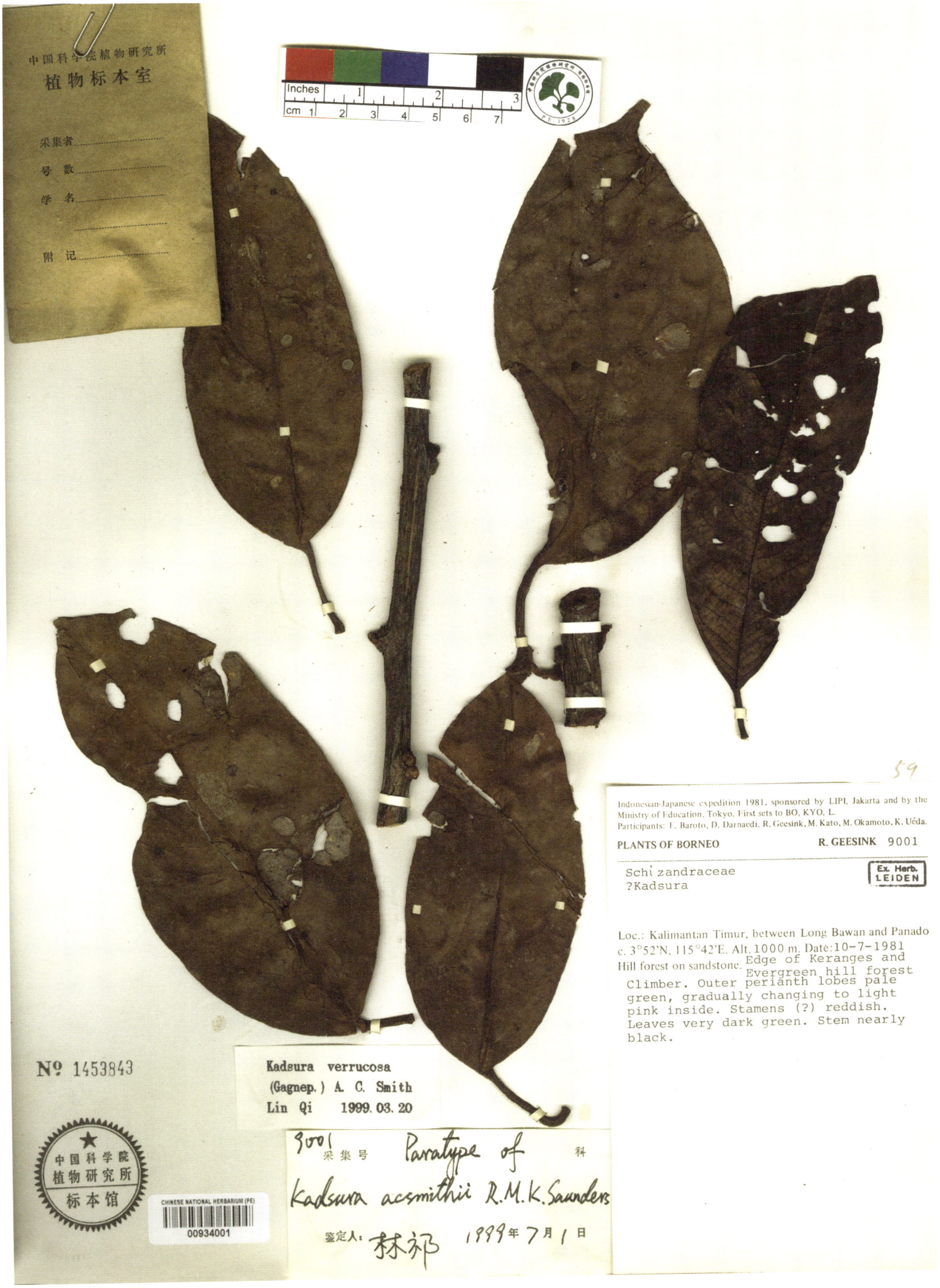

印尼南五味子 ***Kadsura acsmithii*** R. M. K. Saunders in Blumea 42: 109. 1997. **Paratype:** Indonesia. Borneo: Kalimantan, alt. 1 000 m, 1981-10-07, R. Geesink 9001.

毛南五味子 ***Kadsura induta*** A. C. Smith in Sargentia 7: 173, f. 35. 1947. **Paratype:** China. Yunnan: Pingpien, alt. 1 300 m, 1934-07-13, H. T. Tsai 60847.

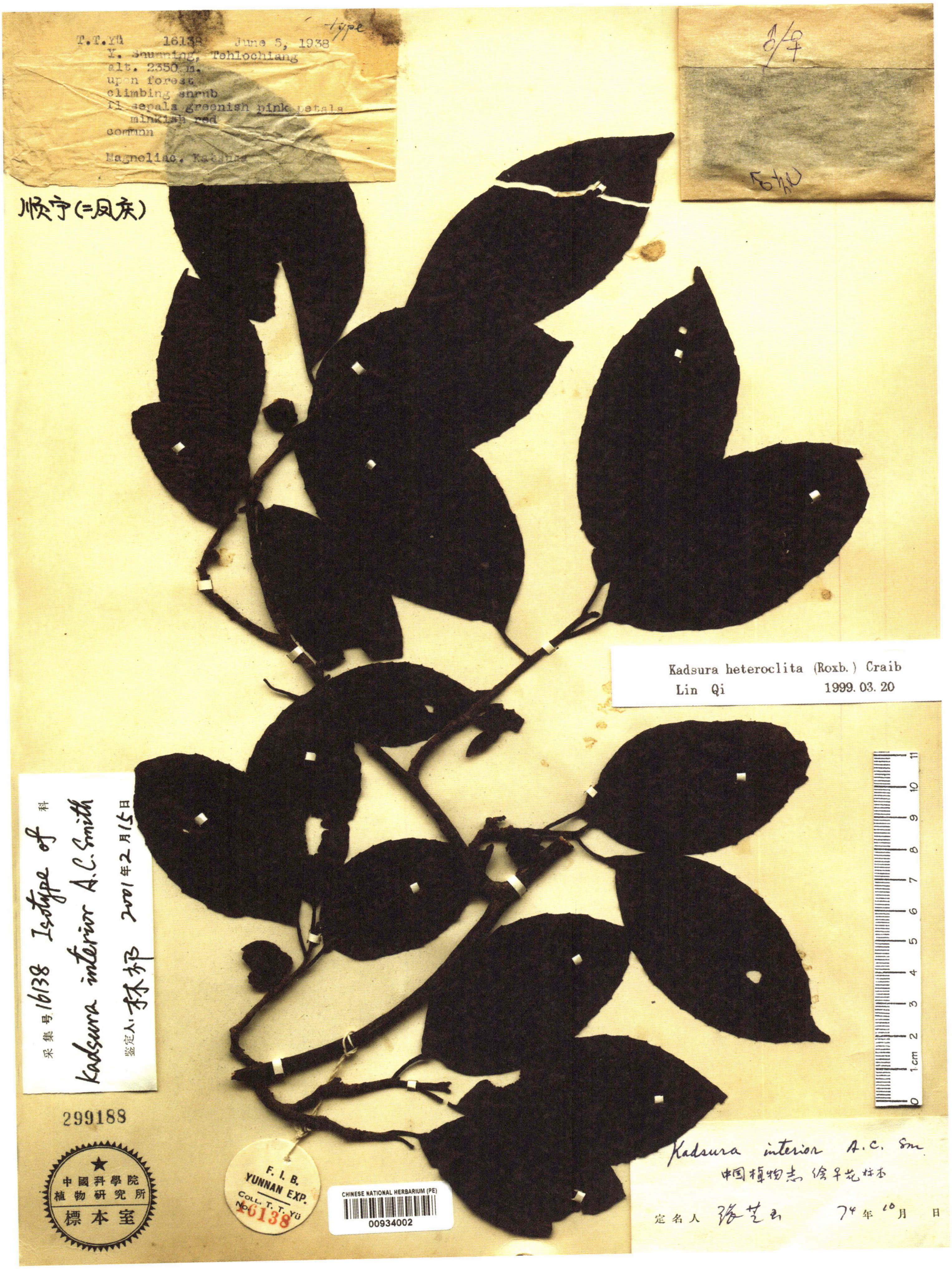

凤庆南五味子 ***Kadsura interior*** A. C. Smith in Sargentia 7: 178, f. 35. 1947. **Isotype:** China. Yunnan: Shunning(=Fengqing), alt. 2 350 m, 1938-06-05, T. T. Yu 16138.

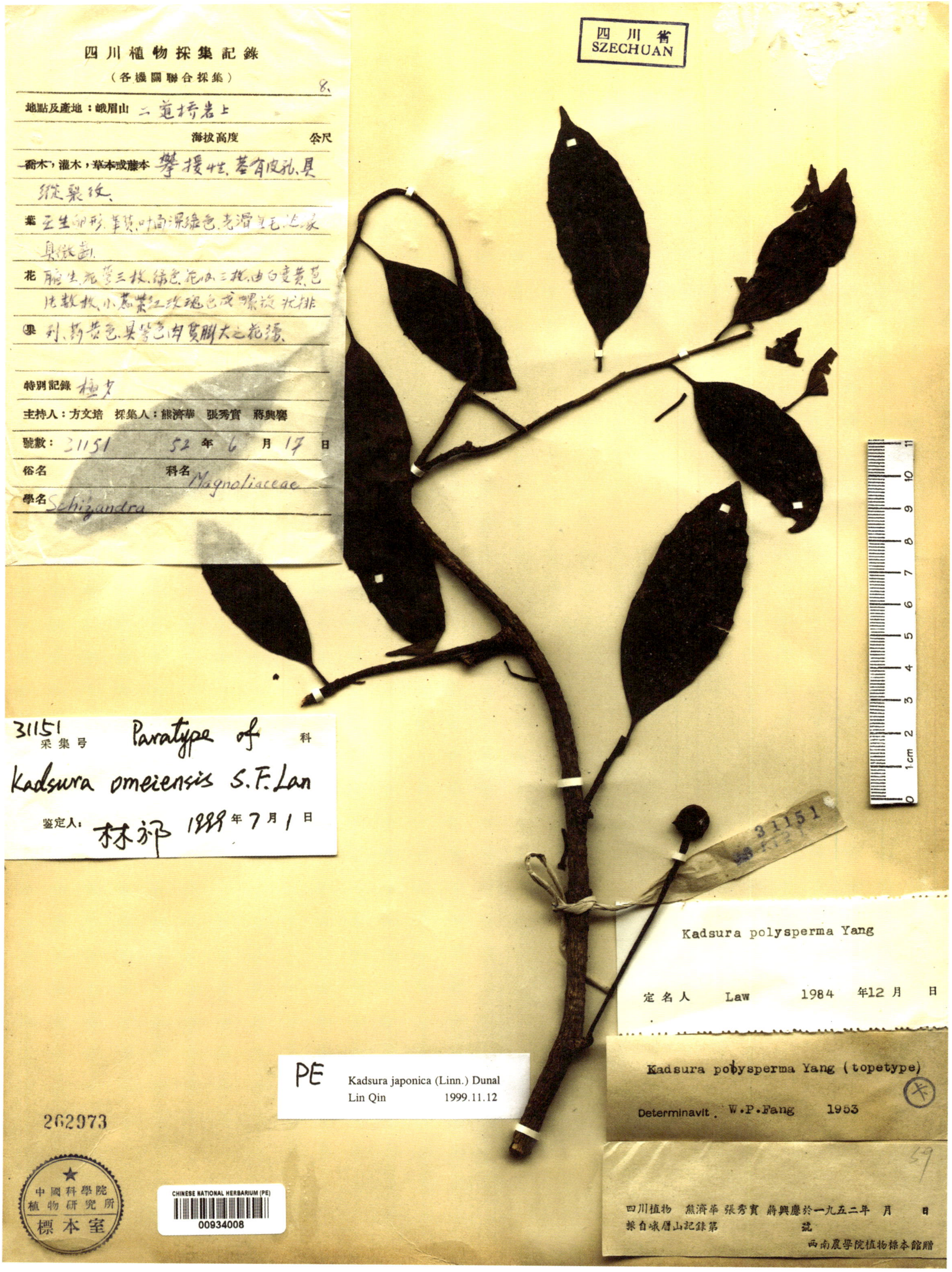

峨眉南五味子 ***Kadsura omeiensis*** S. F. Lan in Acta Sci. Nat. Univ. Sunyatseni 1983(2): 122. 1983. **Paratype:** China. Sichuan: Emei, Emeishan, 1952-06-17, J. H. Xiong & al. 31151.

多籽南五味子 ***Kadsura polysperma*** Y. C. Yang in Contr. Biol. Lab. Sci. Soc. China, Bot. Ser. 12: 104, f. 5. 1939.
Holotype: China. Sichuan: Emei, Emeishan, 1938-??-??, C. W. Yao 3312.

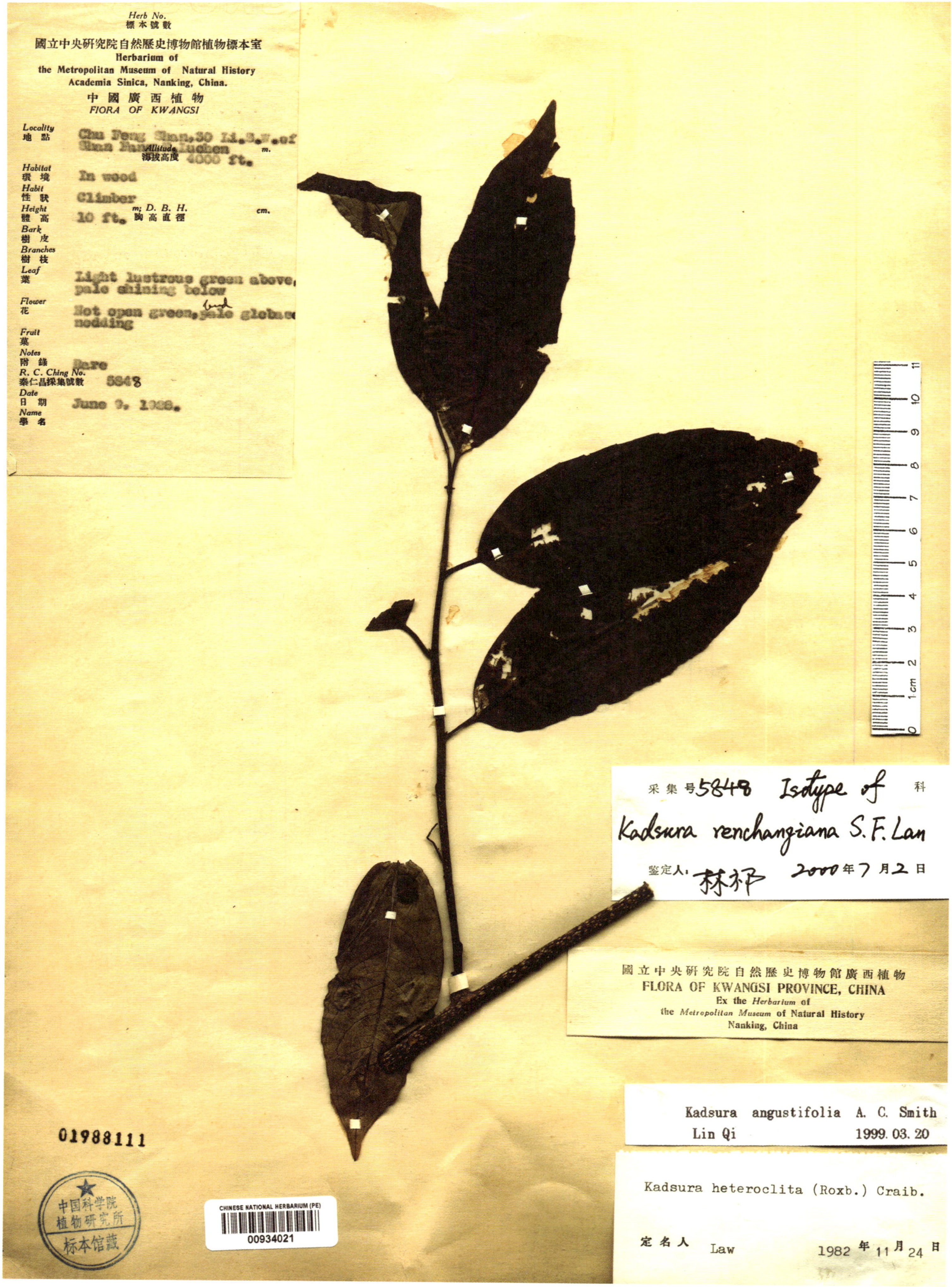

仁昌南五味子 ***Kadsura renchangiana*** S. F. Lan in Acta Sci. Nat. Univ. Sunyatseni 1983(2): 120. 1983. **Isotype:** China. Guangxi: Luocheng, alt. 1 220 m, 1928-06-09, R. C. Ching 5848.

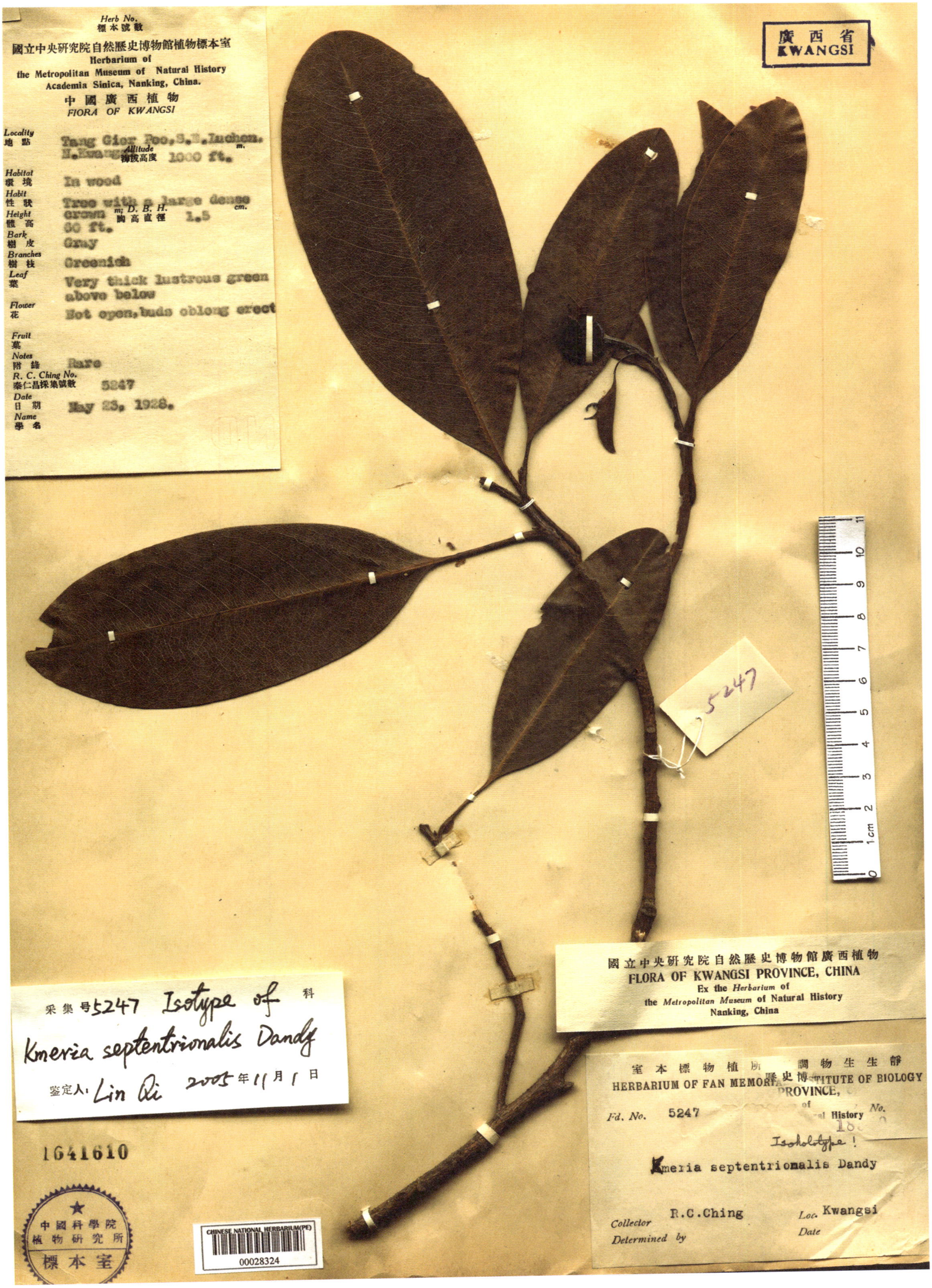

单性木兰 ***Kmeria septentrionalis*** Dandy in J. Bot. 69(9): 233. 1931. **Isotype:** China. Guangxi: Luocheng, alt. 305 m, 1928-05-23, R. C. Ching 5247.

绢毛木兰 ***Magnolia albosericea*** Chun & C. H. Tsoong in Acta Phytotax. Sin. 9(2): 117. 1964. **Paratype:** China. Hainan: Baoting, alt. 500 m, 1954-11-11, Diaoluoshan Exped. 2366.

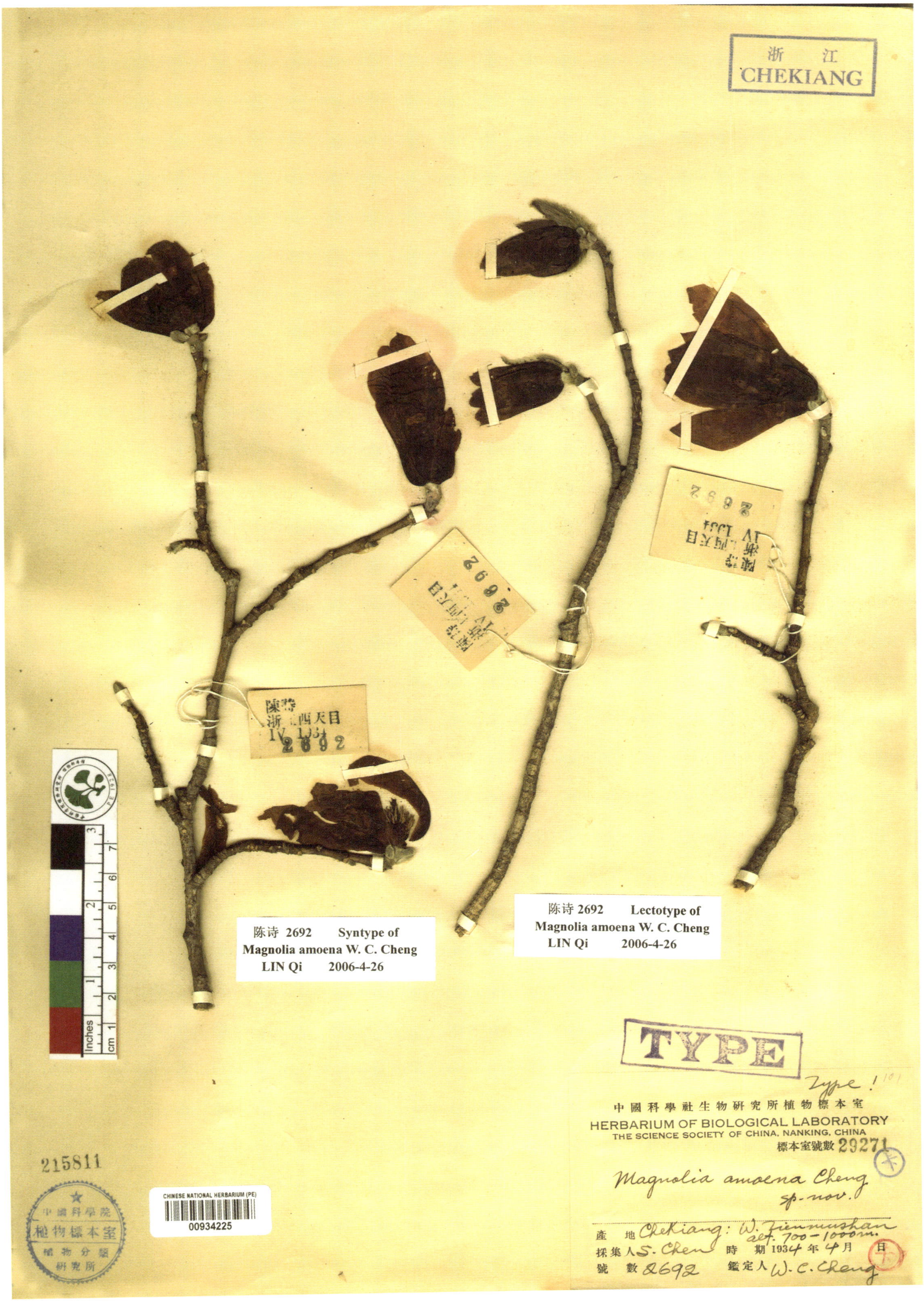

天目木兰 ***Magnolia amoena*** W. C. Cheng in Contr. Biol. Lab. Sci. Soc. China, Bot. Ser. 9: 280, f. 28. 1934. **Lectotype** (designated by B. L. Chen & H. P. Nooteboom in Ann. Missouri Bot. Gard. 80: 1019. 1993): China. Zhejiang. Lin'an, alt. 700~1 000 m, 1934-04-??, S. Chen 2692.

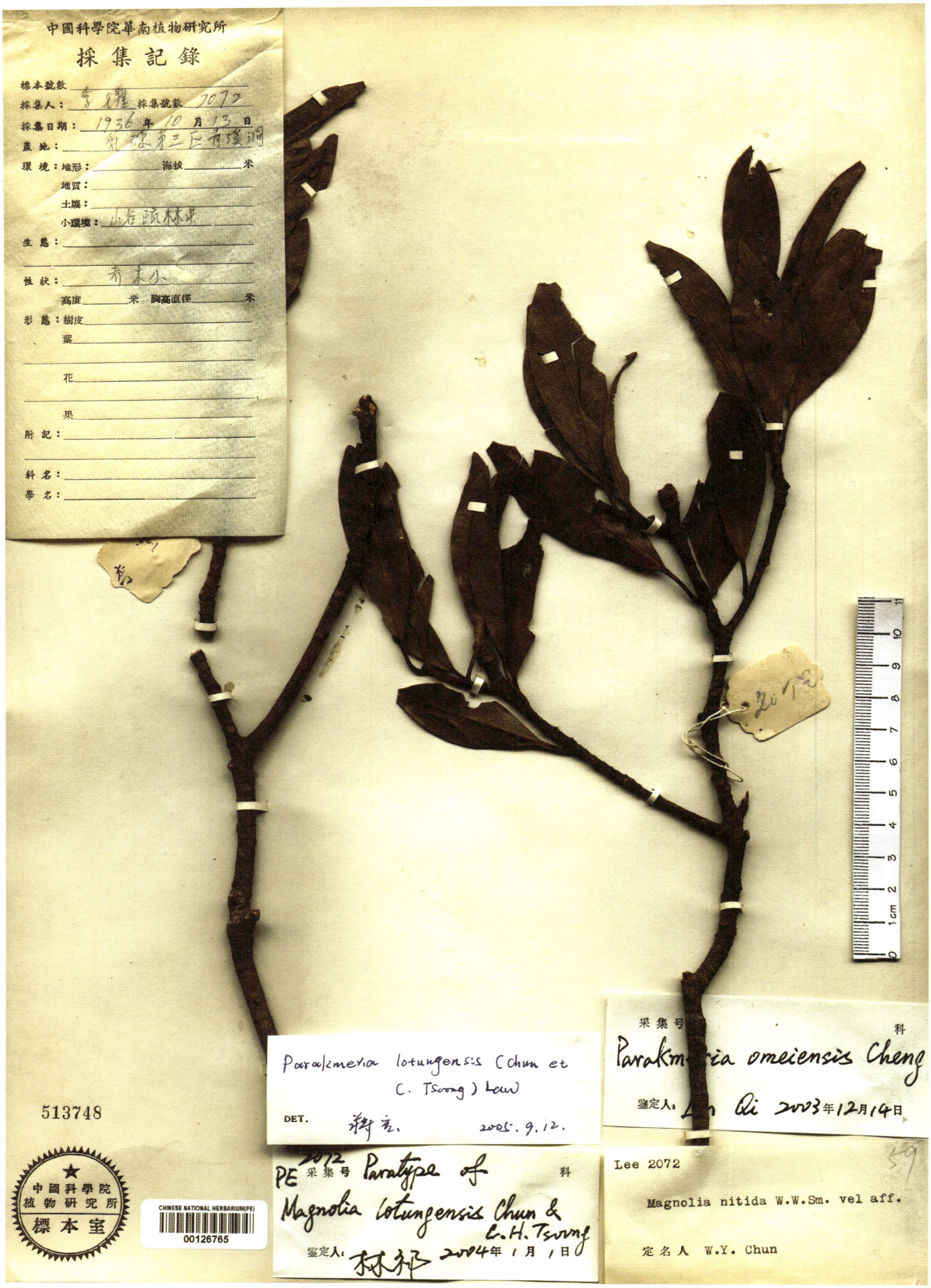

乐东木兰 ***Magnolia lotungensis*** Chun & C. H. Tsoong in Acta Phytotax. Sin. 8(4): 285. 1963. **Paratype:** China. Guangdong: Ruyuan, 1936-10-13, Y. Li 2072.

长叶木兰 ***Magnolia paenetalauma*** Dandy in J. Bot. 68(7): 206. 1930. **Isotype:** China. Hainan: Hongmaoshan, 1929-07-20, Tsang & Fung 538.

上帕木兰 ***Magnolia shangpaensis*** Hu in Acta Phytotax. Sin. 1(2): 157. 1951. **Holotype:** China. Yunnan: Shangpa (=Fugong), alt. 2 000 m, 1933-09-20, H. T. Tsai 56560.

日本天女木兰 ***Magnolia sieboldii*** C. Koch subsp. ***japonica*** Ueda in Acta Phytotax. Geobot. 31: 121. 1980. **Isotype:** Japan. Honshu: Nara, alt. 1 500~1 700 m, 1978-06-27, K. Ueda 459.

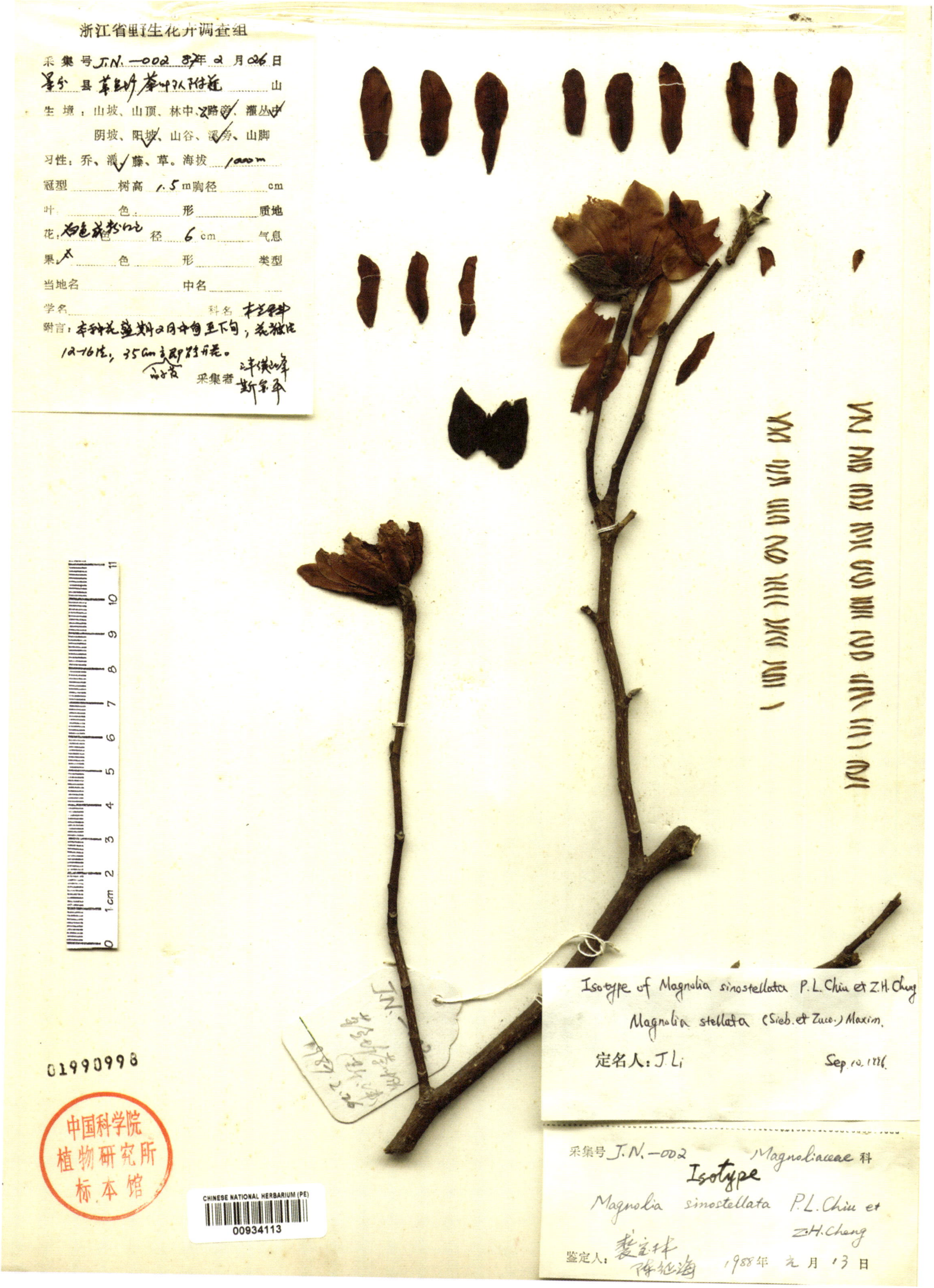

景宁木兰 ***Magnolia sinostellata*** P. L. Chiu & Z. H. Chen in Acta Phytotax. Sin. 27(1): 79, f. 1. 1989. **Isotype:** China. Zhejiang: Jingning, alt. 1 000 m, 1987-02-26, J. P. Si & H. F. Pan JN-002.

宝华玉兰 ***Magnolia zenii*** W. C. Cheng in Contr. Biol. Lab. Sci. Soc. China, Bot. Ser. 8: 291, f. 20. 1933. **Lectotype** (designated by Q. Lin & al. in Acta Bot. Boreal.-Occident. Sin. 28: 536. 2008): China. Jiangsu: Paohuashan, 1933-03-31, W. C. Cheng 4233.

香木莲 ***Manglietia aromatica*** Dandy in J. Bot. 69(9): 231. 1931. **Isotype:** China. Guangxi: Baise, alt. 854 m, 1928-09-13, R. C. Ching 7421.

桂南木莲 ***Manglietia chingii*** Dandy in J. Bot. 69(9): 232. 1931. **Isotype:** China. Guangxi: Nanning, alt. 790 m, 1928-11-03, R. C. Ching 8390.

滇桂木莲 ***Manglietia forrestii*** W. W. Smith ex Dandy in Notes Roy. Bot. Gard. Edinburgh 16(77): 126, pl. 226. 1928.
Isotype: China. Yunnan: Tengyueh (=Tengchong), alt. 2 135~2 440 m, 1925-06-??, G.Forrest 26705A.

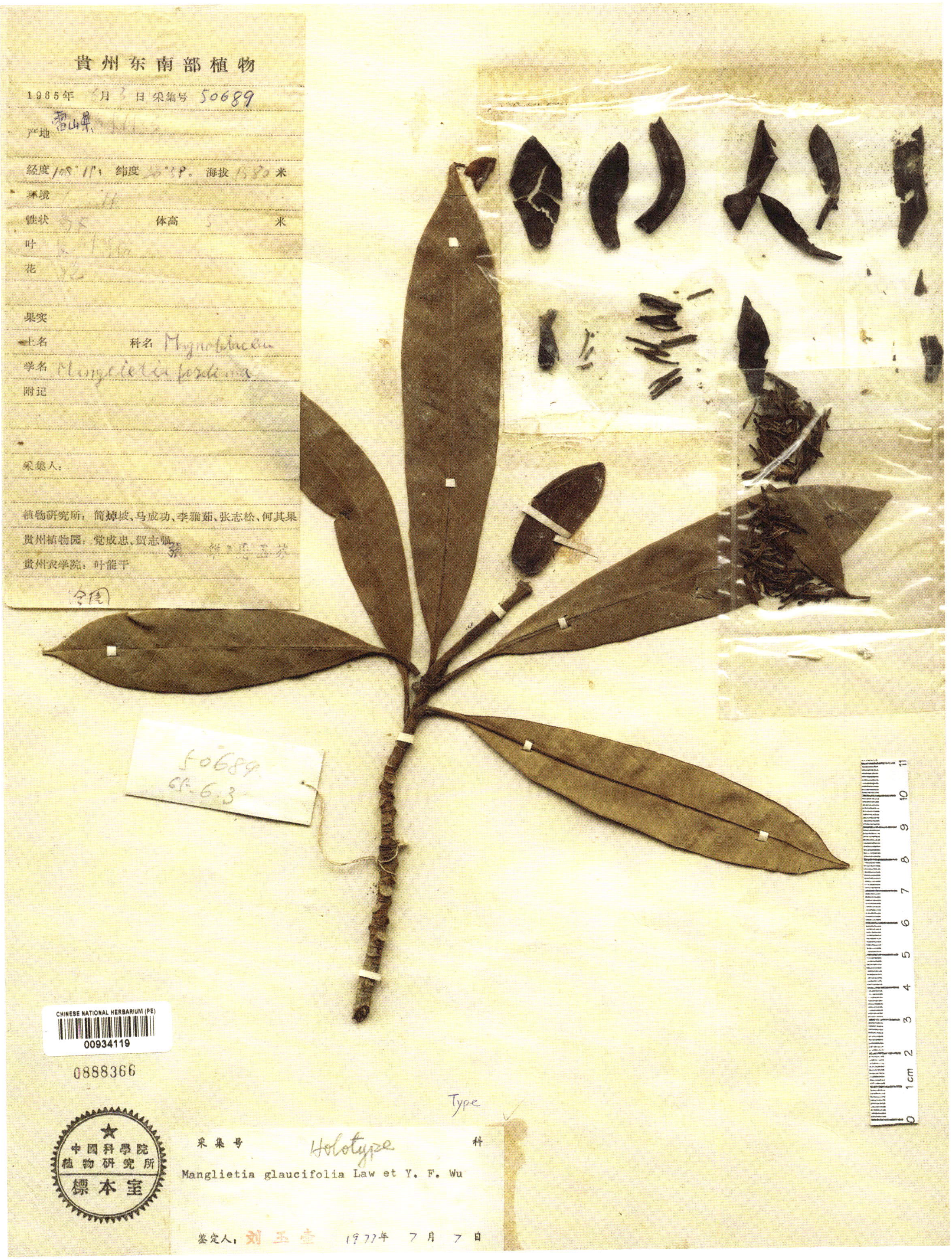

苍背木莲 ***Manglietia glaucifolia*** Y. W. Law & Y. F. Wu in Guihaia 6(4): 263, f. 1986. **Holotype:** China. Guizhou: Leishan, alt. 1 580 m, 1965-06-03, C. P. Chien & al. 50689.

大果木莲 ***Manglietia grandis*** Hu & W. C. Cheng in Acta Phytotax. Sin. 1(2): 158. 1951. **Isotype:** China. Yunnan: Malipo, alt. 1 200 m, 1940-02-20, C. W. Wang 87020.

大叶木莲 ***Manglietia megaphylla*** Hu & W. C. Cheng in Acta Phytotax. Sin. 1(2): 158. 1951. **Holotype:** China. Yunnan: Xichou, alt. 1 100 m, 1939-12-01, C. W. Wang 85156.

西藏木莲 ***Manglietia microtricha*** Y. W. Law in Bull. Bot. Res., Harbin 5(3): 125, f. 4. 1985. **Holotype:** China. Xizang: Mêdog, alt. 2 000 m, 1974-08-13, Xizang Exped. 74-1847.

倒卵叶木莲 ***Manglietia obovalifolia*** C. Y. Wu & Y. W. Law, Fl. Reip. Pop. Sin. 30(1): 270. 1996. **Isotype:** China. Yunnan: Pingbian, alt. 1 480 m, 1954-04-28, P. I Mao 04028.

巴东木莲 ***Manglietia patungensis*** Hu in Acta Phytotax. Sin. 1(3-4): 335. 1951. **Holotype:** China. Hubei: Badong, 1934-06-05, H. C. Chow 484.

四川木莲 ***Manglietia szechuanica*** Hu in Bull. Fan Mem. Inst. Biol., Bot. Ser. 10: 117. 1940. **Holotype:** China. Sichuan: Pingshan, alt. 1 500 m, 1934-06-13, T. T. Yu 3105.

野马山木莲 ***Manglietia tenuipes*** Dandy in J. Bot. 69(9): 232. 1931. **Isotype:** China. Guangxi: Yemashan, alt. 1 460 m, 1928-08-25, R. C. Ching 7117.

毛果木莲 ***Manglietia ventii*** Tiep in Feddes Repert. 91(9-10): 560. 1980. **Isotype:** China. Yunnan: Pingbian, alt. 880 m, 1953-08-05, P. I Mao 02842.

毛果木莲 ***Manglietia hebecarpa*** C. Y. Wu & Y. W. Law ex Y. W. Law, Fl. Reip. Pop. Sin. 30(1): 270. 1996. **Isotype:** China. Yunnan: Pingbian, alt. 880 m, 1953-08-05, P. I Mao 02842.

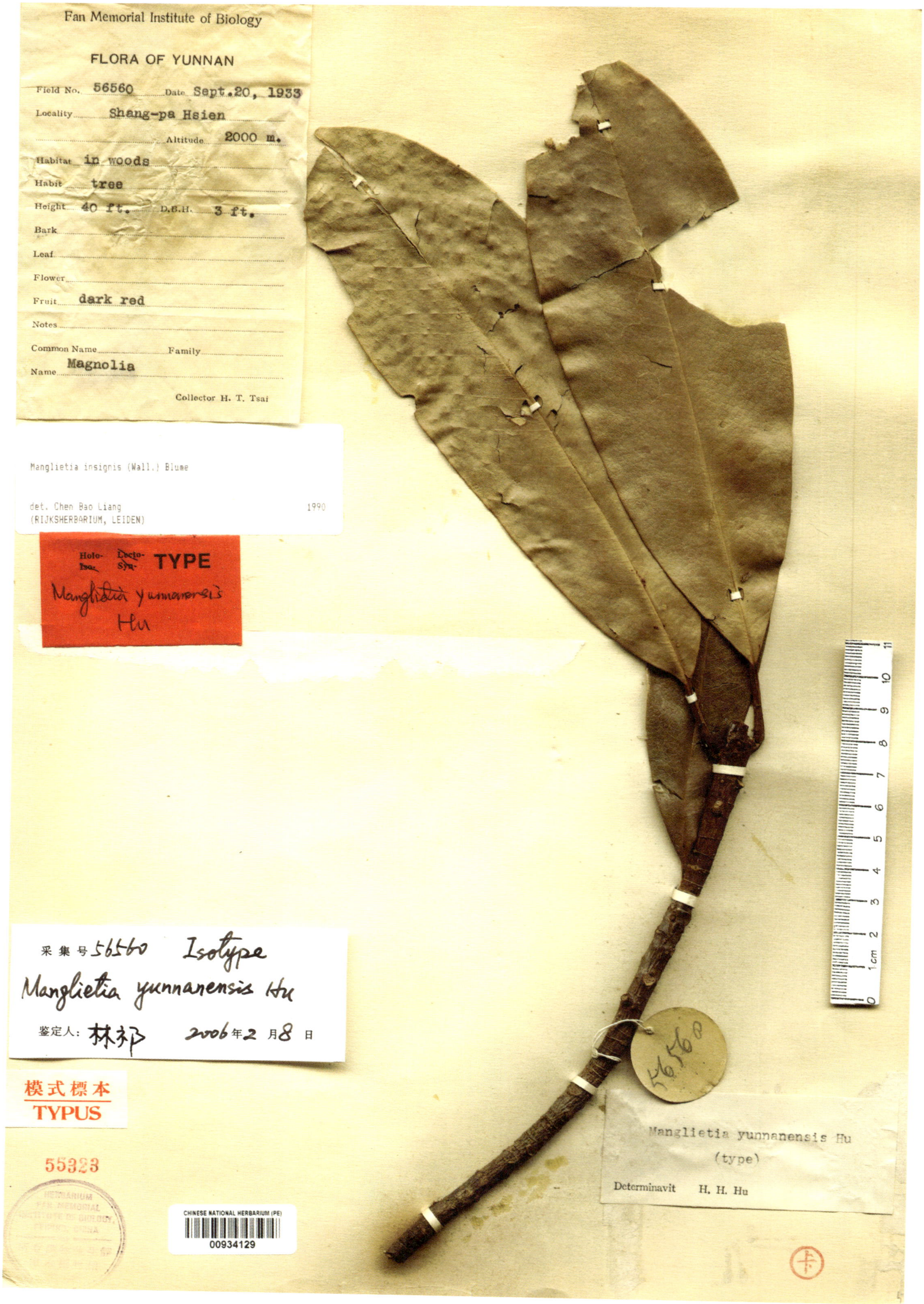

滇木莲 ***Manglietia yunnanensis*** Hu in Acta Phytotax. Sin. 1(2): 159. 1951. **Holotype:** China. Yunnan: Shangpa (=Fugong), alt. 2 000 m, 1933-09-20, H. T. Tsai 56560.

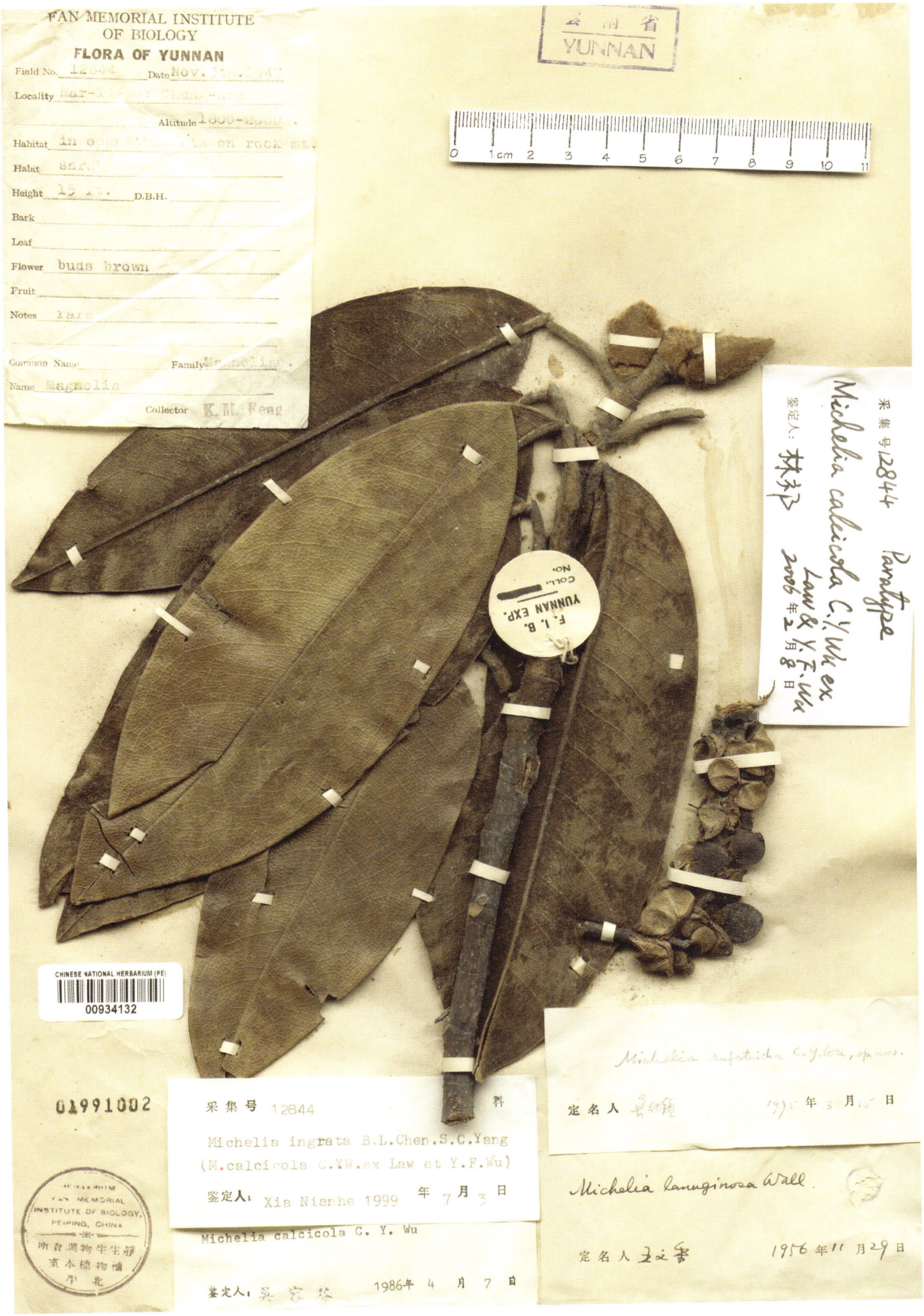

石灰含笑 ***Michelia calcicola*** C. Y. Wu ex Y. W. Law & Y. F. Wu in Acta Bot. Yunnan. 10(3): 339, f. 5: 9-16. 1988.
Paratype: China. Yunnan: Malipo, alt. 1 800~2 000 m, 1947-11-03, K. M. Feng 12844.

仁昌含笑 ***Michelia chingii*** W. C. Cheng in Contr. Biol. Lab. Sci. Soc. China, Bot. Ser. 10: 110. 1936. **Holotype:** China. Zhejiang: Longquan, alt. 610 m, 1924-08-24, R. C. Ching 2452.

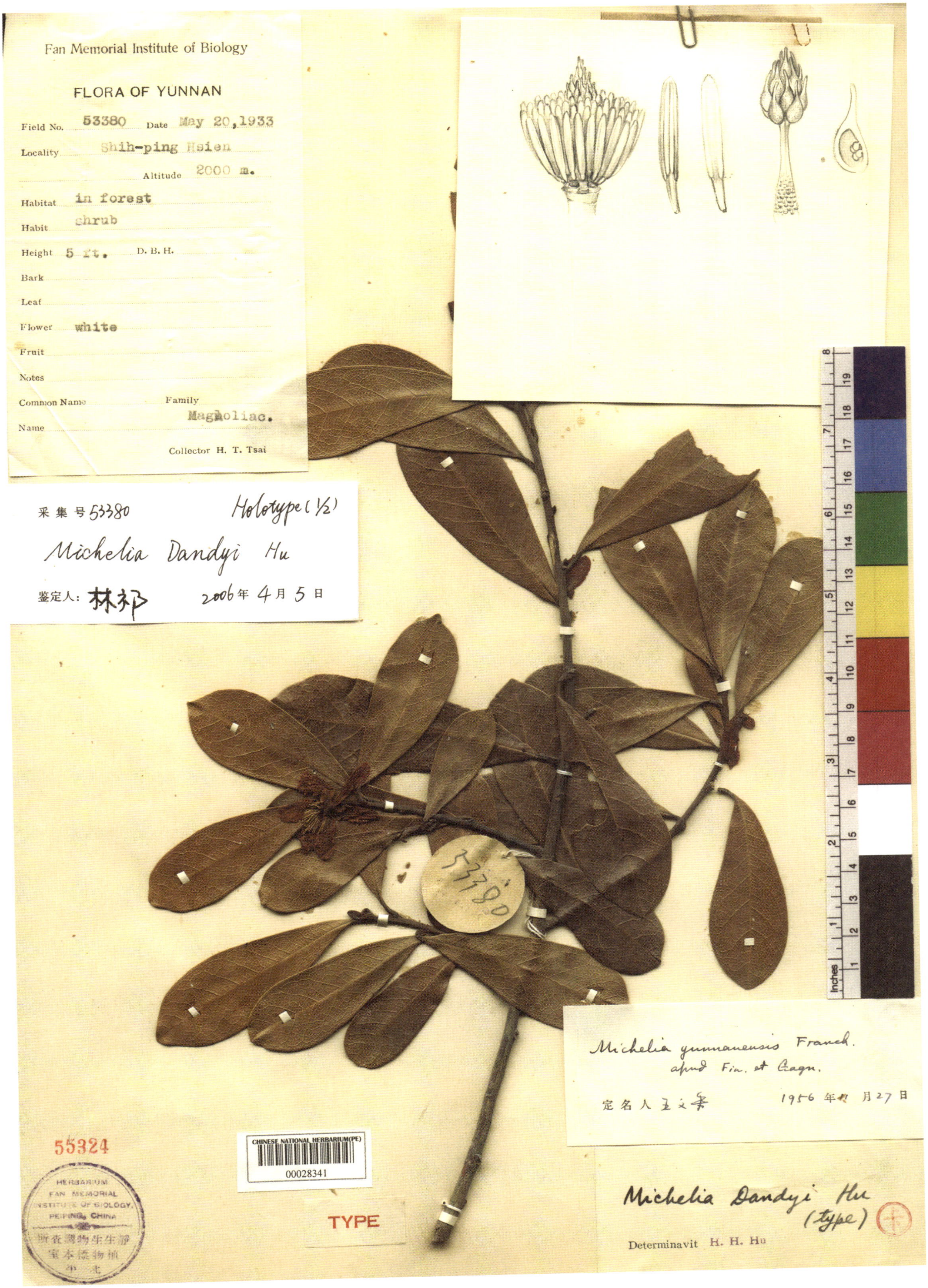

石屏含笑 ***Michelia dandyi*** Hu in Bull. Fan Mem. Inst. Biol., Bot. 8: 34. 1937. **Holotype:** China. Yunnan: Shiping, alt. 2 000 m, 1933-05-20, H. T. Tsai 53380.

亮叶含笑 ***Michelia fulgens*** Dandy in J. Bot. 68(7): 210. 1930. **Paratype:** China. Hainan: Lingao, 1929-08-21, F. A. McClure 712.

长柄含笑 ***Michelia longipetiolata*** C. Y. Wu ex Y. W. Law & Y. F. Wu in Acta Bot. Yunnan. 10(3): 336, f. 2. 1988.
Holotype: China. Guizhou: Bijie, alt. 1 500 m, 1957-09-04, P. H. Yu 251.

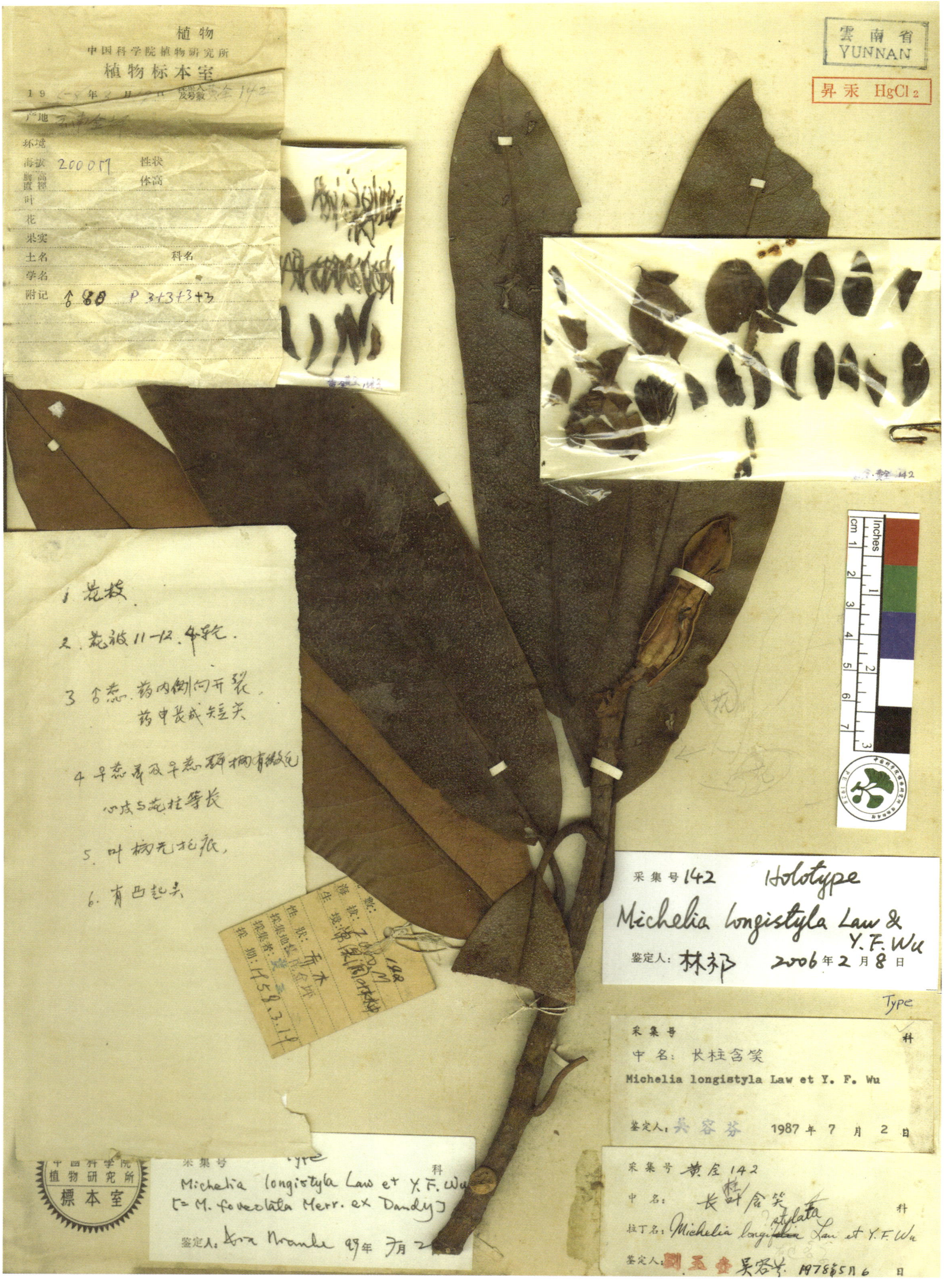

长柱含笑 ***Michelia longistyla*** Y. W. Law & Y. F. Wu in Acta Bot. Yunnan. 10(3): 341, f. 7. 1988. **Holotype:** China. Yunnan: Jinping, alt. 2 000 m, 1958-03-19, Q. Huang 142.

展毛含笑 ***Michelia macclurei*** Dandy var. ***sublanea*** Dandy in J. Bot. 68(7): 212. 1930. **Isotype:** China. Guangdong: Xinyi, 1929-07-27, Y. Tsiang 2609.

壮丽含笑 ***Michelia magnifica*** Hu in Bull. Fan Mem. Inst. Biol., Bot. Ser. 10: 118. 1940. **Holotype:** China. Yunnan: Mengkang, alt. 1 550 m, 1934-02-20, H. T. Tsai 56961.

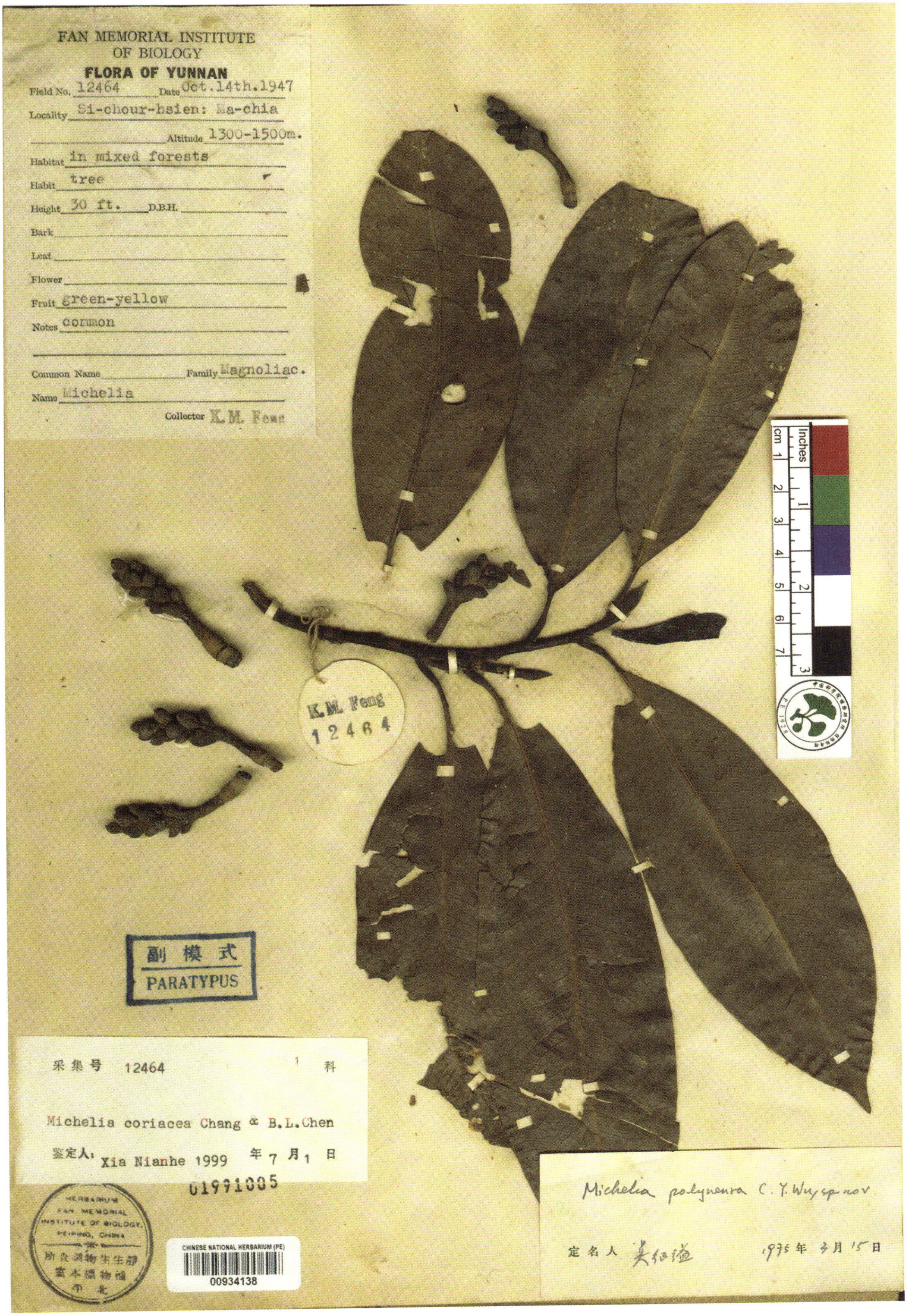

多脉含笑 ***Michelia polyneura*** C. Y. Wu ex Y. W. Law & Y. F. Wu in Acta Bot. Yunnan. 10(3): 340, f. 5: 1-8. 1988.
Paratype: China. Yunnan: Xichou, alt. 1 300~1 500 m, 1947-10-14, K. M. Feng 12464.

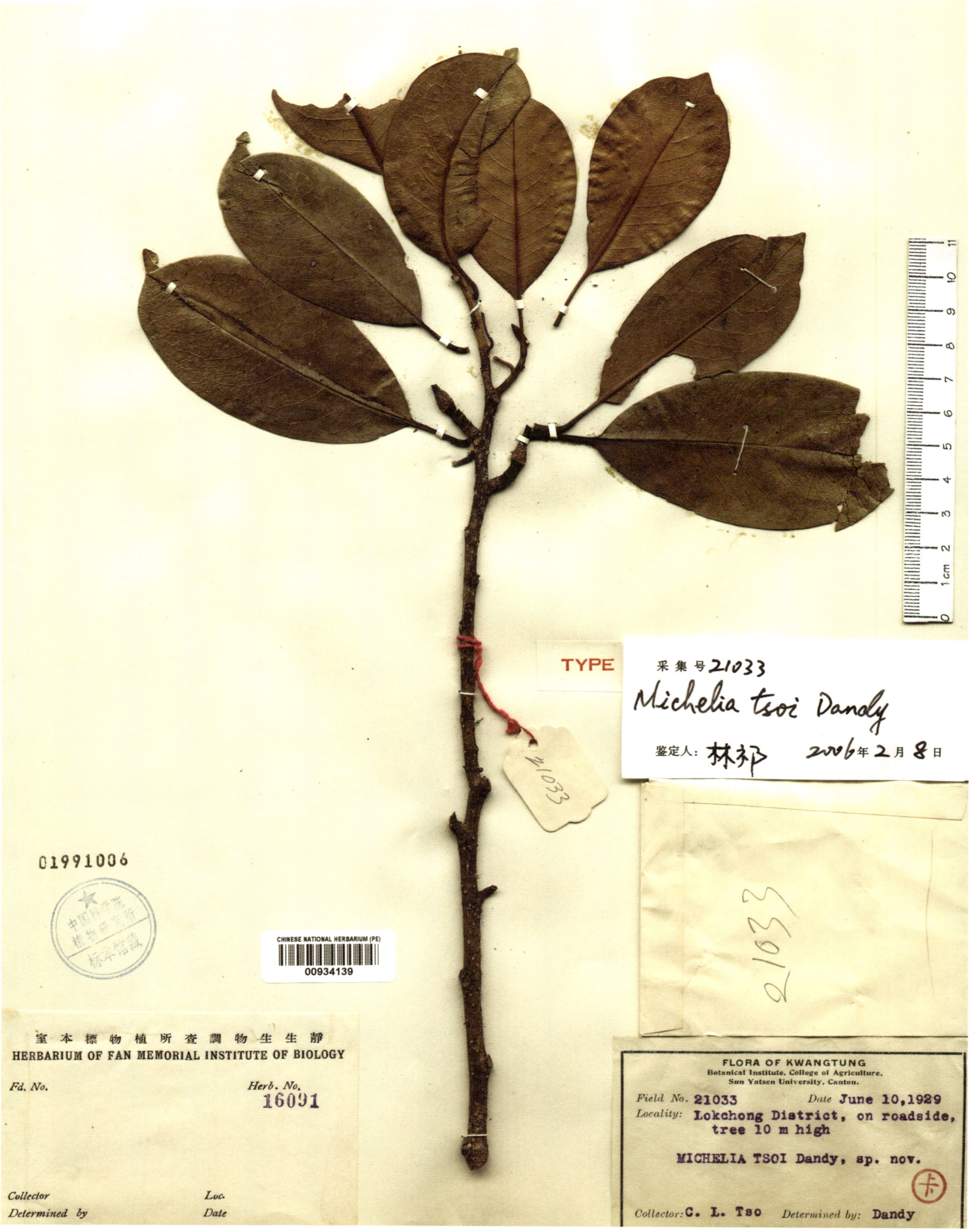

景烈含笑 ***Michelia tsoi*** Dandy in J. Bot. 68(7): 213. 1930. **Isotype:** China. Guangdong: Lechang, 1929-06-10, C. L. Tso 21033.

云南拟克丽木 ***Parakmeria yunnanensis*** Hu in Acta Phytotax. Sin. 1(1): 2. 1951. **Lectotype** (designated by Q. Lin & al. in Acta Bot. Boreal.-Occident. Sin. 27: 1250. 2007): China. Yunnan: Malipo, alt. 1 200 m, 1940-01-13, C. W. Wang, 83157.

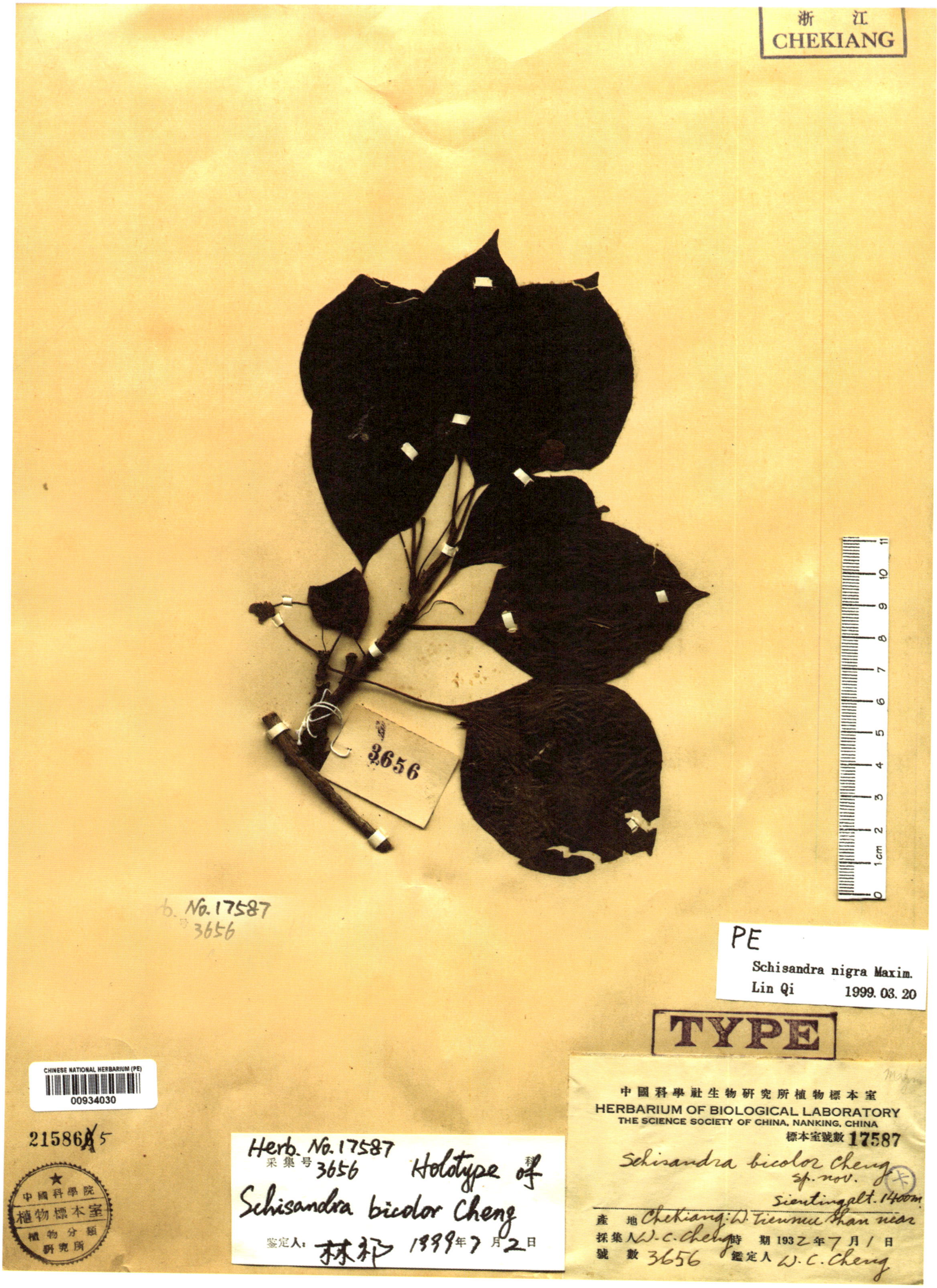

二色五味子 ***Schisandra bicolor*** W. C. Cheng in Contr. Biol. Lab. Sci. Soc. China, Bot. Ser. 8: 137, f. 5. 1934. **Holotype:** China. Zhejiang: Lin'an, alt. 1 400 m，1932-07-01, W. C. Cheng 3656.

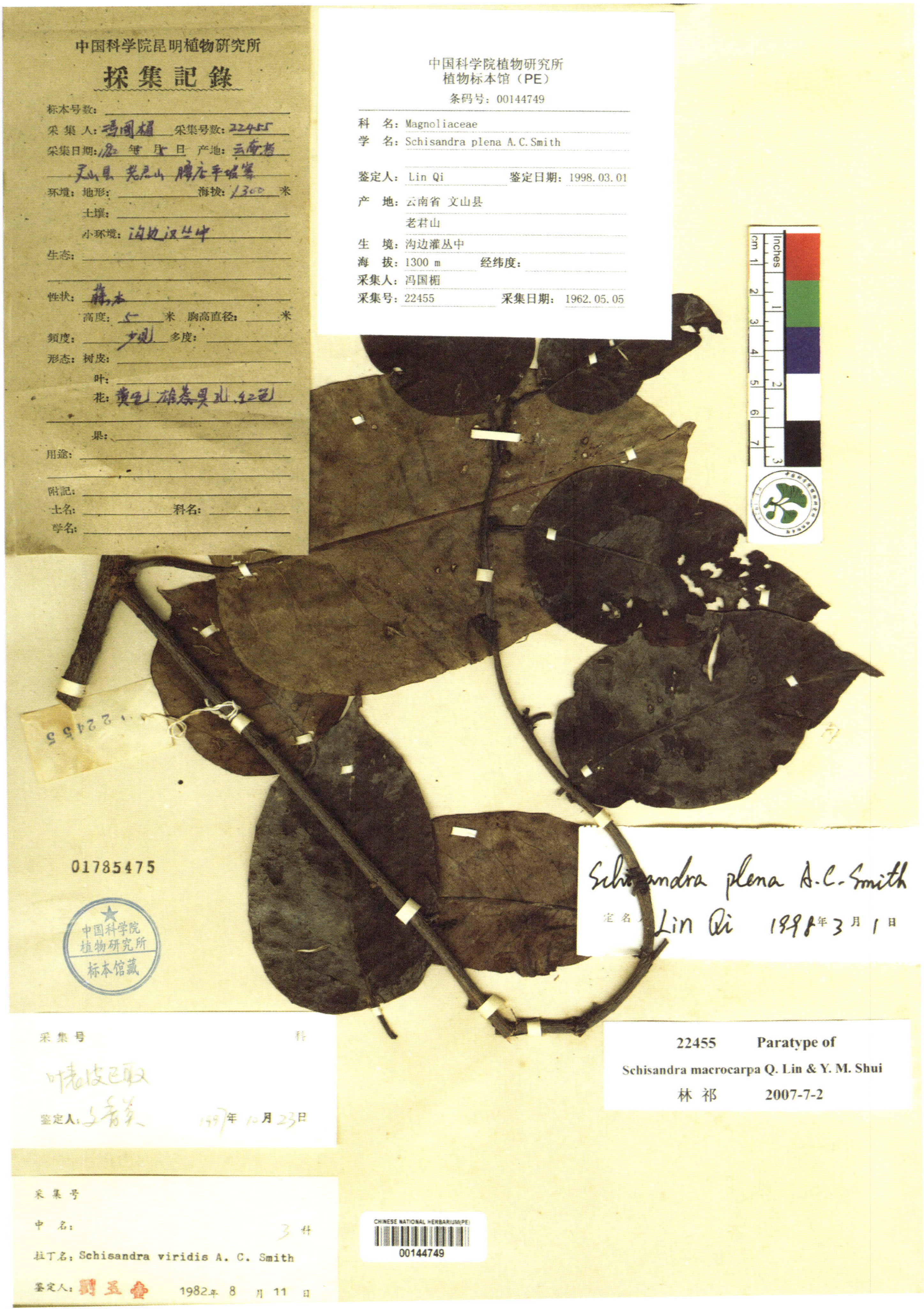

大果五味子 ***Schisandra macrocarpa*** Q. Lin & Y. M. Shui in Syst. Bot. 36(3): 597. 2011. **Paratype:** China. Yunnan: Wenshan, alt. 1 300 m, 1962-05-05, K. M. Feng 22455.

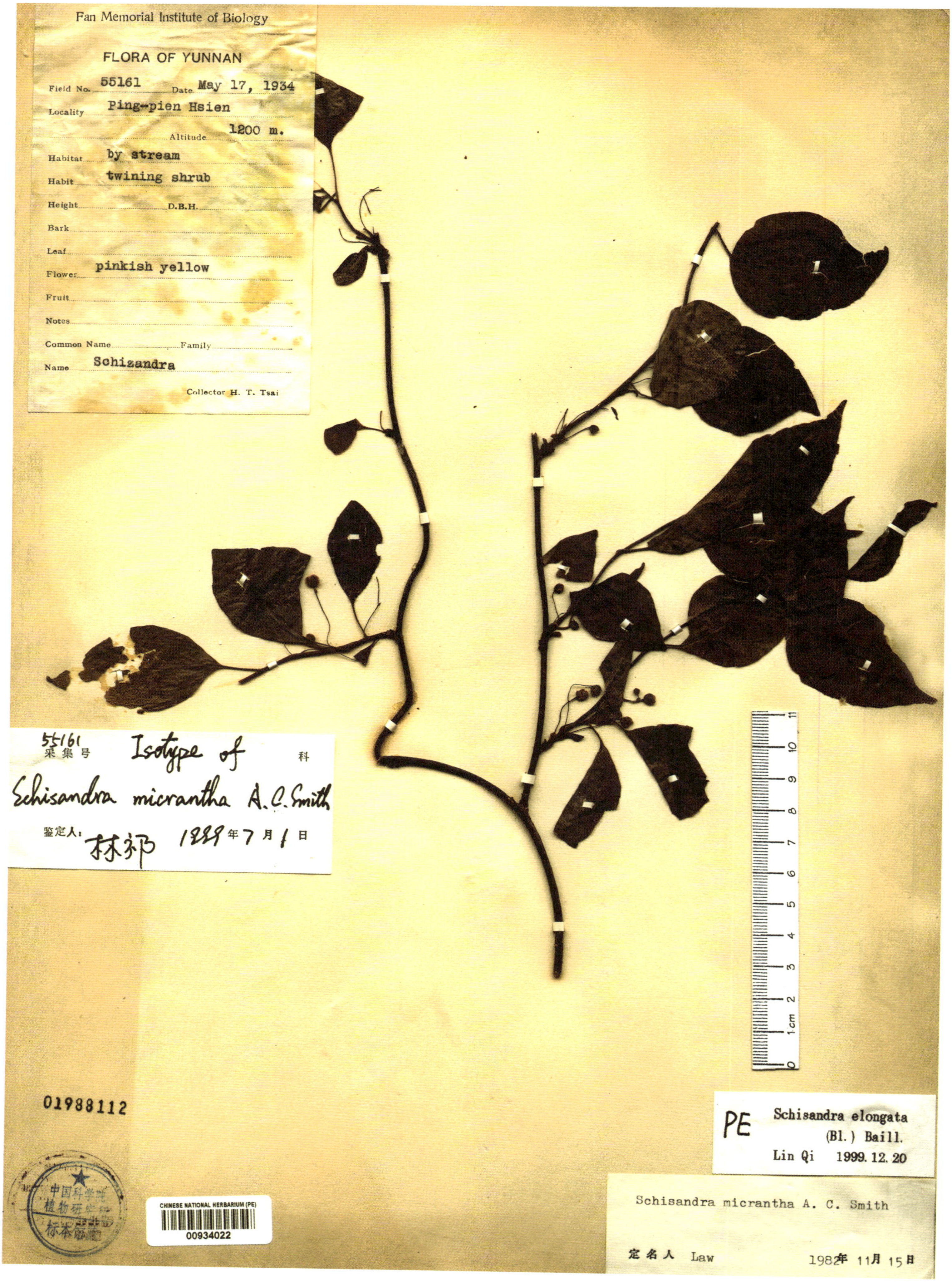

小花五味子 ***Schisandra micrantha*** A. C. Smth in Sargentia 7: 135. 1947. **Isotype:** China. Yunnan: Pingbian, alt. 1 200 m, 1934-05-17, H. T. Tsai 55161.

滇藏五味子 ***Schisandra neglecta*** A. C. Smith in Sargentia 7: 127. 1947. **Paratype:** China. Yunnan: Shunning (=Fengqing), alt. 2 500 m, 1938-06-05, T. T. Yu 16148.

拟合蕊五味子 ***Schisandra parapropinqua*** Z. R. Yang & Q. Lin in Ann. Bot. Fenn. 46: 139, f. 1-3. 2009. **Holotype:** China. Guizhou: Anlong, alt. 1 134 m, 2005-06-15, Z. R. Yang & M. T. An 1.

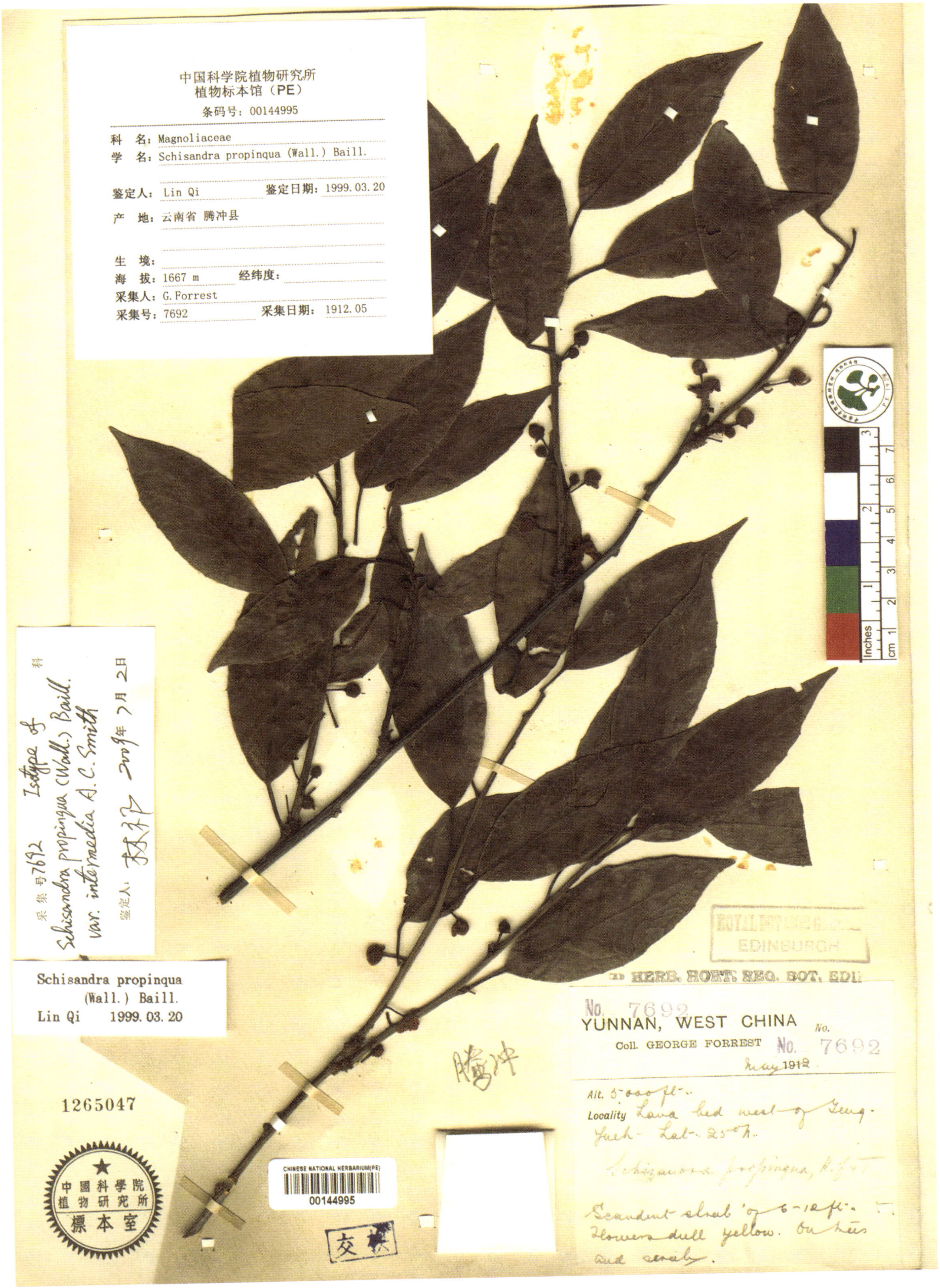

中间五味子 ***Schisandra propinqua*** (Wall.) Baill. var. ***intermedia*** A. C. Smith in Sargentia 7: 152, f. 28. 1947. **Isotype:** China. Yunnan: Tengchong, alt. 1 667 m, 1912-05-??, G. Forrest 7692.

白花球蕊五味子 ***Schisandra sphaerandra*** Stapf f. ***pallida*** A. C. Smith in Sargentia 7: 109, f. 18. 1947. **Paratype:** China. Yunnan: Dali, 1910-07-??, G. Forrest 7181.

柔毛五味子 ***Schisandra tomentella*** A. C. Smith in Sargentia 7: 119, f. 20. 1947. **Isotype:** China. Sichuan: Mapien, 1930-05-23, W. P. Fang 408.

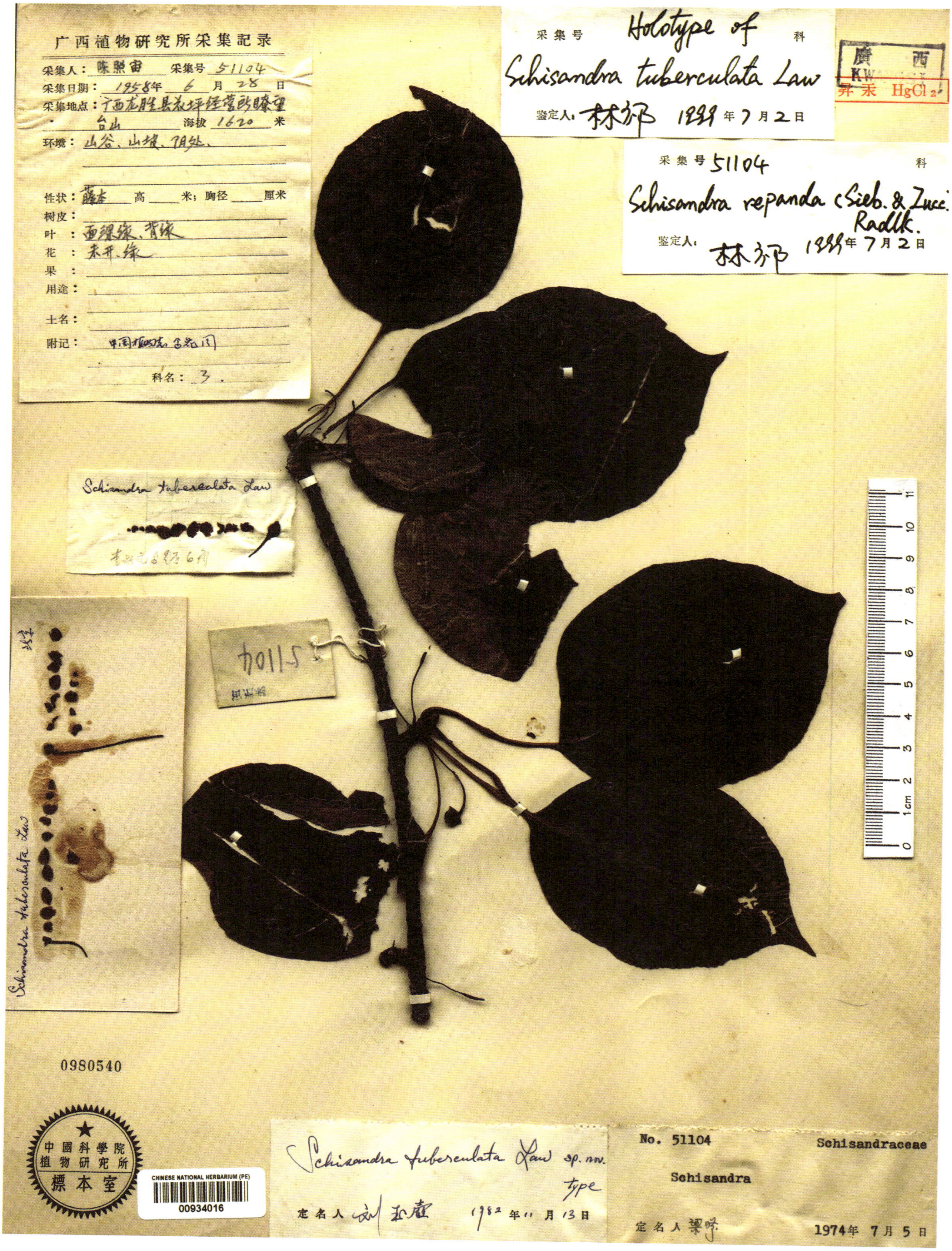

瘤枝五味子 ***Schisandra tuberculata*** Y. W. Law in Bull. Bot. Res., Harbin 3(3): 148, f. 1983. **Holotype:** China. Guangxi: Longsheng, alt. 1 620 m, 1958-06-28, Z. Y. Chun 51104.

Annonaceae

番荔枝科

fanlizhi ke

海南藤春 ***Alphonsea hainanensis*** Merr. & Chun in Sunyatsenia 5(1-3): 62. 1940. **Isotype:** China. Hainan: Dongfang, 1933-10-30, H. Y. Liang 63920.

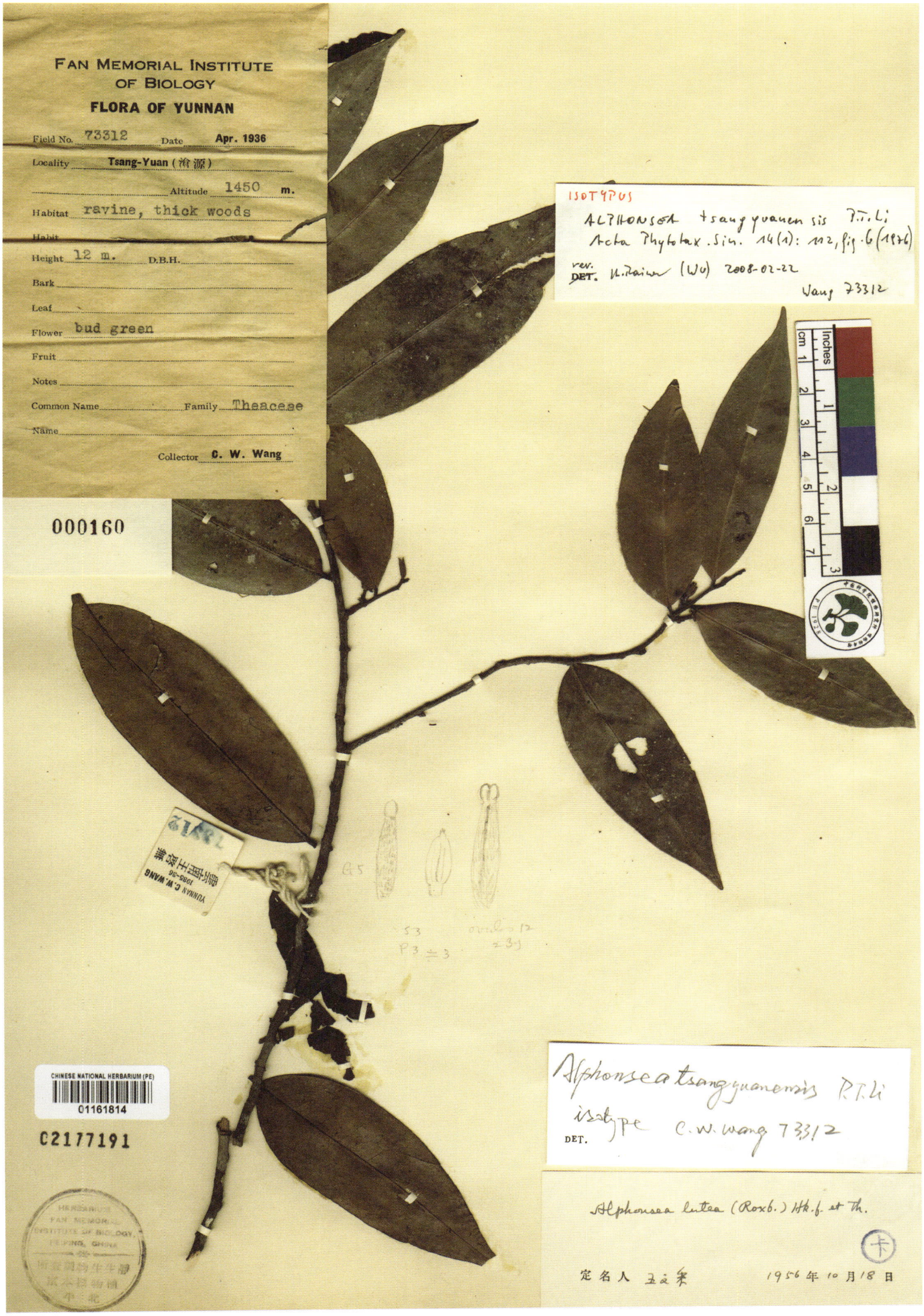

多脉藤春 ***Alphonsea tsangyuanensis*** P. T. Li in Acta Phytotax. Sin. 14(1): 112, pl. 6. 1976. **Isotype:** China. Yunnan: Cangyuan, alt. 1 450 m, 1936-04-??, C. W. Wang 73312.

点叶鹰爪 ***Artabotrys punctulatus*** C. Y. Wu & S. H. Yuan in Acta Bot. Yunnan. 4(3): 260, f. 1. 1982. **Isotype:** China. Yunnan: Jinghong, alt. 1 050 m, 1957-04-09, Sino-Russia Yunnan. Exped. 7654 .

杯冠木 ***Cyathostemma yunnanensis*** Hu in Bull. Fan. Mem. Inst. Biol, Bot. Ser. 10(3): 121. 1940. **Holotype:** China. Yunnan: Menghai, alt. 980 m, 1936-06-??, C. W. Wang 74547.

西藏皂帽花 ***Dasymaschalon tibetense*** X. L. Hou in Nordic J. Bot. 23(3): 276, f. 1. 2003. **Holotype:** China. Xizang: Mêdog, alt. 750 m, 1980-07-07, W. L. Chen 10960.

皂帽花 ***Dasymaschalon trichophorum*** Merr. in Lingnan Sci. J. 6(4): 326. 1928. **Isotype:** China. Hainan: Danzhou（=Dan Xian）, 1928-05-19, W. T. Tsang 17128.

排骨灵 ***Fissistigma bracteolatum*** Chatterjee in Kew Bull. 3(1): 58. 1948. **Isotype:** Myanmar: NE Myanmar, Ku-lu, alt. 1 830~2 333 m, 1925-05-??, G. Forrest 26562.

头状瓜馥木 ***Fissistigma capitatum*** Merr. ex Li in J. Arnold Arbore. 26(1): 60. 1945. **Isoparatype:** China.Guangxi: Baise, alt. 763 m, 1928-09-26, R. C. Ching 7674.

毛瓜馥木 ***Fissistigma maclurei*** Merr. in Philip. J. Sci. 21(4): 342. 1922. **Isotype:** China. Hainan: Precise locality not known, Yizuomao, 1922-05-19, F. A. McClure 9733 .

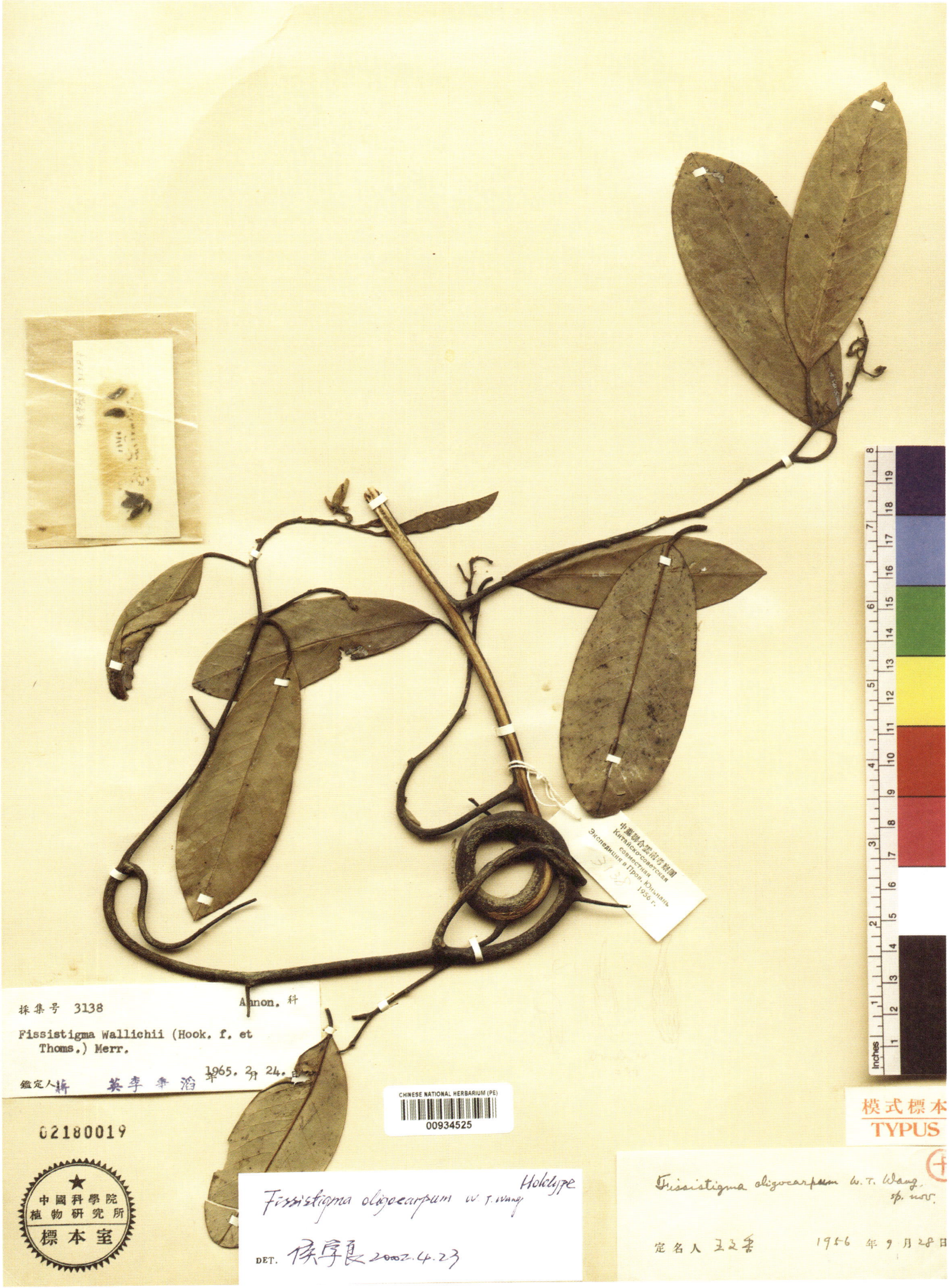

单果瓜馥木 ***Fissistigma oligocarpum*** W. T. Wang in Acta Phytotax. Sin. 6(2): 205, pl. 46, f. 1. 1957. **Holotype:** China. Yunnan: Jinping, alt. 1 200 m, 1956-05-27, Sino-Russia Yunnan. Exped. 3138.

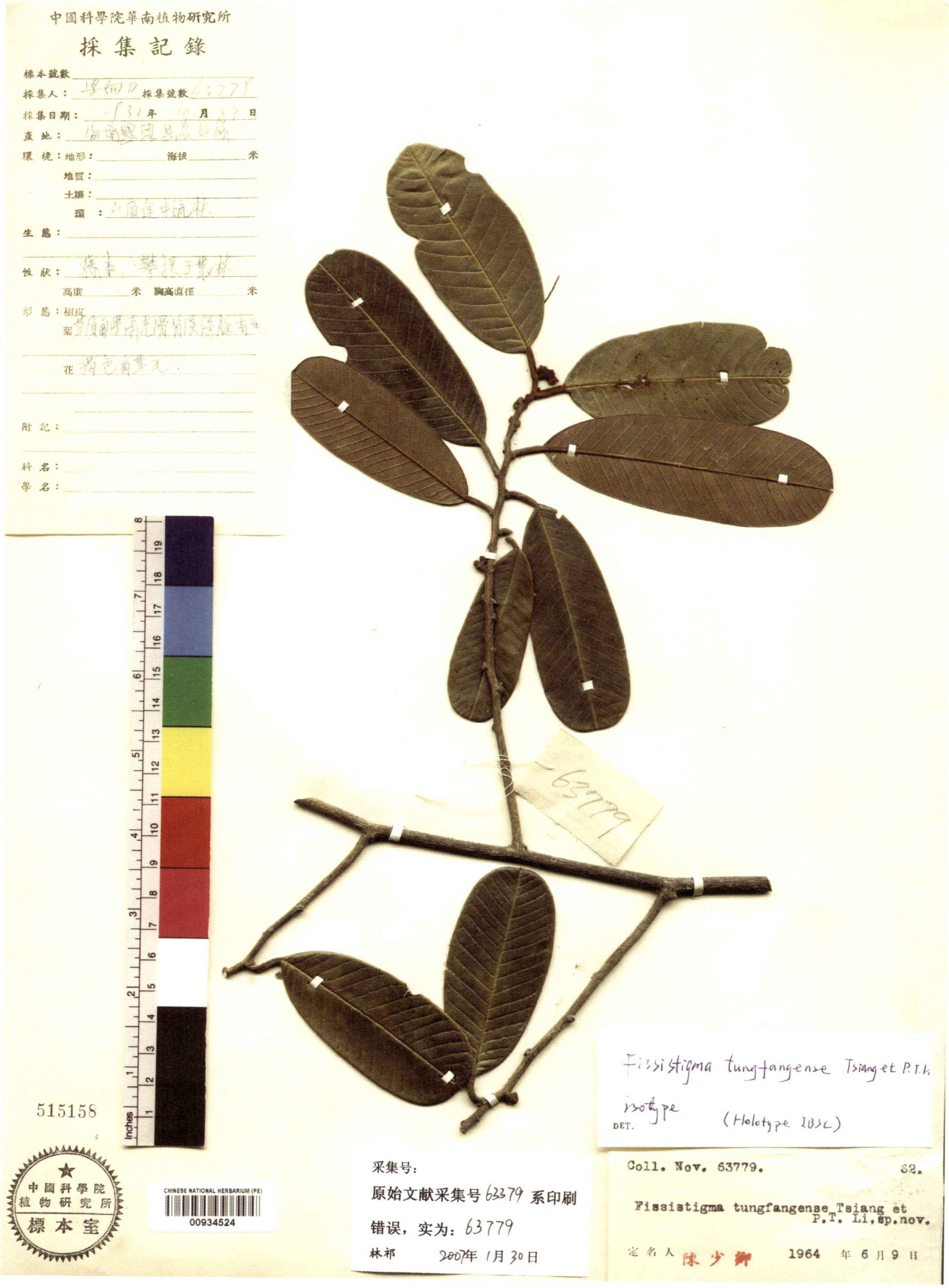

东方瓜馥木 ***Fissistigma tungfangense*** Tsiang & P. T. Li in Acta Phytotax. Sin. 9(4): 377, pl. 37, f. 1. 1964. **Isotype:** China. Hainan: Dongfang, 1933-10-23, H. Y. Liang 63779.

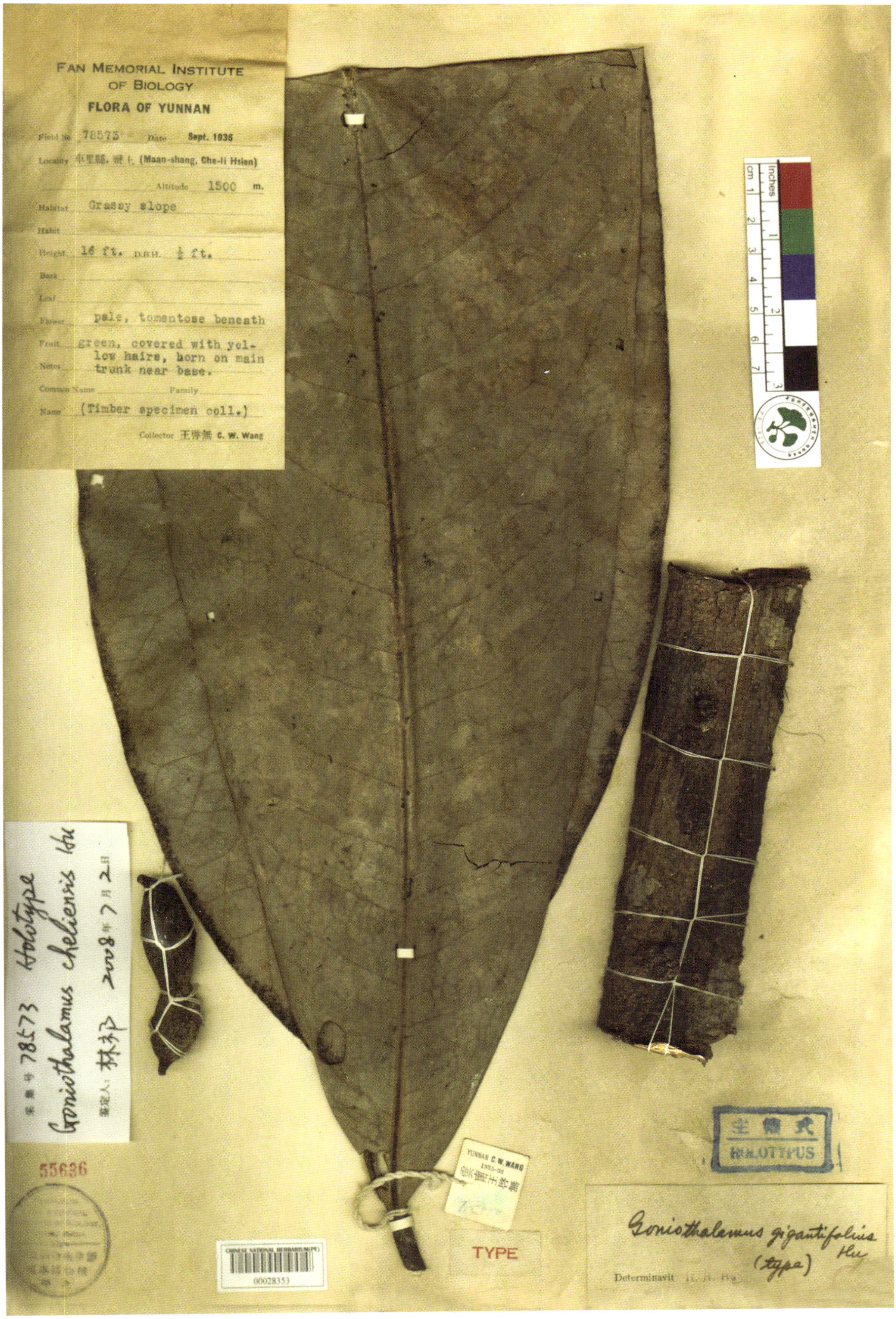

景洪哥纳香 ***Goniothalamus cheliensis*** Hu in Bull. Fan Mem. Inst. Biol., Bot. Ser. 10: 122. 1940. **Holotype:** China. Yunnan: Cheli (=Jinghong), alt. 1 500 m, 1936-09-??, C. W. Wang 78573.

云南哥纳香 ***Goniothalamus yunnanensis*** W. T. Wang in Acta Phytotax. Sin. 6(2): 209, pl. 46, f. 3. 1957. **Isotype:** China. Yunnan: Jinping, alt. 350 m, 1950-04-15, Sino-Russia Yunnan. Exped. 659.

细梗密榴木 ***Miliusa filipes*** Merr. & Chun in Sunyatsenia 2(3-4): 223, f. 22. 1935. **Isotype:** China. Hainan: Sanya, alt. 2 200 m, 1933-03-15, K. Z. Hou 70357.

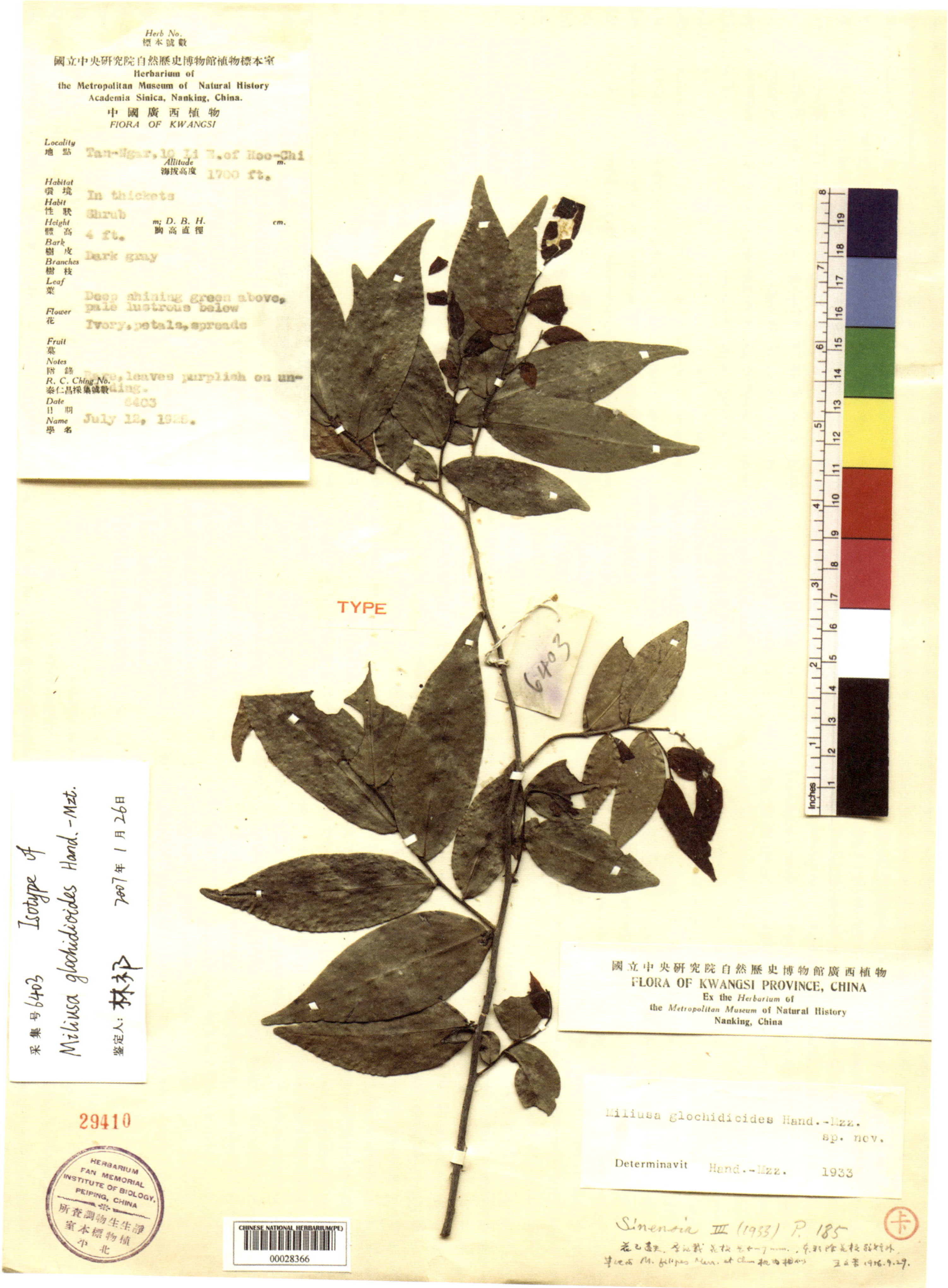

广西野独活 ***Miliusa glochidioides*** Hand.-Mazz. in Sinensia 3(8): 185. 1933. **Isoype:** China. Guangxi: Hechi, alt. 518 m, 1928-07-12, R. C. Ching 6403 .

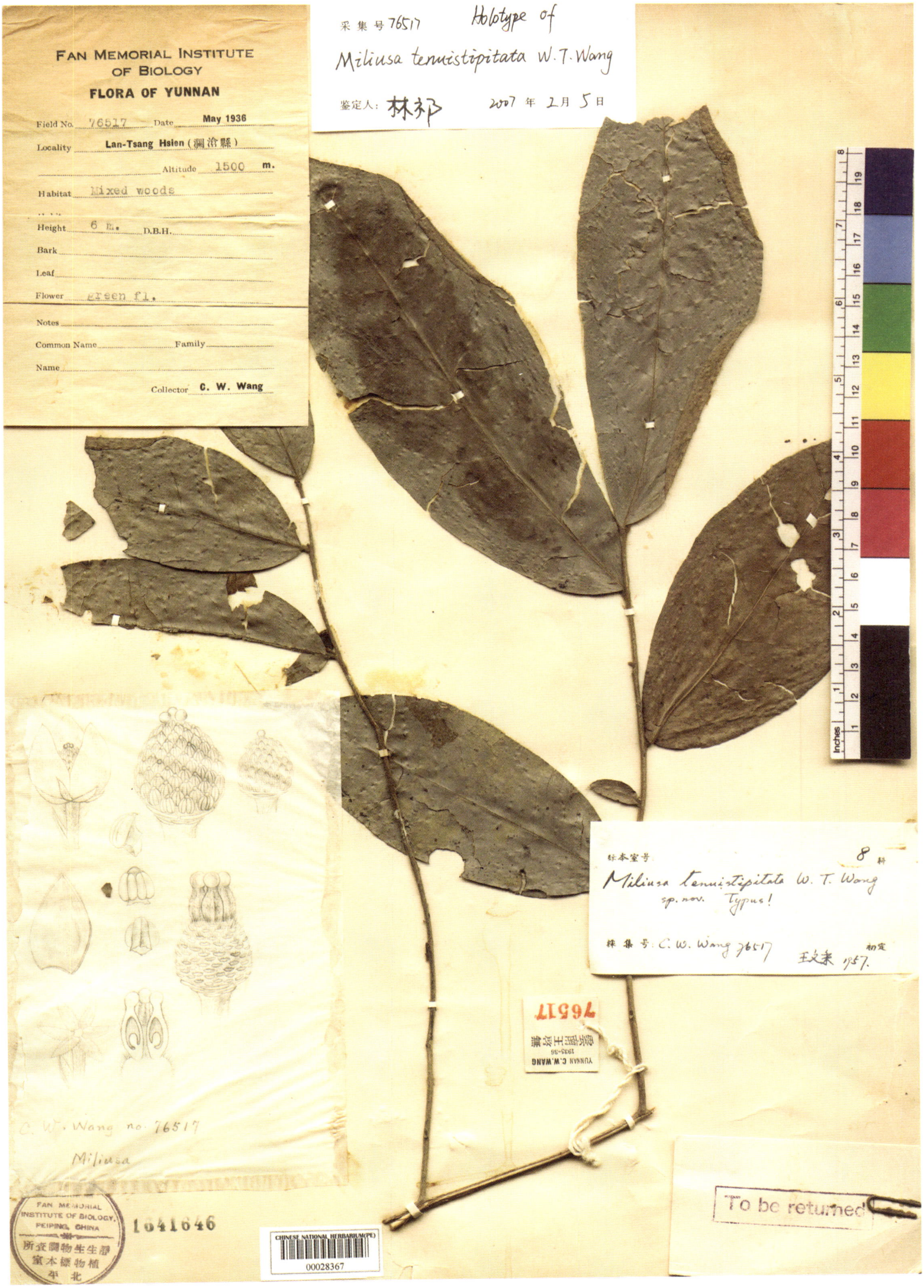

细柄密榴木 ***Miliusa tenuistipitata*** W. T. Wang in Acta Phytotax. Sin. 6(2): 200. 1957. **Isotype:** China. Yunnan: Lancang, alt. 1 500 m, 1936-05-??, C. W. Wang 76517.

光果银钩花 ***Mitrephora leiocarpa*** W. T. Wang in Acta Phytotax. Sin. 6(2): 207, pl. 46, f. 2. 1957. **Holotype:** China. Yunnan: Jinping, alt. 1 250 m, 1956-05-22, Sino-Russia Yunnan. Exped. 2484.

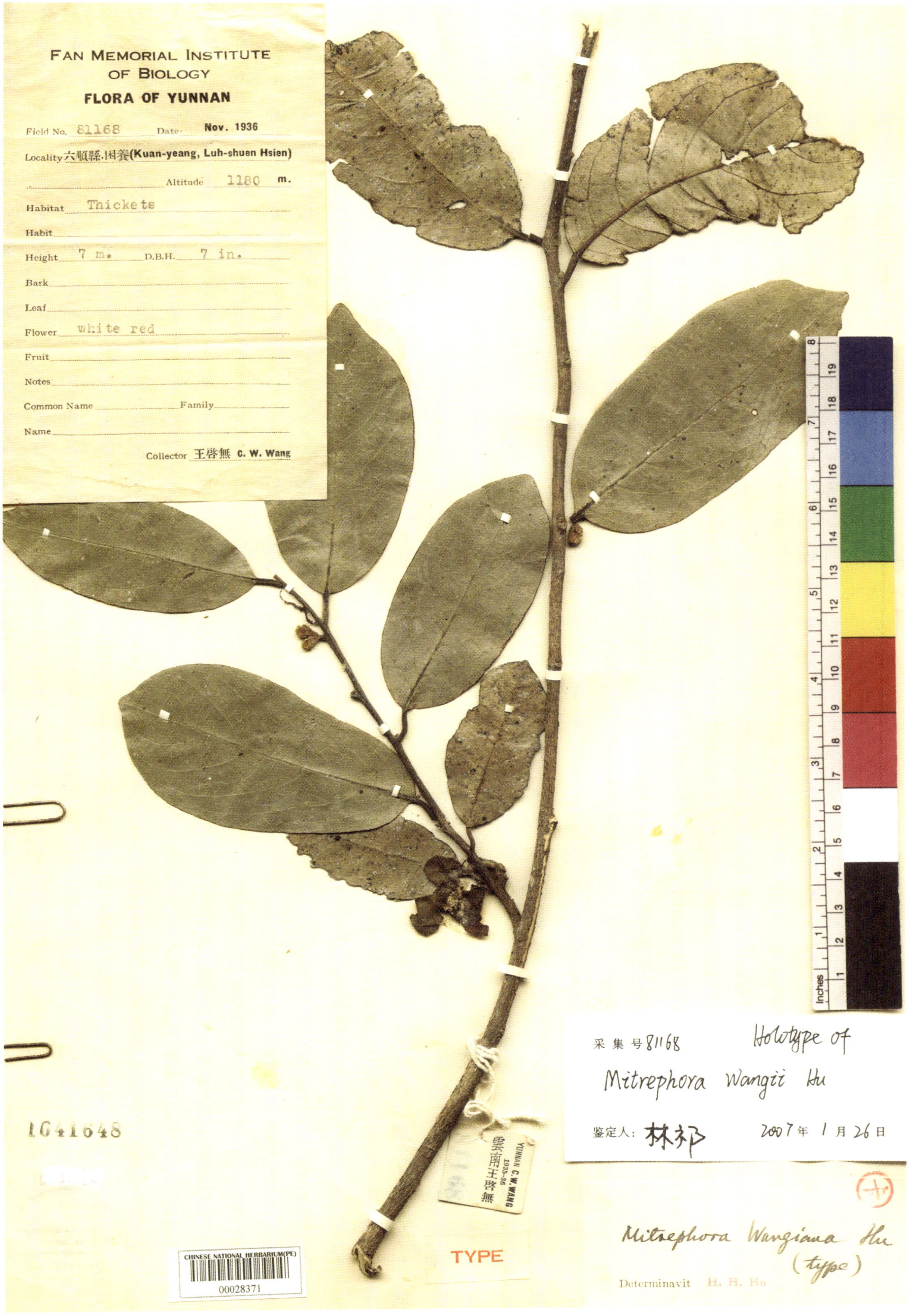

云南银钩花 ***Mitrephora wangii*** Hu in Bull. Fan. Mem. Inst. Biol, Bot. Ser. 10: 123. 1940. **Holotype:** China. Yunnan: Simao, alt. 1 180 m, 1936-11-??, C. W. Wang 81168.

蚁花 ***Orophea laui*** Leonardia & P. J. A. Kessler in Blumea 46(1): 157. 2001. **Isotype:** China. Hainan: Sanya, 1932-07-30, S. K. Lau 337.

囊瓣亮花木 ***Phaeanthus saccopetaloides*** W. T. Wang in Acta Phytotax. Sin. 6(2): 199. 1957. **Holotype:** China. Yunnan: Zhenkang, alt. 1 800 m, 1938-08-16, T. T. Yu 17336.

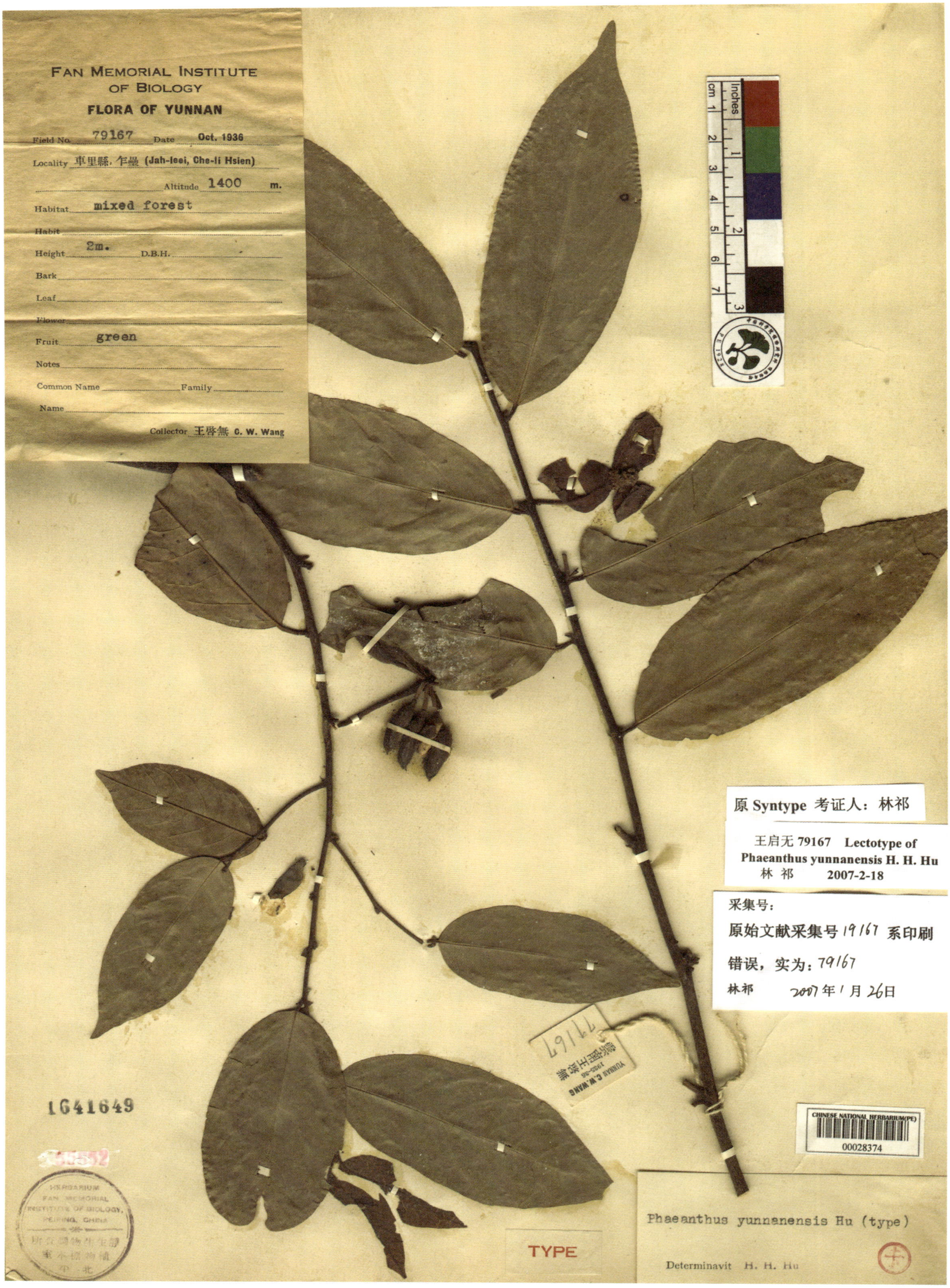

云南亮花木 ***Phaeanthus yunnanensis*** Hu in Bull. Fan Mem. Inst. Biol., Bot. Ser. 10(3): 125. 1940. **Lectotype** (designated by Q. Lin & al. in Acta Bot. Boreal.-Occident. Sin. 27: 1247. 2007): China. Yunnan: Cheli (=Jinghong), alt. 1 400 m, 1936-10-??, C. W. Wang 79167.

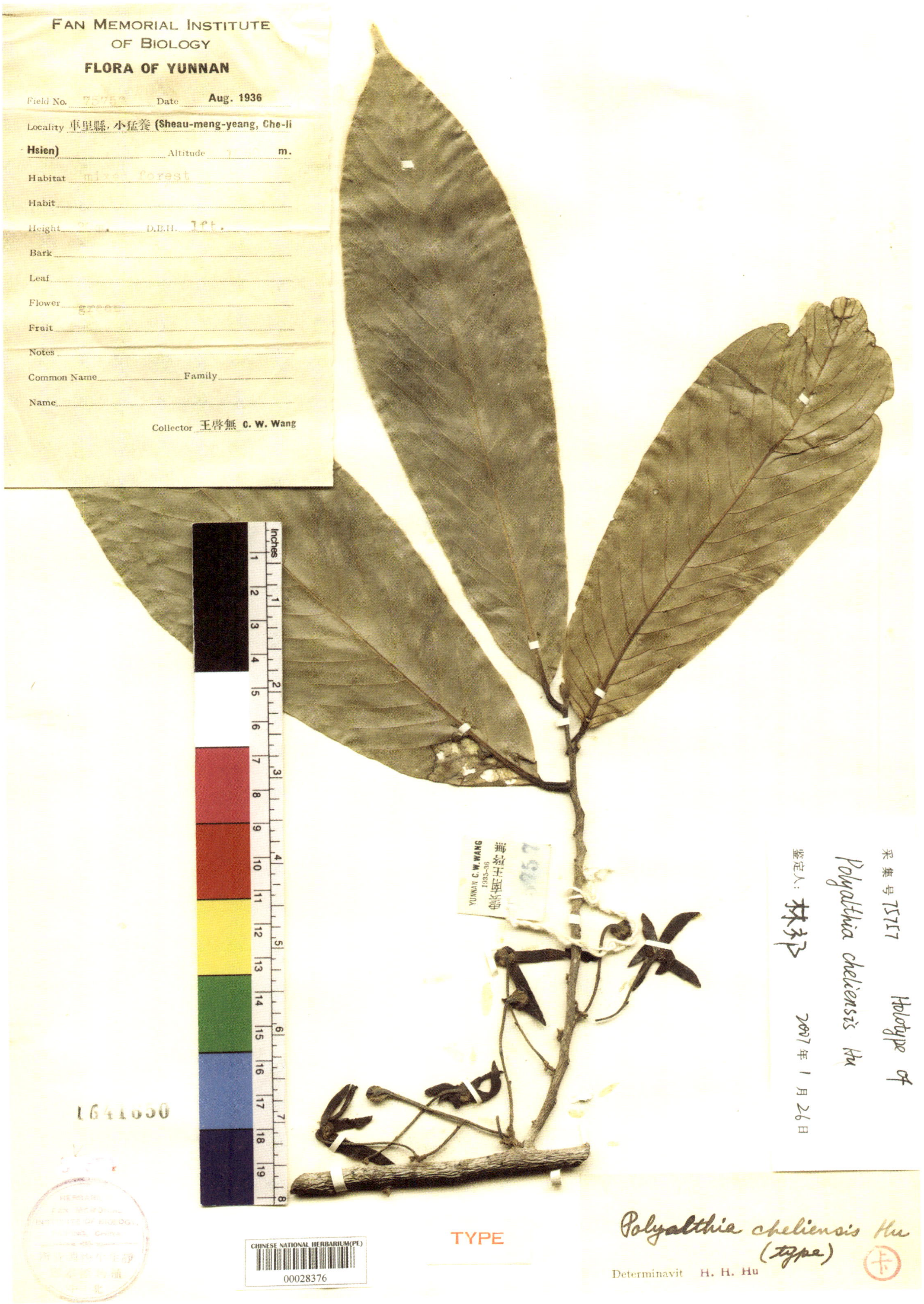

景洪暗罗 ***Polyalthia cheliensis*** Hu in Bull. Fan. Mem. Inst. Biol, Bot. Ser. 10: 127. 1940. **Holotype:** China. Yunnan: Cheli (= Jinghong), alt. 1 060 m, 1936-08-??, C. W. Wang 75757 .

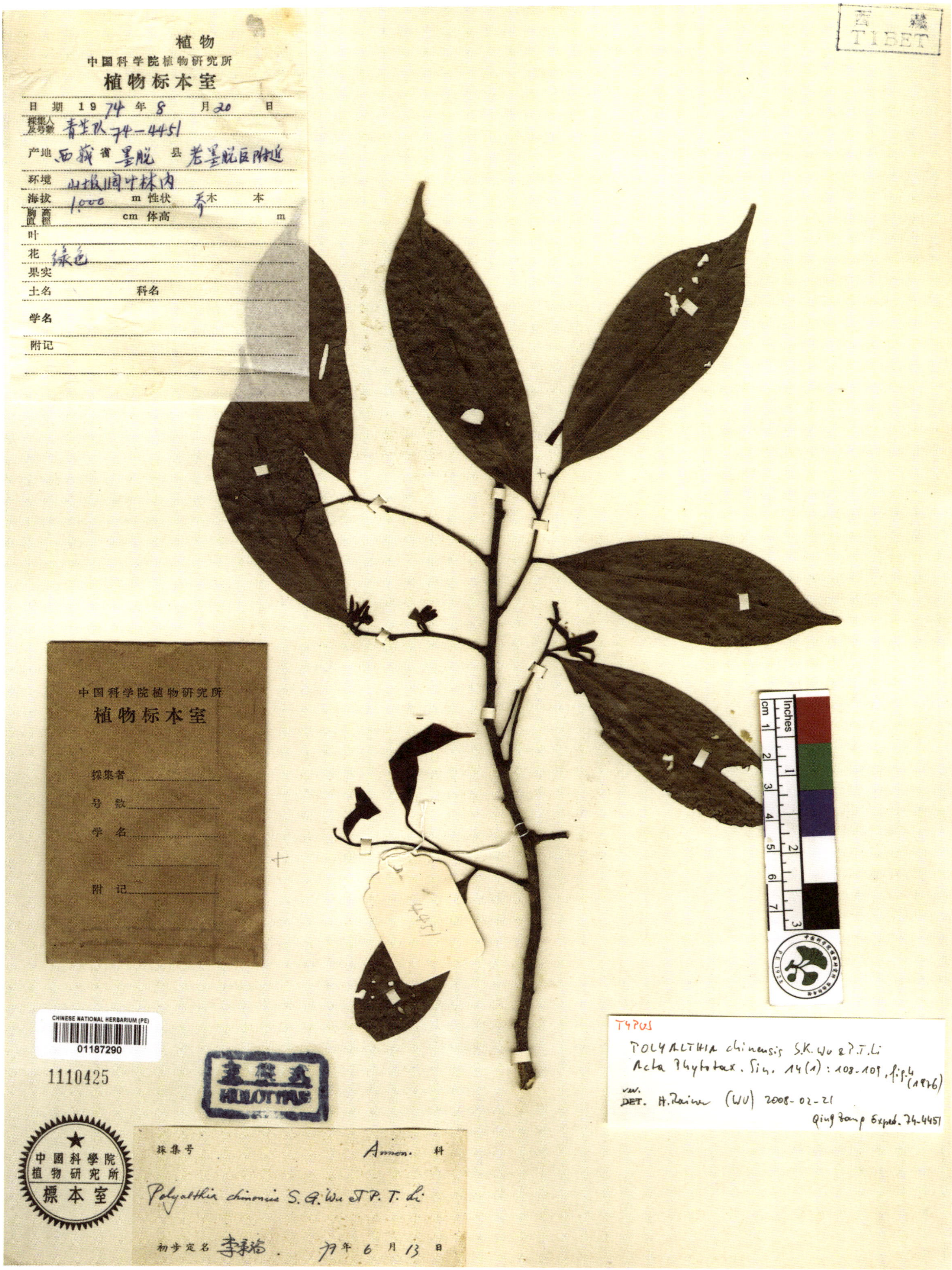

西藏暗罗 ***Polyalthia chinensis*** S. K. Wu & P. T. Li in Acta Phytotax. Sin. 14(1): 108, pl. 4. 1976. **Holotype:** China. Xizang: Mêdog, alt. 1 000 m, 1974-08-20, Qinghai-Xizang Exped. 74-4451.

剑叶暗罗 ***Polyalthia lancilimba*** C. Y. Wu ex P. T. Li in Acta Phytotax. Sin. 14(1): 109, pl. 5. 1976. **Isotype:** China. Yunnan: Hekou, alt. 200 m，1983-05-08, K. H. Cai 955.

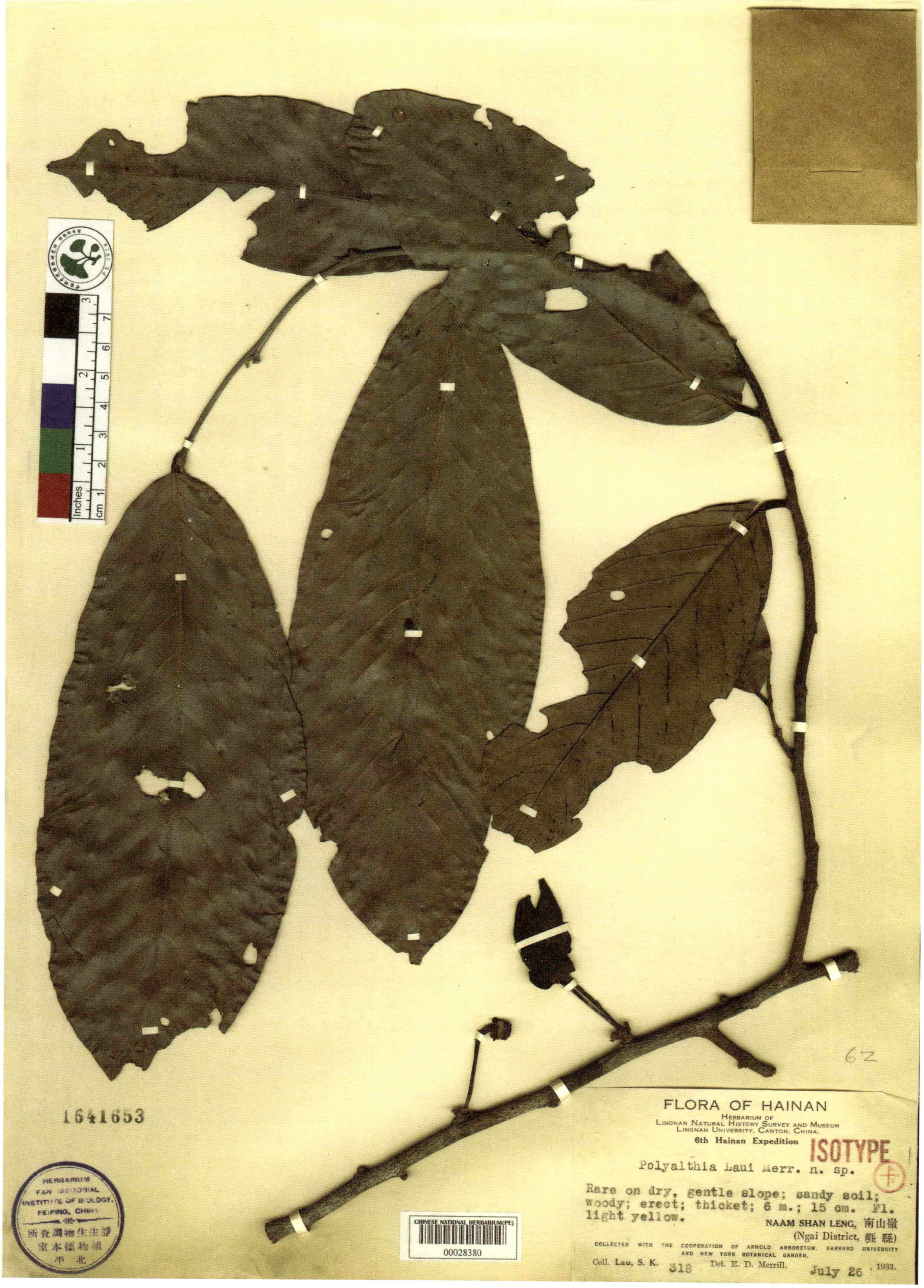

海南暗罗 ***Polyalthia laui*** Merr. in Lingnan Sci. J. 14(1): 5. 1935. **Isotype:** China. Hainan: Sanya, 1932-07-26, S. K. Lau 318.

木姜叶暗罗 ***Polyalthia litseifolia*** C. Y. Wu ex P. T. Li in Acta Phytotax. Sin. 14 (1): 110. 1976. **Isotype:** China. Yunnan: Jinghong, alt. 600 m, 1957-04-24, Sino-Russia Yunnan. Exped. 9488.

斜脉暗罗 ***Polyalthia plagioneura*** Diels in Notizbl. Bot. Gart. Berlin-Dahlem 10(99): 886. 1930. **Isotype:** China. Guangxi: Yaoshan, alt. 500 m, 1929-04-27, S. S. Sin 8145.

疣叶暗罗 ***Polyalthia verrucipes*** C. Y. Wu ex P. T. Li in Acta Phytotax. Sin. 14(1): 110. 1976. **Isotype:** China. Yunnan: Fohai (= Menghai), alt. 1 800 m, 1936-07-??, C. W. Wang 76321.

陵水暗罗 ***Polyalthia zhui*** X. L. Hou & S. J. Li in Novon 14(2): 173, f. 1D–F, 2, 3. 2004. **Isotype:** China. Hainan: Lianchang, 1954-05-15, W Hainan Exped. 264.

瘤果紫玉盘 ***Uvaria kweichowensis*** P. T. Li in Acta Phytotax. Sin. 14(1): 107. 1976. **Holotype:** China. Guizhou: Xingyi, alt. 1 000 m, 1959-08-08, Guizhou Exped. 739.

狭叶紫玉盘 ***Uvaria oblanceolata*** W. T. Wang in Acta Phytotax. Sin. 6(2): 197. 1957. **Holotype:** China. Yunnan: Guangnan, alt. 1 550 m, 1940-05-05, C. W. Wang 87518.

Myristicaceae

肉豆蔻科

roudoukou ke

海南风吹楠 ***Horsfieldia hainanensis*** Merr. in Lingnan Sci. J. 11(1): 43. 1932. **Isotype:** China. Hainan: Hongmaoshan, 1929-06-17, Tsang & Fung 17851.

长序梗贺得木 ***Horsfieldia longipedunculata*** Hu in Acta Phytotax. Sin. 8(3): 198. 1963. **Holotype:** China. Yunnan: Cheli (=Jinghong), alt. 1 500 m, 1936-09-??, C. W. Wang 78572.

提琴叶贺得木 ***Horsfieldia pandurifolia*** Hu in Acta Phytotax. Sin. 8(3): 197. 1963. **Holotype:** China. Yunnan: Cheli (=Jinghong), alt. 800 m, 1936-10-??, C. W. Wang 79862.

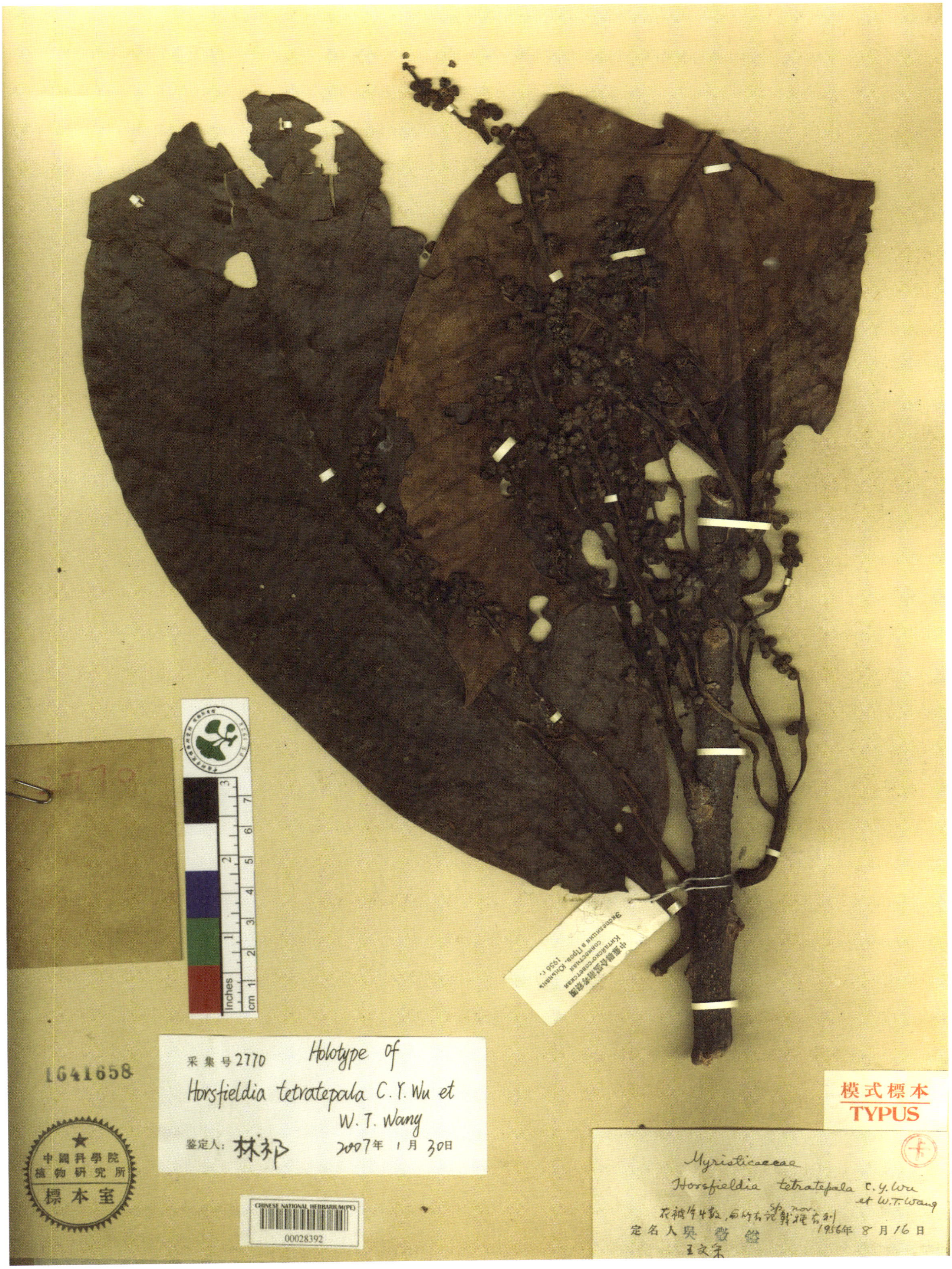

四瓣风吹楠 ***Horsfieldia tetratepala*** C. Y. Wu & W. T. Wang in Acta Phytotax. Sin. 6(2): 218, pl. 47, f. 6. 1957.
Holotype: China. Yunnan: Hekou, 1956-06-09, Sino-Russia Yunnan Exped. 2770.

Lauraceae

樟科

zhang ke

锈色黄肉楠 ***Actinodaphne ferruginea*** H. Liou, Laurac. Chine & Indochine 160, f. 12. 1934. **Isotype:** Vietnam. Annam, Quang-Tri, 1920-03-15, Poilane 1127.

白背黄肉楠 ***Actinodaphne glaucina*** Allen in Ann. Missouri Bot. Gard. 25: 410. 1938. **Paratype:** China. Hainan: Baoting, alt. 1 200 m, 1935-06-03, F. C. How 72720.

黔桂黄肉楠 ***Actinodaphne kweichowensis*** Yang & P. H. Huang in Acta Phytotax. Sin. 16(4): 61, f. 21. 1978. **Paratype:** China. Guangxi: Debao, 1958-11-30, Z. T. Li 602065.

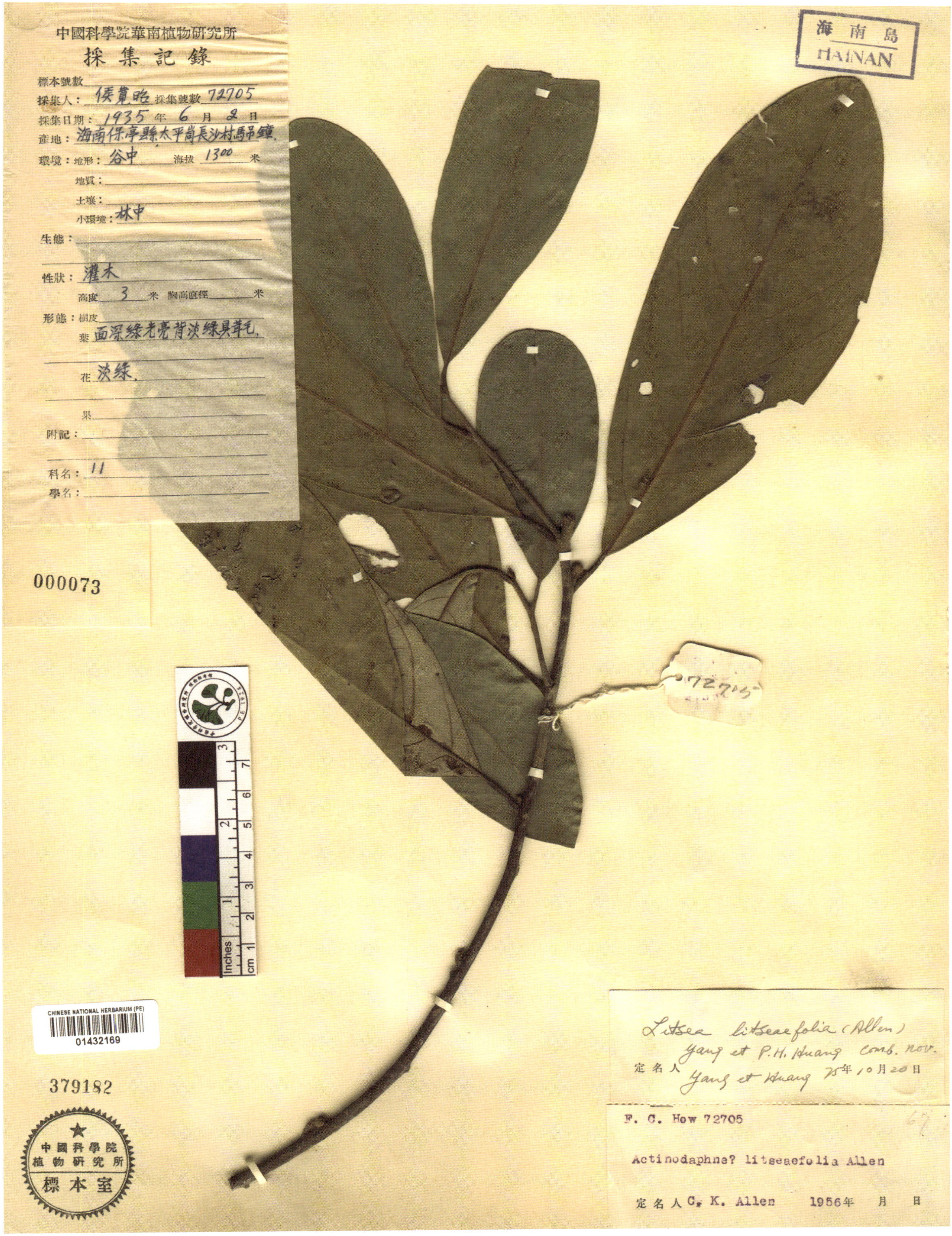

海南木姜子 ***Actinodaphne litseaefolia*** Allen in Ann. Missouri Bot. Gard. 25: 408. 1938. **Isotype:** China. Hainan: Baoting, alt. 1 300 m, 1935-06-02, F. C. How 72705.

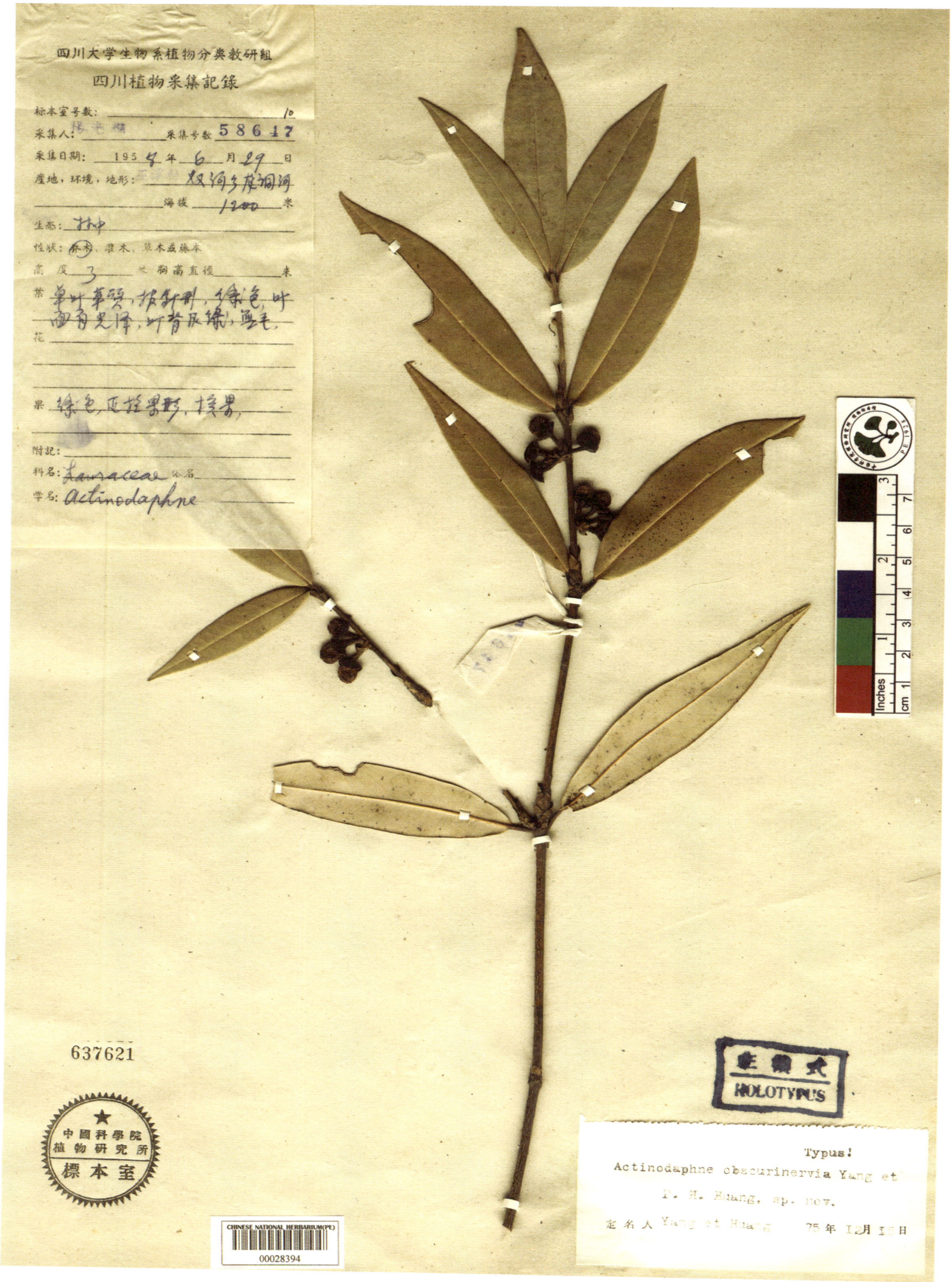

隐脉黄肉楠 ***Actinodaphne obscurinervia*** Yang & P. H. Huang in Acta Phytotax. Sin. 16 (4): 61, f. 20. 1978. **Holotype:** China. Chongqing: Wuxi, alt. 1 200 m, 1958-06-29, G. H. Yang 58647.

保亭黄肉楠 ***Actinodaphne paotingensis*** Yang & P. H. Huang in Acta Phytotax. Sin. 16 (4): 63, f. 22. 1978. **Holotype:** China. Hainan: Baoting, 1954-12-21, E Hainan Exped. 962.

峨眉黄肉楠 ***Actinodaphne reticulata*** Meissn. var. ***omeiensis*** H. Liou, Laurac. Chine & Indochine, 158. 1934. **Isosyntype:** China. Sichuan, Emei, Emeishan, alt. 458~610 m, 1928-08-02, W. P. Fang 2386.

毛果黄肉楠 ***Actinodaphne trichocarpa*** Allen in Ann. Missouri Bot. Gard. 25: 402. 1938. **Isotype:** China. Sichuan: Emei, Emeishan, 1931-(07-08)- ??, F. T. Wang 23494.

马关黄肉楠 ***Actinodaphne tsaii*** Hu in Bull. Fan Mem. Inst. Biol., Botany 5: 307. 1934. **Holotype:** China. Yunnan, Maguan, alt. 1 700 m, 1933-03-02, H. T. Tsai 51907.

油丹 ***Alseodaphne hainanensis*** Merr. in Lingnan Sci. J. 13 (1): 57. 1934. **Isotype:** China. Hainan: Hongmaoshan, 1929-08-(22-27), Tsang & Fung 766 (=L. U. 18300).

墨脱油丹 ***Alseodaphne medogensis*** H. P. Tsui in Acta Bot. Yunnan. 16 (1): 29, f. 1. 1994. **Holotype:** China. Xizang: Mêdog, alt. 1 000 m, 1980-07-10, Department of Ecology, Section of Plateau 11052.

变黑琼楠 ***Beilschmiedia atrata*** Allen in J. Arnold Arb. 23 (4): 451. 1942. **Isotype:** China. Hainan: Hongmaoshan, 1929-08-12, Tsang & Fung 693 (= L. U. 18227).

勐仑琼楠 ***Beilschmiedia brachythyrsa*** H. W. Li in Acta Phytotax. Sin. 17 (2): 65, pl. 11: 6. 1979. **Paratype:** China. Yunnan: Jinghong, alt. 630 m, 1955-04-11, K. M. Feng 20223.

短叶琼楠 ***Beilschmiedia brevifolia*** Y. T. Wei in Guihaia 4 (3): 195, f. 10. 1984. **Isoparatype:** China. Hainan: Baoting, 500~750 m, 1954-11-13, Diaoluoshan Exped. 2420.

短序琼楠 ***Beilschmiedia brevipaniculata*** Allen in J. Arnold Arb. 23 (4): 446. 1942. **Isoparatype:** China. Hainan: Ledong, 1936-06-27, S. K. Lau 27305.

美脉琼楠 ***Beilschmiedia delicata*** S. Lee & Y. T. Wei in Acta Phytotax. Sin. 17 (2): 65. 1979. **Paratype:** China. Guizhou: Rongjiang, 1965-08-22, Z. P. Jian & al. 5-1805.

杂色琼楠 ***Beilschmiedia discolor*** Allen in J. Arnold Arb. 23 (4): 448. 1942. **Isotype:** China. Hainan: Baoting, alt. 1 400 m, 1935-08-31, F. C. How 73571.

白柴果 ***Beilschmiedia fasciata*** H. W. Li in Acta Phytotax. Sin. 17 (2): 66, pl. 12: 1. 1979. **Paratype:** China. Yunnan: Jinping, 1956- ??- ??, Sino-Russia Yunnan Exped. 1511.

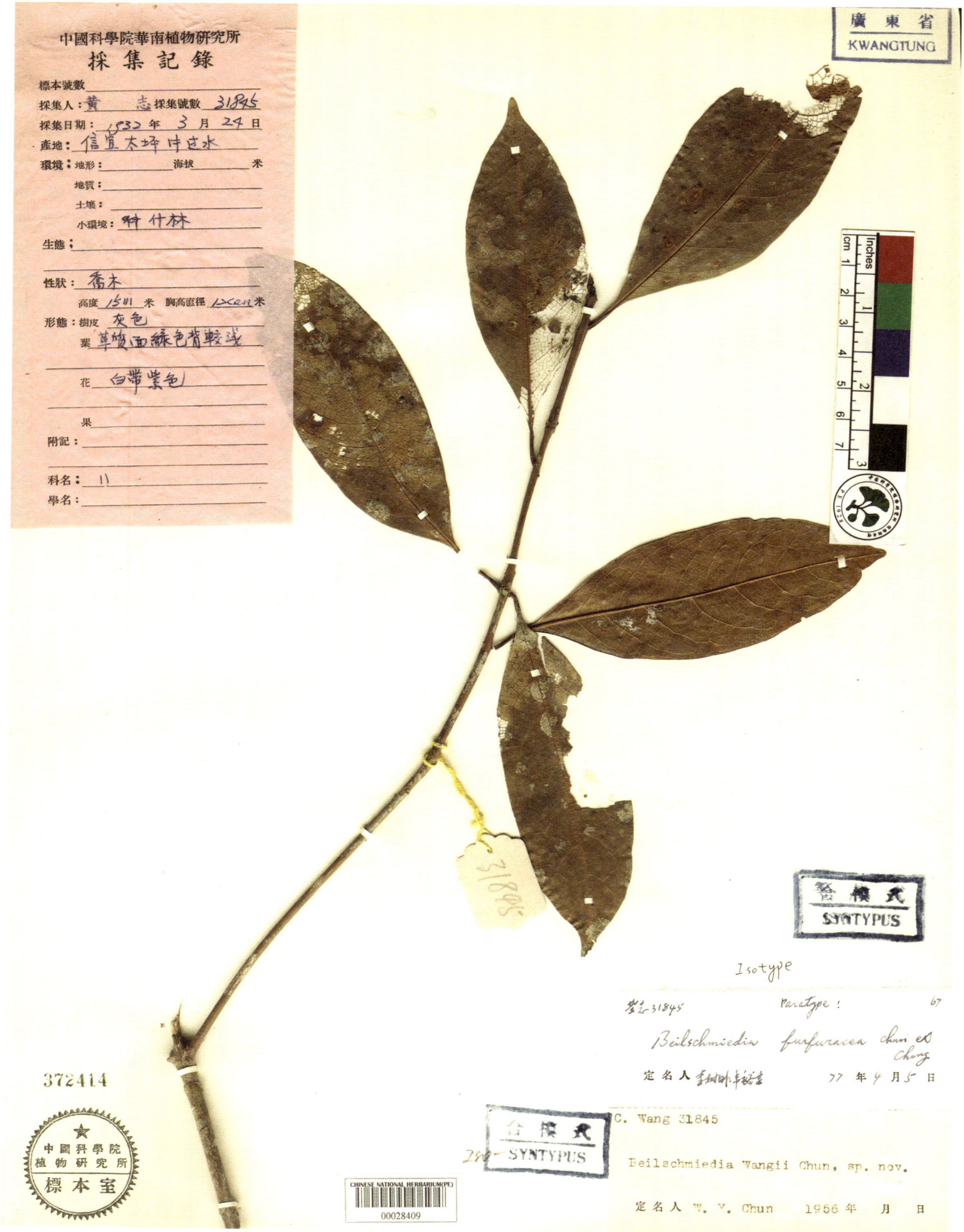

糠秕琼楠 ***Beilschmiedia furfuracea*** Chun ex Chang in Acta Sci. Nat. Univ. Sunyatseni 1963 (4): 133. 1963. **Isotype:** China. Guangdong: Xinyi, 1932-03-24, C. Wang 31845.

粉背琼楠 ***Beilschmiedia glauca*** S. Lee & L. F. Lau in Acta Phytotax. Sin. 8 (3): 193. 1963. **Isotype:** China. Hainan: Baisha, 1956-02-05, Hainan Exped. 00676.

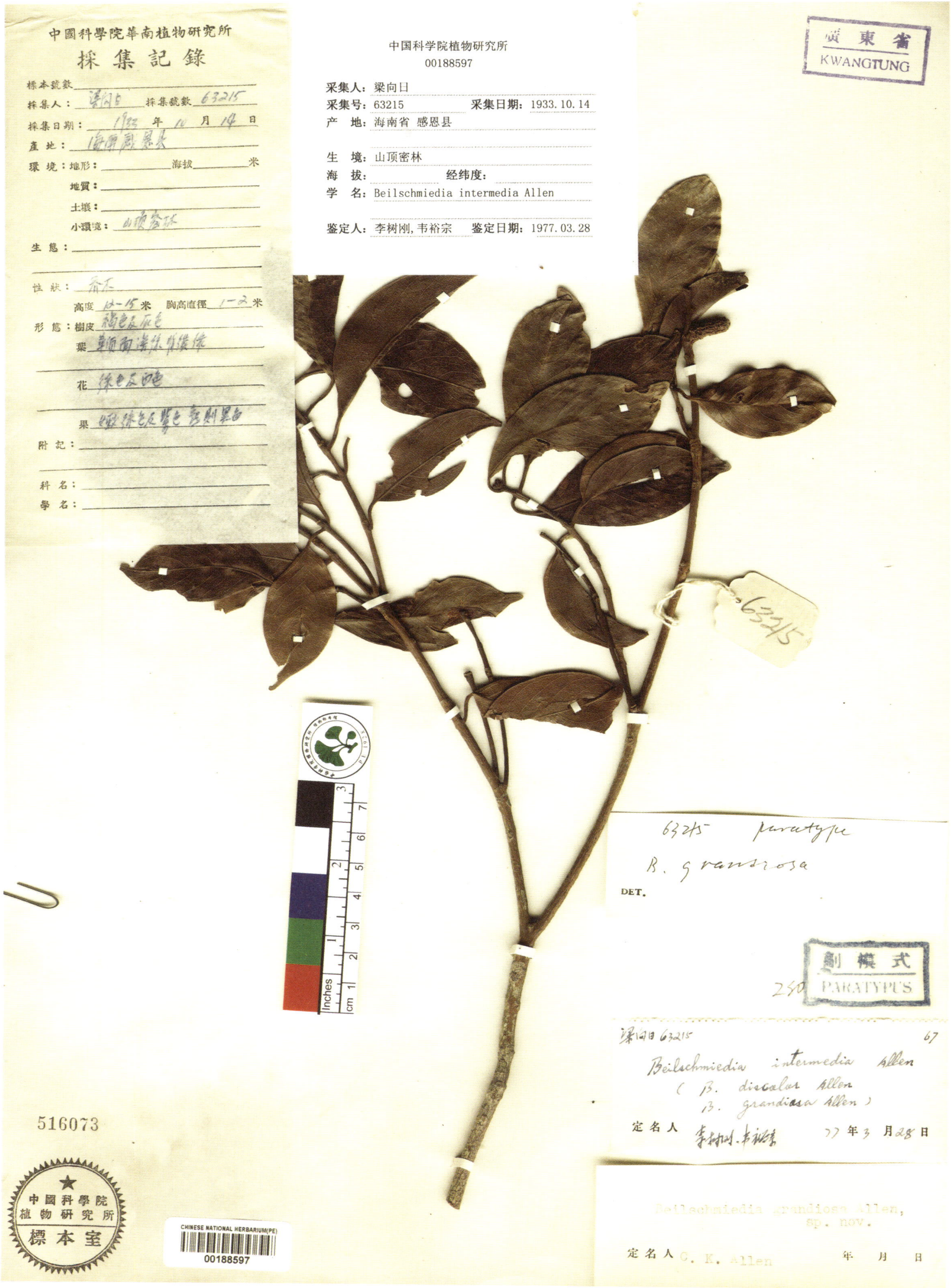

粒状琼楠 ***Beilschmiedia grandiosa*** Allen in J. Arnold Arb. 23 (4): 449. 1942. **Isoparatype:** China. Hainan: Dongfang, 1933-10-14, H. Y. Liang 63215.

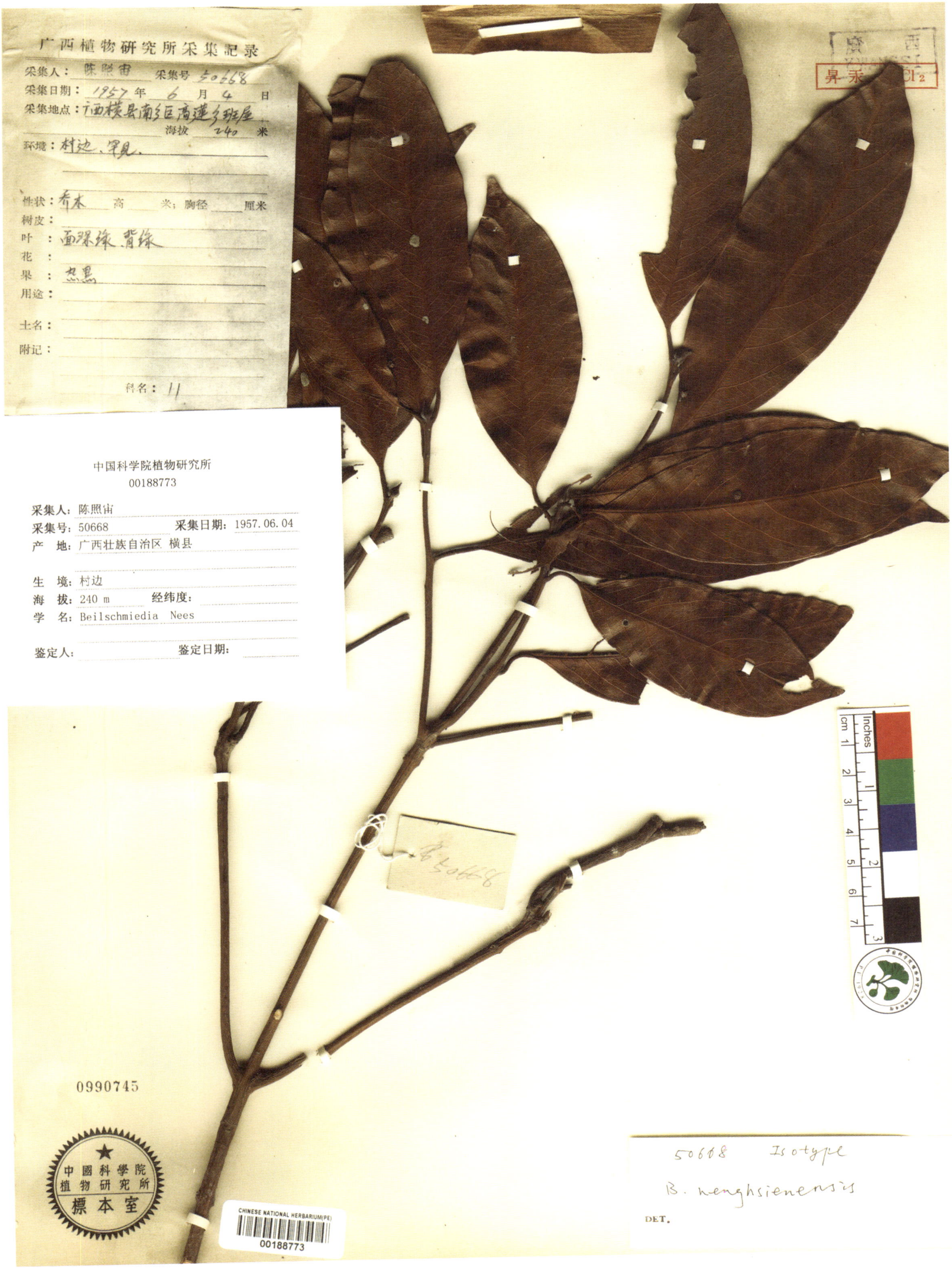

横县琼楠 ***Beilschmiedia henghsienensis*** S. Lee & Y. T. Wei in Acta Phytotax. Sin. 17 (2): 68, pl. 3: 4. 1979. **Isotype:** China. Guangxi: Heng Xian, alt. 240 m, 1957-06-04, Z. Z. Chen 50668.

琼楠 ***Beilschmiedia intermedia*** Allen in J. Arnold Arb. 23 (4): 448. 1942. **Isotype:** China. Hainan: Dongfang, 1933-10-14, H. Y. Liang 63217.

贵州琼楠 ***Beilschmiedia kweichowensis*** W. C. Cheng in Notes For. Res. Inst. Centr. Univ. Nanking, Dendrol. Ser. 1: 3. 1947. **Isotype:** China. Guizhou: Chishui, 1927-10-29, P. C. Tsoong 263.

红枝琼楠 ***Beilschmiedia laevis*** Allen in J. Arnold Arb. 23 (4): 446. 1942. **Isotype:** China. Hainan: Dongfang, 1934-02-20, H. Y. Liang 64997.

李榄琼楠 ***Beilschmiedia linocieroides*** H. W. Li in Acta Phytotax. Sin. 17 (2): 67, pl. 12: 5. 1979. **Paratype:** China. Yunnan: Jinghong, alt. 1 750 m, 1936-09- ??, C. W. Wang 78447.

长柄琼楠 ***Beilschmiedia longipetiolata*** Allen in J. Arnold Arb. 23 (4): 450. 1942. **Isotype:** China. Hainan: Sanya, 1933-10-16, C. Wang 34640.

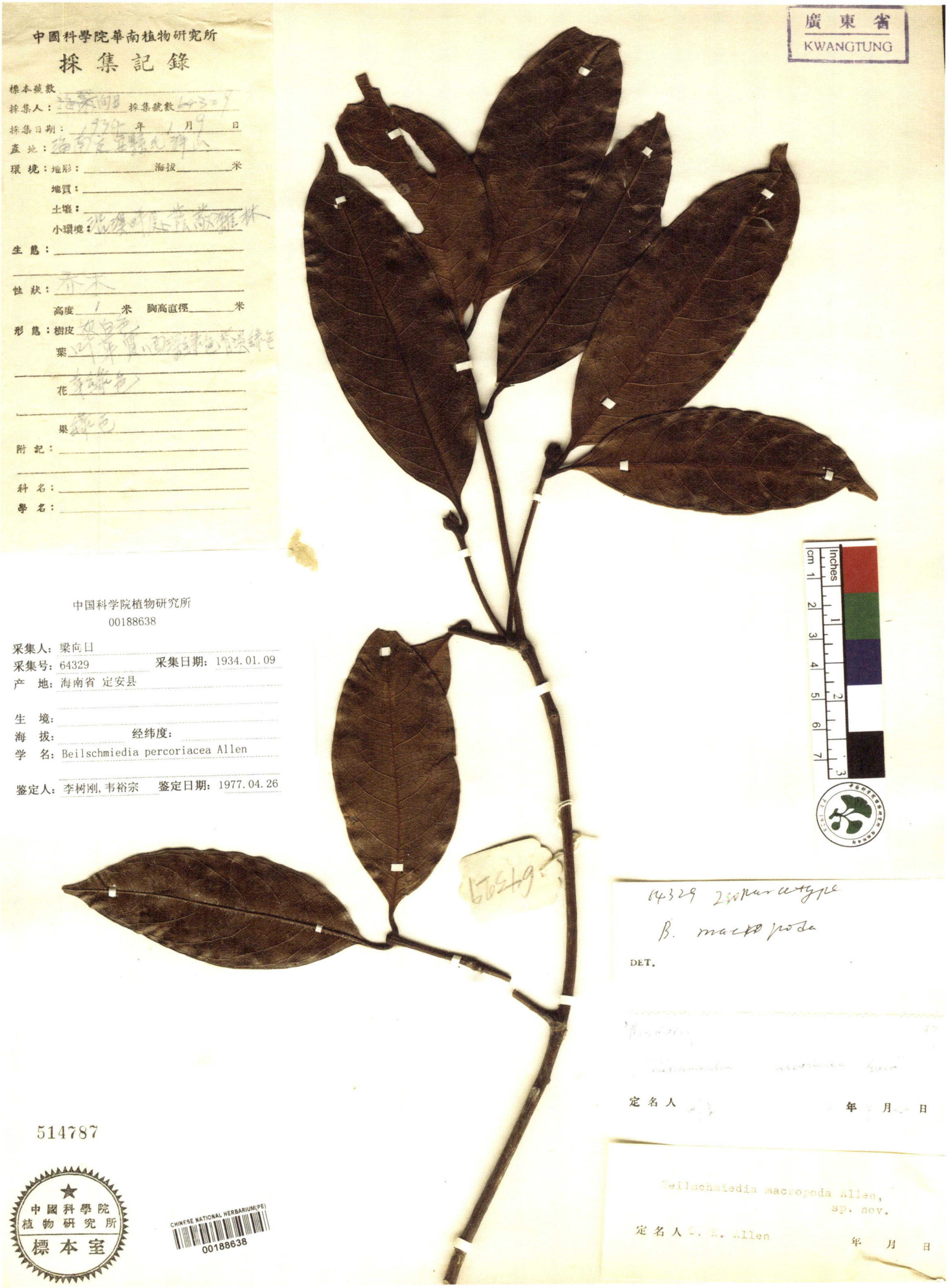

肉柄琼楠 ***Beilschmiedia macropoda*** Allen in J. Arnold Arb. 23 (4): 452. 1942. **Isoparatype:** China. Hainan: Dingan, 1934-01-09, H. Y. Liang 64329.

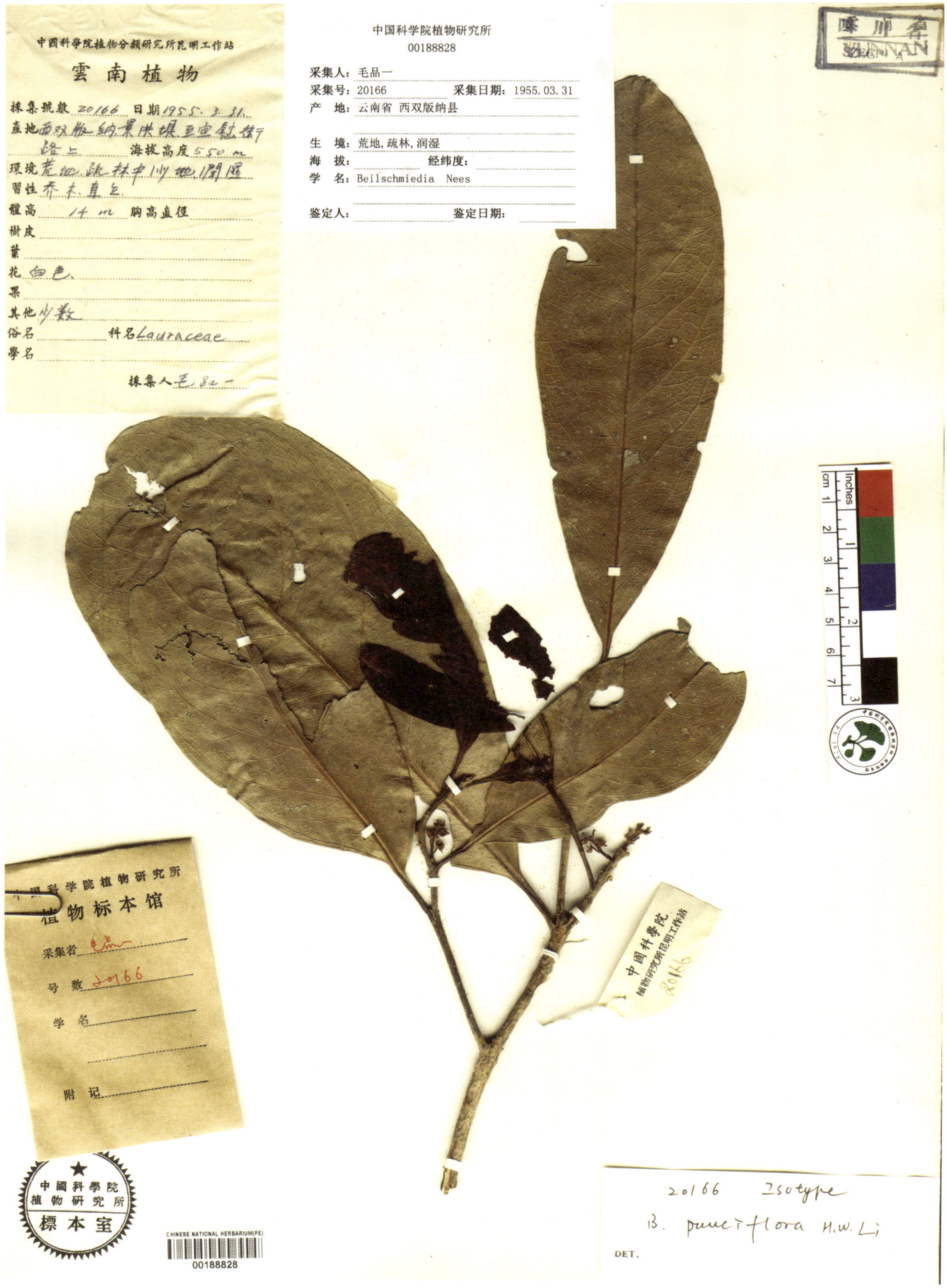

少花琼楠 ***Beilschmiedia pauciflora*** H. W. Li in Acta Phytotax. Sin. 17 (2): 64, pl. 11: 5. 1979. **Isotype:** China. Yunnan: Jinghong, alt. 550 m, 1955-03-31, P. I. Mao 20166.

厚叶琼楠 ***Beilschmiedia percoriacea*** Allen in J. Arnold Arb. 23 (4): 450. 1942. **Isotype:** China. Hainan: Baoting, alt. 854 m, 1935-06-21, F. C. How 72964.

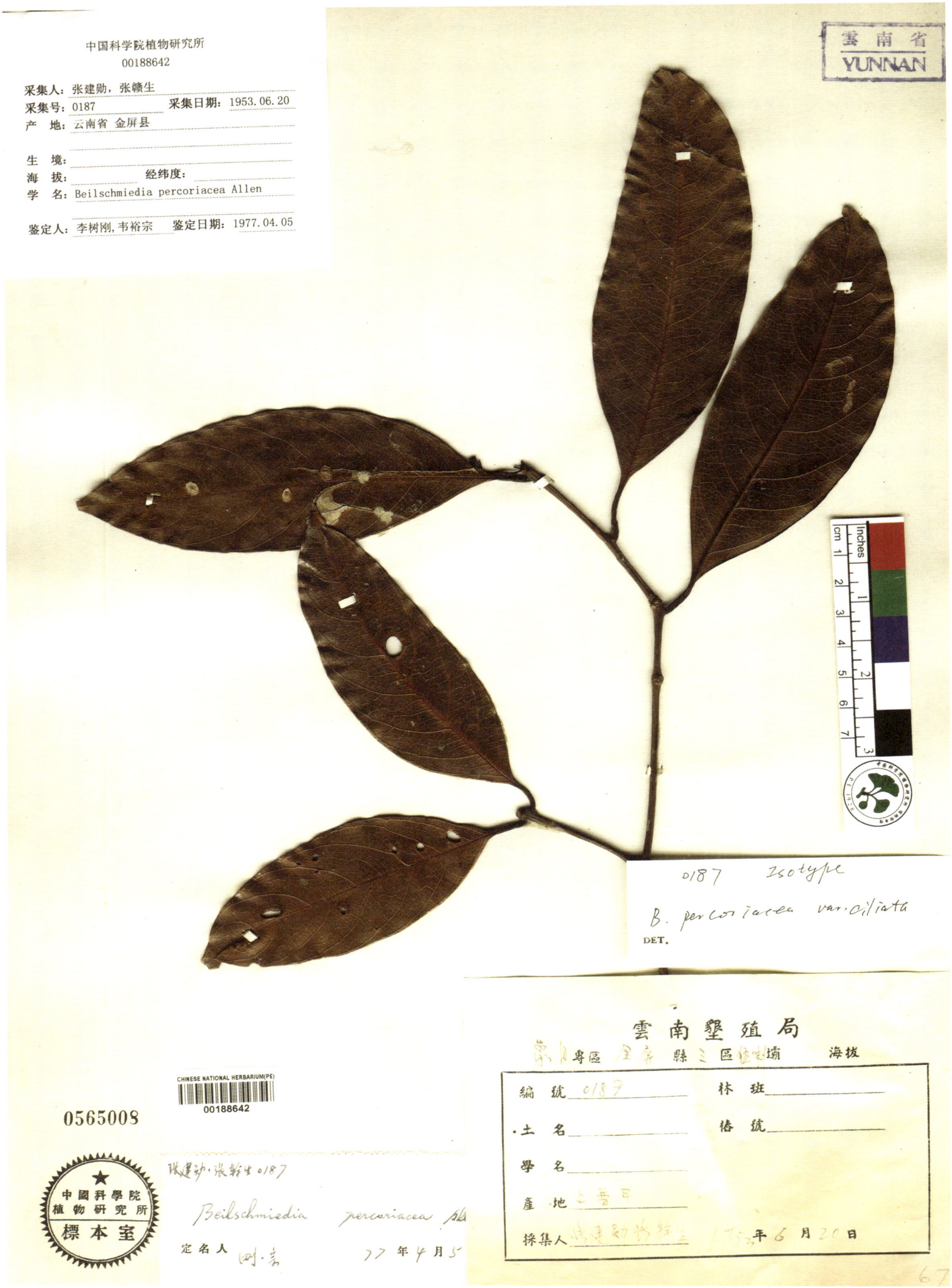

缘毛琼楠 ***Beilschmiedia percoriacea*** Allen var. ***ciliata*** H. W. Li in Acta Phytotax. Sin. 17 (2): 67, pl. 12: 4. 1979.
Isotype: China. Yunnan: Jinping, 1953-06-20, J. X. Zhang & H. S. Zhang 0187.

纸叶琼楠 ***Beilschmiedia pergamentacea*** Allen in J. Arnold Arb. 23 (4): 449. 1942. **Isotype:** China. Hainan: Qiongzhong, alt. 1 220 m, 1932-11-11, N. K. Chun & C. L. Tso 44247.

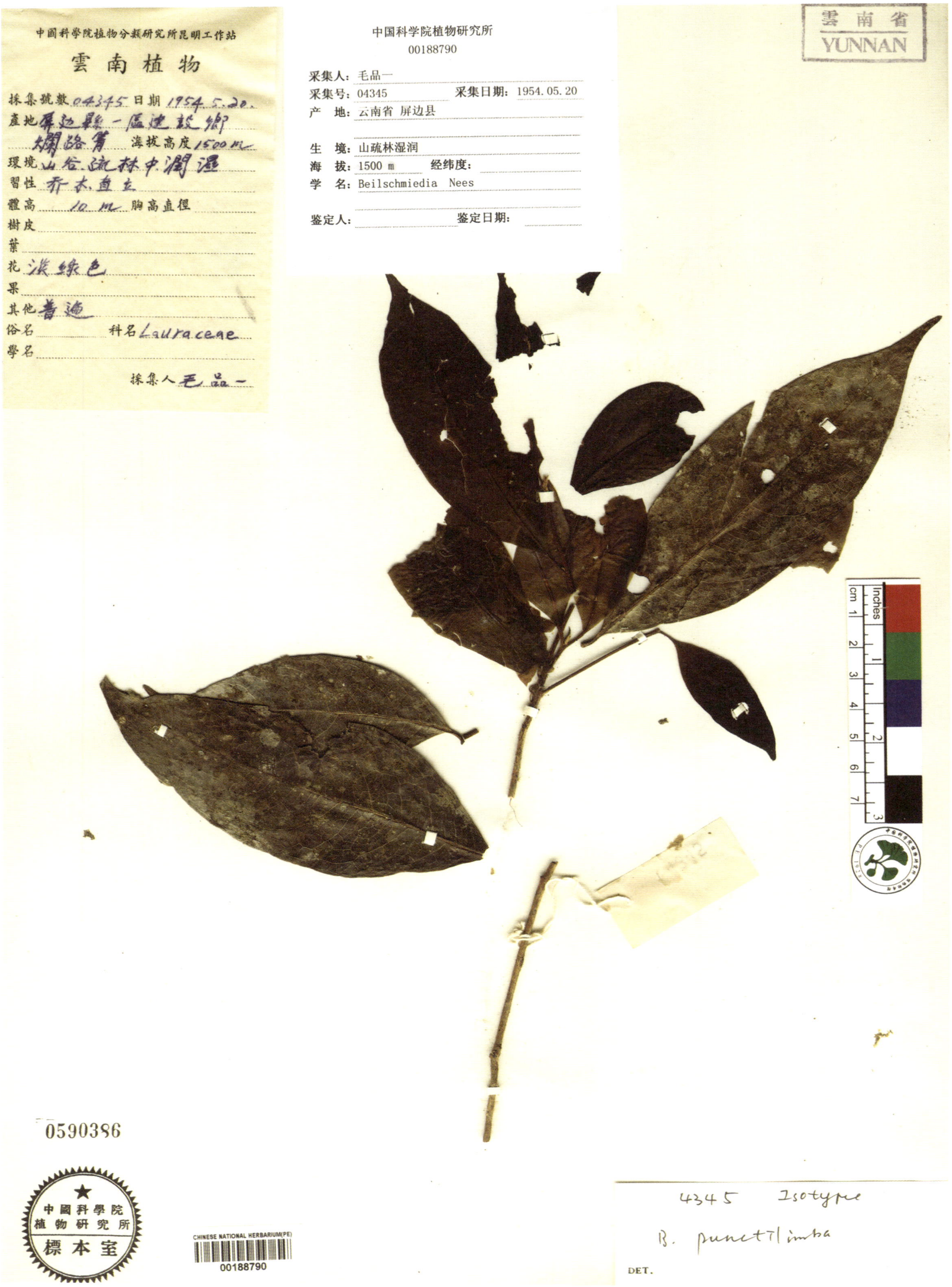

点叶琼楠 ***Beilschmiedia punctilimba*** H. W. Li in Acta Phytotax. Sin. 17 (2): 64. 1979. **Isotype:** China. Yunnan: Pingbian, alt. 1 500 m, 1954-05-20, P. I Mao 4345.

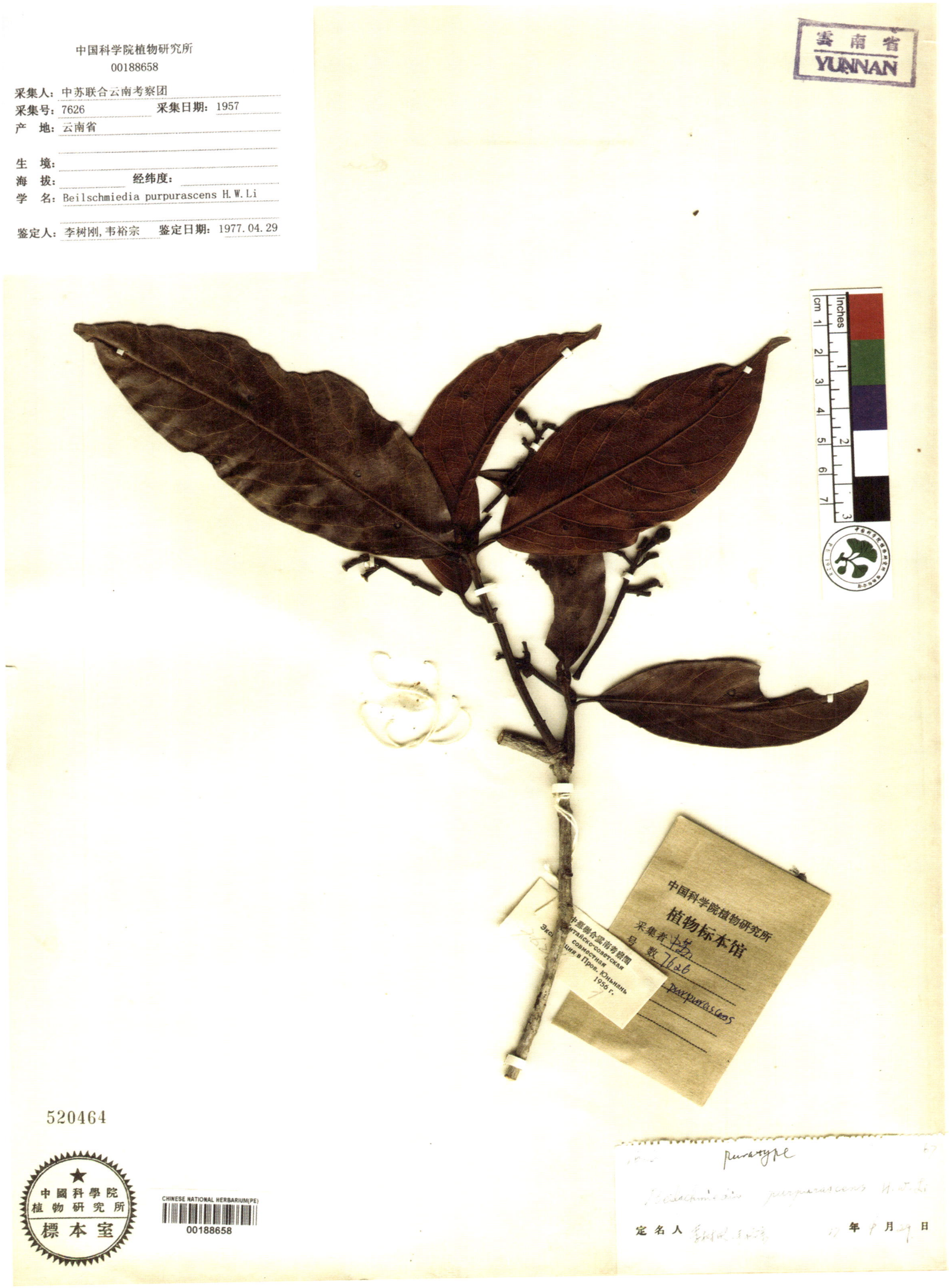

紫叶琼楠 ***Beilschmiedia purpurascens*** H. W. Li in Acta Phytotax. Sin. 17 (2): 63, pl. 11: 3. 1979. **Paratype:** China. Yunnan: Jinghong, alt. 1 050 m, 1957-??-??, Sino-Russia Yunnan Exped. 7626.

粗壮琼楠 ***Beilschmiedia robusta*** Allen in J. Arnold Arb. 23 (4): 447. 1942. **Isotype:** China. Yunnan: Cheli (=Jinghong), alt. 1 415 m, 1936-09-??, C. Wang 78157.

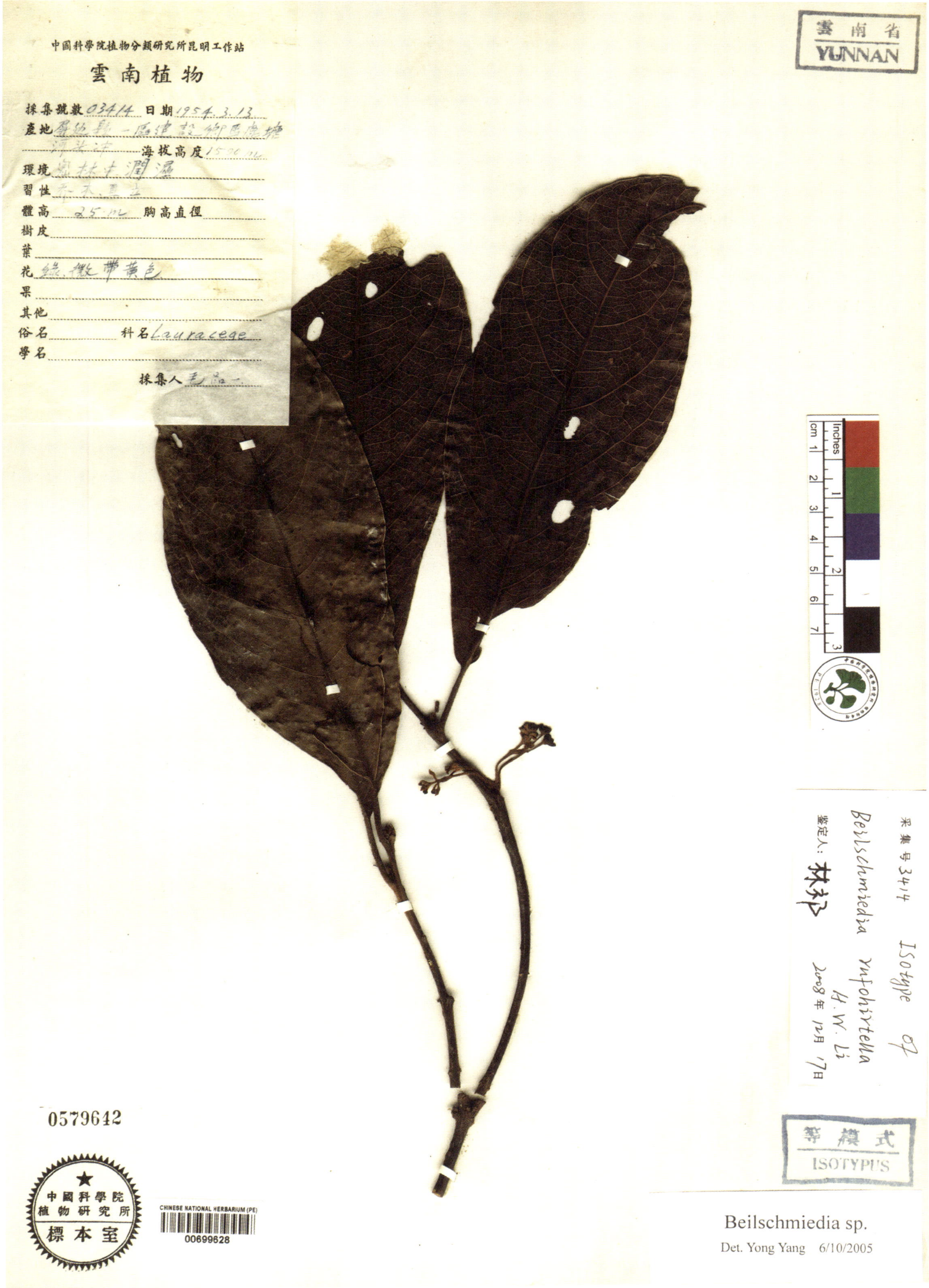

红毛琼楠 ***Beilschmiedia rufohirtella*** H. W. Li in Acta Phytotax. Sin. 17 (2): 63, pl. 11: 4. 1979. **Isotype:** China. Yunnan: Pingbian, alt. 1 500 m, 1954-03-13, P. I Mao 03414.

西畴琼楠 **_Beilschmiedia sichourensis_** H. W. Li in Acta Phytotax. Sin. 17 (2): 67, pl. 12: 3. 1979. **Isotype:** China. Yunnan: Xichou，alt. 1 300~1 500 m, 1947-10-06, K. M. Feng 12257.

网脉琼楠 ***Beilschmiedia tsangii*** Merr. in Lingnan Sci. J. 13 (1): 27. 1934. **Isotype:** China. Guangdong: Conghua, 1932-05-27, W. T. Tsang 20588.

东方琼楠 ***Beilschmiedia tungfangensis*** S. Lee & L. F. Lau in Acta Phytotax. Sin. 8 (3): 194. 1963. **Paratype:** China. Hainan: Dongfang, Jianfengling, 1955-12-18, Hainan Exped. 00382.

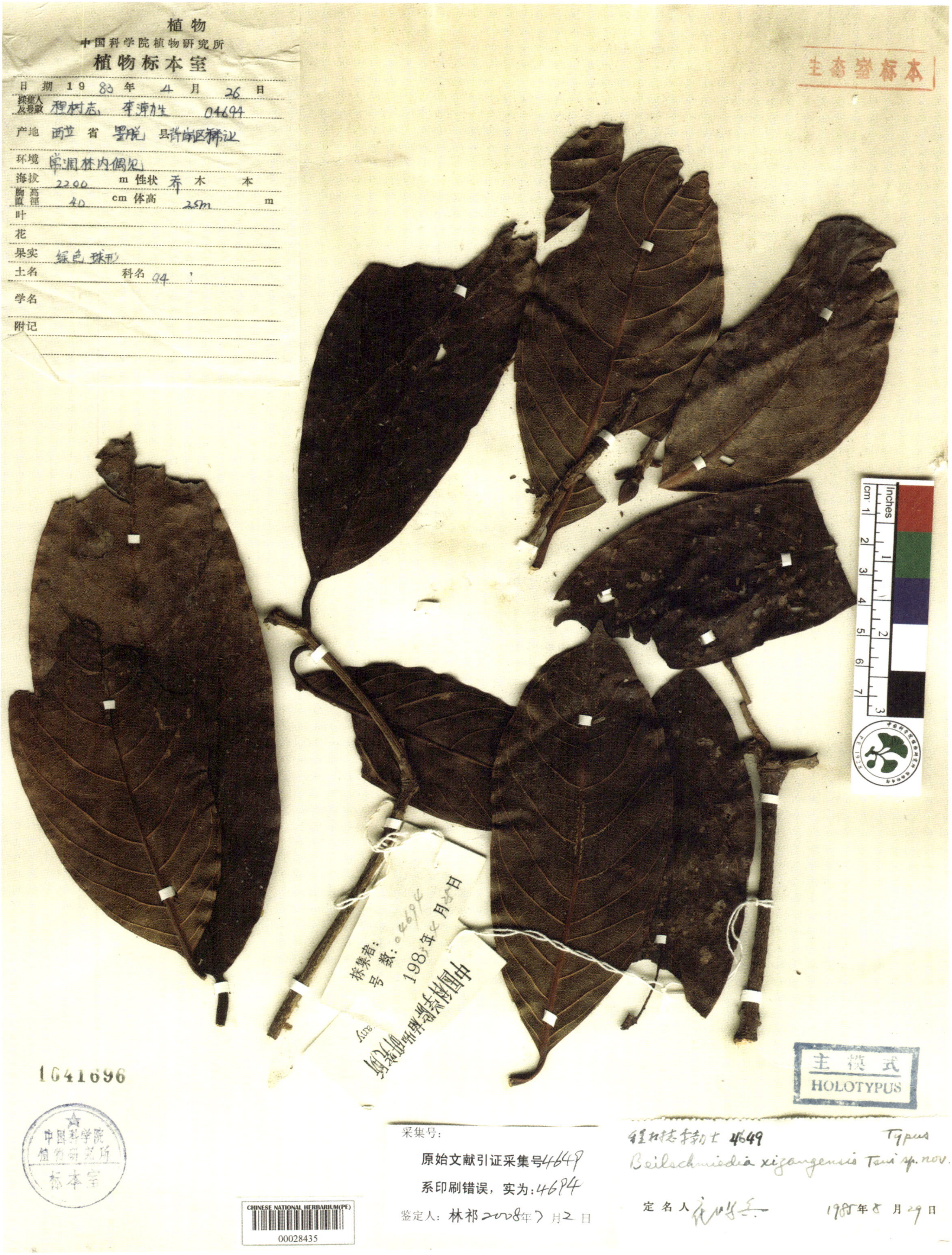

西藏琼楠 ***Beilschmiedia xizangensis*** H. P. Tsui in Acta Bot. Yunnan. 16(1): 31, f. 2: 1-2. 1994. **Holotype:** China. Xizang: Mêdog, alt. 2 200 m, 1983-04-26, S. Z. Cheng & B. S. Li 04694.

滇琼楠 ***Beilschmiedia yunnanensis*** Hu in Bull. Fan Mem. Inst. Biol., Bot. 5: 306. 1934. **Holotype:** China. Yunnan: Wenshan, alt. 1 700 m, 1933-02-17, H. T. Tsai 51834.

华山胡椒 ***Benzoin sinoglaucum*** Nakai, Fl. Sylv. Koreana 22: 79, 1939. **Lectotype** (designated here): China. Zhejiang: Wuyi, 1933-04-15, S. Chen 1028.

毛黑壳楠 ***Benzoin touyunense*** (Lévl.) Rehd. f. ***trichocladum*** Rehd. in J. Arnold Arb. 11: 159. 1930. **Isotype:** China. Chongqing: Nanchuan, 1928-11-09, W. P. Fang 5843.

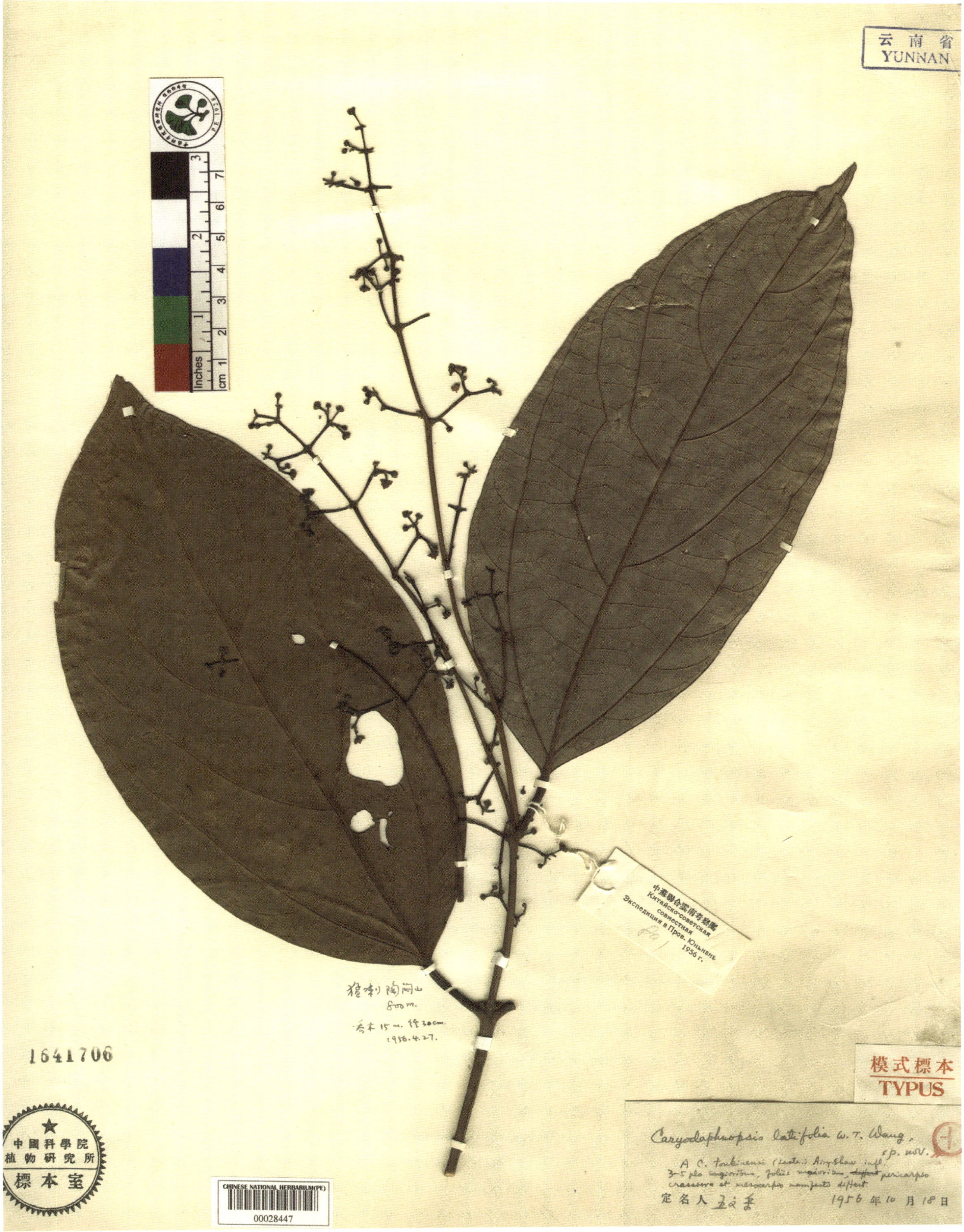

宽叶假檬果 ***Caryodaphnopsis latifolia*** W. T. Wang in Acta Phytotax. Sin. 6 (2): 213, pl. 47: 5. 1957. **Holotype:** China. Yunnan: Jinping, alt. 800 m, 1956-04-27, Sino-Russia Yunnan Exped. 801.

三深裂毛桂 ***Cinnamomum appelianum*** Schewe var. ***tripartitum*** Yang in J. W China Bord. Res. Soc. 15 (Ser. B): 71. 1945. **Lectotype** (designated here)**:** China. Chongqing：Beibei, 1938-05-18, Y.C. Yang 3220.

华南樟 ***Cinnamomum austrosinensis*** Chang in Acta Sci. Nat. Univ. Sunyatseni 1959(2): 20, photo. 2. 1959; S. Y. Jin, Catal. Type Specimens (Corm.) Herb. China 399. 1994. **Paratype:** China. Zhejiang: Wenzhou, R. C. Ching 1853.

滇南桂 ***Cinnamomum austroyunnanense*** H. W. Li in Acta Phytotax. Sin. 16 (2): 92, pl. 7: 4. 1978. **Isotype:** China. Yunnan: Jinghong, alt. 600 m, 1956- ??- ??, Sino-Russia Yunnan Exped. 9716.

浙江樟 ***Cinnamomum chekiangense*** Nakai, Fl. Sylv. Koreana 22: 23. 1939. **Isotype:** China. Zhejiang: Hangzhou, 1929-08-23, W. C. Cheng 32.

陈氏樟 ***Cinnamomum chenii*** Nakai, Fl. Sylv. Koreana 22: 23. 1939. **Isotype:** China. Zhejiang: Dinghai, 1934-09-06, S. Chen 4035.

秦氏樟 ***Cinnamomum chingii*** Metc. in Lingnan Sci. J. 10: 416. 1931. **Isotype:** China. Zhejiang: Precise locality not known, alt. 1342 m, 1924-08-31, R. C. Ching 2541.

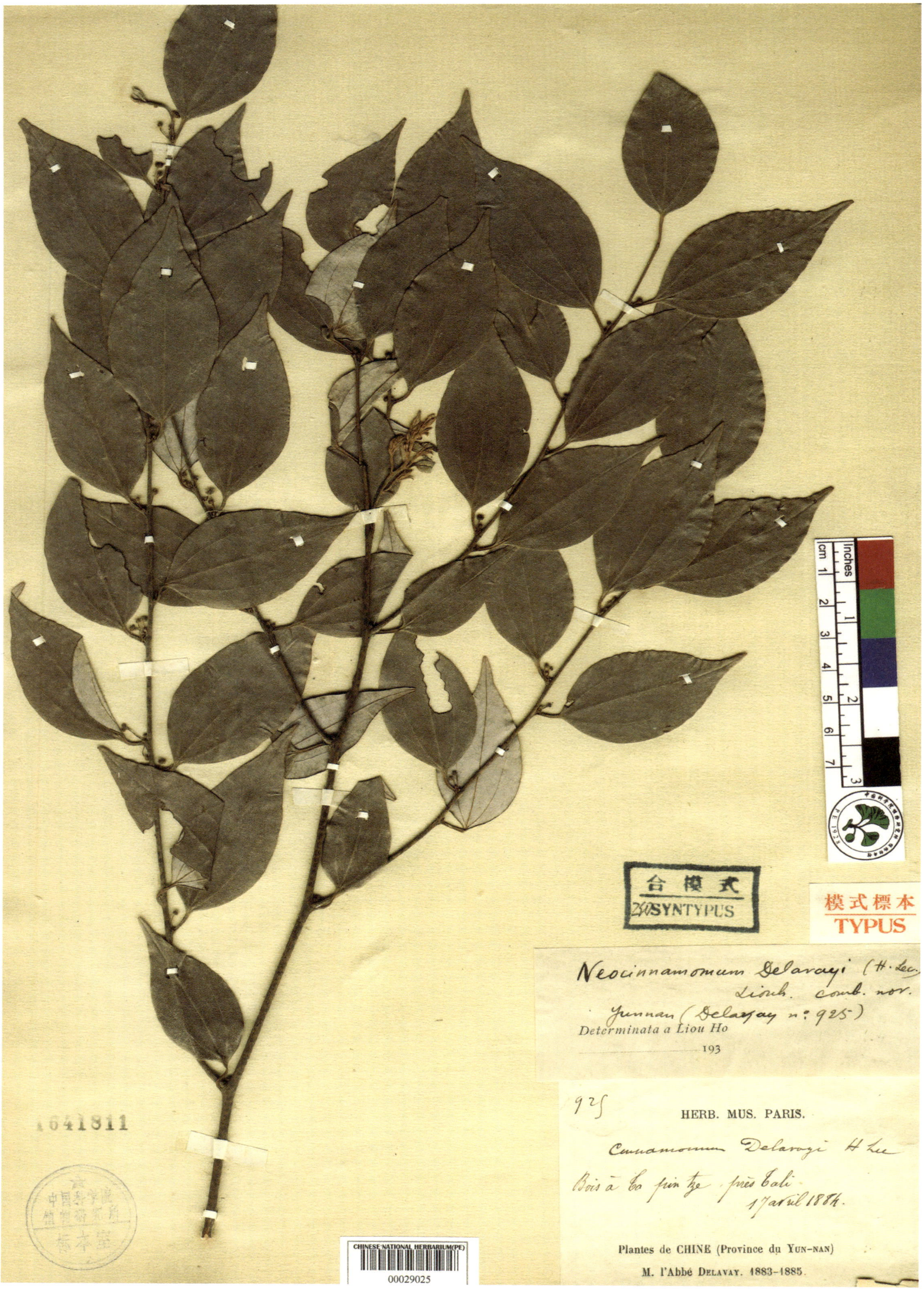

新樟 ***Cinnamomum delavayi*** Lec. in Nouv. Arch. Mus. Hist. Nat., Ser. 5, 5: 77. 1913. **Lectotype** (designated here)**:** China. Yunnan：Precise locality not known, Tapintze, Delavay 925.

黄褐长毛樟 ***Cinnamomum inunctum*** (Nees) Meissn. var. ***fulvipilosum*** Yang in J. W China Bord. Res. Soc. 15 (Ser. B): 73. 1945. **Holotype:** China. Guizhou: Zunyi, alt. 1000 m, 1931-08-01, A. N. Steward, C. Y. Chiao & H. C. Cheo 143.

红辣槁树 ***Cinnamomum kwangtungense*** Merr. in Lingnan Sci. J. 13 (1): 25. 1934. **Isotype:** China. Guangdong: Conghua, 1932-05-16, W. T. Tsang 20485.

长柄樟 ***Cinnamomum longipetiolatum*** H. W. Li in Acta Phytotax. Sin. 13 (4): 47. 1975. **Paratype:** China. Yunnan: Jinping, alt. 1750 m, 1956- ??- ??, Sino-Russia Yunnan Exped. 1516.

梅氏樟 ***Cinnamomum merrillianum*** Allen in J. Arnold Arb. 20 (1): 57. 1939. **Isotype:** China. Hainan: Dongfang, 1933-10-23, H. Y. Liang 63752.

毛叶樟 ***Cinnamomum mollifolium*** H. W. Li in Acta Phytotax. Sin. 13 (4): 45, f. 1. 1975. **Paratype:** China. Yunnan: Menghai, alt. 1 200 m, 1955-03-25, K. M. Feng 20885.

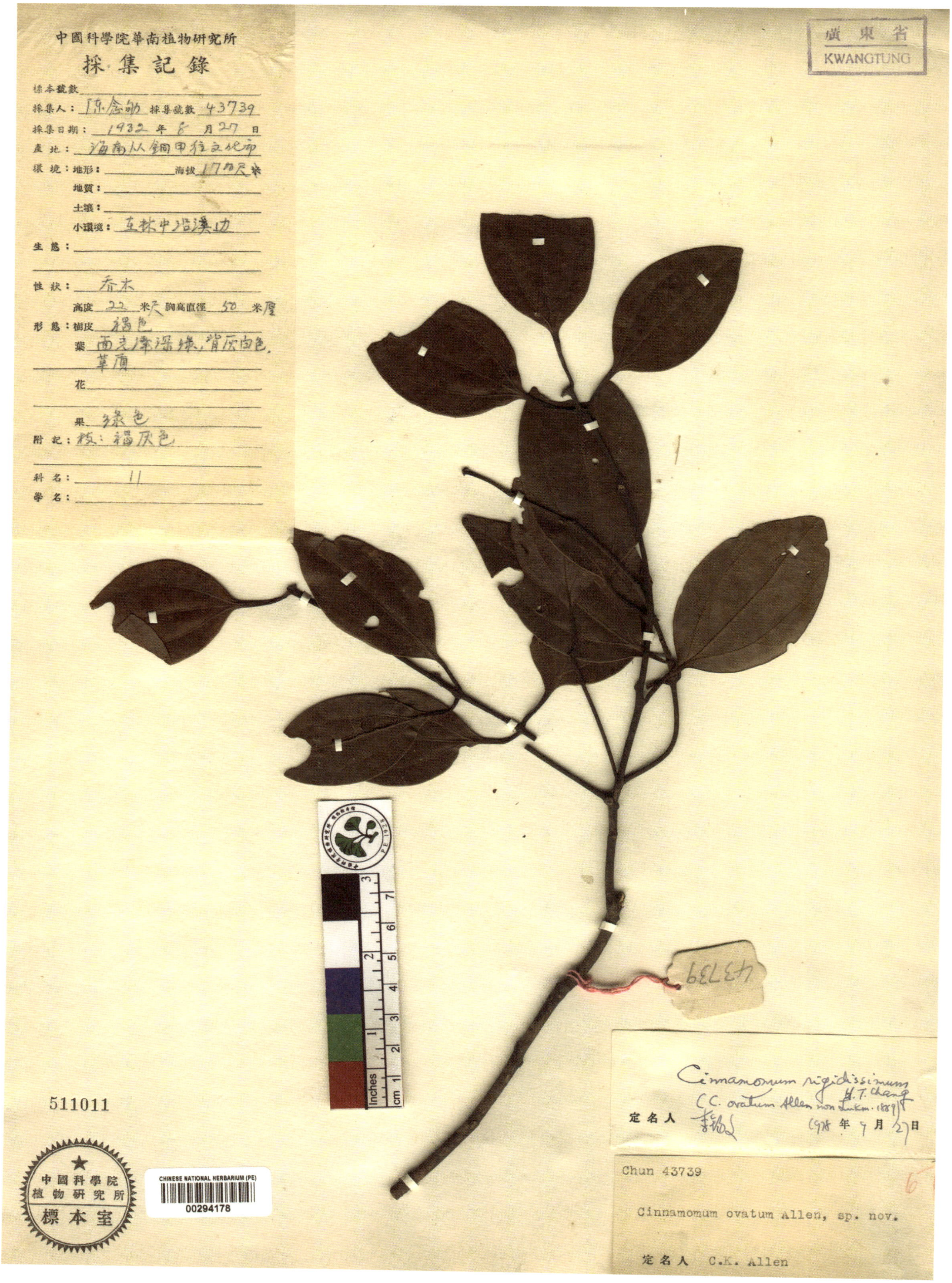

卵叶樟 ***Cinnamomum ovatum*** Allen in J. Arnold Arb. 20 (1): 56. 1939. **Isotype:** China. Hainan: Dung Ka to Wen Fa, alt. 567 m, 1932-08-27, N. K. Chun & C. L. Tso 43739.

小叶樟 *Cinnamomum parvifolium* Lec. in Nouv. Arch. Mus. Hist. Nat., Ser. 5, 5: 80. 1913. **Lectotype** (designated here)**:** China. Yunnan: Binchuan, 1911-07-13, Ducloux 7115.

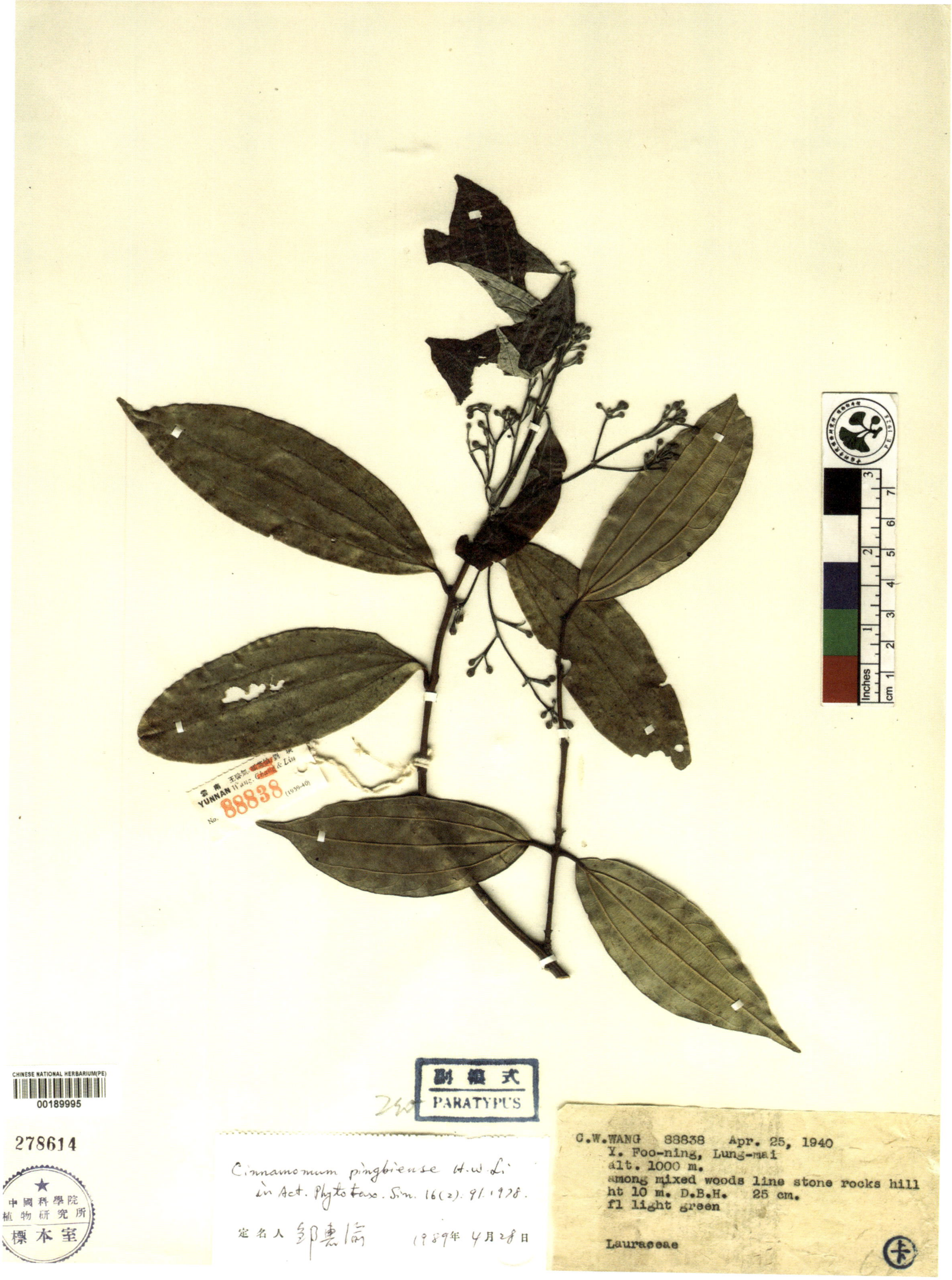

屏边桂 ***Cinnamomum pingbienense*** H. W. Li in Acta Phytotax. Sin. 16 (2): 91, pl. 7: 2. 1978. **Isoparatype:** China. Yunnan: Funing, alt. 1 000 m, 1940-04-25, C. W. Wang 88838.

岩樟 ***Cinnamomum saxatile*** H. W. Li in Acta Phytotax. Sin. 13 (4): 44. 1975. **Isotype:** China. Yunnan: Funing, alt. 700 m, 1940-04-10, C. W. Wang 88270.

川樟 ***Cinnamomum szechuanensis*** Yang in J. W China Bord. Res. Soc. 15 (Ser. B): 71. 1945. **Holotype:** China. Sichuan: Hongya, 1938-07-23, C. W. Yao 2442.

辣汁树 ***Cinnamomum tsangii*** Merr. in Lingnan Sci. J. 13 (1): 26. 1934. **Isotype:** China, Guangdong: Conghua , 1932-05-11, W. T. Tsang 20439.

平托桂 ***Cinnamomum tsoi*** Allen in J. Arnold Arb. 20 (1): 57. 1939. **Isotype:** China. Hainan: Qiongzhong, alt. 732 m, 1932-10-23, N. K. Chun & C. L.Tso 44128.

沉水樟 ***Cinnamomum xanthophyllum*** H. W. Li in Acta Phytotax. Sin. 13 (4): 47. 1975. **Isotype:** China. Guangdong: Xinfeng, alt. 650 m, 1958-10-12, L. Deng 8043.

尖叶厚壳桂 ***Cryptocarya acutifolia*** H. W. Li in Acta Phytotax. Sin. 17 (2): 69, pl. 6: 6. 1979. **Isotype:** China. Yunnan: Jinghong, alt. 750~900 m, 1957-??-??, Sino-Russia Yunnan Exped. 5662.

短序厚壳桂 ***Cryptocarya brachythyrsa*** H. W. Li in Acta Phytotax. Sin. 17 (2): 68, pl. 6: 4. 1979. **Isotype:** China. Yunnan: Jinghong, alt. 1300~1500 m, 1956- ??- ??, Sino-Russia Yunnan Exped. 9540.

岩生厚壳桂 ***Cryptocarya calcicola*** H. W. Li in Acta Phytotax. Sin. 17 (2): 69, pl. 6 : 5. 1979. **Isotype:** China. Guangxi: Baise, alt. 480 m, 1955-12-24, Baise Exped. 1514.

硬壳桂 ***Cryptocarya chingii*** W. C. Cheng in Contr. Biol. Lab. Sci. Soc. China 10: 111, f. 17. 1936. **Isotype:** China. Zhejiang: Shunxi, alt. 137 m, 1924-07-10, R. C. Ching 2055.

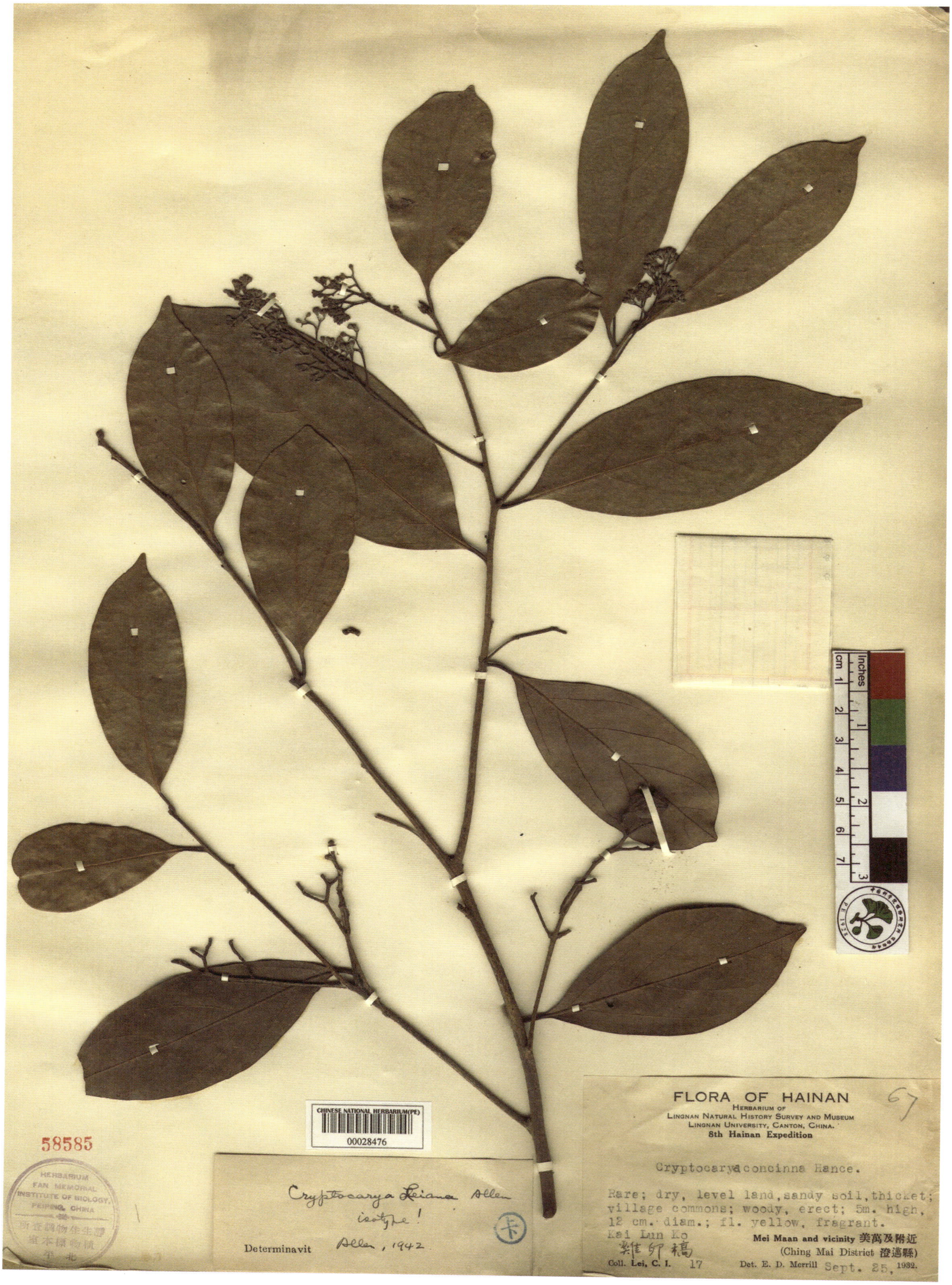

鸡卵槁 ***Cryptocarya leiana*** Allen in J. Arnold Arb. 23 (4): 456. 1942. **Isotype:** China. Hainan: Chengmai, 1932-09-25, C. I. Lei 17.

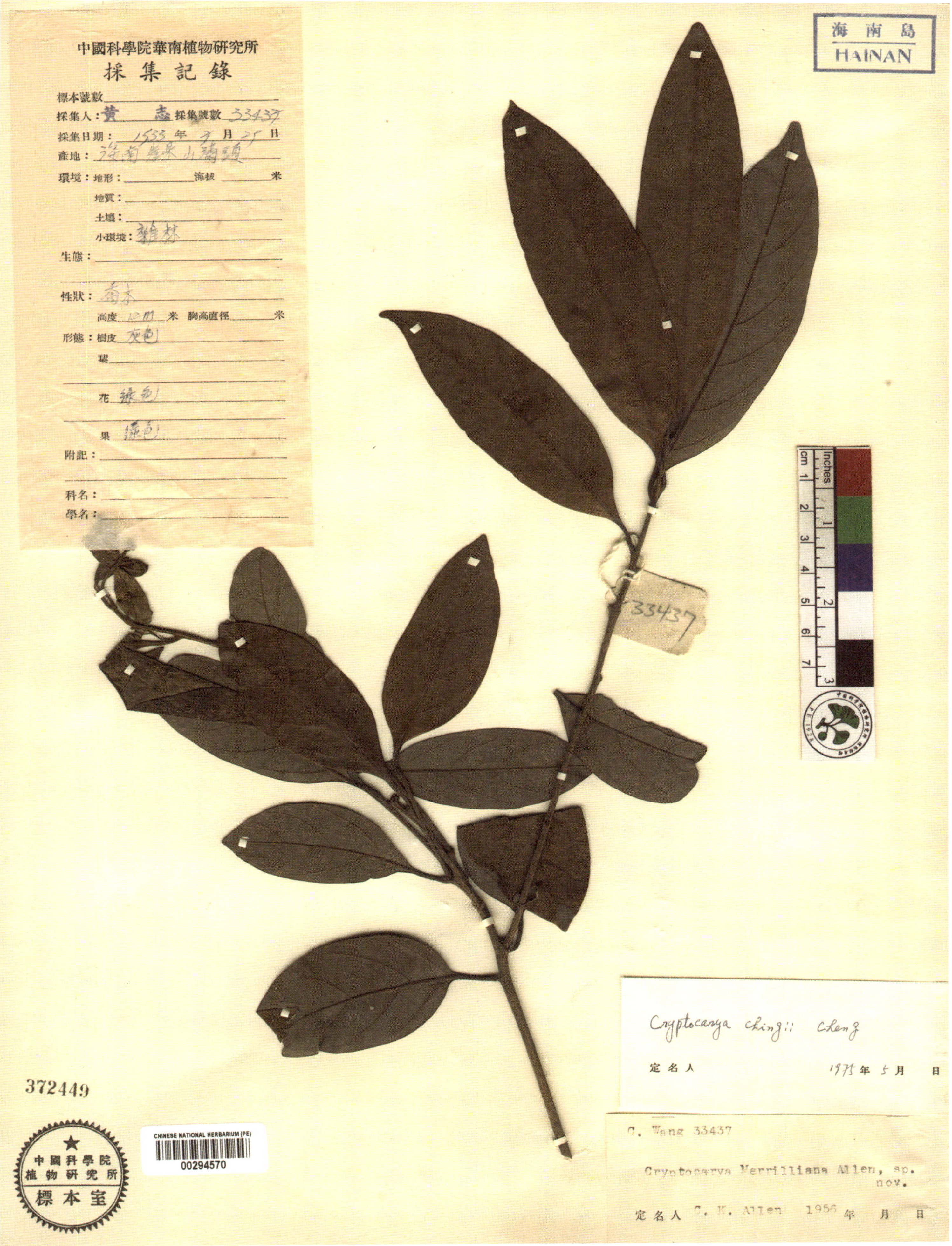

梅氏厚壳桂 ***Cryptocarya merrilliana*** Allen in J. Arnold Arb. 23 (4): 456. 1942. **Isoparatype:** China. Hainan: Sanya, 1933-07-25, C. Wang 33437.

长序厚壳桂 ***Cryptocarya metcalfiana*** Allen in J. Arnold Arb. 23 (4): 457. 1942. **Isotype:** China. Hainan: Lingshui, 1932-05-(03-20), H. Fung 20087.

网脉厚壳桂 ***Cryptocarya reticulata*** Yang in J. W. China Bord. Res. Soc. 15 (Ser. B): 70. 1945. **Holotype:** China. Sichuan: Ya’an, 1939-08-06, Y. C. Yang 3404.

红柄厚壳桂 ***Cryptocarya tsangii*** Nakai in J. Japan. Bot. 16 (3): 121. 1940. **Isotype:** China. Hainan: Hongmaoshan, 1929-08-12, Tsang & Fung 688 (= Lingnan University 18222).

云南厚壳桂 ***Cryptocarya yunnanensis*** H. W. Li in Acta Phytotax. Sin. 17 (2): 70, pl. 7: 1. 1979. **Isotype:** China. Yunnan: Jinghong, alt. 720~1 100 m, 1957- ??- ??, Sino-Russia Yunnan Exped. 7606.

土楠 ***Endiandra hainanensis*** Merr. & Met. ex Allen in J. Arnold Arb. 23 (4): 461. 1942. **Isoparatype:** China. Hainan: Chengmai, 1932-09-30, C. L. Lei 46.

山潺 ***Lauromerrillia appendiculata*** Allen in J. Arnold Arb. 23 (4): 460. 1942. **Isoparatype:** China. Hainan: Sanya, 1932-06-(01-02), S. K. Lau 6.

狭叶山胡椒 ***Lindera angustifolia*** W. C. Cheng in Contr. Biol. Lab. Sci. Soc. China, Bot. Ser. 8 (3): 294, f. 21. 1933.
Lectotype(designated here)**:** China. Jiangsu: Nanjing, 1929-09-15, W. C. Cheng 174.

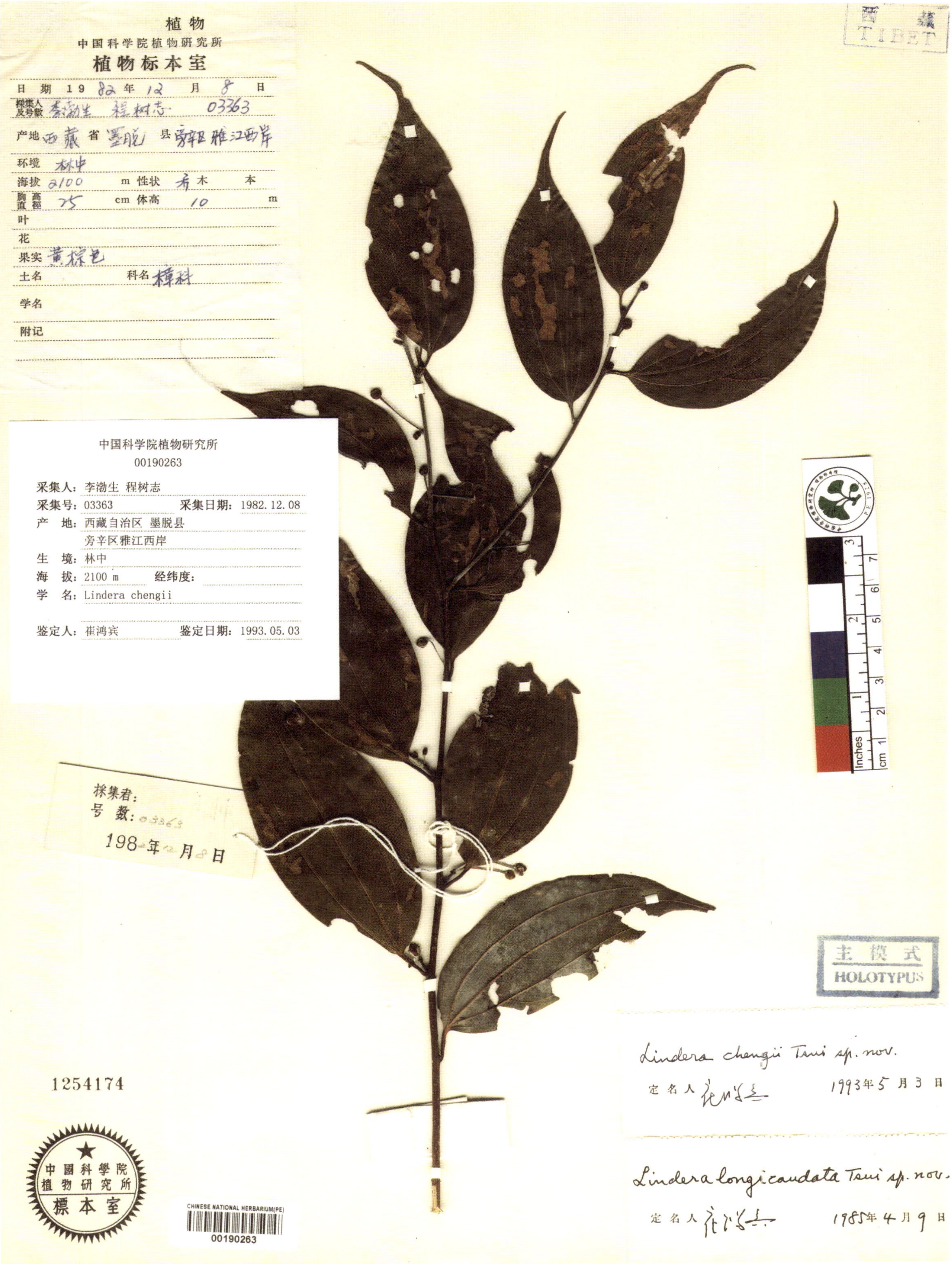

郑氏钓樟 ***Lindera chengii*** H. P. Tsui in Acta Bot. Yunnan. 16 (1): 37, f. 6. 1994. **Holotype:** China. Xizang: Mêdog, alt. 2 100 m, 1982-12-08, B. S. Li & S. Z. Cheng 03363.

江浙山胡椒 ***Lindera chienii*** W. C. Cheng in Contr. Biol. Lab. Sci. Soc. China, Bot. Ser. 9: 193, f. 18. 1934. **Isotype:** China. Jiangsu: Hsiachu, Kungchienshan, 1929-09-12, W. C. Cheng 631.

鼎湖钓樟 ***Lindera chunii*** Merr. in Lingnan Sci. J. 7: 307. 1929. **Isoparatype:** China. Guangdong: Gaoyao, Dinghushan, 1928-07-05, Y. Tsiang 805.

网叶山胡椒 ***Lindera dictyophylla*** Allen in J. Arnold Arb. 22 (1): 5. 1941.**Isotype:** China. Yunnan: Shunning (= Fengqing), alt. 2 800 m, 1936-02- ??, C. W. Wang 71835.

黄脉钓樟 ***Lindera flavinervia*** Allen in J. Arnold Arb. 22 (1): 30. 1941. **Isotype:** China, Yunnan: Mienning (=Lincang), alt. 2 100 m, 1938-11-03, T. T. Yu 18160.

蜂房叶山胡椒 ***Lindera foveolata*** H. W. Li in Acta Phytotax. Sin. 16 (4): 64, pl. 4: 3. 1978. **Paratype:** China. Yunnan: Malipo, alt. 1 900~2 100 m, 1947-12-12, K. M. Feng 13787.

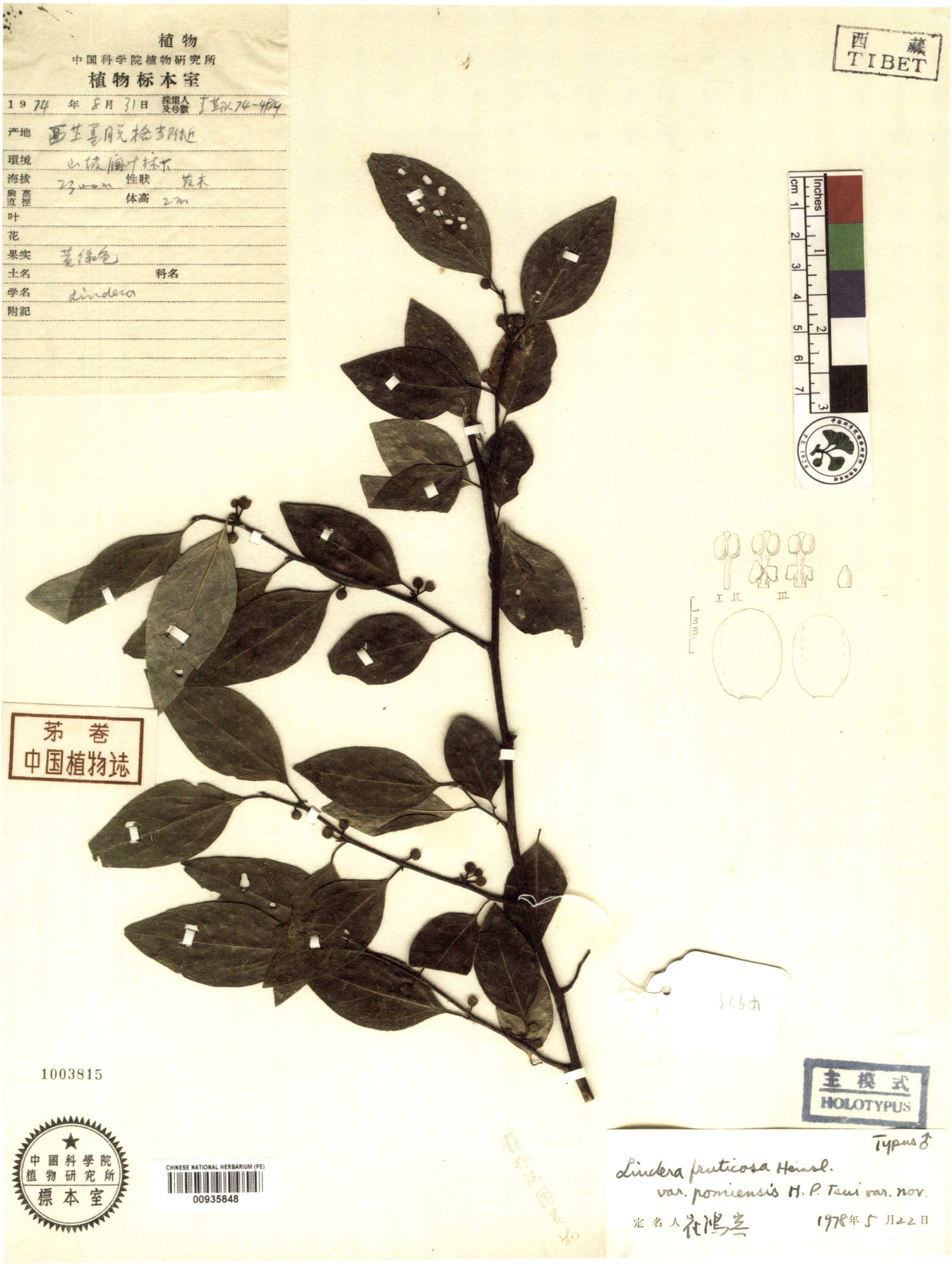

波密钓樟 ***Lindera fruticosa*** Hemsl. var. ***pomiensis*** H. P. Tsui in Acta Phytotax. Sin. 16 (4): 65, pl. 5: 3. 1978. **Holotype:** China. Xizang: Mêdog, alt. 2 300 m, 1974-08-31, Qinghai-Xizang Exped. 74-4979.

都江堰钓樟 ***Lindera gambleana*** Allen in J. Arnold Arb. 22 (1): 27. 1941. **Isoparatype:** China. Sichuan: Dujiangyan, alt. 1 068~1 220 m, 1928-07-15, W. P. Fang 2268.

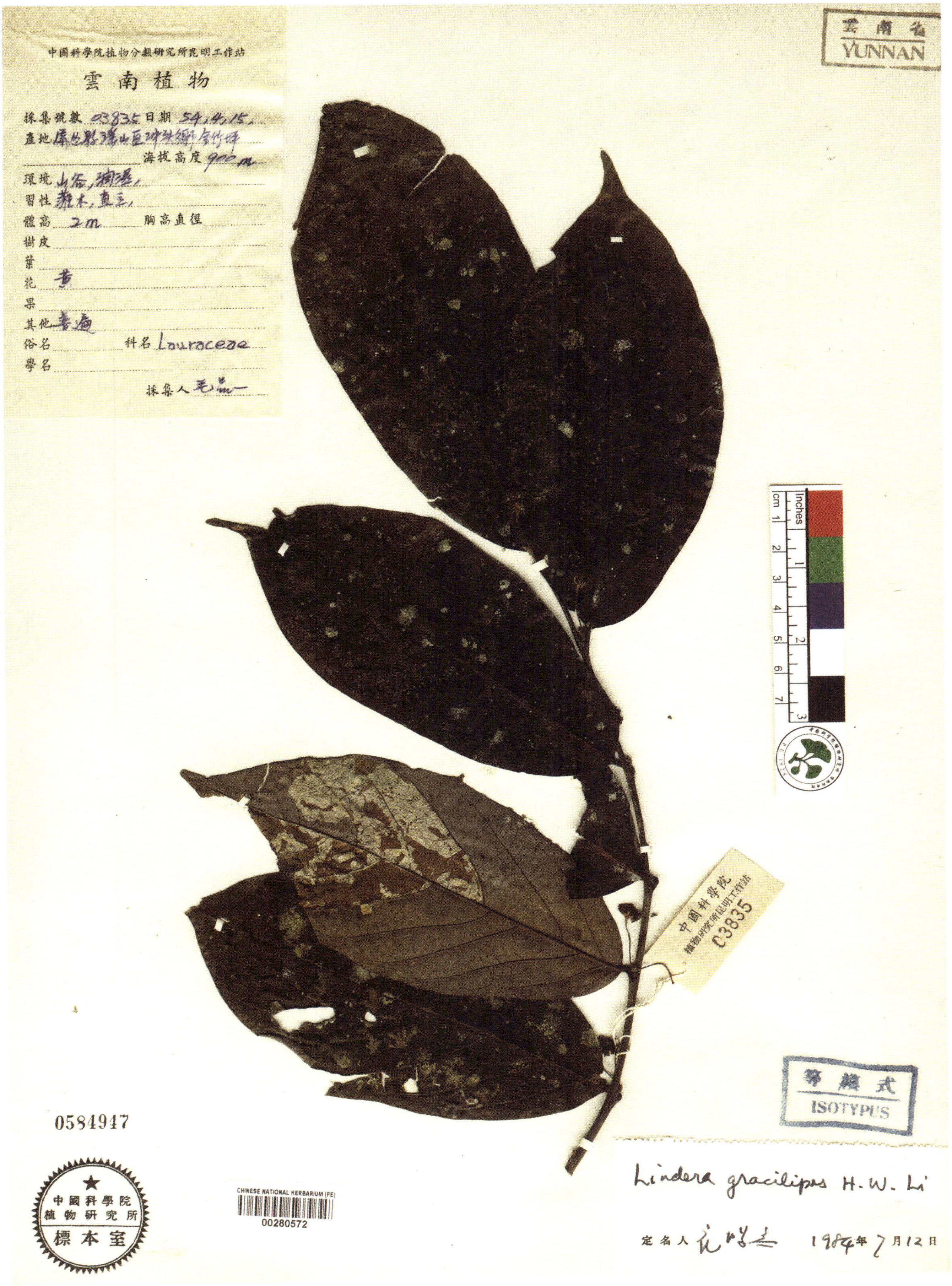

纤梗山胡椒 ***Lindera gracilipes*** H. W. Li in Acta Phytotax. Sin. 16 (4): 64, pl. 4: 1. 1978. **Isotype:** China. Yunnan: Pingbian, alt. 900 m, 1954-04-15, P. I Mao 03835.

广西钓樟 ***Lindera guangxiensis*** H. P. Tsui in Acta Phytotax. Sin. 16 (4): 67, pl. 5: 5. 1978. **Holotype:** China, Guangxi: Lingle, alt. 1 220 m, 1928-08-14, R. C. Ching 6919.

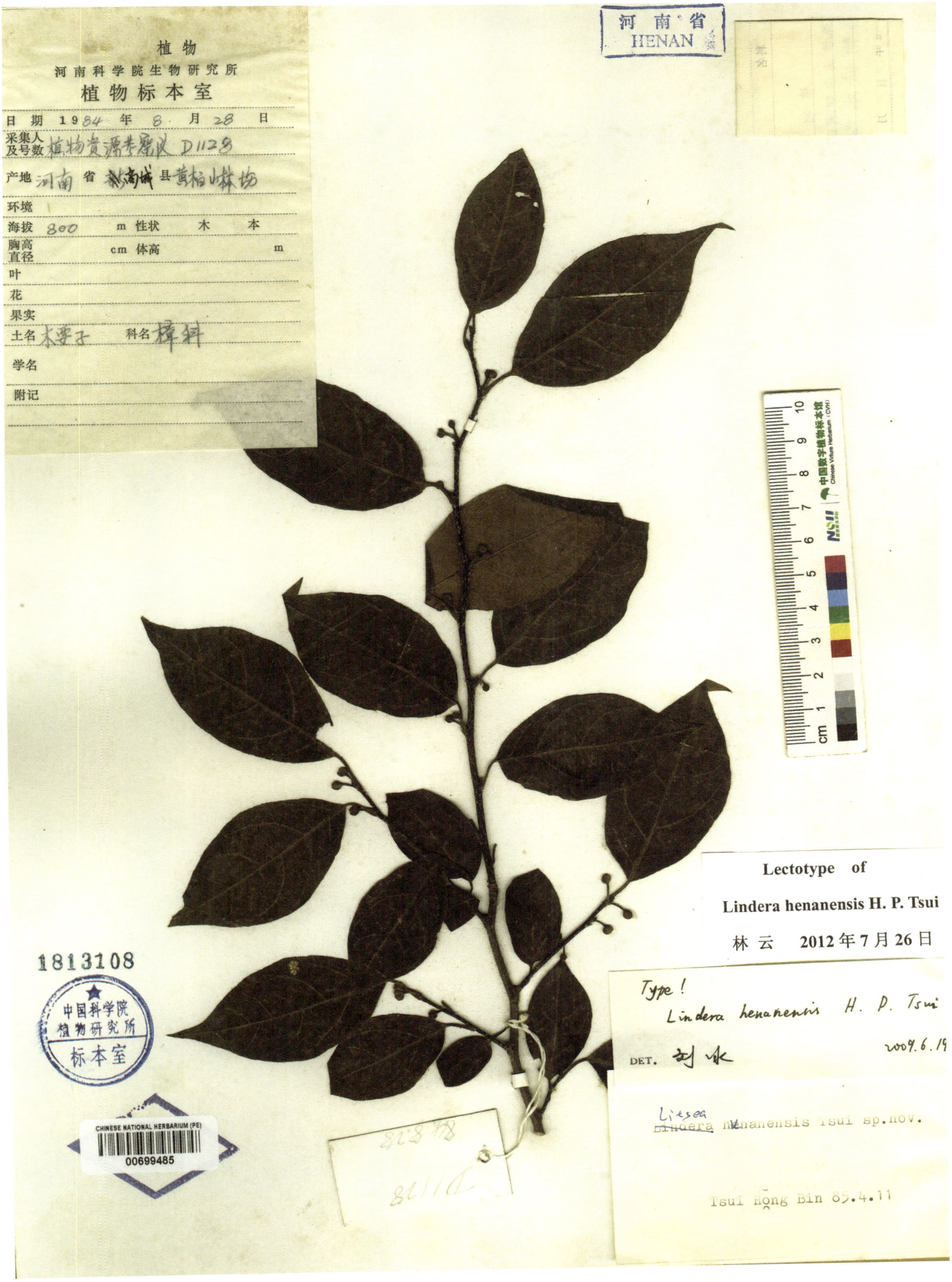

河南山胡椒 ***Lindera henanensis*** H. P. Tsui in Acta Phytotax. Sin. 25(5) : 412, f. 1. 1987. **Lectotype** (designated by Yun Lin & al. in Bull. Bot. Res., Harbin 33 : 517. 2013.): China. Henan: Shangcheng, alt. 800 m, 1984-08-28, Henan Econ. Pl. Exped. D 1128.

山柿子果 ***Lindera longipedunculata*** Allen in J. Arnold Arb. 22 (1): 6. 1941. **Isotype:** China. Yunnan: Gongshan, alt. 2 300 m, 1938-11-05, T. T. Yu 20986.

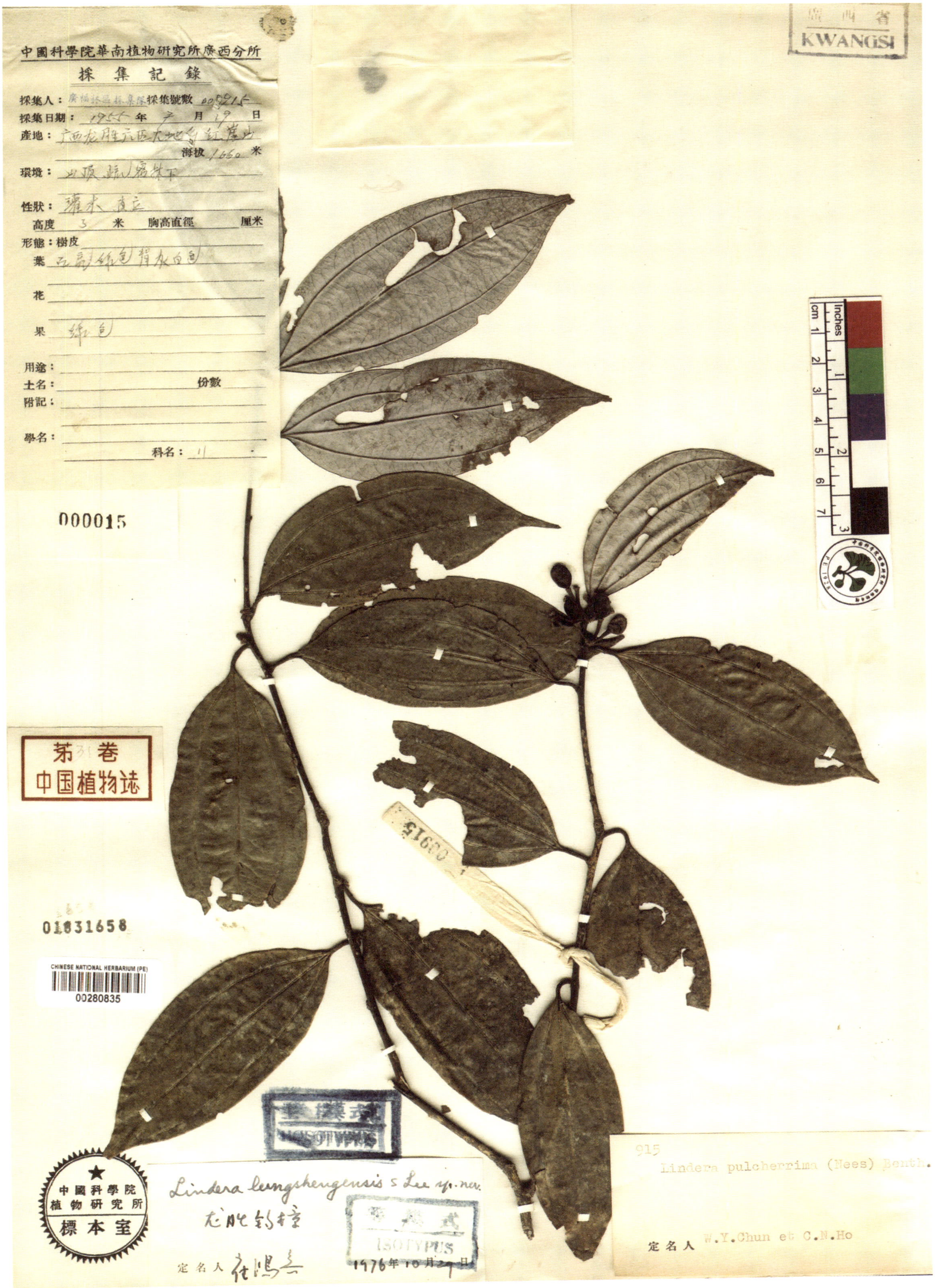

龙胜钓樟 ***Lindera lungshengensis*** S. Lee in Acta Phytotax. Sin. 16 (4): 67. 1978. **Isotype:** China. Guangxi: Longsheng, alt. 1 660 m 1955-7-19, Guangfu Forest Exped. 00915.

黑壳楠 ***Lindera megaphylla*** Hemsl. in J. Linn. Soc., Bot. 26: 389. 1891. **Lectotype**(designated here)**:** China. Hubei: Badong, A. Henry 1112.

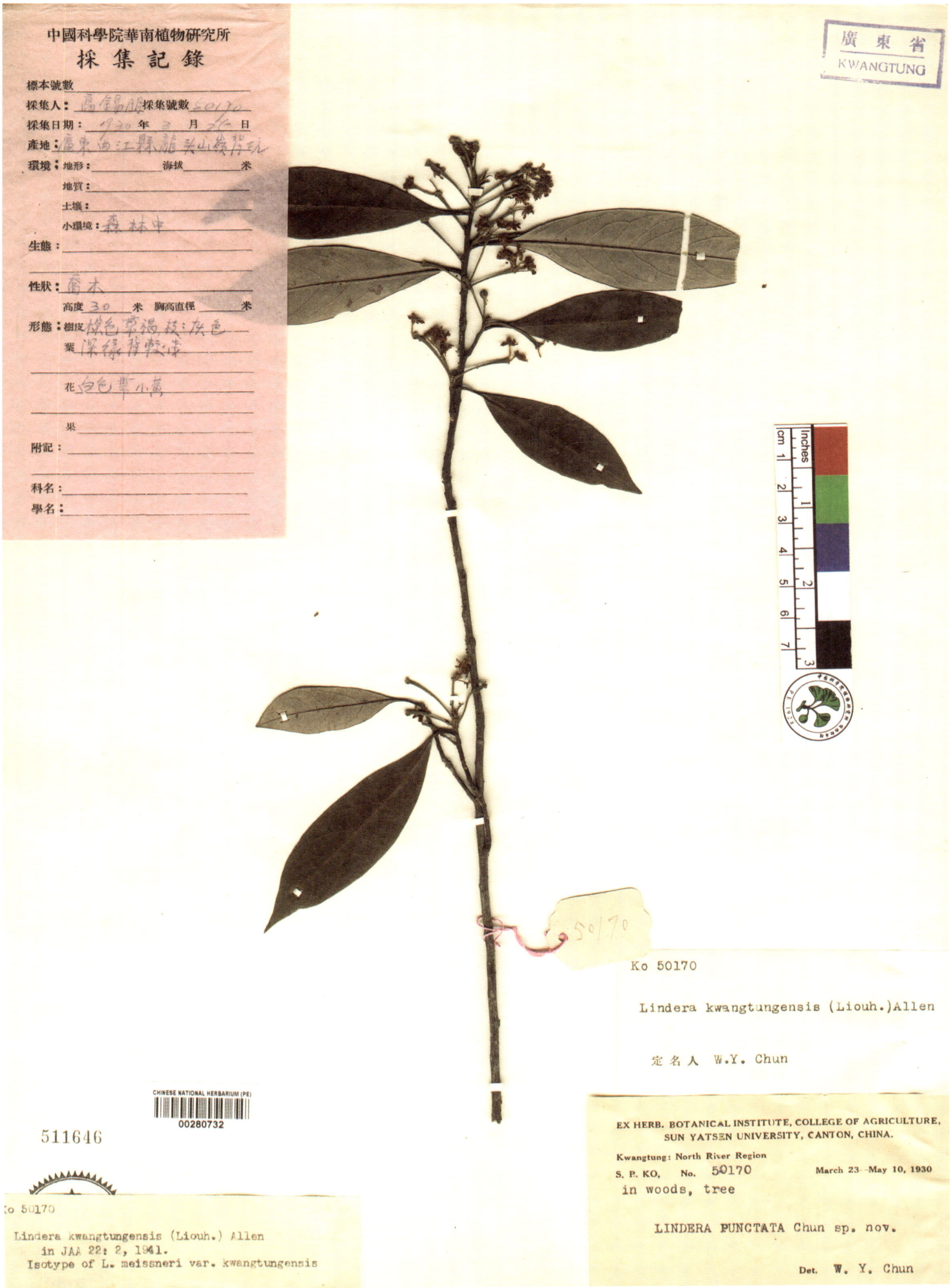

广东山胡椒 ***Lindera meissneri*** King f. ***kwangtungensis*** H. Liou, Laurac. Chine & Indoch. 126. 1934. **Isotype:** China. Guangdong: Qujiang, 1930-03-25, S. P. Ko 50170.

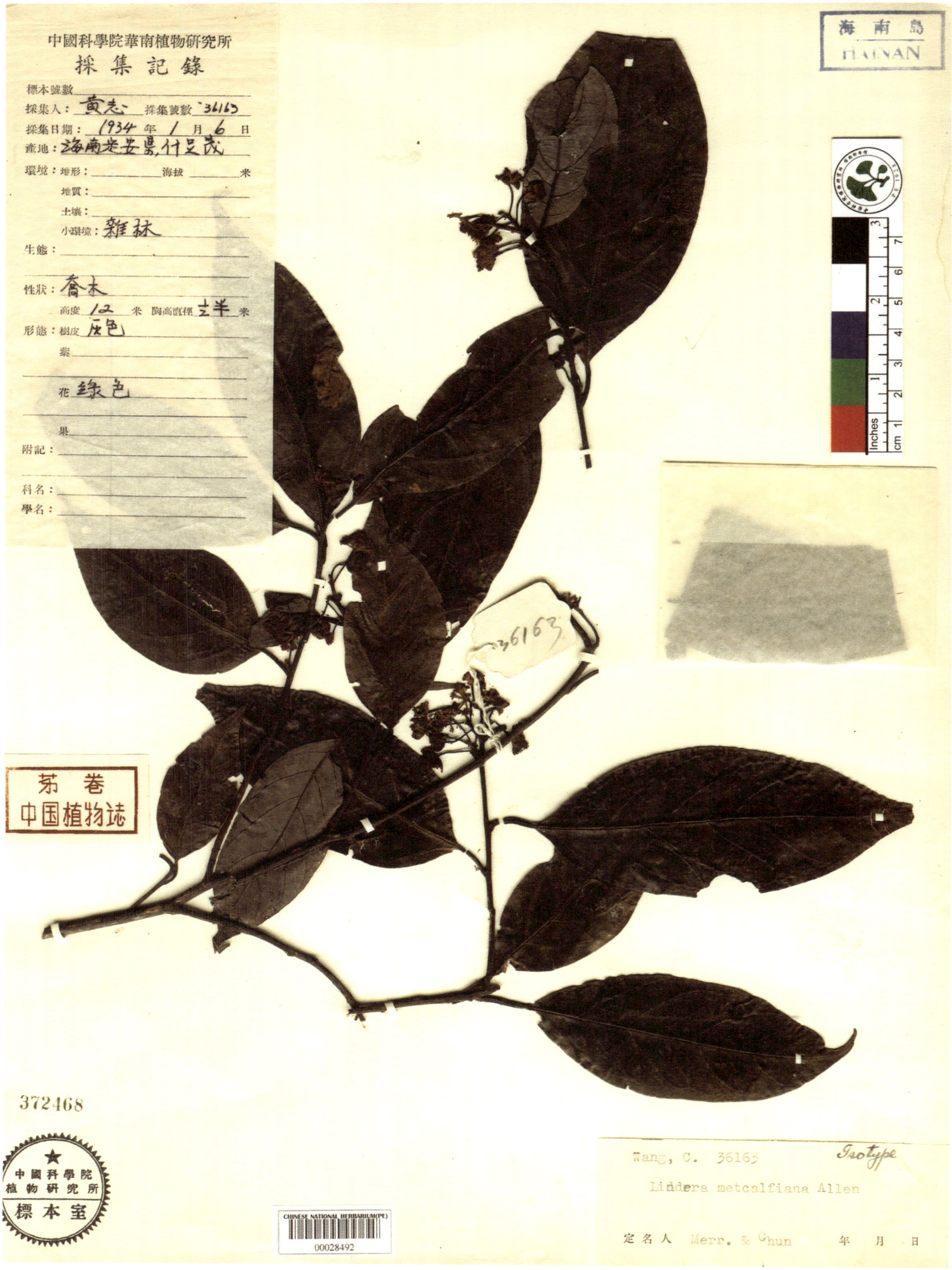

滇粤山胡椒 ***Lindera metcalfiana*** Allen in J. Arnold Arb. 22 (1): 3. 1941. **Isotype:** China. Hainan: Dingan, 1934-01-06, C. Wang 36163.

西藏山胡椒 ***Lindera motuoensis*** H. P. Tsui in Acta Phytotax. Sin. 16 (4): 65, pl. 5: 1. 1978. **Holotype:** China. Xizang: Mêdog, alt. 1 520 m, 1974-09-02, Qinghai-Xizang Exped. 74-4989.

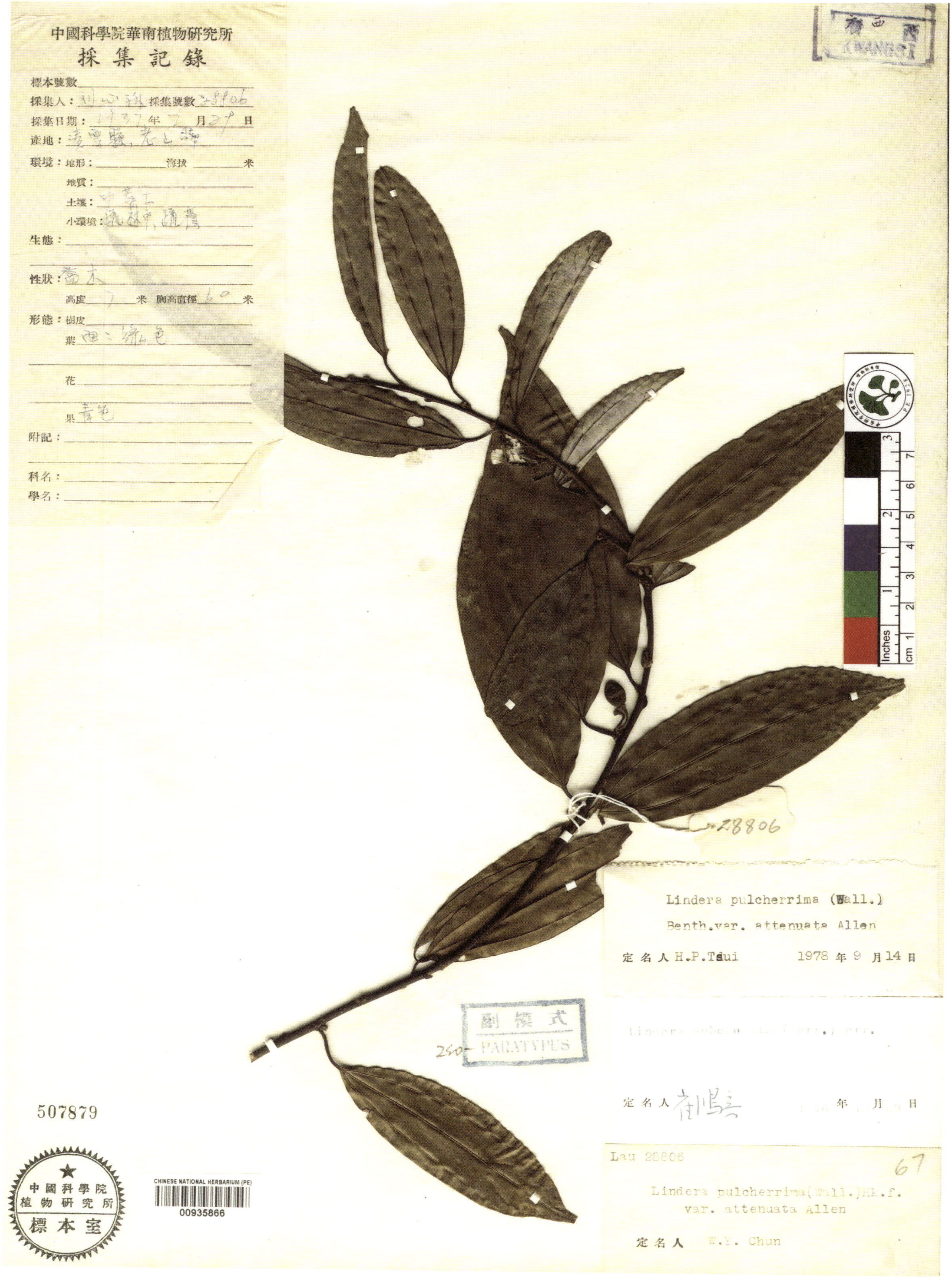

香粉叶 ***Lindera pulcherrima*** (Wall.) Benth. var. ***attenuata*** Allen in J. Arnold Arb. 22 (1): 21. 1941. **Isoparatype:** China. Guangxi: Lingyun, 1937-07-29, S. K. Lau 28806.

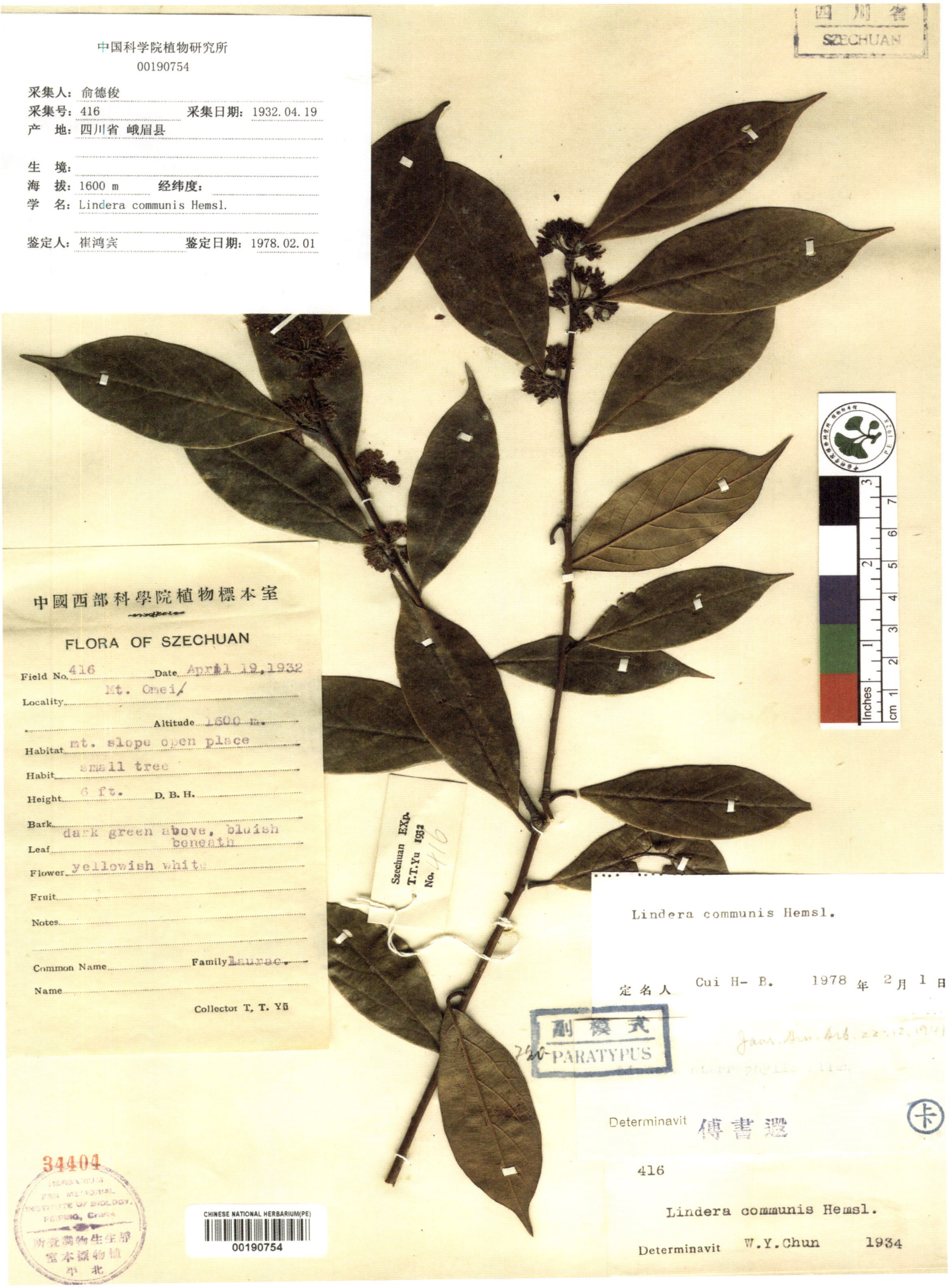

硬叶山胡椒 ***Lindera sterrophylla*** Allen in J. Arnold Arb. 22 (1): 12. 1941. **Isoparatype:** China. Sichuan: Emei, Emeishan, alt. 1 600 m, 1932-04-19, T. T. Yu 416.

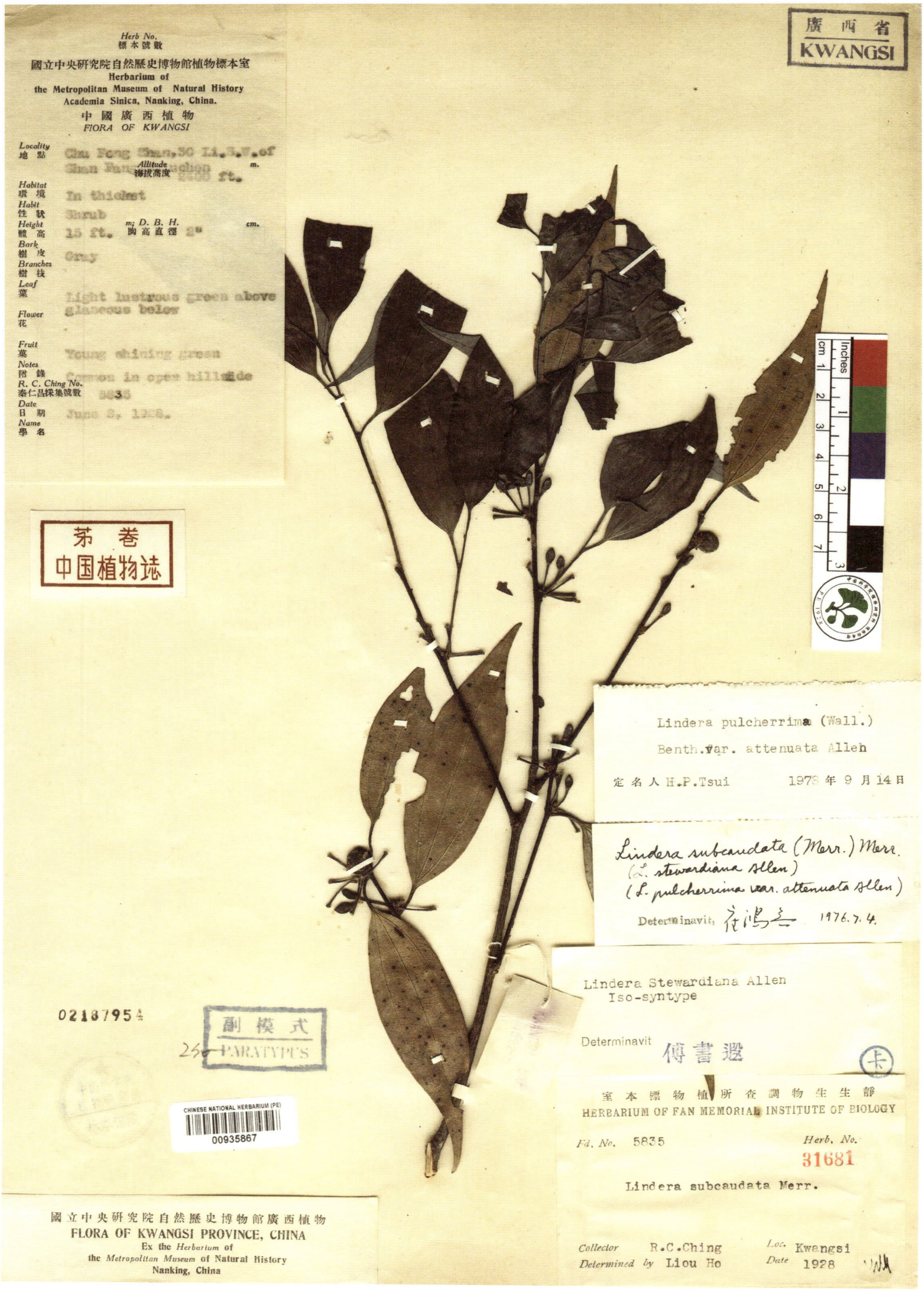

斯氏山胡椒 ***Lindera stewardiana*** Allen in J. Arnold Arb. 22 (1): 26. 1941. **Isoparatype:** China. Guangxi: Longsheng, alt. 732 m, 1928-06-08, T. T. Yu 5835.

川鄂菱叶钓樟 ***Lindera supracostata*** Lec. var. ***chuaneensis*** H. S. Kung, Fl. Sichuan. 1: 87, pl. 36: 6-7. 1981. **Paratype:** China. Sichuan: Pingwu, alt. 2 030 m, 1958-05-12, H. L. Tsiang 10180.

三股筋香 ***Lindera thomsonii*** Allen in J. Arnold Arb. 22 (1): 22. 1941. **Isoparatype:** China. Yunnan: Gengma, alt. 2 300 m, 1938-08-07, T. T. Yu 17267.

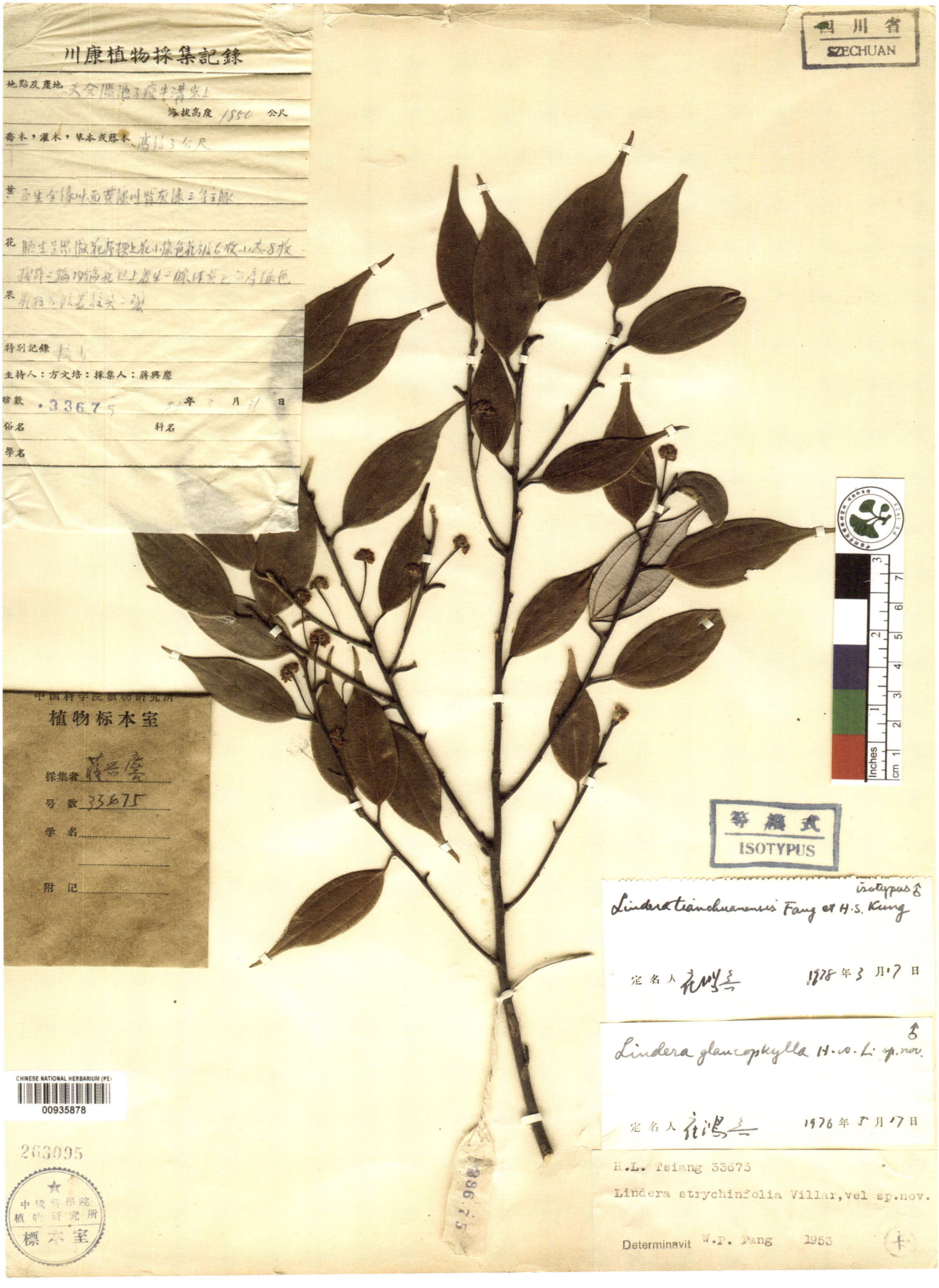

天全钓樟 ***Lindera tienchuanensis*** W. P. Fang & H. S. Kung in Acta Phytotax. Sin. 16 (4): 66, pl. 5: 4. 1978. **Isotype:** China. Sichuan: Tianquan, alt. 1 850 m, 1953-03-31, H. L. Tsiang 33675.

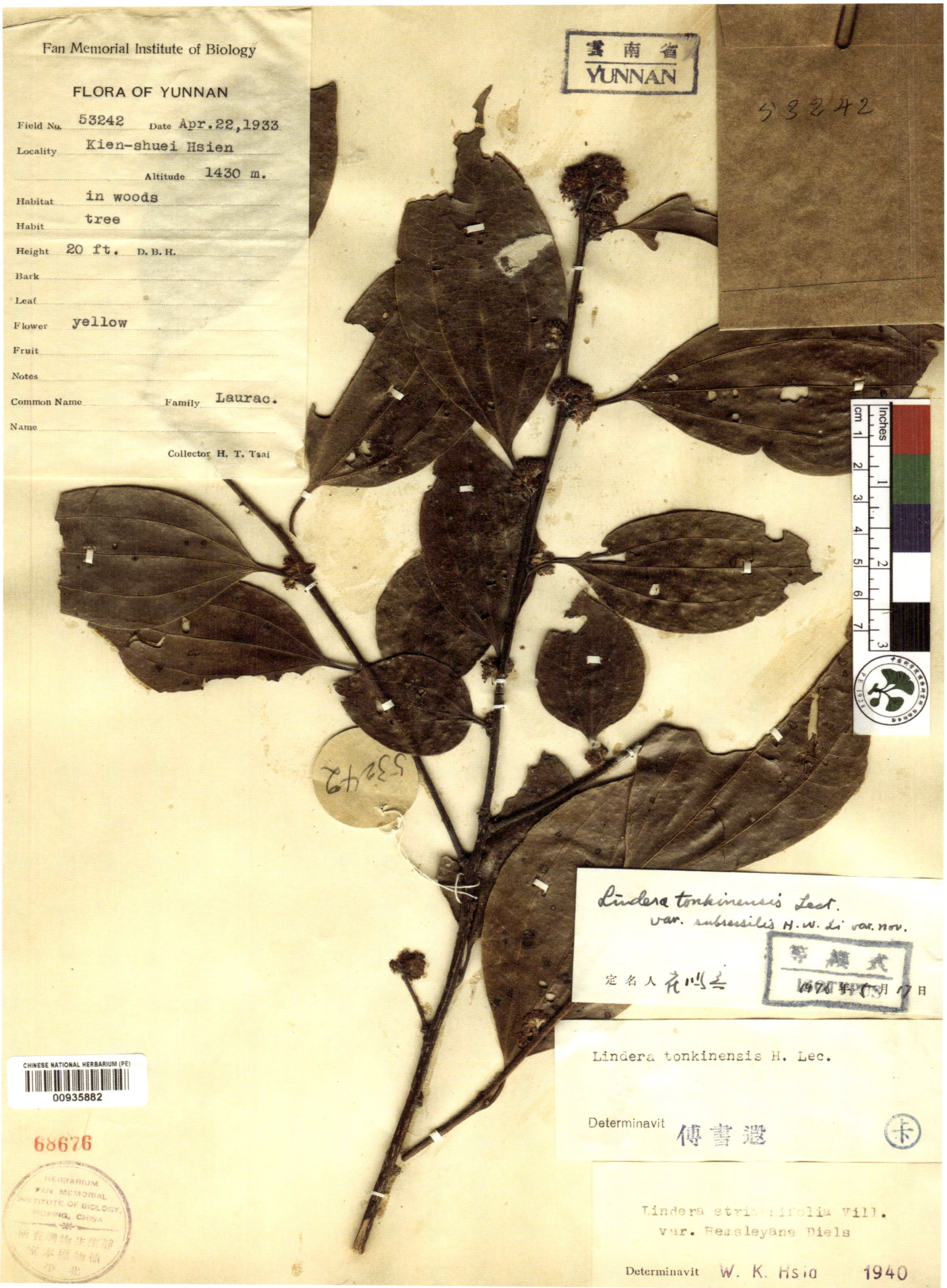

无梗假桂钓樟 ***Lindera tonkinensis*** Lec. var. ***subsessilis*** H. W. Li in Acta Phytotax. Sin. 16 (4): 66, pl. 4: 4. 1978.
Isotype: China. Yunnan: Jianshui, alt. 1 430 m, 1933-04-22, H. T. Tsai 53242.

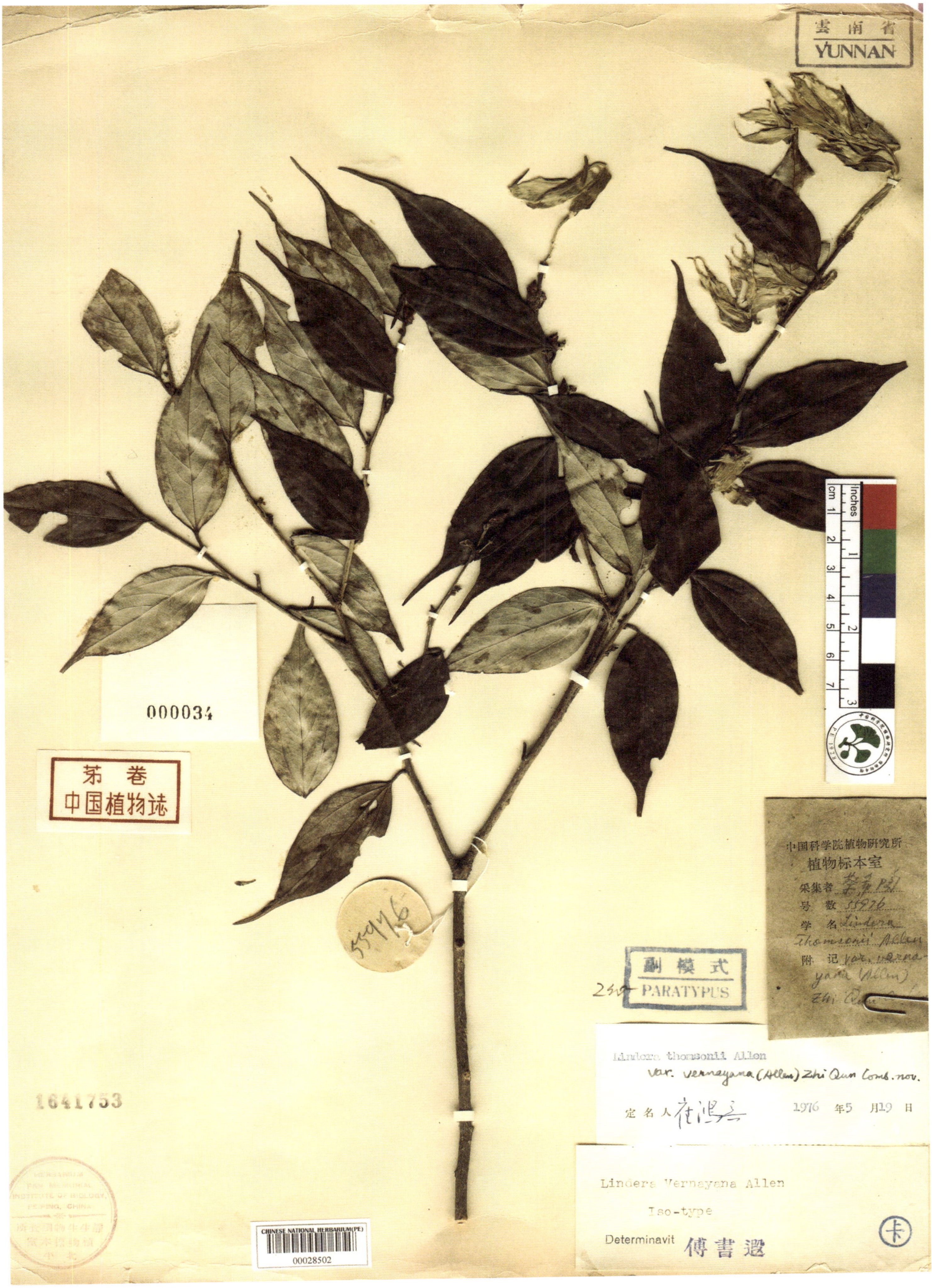

长尾钓樟 ***Lindera vernayana*** Allen in J. Arnold Arb. 22 (1): 24. 1941. **Isoparatype:** China. Yunnan: Precise locality not known, H. H. Tsai 55976.

毛柄钓樟 ***Lindera villipes*** H. P. Tsui in Acta Phytotax. Sin. 16 (4): 68, pl. 5: 6. 1978. **Paratype:** China. Yunnan: Gongshan, alt. 3 000 m, 1935-10- ??, C. W. Wang 67069.

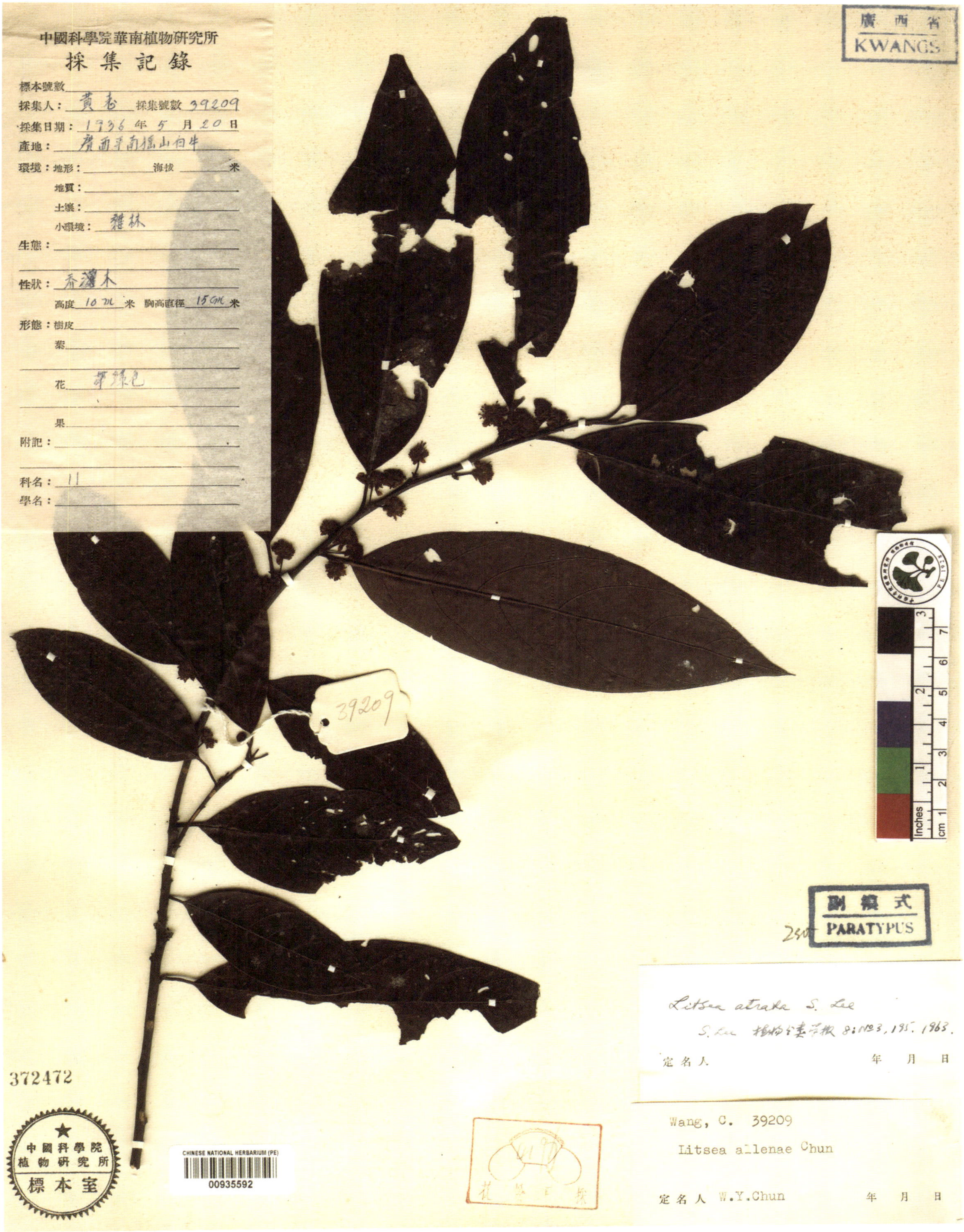

黑木姜子 ***Litsea atrata*** S. Lee in Acta Phytotax. Sin. 8 (3): 195. 1963. **Isoparatype:** China. Guangxi: Pingnan, 1936-05-20, C. Wang 39209.

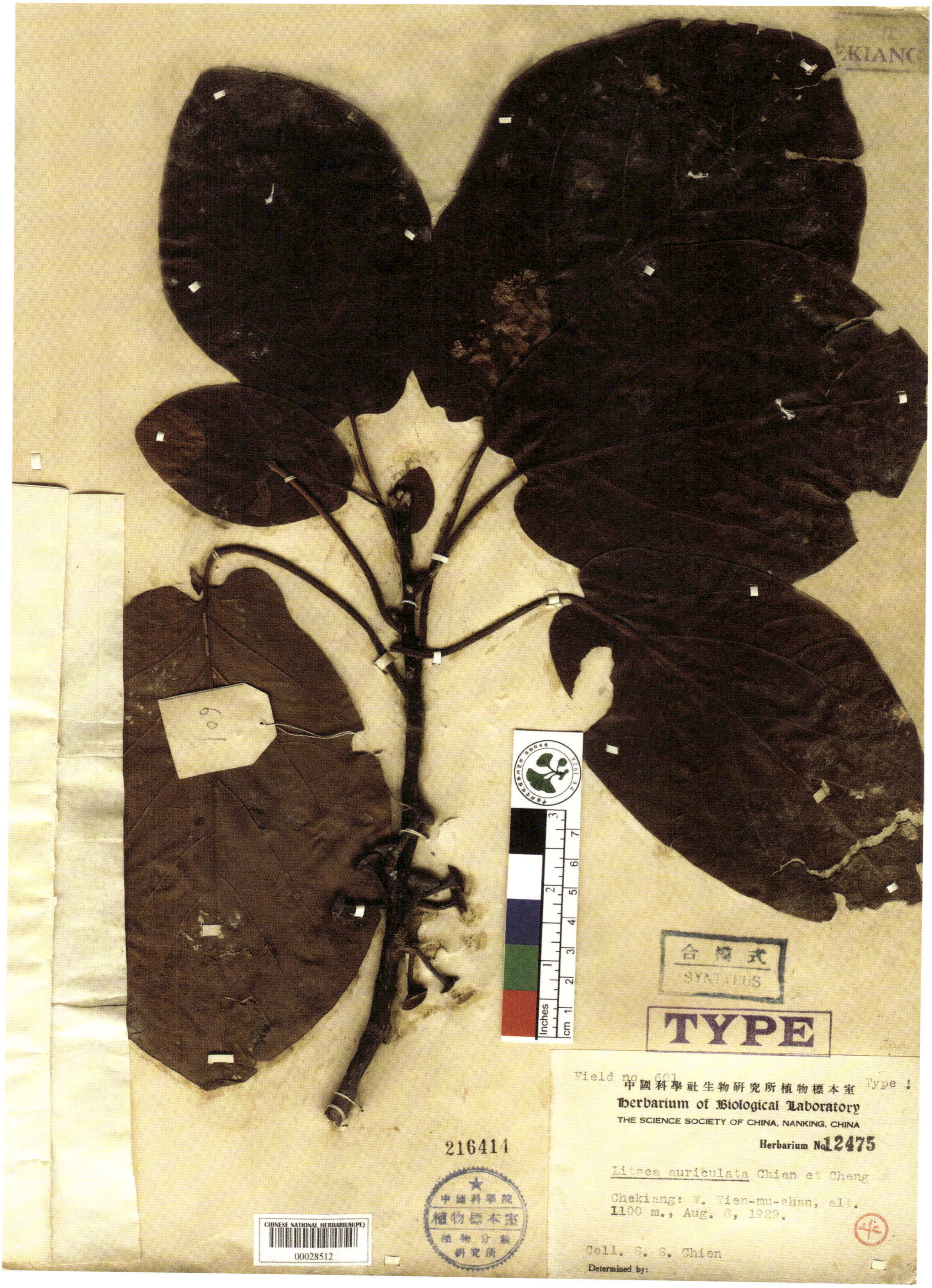

天目木姜子 ***Litsea auriculata*** Chien & W. C. Cheng in Contr. Biol. Lab. Sci. Soc. China, Bot. Ser. 6 (7): 59, f. 1. 1931. **Lectotype**(designated here)**:** China. Zhejiang: Lingan, Tianmushan, alt. 1 100 m, 1929-08-08, S. S. Chien 601.

琼楠叶木姜子 ***Litsea beilschmiediifolia*** H. W. Li in Acta Phytotax. Sin. 16 (4): 50, pl. 2: 4. 1978. **Paratype:** China. Yunnan: Jinping, 1956-??-??, Sino-Russia Yunnan Exped. 2112.

少花木姜子 ***Litsea biflora*** H. P. Tsui in Acta Bot. Yunnan. 16 (1): 32, f. 3. 1994. **Isotype:** China. Xizang: Mêdog, alt. 2 300 m, 1983-04-26, S. Z. Cheng & B. S. Li 4706.

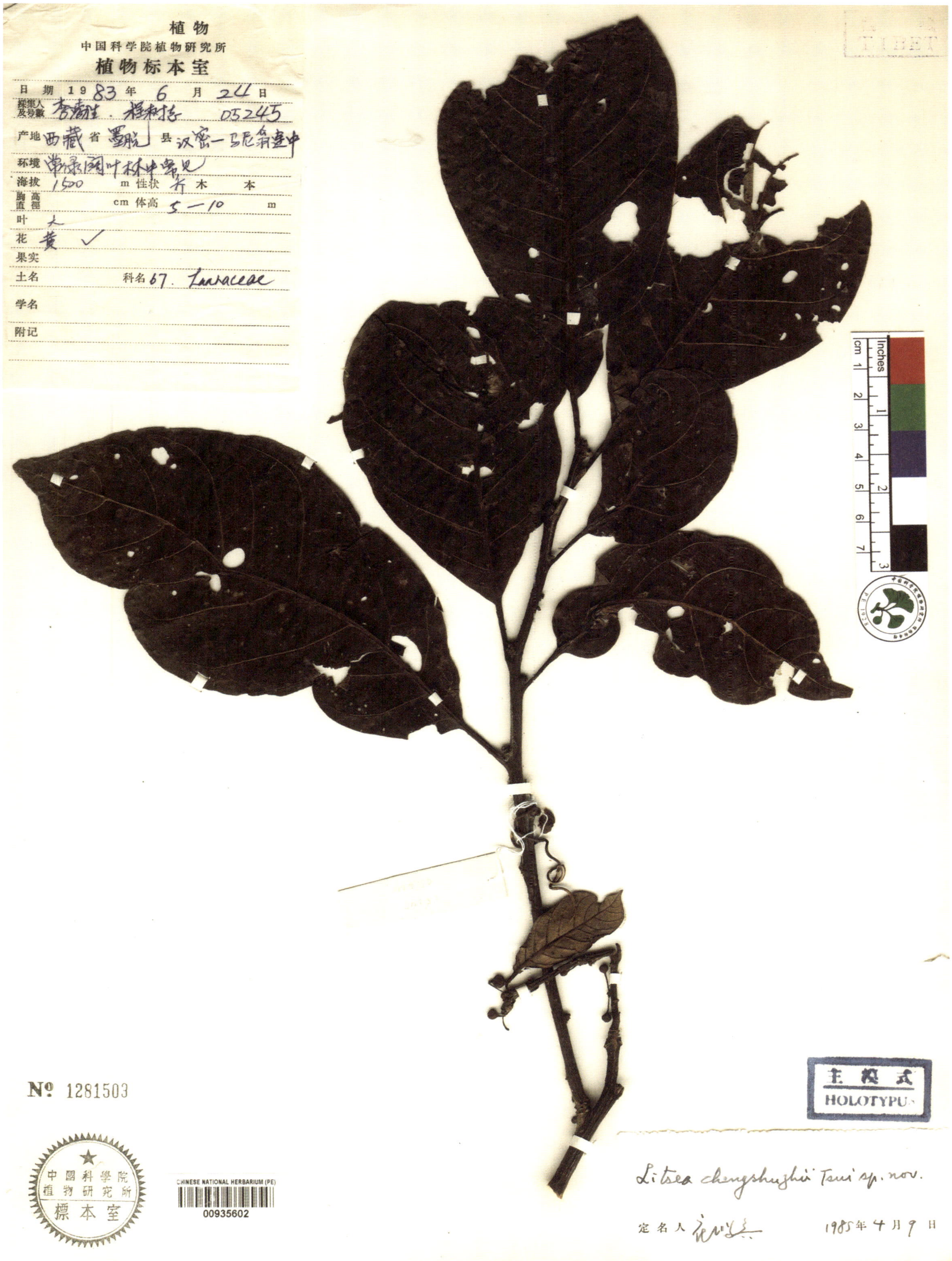

树志木姜子 ***Litsea chengshuzhii*** H. P. Tsui in Acta Bot. Yunnan. 16 (1): 34, f. 4: 1-5. 1994. **Holotype:** China. Xizang: Mêdog, alt. 1 500 m, 1983-06-24, B. S. Li & S. Z. Cheng 05245.

金平木姜子 ***Litsea chinpingensis*** Yang & P. H. Huang in Acta Phytotax. Sin. 16 (4): 57, f. 15. 1978. **Holotype:** China. Yunnan: Jinping, alt. 1 570 m, 1951-08-12, P. I Mao 322.

高山木姜子 ***Litsea chunii*** W. C. Cheng in Contr. Biol. Lab. Sci. Soc. China, Bot. Ser. 9: 196, f. 19. 1934. **Syntype:** China. Sichuan: Qingchuan, alt. 3 400 m, 1930-06-14, W. C. Cheng 1173.

长柄高山木姜子 ***Litsea chunii*** W. C. Cheng var. ***longipedicellata*** Yang in J. W China Bord. Res. Soc., 15 (Ser. B): 78. 1945. **Holotype:** China. Sichuan: Kangding, 1939-08-27, Y. C. Yang 3798.

大叶木姜子 ***Litsea chunii*** W. C. Cheng var. ***longipedicellata*** Yang f. ***latifolia*** Yang in Contr. Biol. Lab. Sci. Soc. China, Bot. Ser. 13: 27. 1948. **Lectotype**(designated here)**:** China. Sichuan: Hongya, 1939-06-24, C. W. Yao 3810.

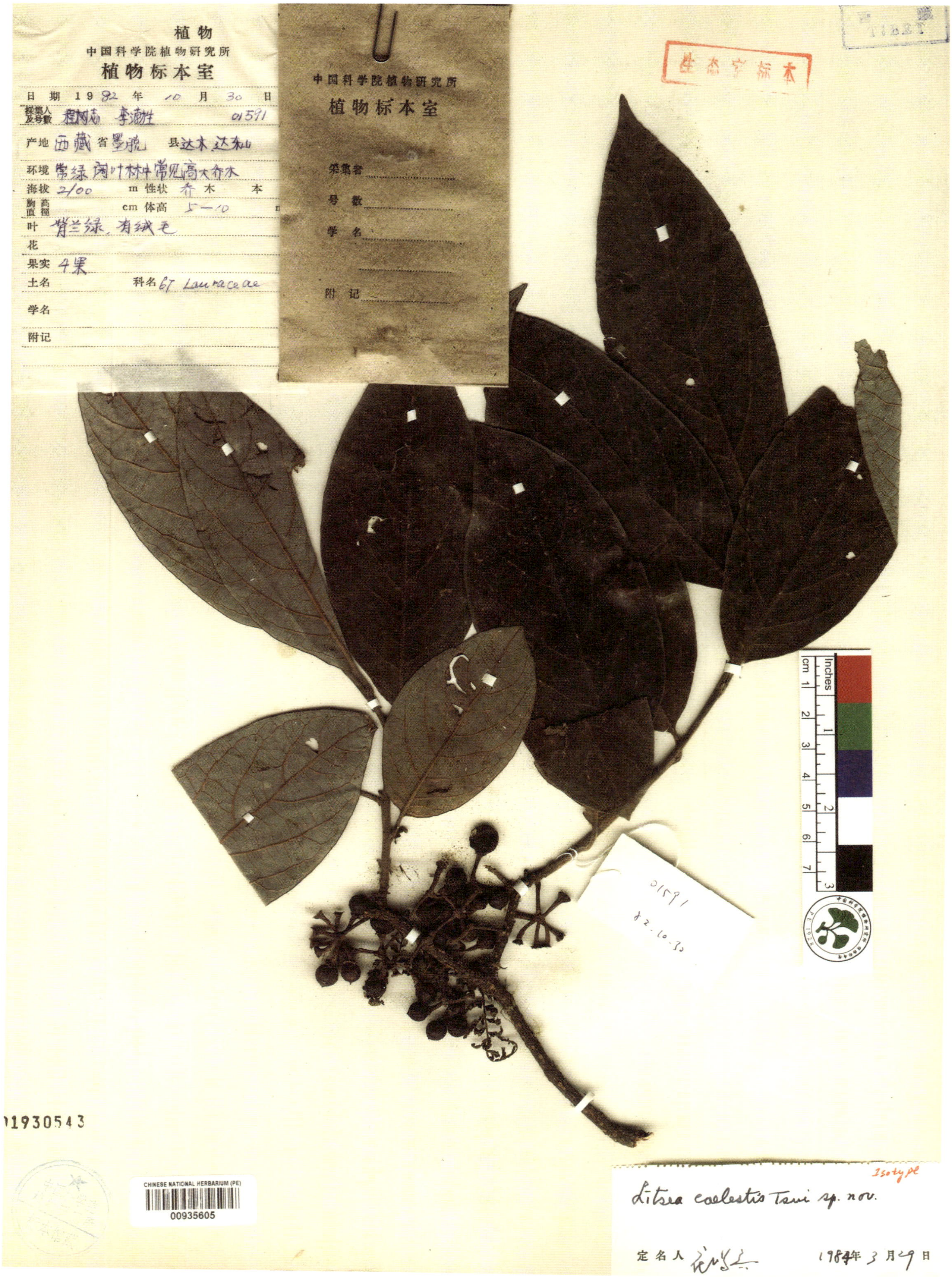

蓝叶木姜子 ***Litsea coelestis*** H. P. Tsui in Acta Bot. Yunnan.16 (1): 34, f. 4: 6-14. 1994. **Isotype:** China. Xizang: Mêdog, alt. 2 100 m, 1982-10-30, S. Z. Cheng & B. S. Li 01591.

钝叶山鸡椒 ***Litsea cubeba*** (Lour.) Pers. f. ***obtusifolia*** Yang & P. H. Huang in Acta Phytotax. Sin. 16 (4): 46. 1978.
Holotype: China. Hainan: Baoting, alt. 3 200 m, 1935-09-13, F. C. How 73662.

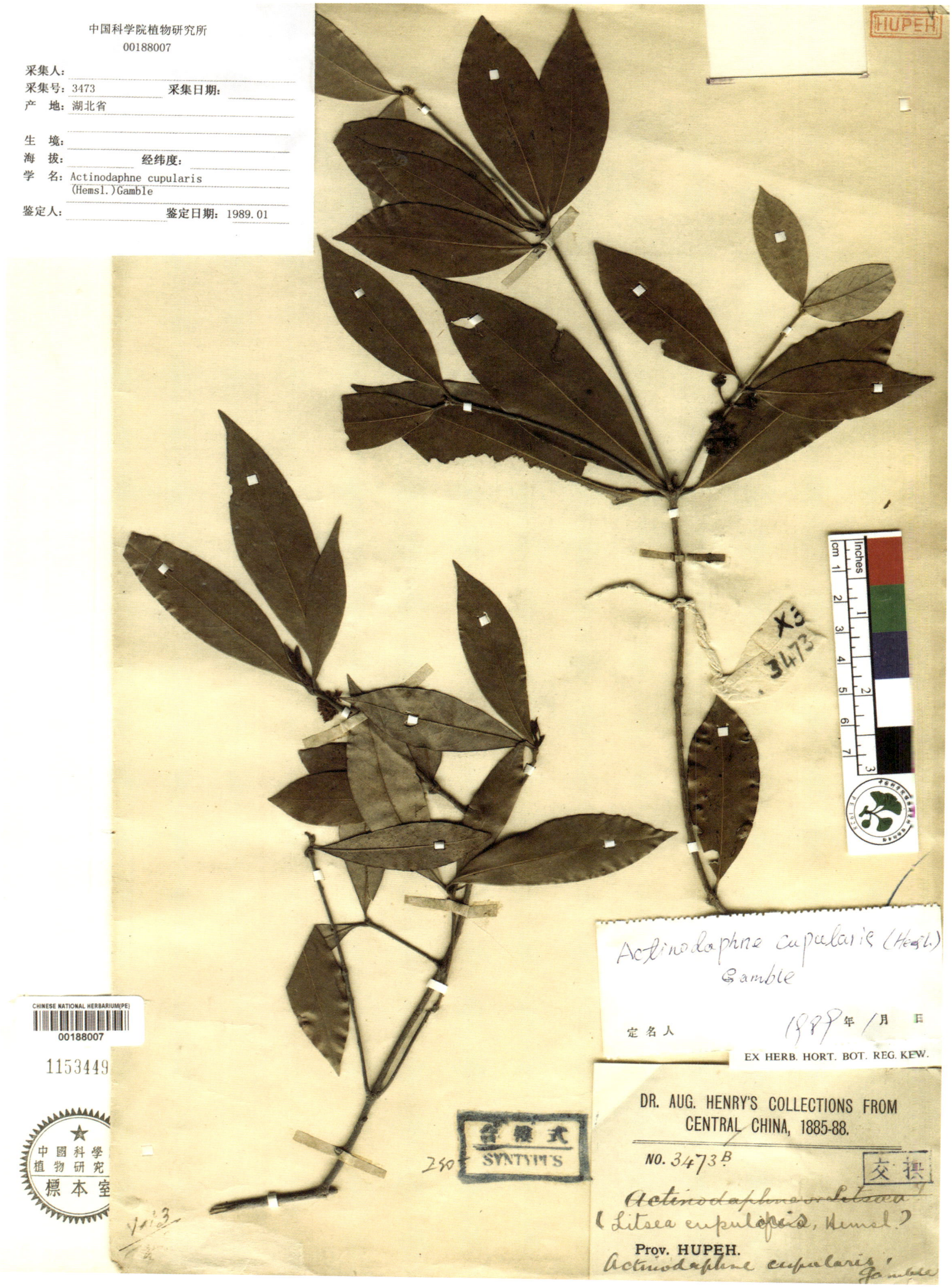

红果黄肉楠 ***Litsea cupularis*** Hemsl. in J. Linn. Soc., Bot. 26: 380. 1891. **Lectotype**(designated here)**:** China. Hubei: Yichang, A. Henry 3473B.

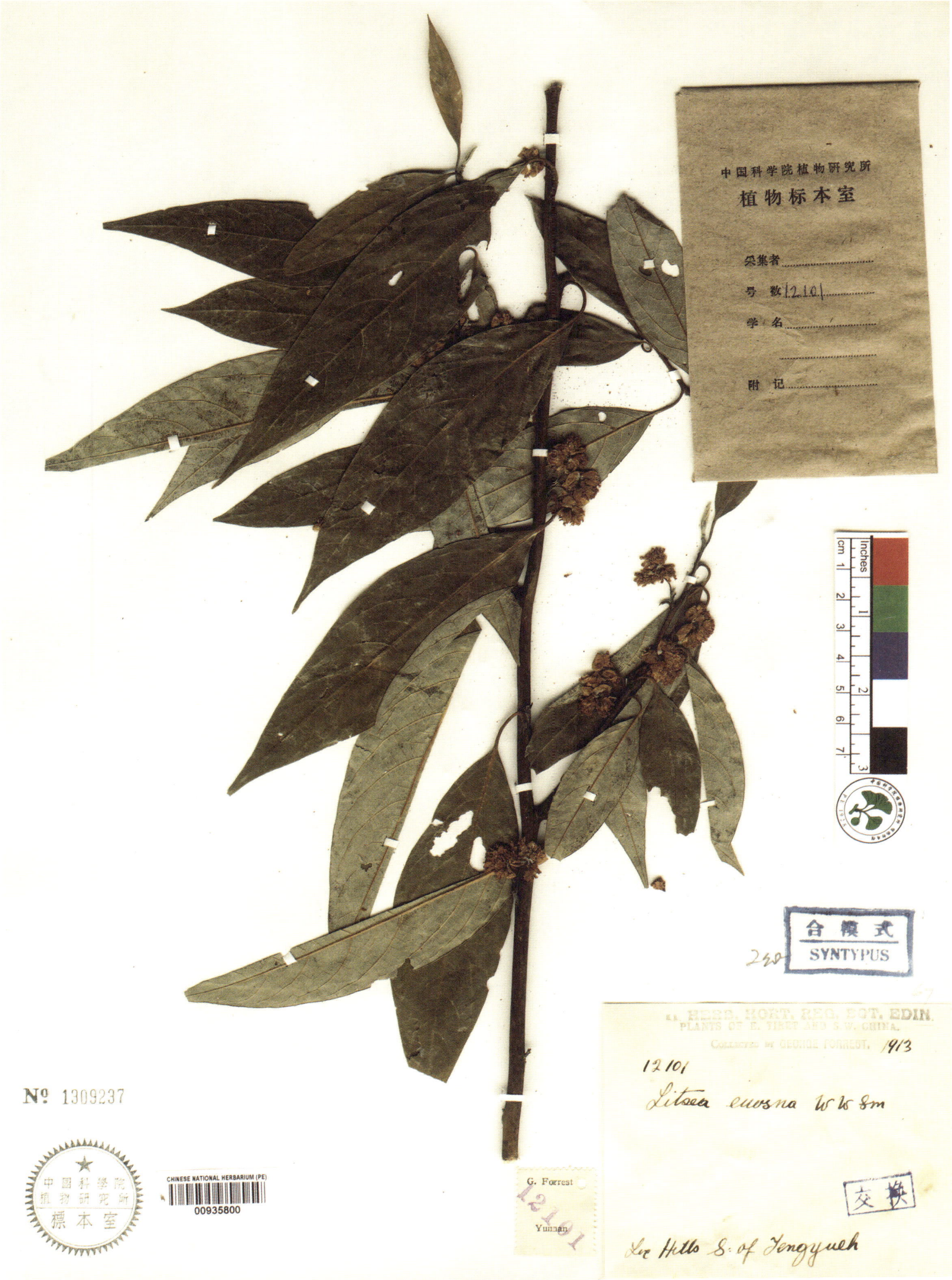

清香木姜子 ***Litsea euosma*** W. W. Smith in Notes Roy. Bot. Gard., Edinburgh 13 (63-64): 166. 1921. **Lectotype** (designated here) : China. Yunnan: Tengyueh (=Tengchong), alt. 2 700 m, 1913-12-??, G. Forrest 12101.

长叶石木姜子 ***Litsea faberi*** Hemsl. f. ***dolichophylla*** Yang in J. W China Bot. Res. Soc. 15(Ser. B) : 79. 1945. **Holotype:** China. Sichuan: Emei, Emeishan, 1938-08-20, C. W. Yao 2810.

蜂窝木姜子 ***Litsea foveolata*** Yang & P. H. Huang in Acta Phytotax. Sin. 16 (4): 50, f. 9. 1978. **Holotype:** China. Guangxi: Wuming, 1955-06-20, Guangxi Exped. 484.

圆果木姜子 ***Litsea globosa*** Yang & P. H. Huang in Acta Phytotax. Sin. 16 (4): 58, f. 17. 1978. **Holotype:** China. Hunan: Yizhang, alt. 120 m, 1942-03-19, S. H. Chun 348.

华南木姜子 ***Litsea greenmaniana*** Allen in Ann. Miss. Bot. Gard. 25: 394. 1938. **Isotype:** China. Guangdong: Dapu, 1932-07-07, W. T. Tsang 21102.

狭叶华南木姜子 ***Litsea greenmaniana*** Allen var. ***angustifolia*** Yang & P. H. Huang in Acta Phytotax. Sin. 16 (4): 56. 1978. **Holotype:** China. Guangxi: Rongshui, 1958-08-03, S. H. Chun 16020.

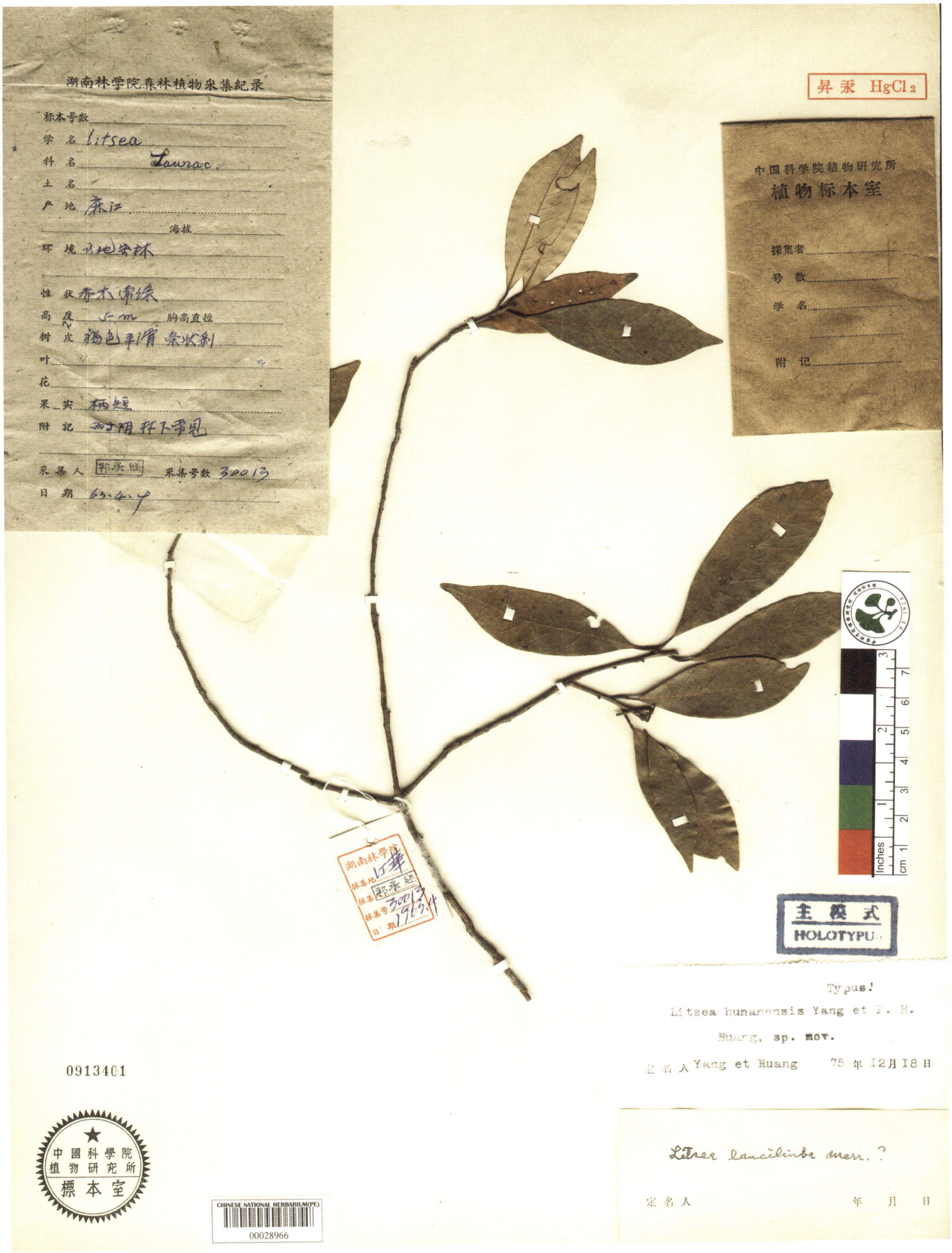

湖南木姜子 ***Litsea hunanensis*** Yang & P. H. Huang in Acta Phytotax. Sin. 16 (4): 53, f. 12. 1978. **Holotype:** China. Hunan: Jianghua, 1963-04-09, C. J. Qi 30013.

雄鸡树 ***Litsea iteodaphne*** (Ness) Hook. f. ***chinensis*** Allen in Ann. Miss. Bot. Gard. 25: 393. 1938. **Isoparatype:** China. Hainan: Baoting, alt. 1 000 m, 1935-05-06, F. C. How 72216.

康定木姜子 ***Litsea kangdingensis*** H. S. Kung, Fl. Sichuan. 1: 460, pl. 46. 1981. **Isotype:** China. Sichuan: Kangding, alt. 2 100 m, 1974-04-18, Y. T. Wu & C. S. Zhao 110777.

椭圆果剑叶木姜子 ***Litsea lancifolia*** (Roxb. ex Ness) Benth. & Hook. f. ex F.-Vill. var. ***ellipsoidea*** Yang & P. H. Huang in Acta Phytotax. Sin. 16 (4): 49. 1978. **Holotype:** China. Yunnan: Jinghong, 1957- ??- ??, Sino-Russia Yunnan Exped. 5920.

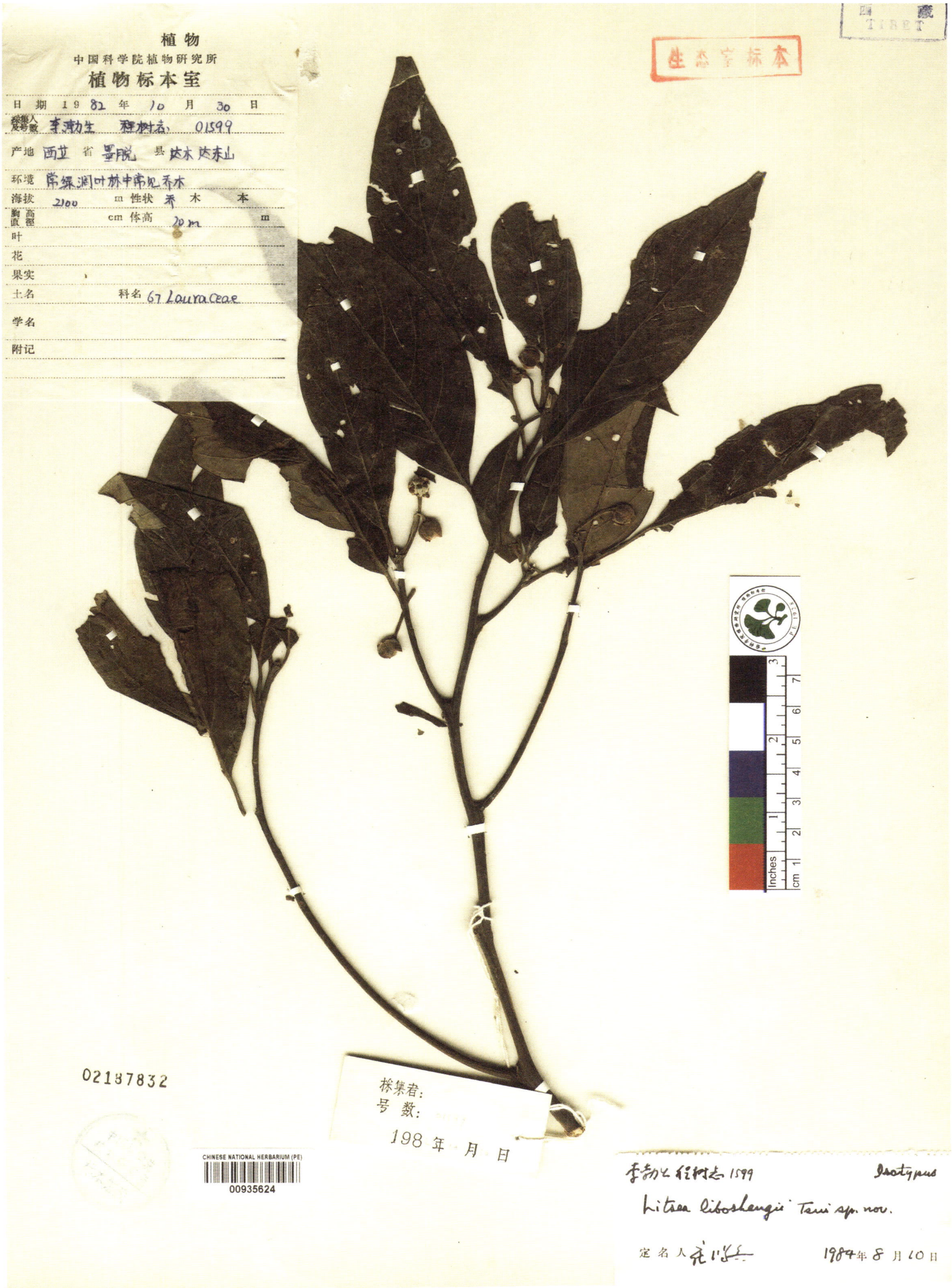

勃生木姜子 ***Litsea liboshengii*** H. P. Tsui in Acta Bot. Yunnan. 16(1): 32, f. 2 : 4. 1994. **Isotype:** China. Xizang: Médog, alt. 2 100 m, 1982-10-30, B. S. Li & S. Z. Cheng 01599.

润楠叶木姜子 ***Litsea machiloides*** Yang & P. H. Huang in Acta Phytotax. Sin. 16 (4): 60, f. 18. 1978. **Holotype:** China. Guangdong: Gaoyao, 1956-12-23, C. Huang 162639.

马氏木姜子 ***Litsea maclurei*** Merr. in Philip. J. Sci. 23(3): 244. 1928. **Isotype:** China. Hainan: Qiongzhong, alt. 900 m, 1922-04-29, F. A. MaClure 9586.

玉兰叶木姜子 ***Litsea magnoliifolia*** Yang & P. H. Huang in Acta Phytotax. Sin. 16 (4): 52, pl. 3, f. 2. 1978. **Isotype:** China. Yunnan: Gengma, alt. 800 m, 1959-11-16, Yunnan Univ. Exped. 302.

小果木姜子 ***Litsea microcarpa*** Yang in J. W China Bord. Res. Soc. 15 (Ser. B): 78. 1945. **Holotype:** China. Sichuan: Ya'an, 1939-08-06, Y. C. Yang 3419.

单花木姜子 ***Litsea monantha*** Yang & P. H. Huang in Acta Phytotax. Sin. 16 (4): 61, f. 19. 1978. **Holotype:** China. Xizang, Cona, alt. 2 600 m, 1974-10-04, Qinghai-Xizang Exped. 74-2787.

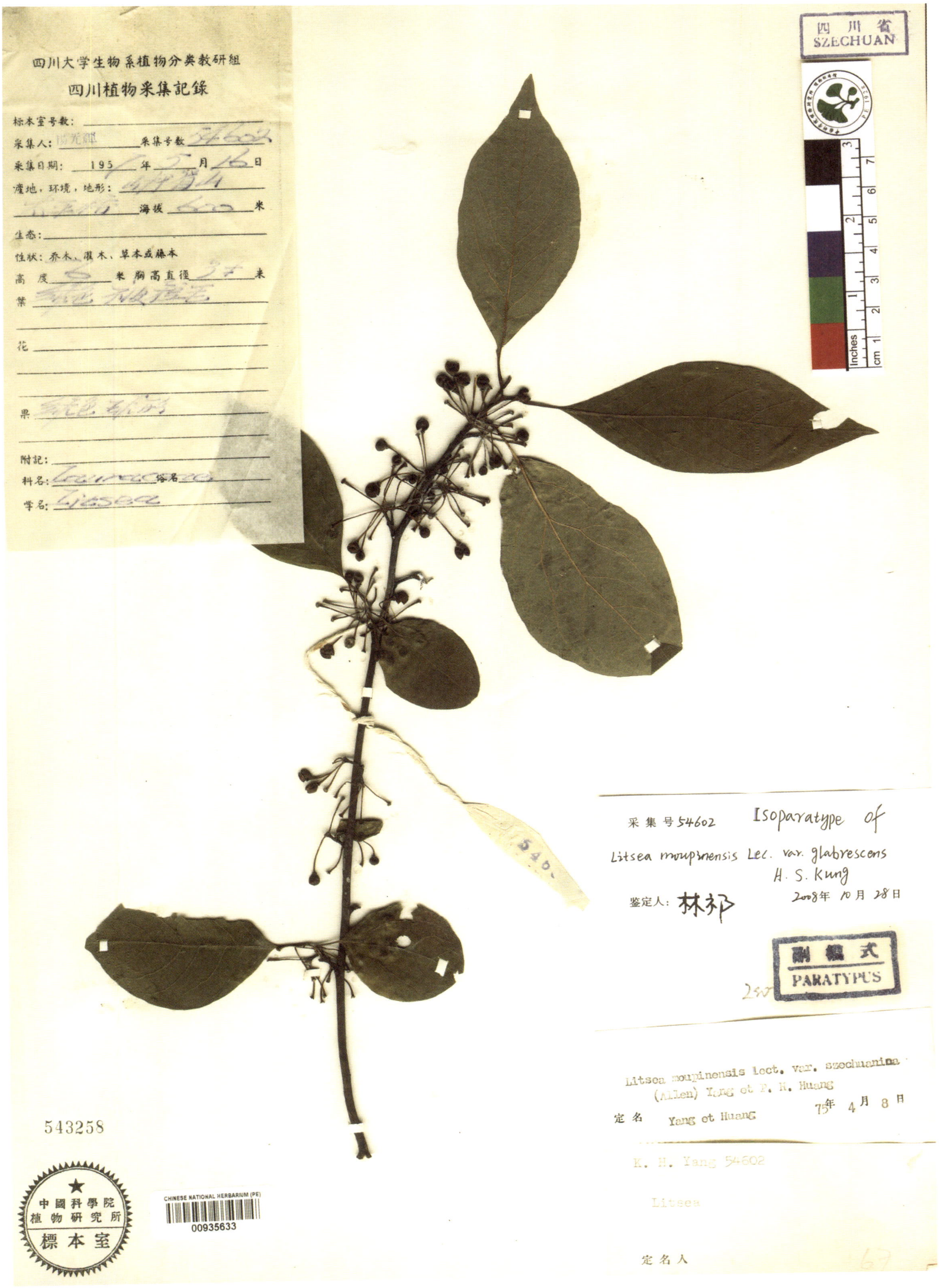

无毛宝兴木姜子 ***Listea moupinensis*** Lec. var. ***glabrescens*** H. S. Kung, Fl. Sichuan. 1: 461. 1981. **Isoparatype:** China. Sichuan: Emei, Emeishan, alt. 600 m, 1957-05-16, G. H. Yang 54602.

南川红叶木姜子 ***Litsea rubescens*** Lec. f. ***nanchuanensis*** Yang in J. W China Bord. Res. Soc. 15 (Ser. B): 79. 1945.
Holotype: China. Chongqing: Nanchuan, Jinfushan, alt. 1 000 m, 1935-06-25, K. L. Chu 1549.

卵叶豺皮樟 ***Litsea rotundifolia*** Lec. var. ***ovatifolia*** Yang & P. H. Huang in Acta Phytotax. Sin. 16 (4): 49. 1978. **Holotype:** China. Guangdong: Xinyi, 1931-07-20, S. P. Ko 51678.

毛果木姜子 ***Litsea sericea*** (Wall.) Hook. f. var. ***trichocarpa*** Yang in J. W China Bord. Res. Soc. 15 (Ser. B): 79. 1945.
Syntype: China. Sichuan: Sikang, alt. 2 200 m, 1936-08-04, K. L.Chu 3420.

桂北木姜子 ***Litsea subcoriacea*** Yang & P. H. Huang in Acta Phytotax. Sin. 16 (4): 55, f. 13. 1978. **Holotype:** China. Guangxi: Huanjiang, alt. 1 100 m, 1958-08-30, S. H. Chun 15435.

狭叶桂北木姜子 ***Litsea subcoriacea*** Yang & P. H. Huang var. ***stenophylla*** Yang & P. H. Huang in Acta Phytotax. Sin. 16 (4): 55. 1978. **Paratype:** China. Guangxi: Xin'gan, 1958-08-06, Z. Z. Chen 51532.

栓皮木姜子 ***Litsea suberosa*** Yang & P. H. Huang in Acta Phytotax. Sin. 16 (4): 54. 1978. **Holotype:** China. Hubei: Enshi, alt. 1 500 m, 1957-09-01, Z. S. Zhang & G. X. Fu 1480.

近轮叶木姜子 ***Litsea subverticillata*** Yang in J. W China Bord. Res. Soc. 15 (Ser. B): 79. 1945. **Holotype:** China. Chongqing: Beibei, 1938-05-18, Y. C. Yang 3202.

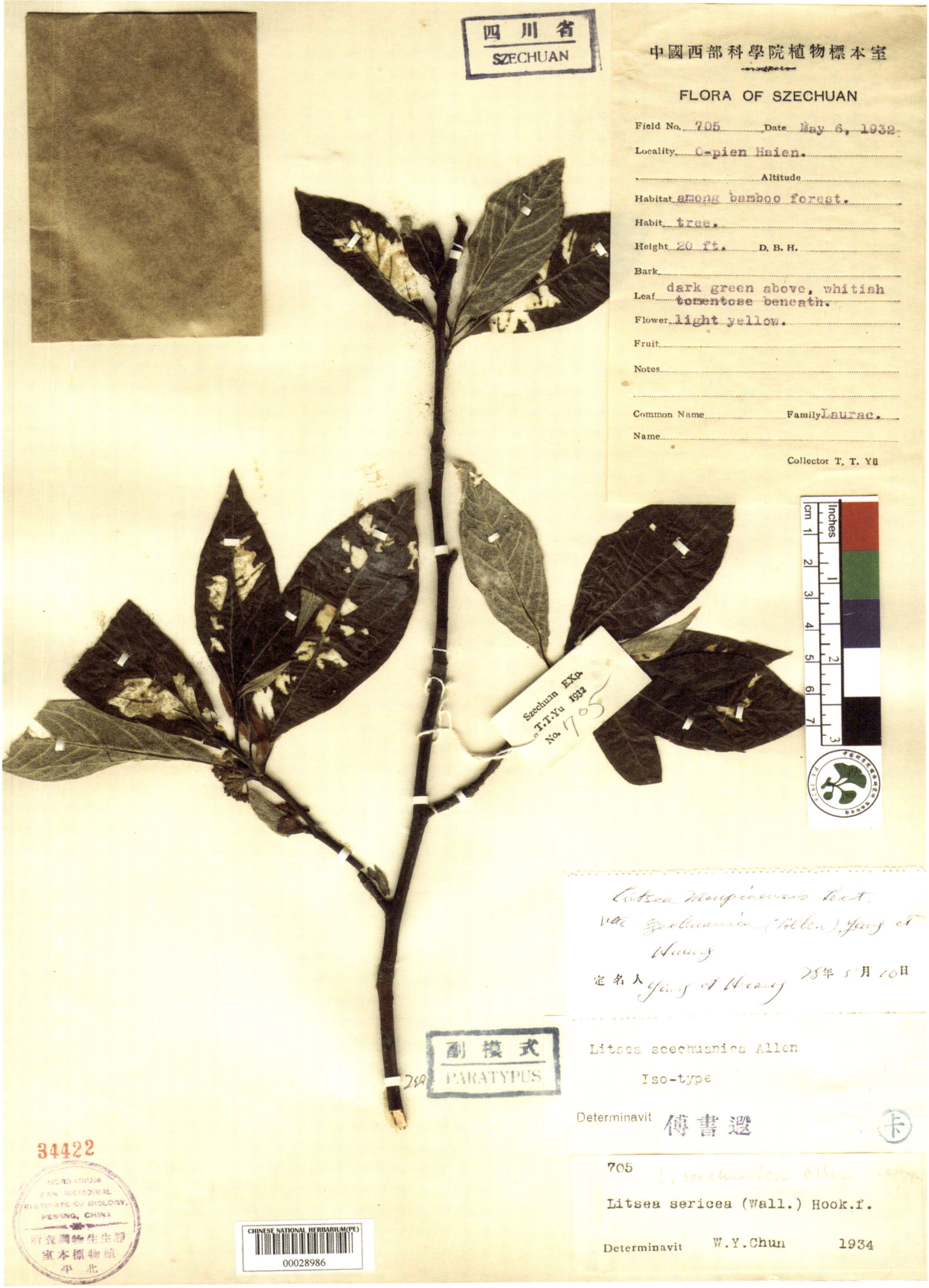

四川木姜子 ***Litsea szechuanica*** Allen in J. Arnold Arb. 22(1): 18. 1941. **Isoparatype:** China. Sichuan: Ebian, 1932-05-06, T. T. Yu 705.

西藏木姜子 ***Litsea tibetana*** Yang & P. H. Huang in Acta Phytotax. Sin. 16 (4): 52, f. 10. 1978. **Holotype:** China. Xizang: Mêdog, alt. 1 260 m, 1974-08-10, Qinghai-Xizang Exped. 74-1738.

秦岭木姜子 ***Litsea tsinlingensis*** Yang & P. H. Huang in Acta Phytotax. Sin. 16 (4): 46, f. 7. 1978. **Isotype:** China. Shaanxi: Qinling, Precise locality not known, 1934-05-13, Fenzel 507.

短柄轮叶木姜子 ***Litsea verticillata*** Hance. var. ***brevipes*** Merr. & Metc. in Lingnan Sci. J. 16(1): 81. 1937. **Isosyntype:** China. Guangdong: Lantau Islang, 1927-12-26, W. T. Tsang 16602.

文山木姜子 ***Litsea wenshanensis*** Hu in Bull. Fan Mem. Inst. Biol., Bot. 5: 308. 1934. **Holotype:** China. Yunnan: Wenshan, alt. 2 000 m, 1933-02-10, H. T. Tsai 51726.

云南木姜子 ***Litsea yunnanensis*** Yang & P. H. Huang in Acta Phytotax. Sin. 16 (4): 56, f. 14. 1978. **Holotype:** China. Yunnan: Malipo, alt. 1 300~1 600 m, 1947-11-07, K. M. Feng 12989.

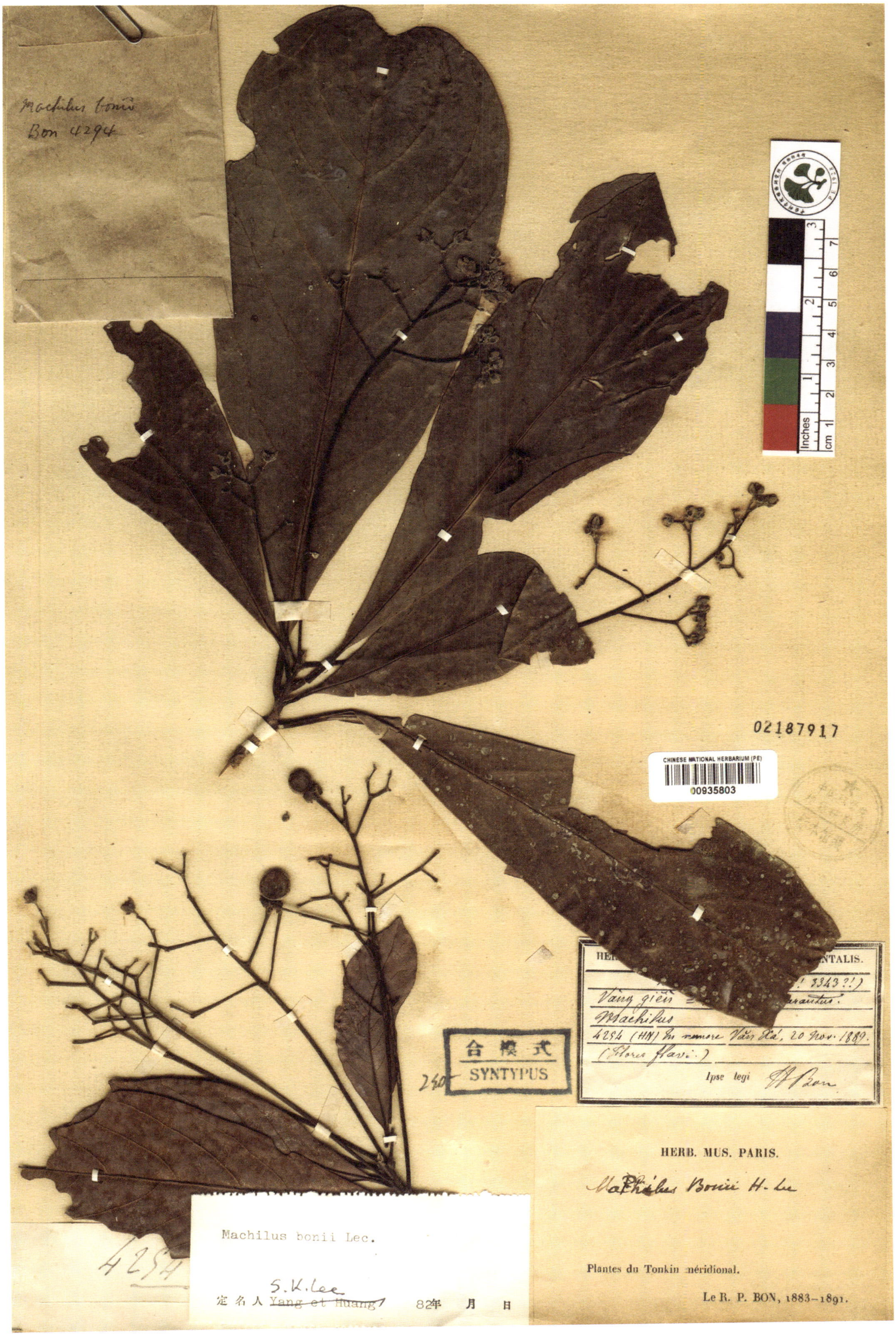

枇杷叶润楠 ***Machilus bonii*** Lec. in Nouv. Arch. Mus. Hist. Nat., Ser. 5, 5: 102. 1913. **Isosyntype:** Vietnam. Tonkin, Van-Xa, 1889-11-20, R. P. Bon 4294.

猪脚楠 ***Machilus cathayensis*** Chun & Hung T. Chang in Acta Sci. Nat. Univ. Sunyatseni 1: 21. 1960; S. Y. Jin, Catal. Type Specimens (Corm.) Herb. China 404.1994. **Isoparatype:** China. Guangdong: Qingyuan, 1918-04-??, K. P. To 2345.

黔桂润楠 ***Machilus chienkweiensis*** S. Lee in Acta Phytotax. Sin. 17 (2): 48, pl. 4: 6. 1979. **Isotype:** China. Guangxi: Tamiaoshan (=Rongshui), alt. 950~1 100 m, 1958-06-23, S. H. Chun 14655.

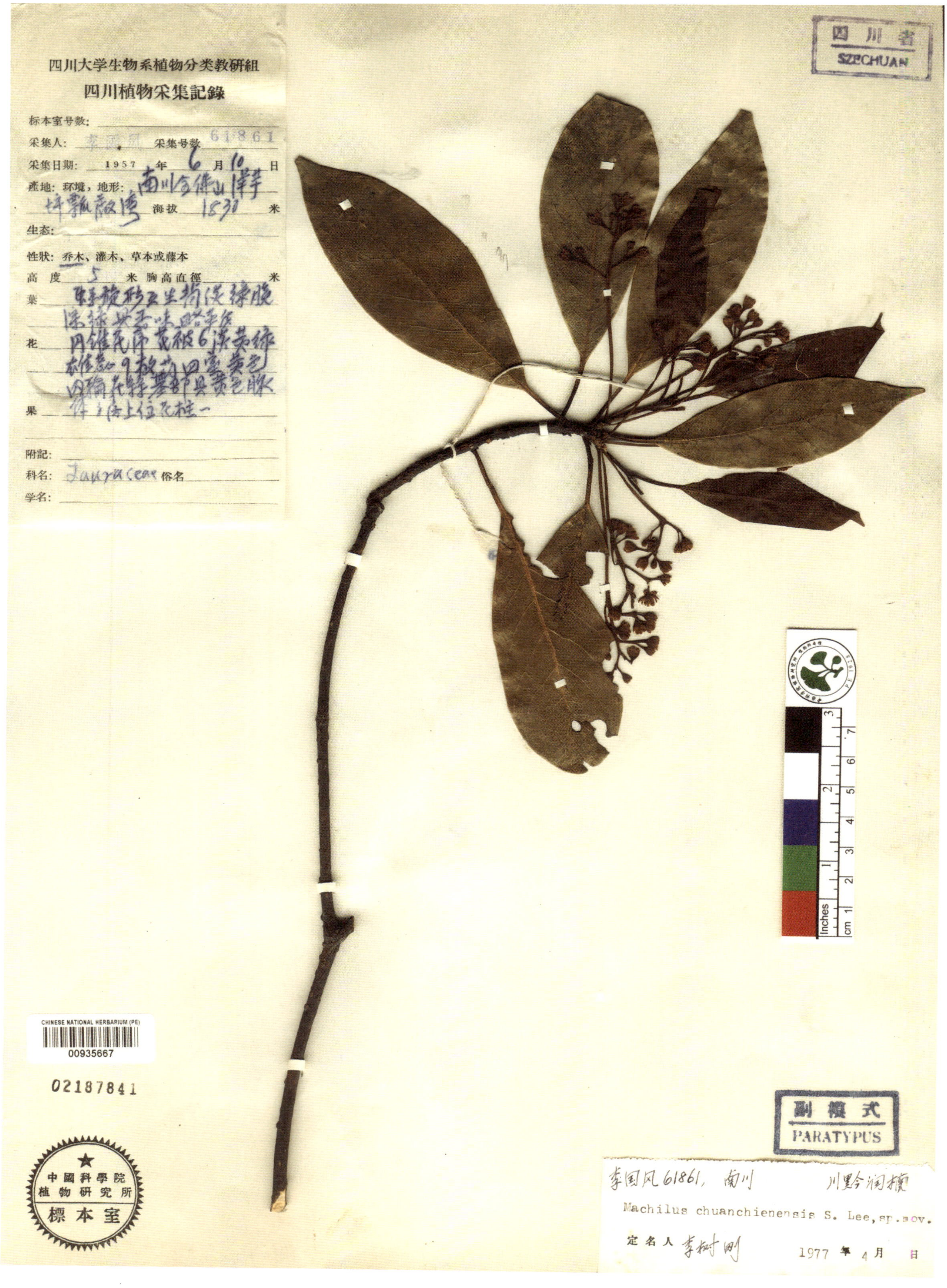

川黔润楠 ***Machilus chuanchienensis*** S. Lee in Acta Phytotax. Sin. 17 (2): 47, pl. 4: 3. 1979. **Paratype:** China. Chongqing: Nanchuan, alt. 1 830 m, 1957-06-10, G. F. Li 61861.

宽昭桢楠 ***Machilus foonchewii*** S. Lee in Acta Phytotax. Sin. 8 (3): 183. 1963. **Paratype:** China. Hainan: Sanya, 1933-10-18, C. Wang 34706.

闽润楠 ***Machilus fukienensis*** Hung T. Chang ex S. K. Lee & al. in Acta Phytotax. Sin. 17 (2): 52, pl. 5: 3. 1979.
Isotype: China. Fujian, Hokchang (=Xiayang), 1927-05-10, S. G. Tang 13855.

贡山润楠 ***Machilus gongshanensis*** H. W. Li in Acta Phytotax. Sin. 17 (2): 48, pl. 7 : 2. 1979. **Paratype:** China. Yunnan: Gongshan, 1960-05-23, S. Jiang & al. 8780.

蒙国楠 ***Machilus gracillima*** Chun in Acta Phytotax. Sin. 2 (3): 170, pl. 35. 1953. **Isolectotype** (designated by Yong Yang & H. Werff in Novon 15: 383. 2005.): China. Guangxi: Nandan, alt. 2 500 m, 1937-07-10, C. Wang 41072.

广东润楠 ***Machilus kwangtungensis*** Yang in J. W China Bord. Res. Soc. 15(Ser. B): 77. 1945. **Holotype:** China. Guangdong: North River, 1924-05-11, Luk Tak 19.

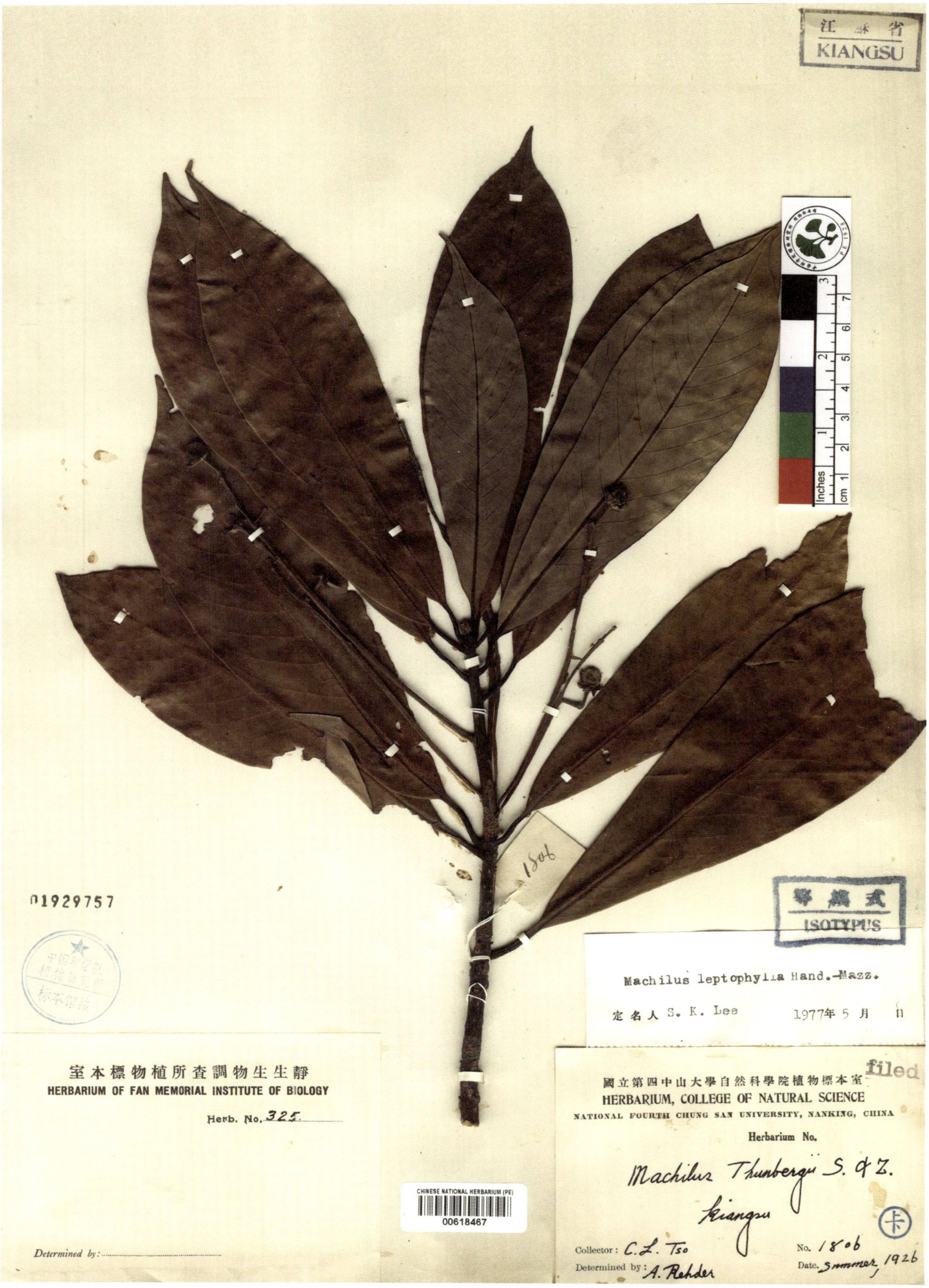

薄叶润楠 ***Machilus leptophylla*** Hand.-Mazz., Symb. Sin. 7(2): 252. 1931. **Isotype:** China. Jiangsu: Siachu, alt. 450~900 m, 1926-06-(03-04), C. L. Tso 1806.

两广楠 ***Machilus liangkwangensis*** Chun in Acta Phytotax. Sin. 2 (3): 164, pl. 30. 1953. **Paratype:** China. Guangxi: Pingnan, Yaoshan, 1936-05-08, C. Wang 39118.

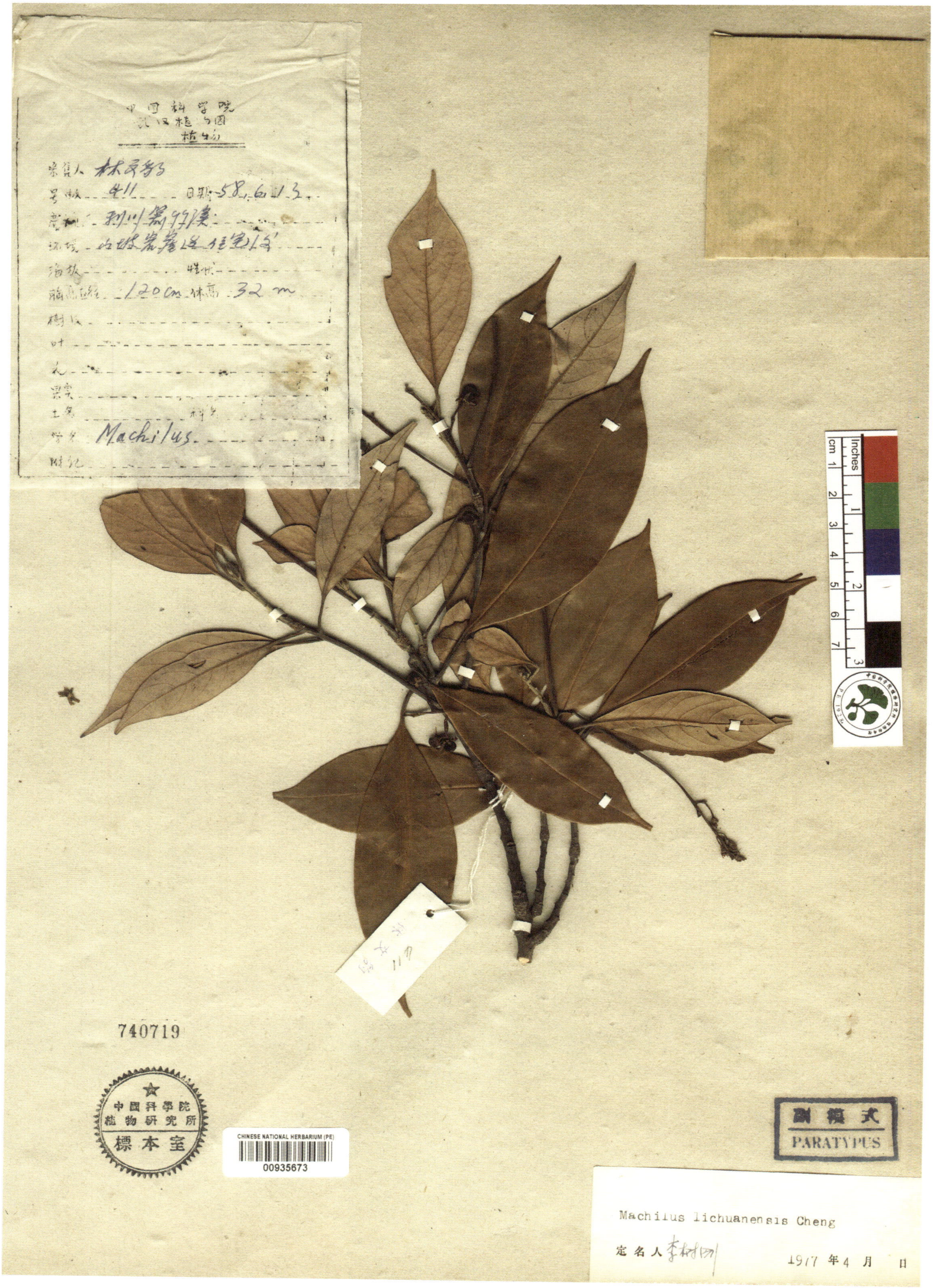

利川润楠 ***Machilus lichuanensis*** W. C. Cheng ex S. K. Lee & al. in Acta Phytotax. Sin. 17 (2): 51, pl. 5: 1. 1979.
Paratype: China. Hubei: Lichuan, alt. 120 m, 1958-06-13, W. B. Lin 411.

木姜润楠 ***Machilus litseifolia*** S. Lee in Acta Phytotax. Sin. 17 (2): 46, pl. 4: 2. 1979. **Isotype:** China. Guangxi: Longsheng, alt. 1 500 m, 1955-05-31, Guangfu For. Exped. 00352.

峨眉小果润楠 ***Machilus microcarpa*** Hemsl. var. ***omeiensis*** S. Lee in Acta Phytotax. Sin. 17(2): 46, pl. 3: 6. 1979.
Holotype: China. Sichuan: Emei, Emeishan, alt. 1 450 m, 1931-07-06, T. Tang 23235.

闽桂润楠 ***Machilus minkweiensis*** S. Lee in Acta Phytotax. Sin. 17 (2): 52, pl. 5: 2. 1979. **Paratype:** China. Guangxi: Fusui, alt. 250~300 m, 1957-05-07, S. H. Chun 12370.

纳槁桢楠 ***Machilus nakao*** S. Lee in Acta Phytotax. Sin. 8 (3): 188. 1963. **Isotype:** China. Hainan: Chengmai, 1933-09-23, C. I. Lei 1029.

白楠 ***Machilus neurantha*** Hemsl. in J. Linn. Soc., Bot. 26 (176): 376. 1891. **Lectotype** (designated here): China. Hubei: Yichang, 1889-03-??, A. Henry 6386.

隐脉润楠 *Machilus obscurinervia* S. Lee in Acta Phytotax. Sin. 17 (2): 51, f. 1. 1979. **Holotype:** China. Xizang: Mêdog, alt. 2 000 m, 1974-08-13, Qinghai-Xizang Exped. 74-1855.

龙眼楠 ***Machilus oculodracontis*** Chun in Acta Phytotax. Sin. 2 (3): 168, pl. 33. 1953. **Isotype:** China. Guangdong: Xinyi, 1931-08-20, C. Wang 31223.

润楠 ***Machilus pingii*** W. C. Cheng & Yang in J. W China Bord. Res. Soc. 15 (Ser. B): 76. 1945. **Syntype:** China. Sichuan: Ya'an, 1939-08-06, Y. C. Yang 3423.

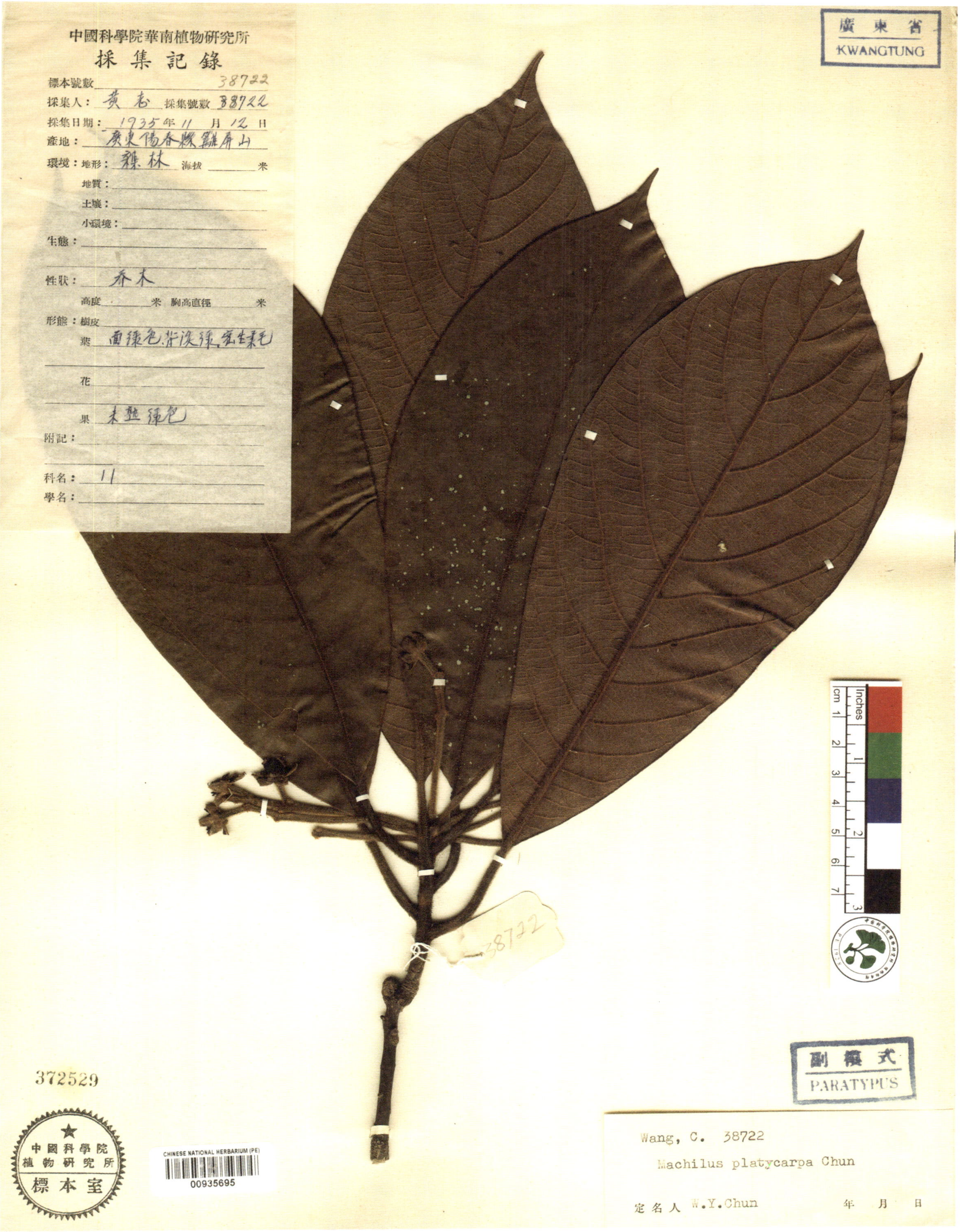

扁果楠 ***Machilus platycarpa*** Chun in Acta Phytotax. Sin. 2 (3): 164, pl. 29. 1953. **Isolectotype** (designated by Yong Yang & H. Werff in Novon 15: 383. 2005.): China. Guangdong: Yangchun, 1935-11-12, C. Wang 38722.

粗壮润楠 ***Machilus robusta*** W. W. Smith in Notes Roy. Bot. Gard., Edinburgh 13 (63-64): 169. 1921. **Lectotype** (designated here): China. Yunnan: Gongshan, alt. 3 333 m, 1914-02-??, G. Forrest 12216.

红梗润楠 ***Machilus rufipes*** H. W. Li in Acta Phytotax. Sin. 17 (2): 55, pl. 8: 4. 1979. **Paratype:** China. Yunnan: Jinping, 1956- ??- ??, Sino-Russia Yunnan Exped. 1535.

华蓥润楠 ***Machilus salicoides*** S. Lee in Acta Phytotax. Sin. 17 (2): 48, pl. 4: 5. 1979. **Holotype:** China. Chongqing: Huayingshan, Y. C. Yang 4088.

芳槁桢楠 ***Machilus suaveolens*** S. Lee in Acta Phytotax. Sin. 8 (3): 187. 1963. **Isotype:** China. Hainan, Chengmai, 1933-03-06, C. I. Lei 425.

细毛润楠 ***Machilus tenuipilis*** H. W. Li in Acta Phytotax. Sin. 17 (2): 54, pl. 8: 2. 1979. **Isotype:** China. Yunnan: Menghai, alt. 1 350~1 600 m, 1957- ??- ??, Sino-Russia Yunnan Exped. 7045.

疣枝润楠 ***Machilus verruculosa*** H. W. Li in Acta Phytotax. Sin. 17 (2): 55, pl. 8: 5. 1979. **Paratype:** China. Yunnan: Maguan, alt. 1 800 m, 1933-03-05, H. T. Tsai 51928.

黄志楠 ***Machilus wangchiana*** Chun in Acta Phytotax. Sin. 2 (3): 166, pl. 31. 1953. **Isotype:** China, Guangdong: Xinyi, 1932-04-23, C. Wang 32175.

滇润楠 ***Machilus yunnanensis*** Lec. in Nouv. Arch. Mus. Hist. Nat., Ser. 5, 5: 100. 1913. **Isotype:** China. Yunnan: Precise locality not known, Tapintze, 1904-07-11, Delavay 4360.

杜氏滇润楠 ***Machilus yunnanensis*** Lec. var. ***duclouxii*** Lec. in Nouv. Arch. Mus. Hist. Nat., Ser. 5, 5: 100. 1913.
Isotype: China. Yunnan: Precise locality not known, Ducloux 2566.

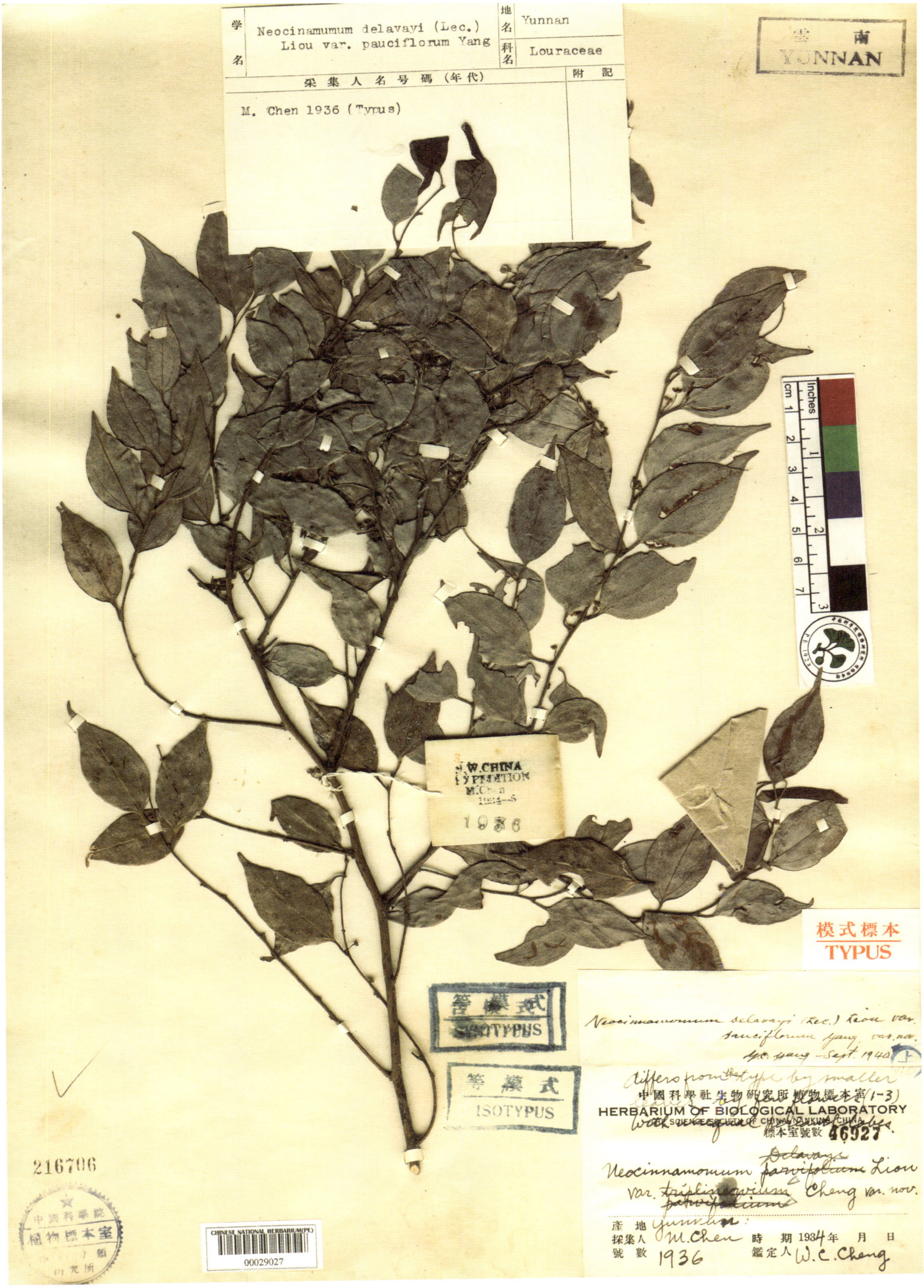

少花新樟 ***Neocinnamomum delavayi*** (Lec.) H. Liou var. ***panciflorum*** Yang in J. W China Bord. Res. Soc. 15(Ser. B): 73. 1945. **Isotype:** China. Yunnan: Precise locality not known, 1934-??-??, M. Chen 1936.

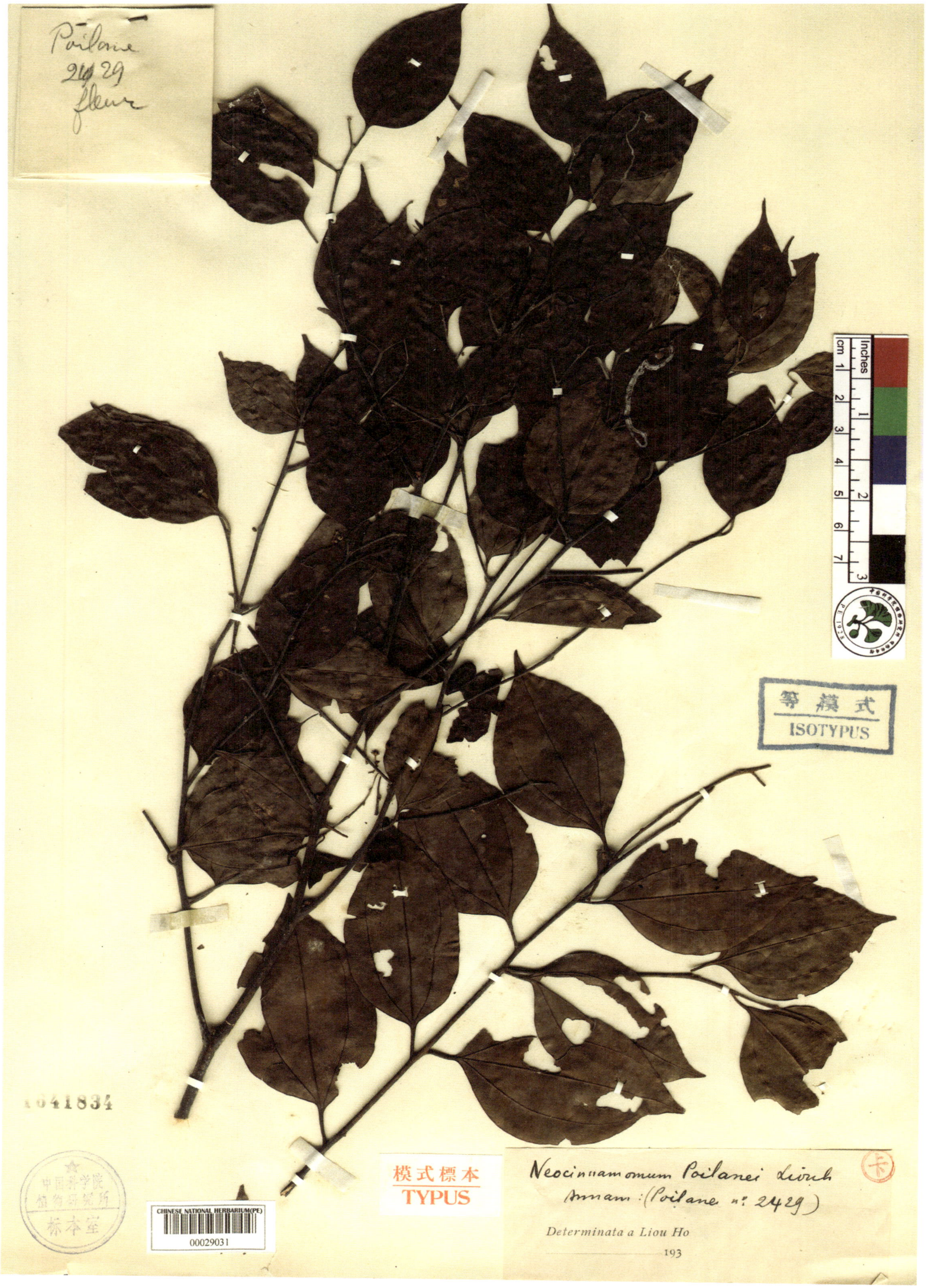

朴氏新樟 ***Neocinnamomum poilanei*** H. Liou, Laurac. Chine & Indochine 92, f. 9. 1934. **Isotype:** Vietnam. Annam. Vinh, Poilane 2429.

滇新樟 ***Neocinnamomum yunnanensis*** H. Liou, Laurac. Chine & Indochine 90, f. 8. 1934. **Isotype:** China. Yunnan: Simao, alt. 1 220 m, A. Henry 12401.

无毛新木姜子 ***Neolitsea aurata***(Hay.) Koidz. f. ***glabrescens*** H. Liou, Laurac. Chine & Indochine 149. 1934. **Lectotype** (designated here): China. Sichuan: Kikiang (= Jiajiang), 1928- ??- ??, W. P. Fang 1315.

粉叶新木姜子 ***Neolitsea aurata*** (Hay.) Koidz. var. ***glauca*** Yang in J. W China Bord. Res. Soc., 15 (Ser. B): 80. 1945.
Lectotype (designated here): China. Chongqing: Beibei, 1939-02-24, Y. Z. Sun 1434.

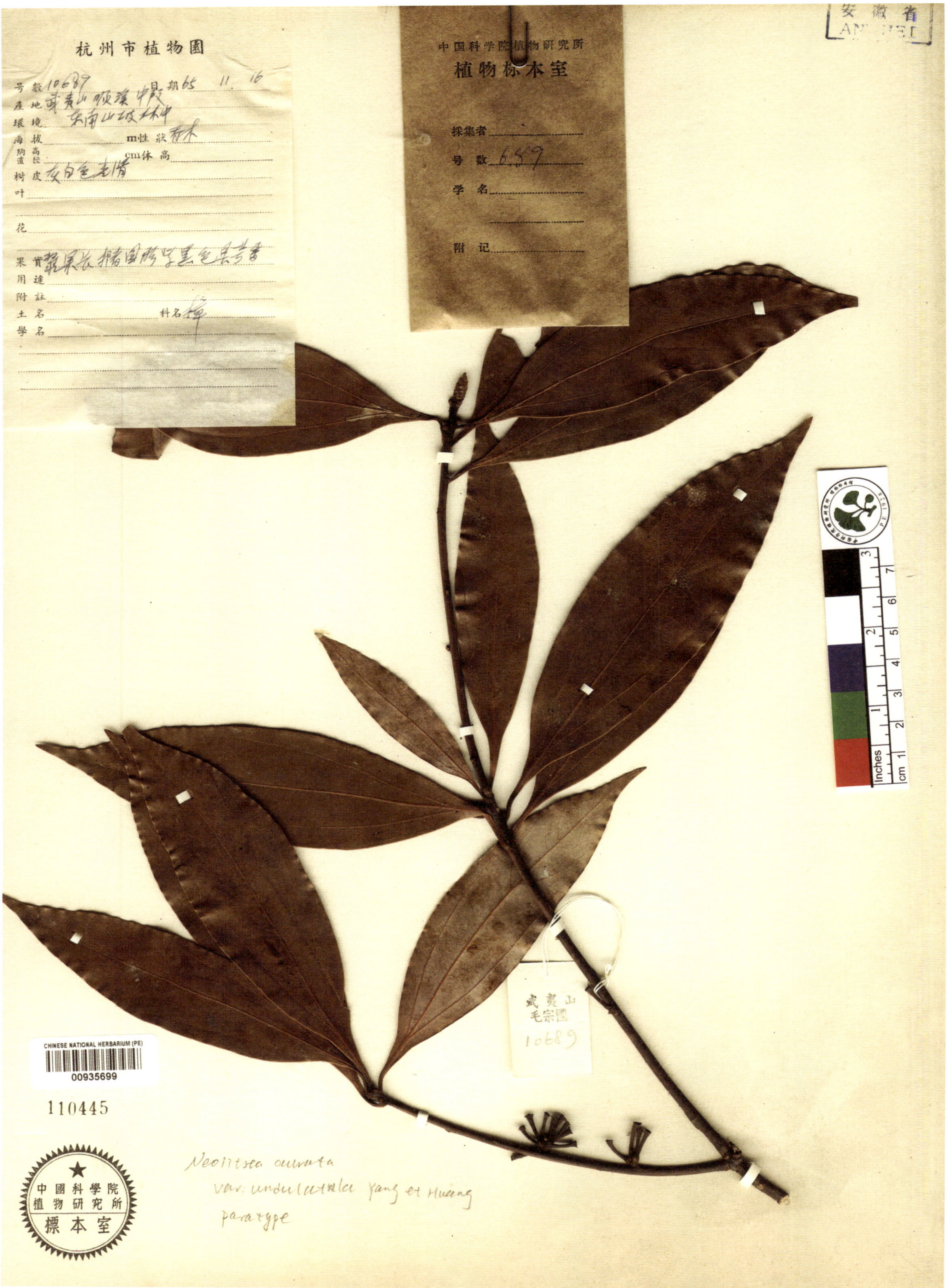

闽浙新木姜子 ***Neolitsea aurata*** (Hay.) Koidz. var. ***undulatula*** Yang & P. H. Huang in Acta Phytotax. Sin. 16 (4): 40. 1978. **Paratype**: China. Fujian: Wuyishan, 1965-11-16, Z. G. Mao 10689.

短梗新木姜子 ***Neolitsea brevipes*** H. W. Li in Acta Phytotax. Sin. 16 (4): 43. 1978. **Isotype:** China. Yunnan: Pingbian, alt. 1 400 m, 1954-10-14, K. M. Feng 5010.

浙江新木姜子 ***Neolitsea chekiangensis*** Nakai in J. Japan. Bot. 16 (3): 128. 1940. **Isotype:** China. Zhejiang: Longquan, 1932-10-06, Y. Y. Ho 1626.

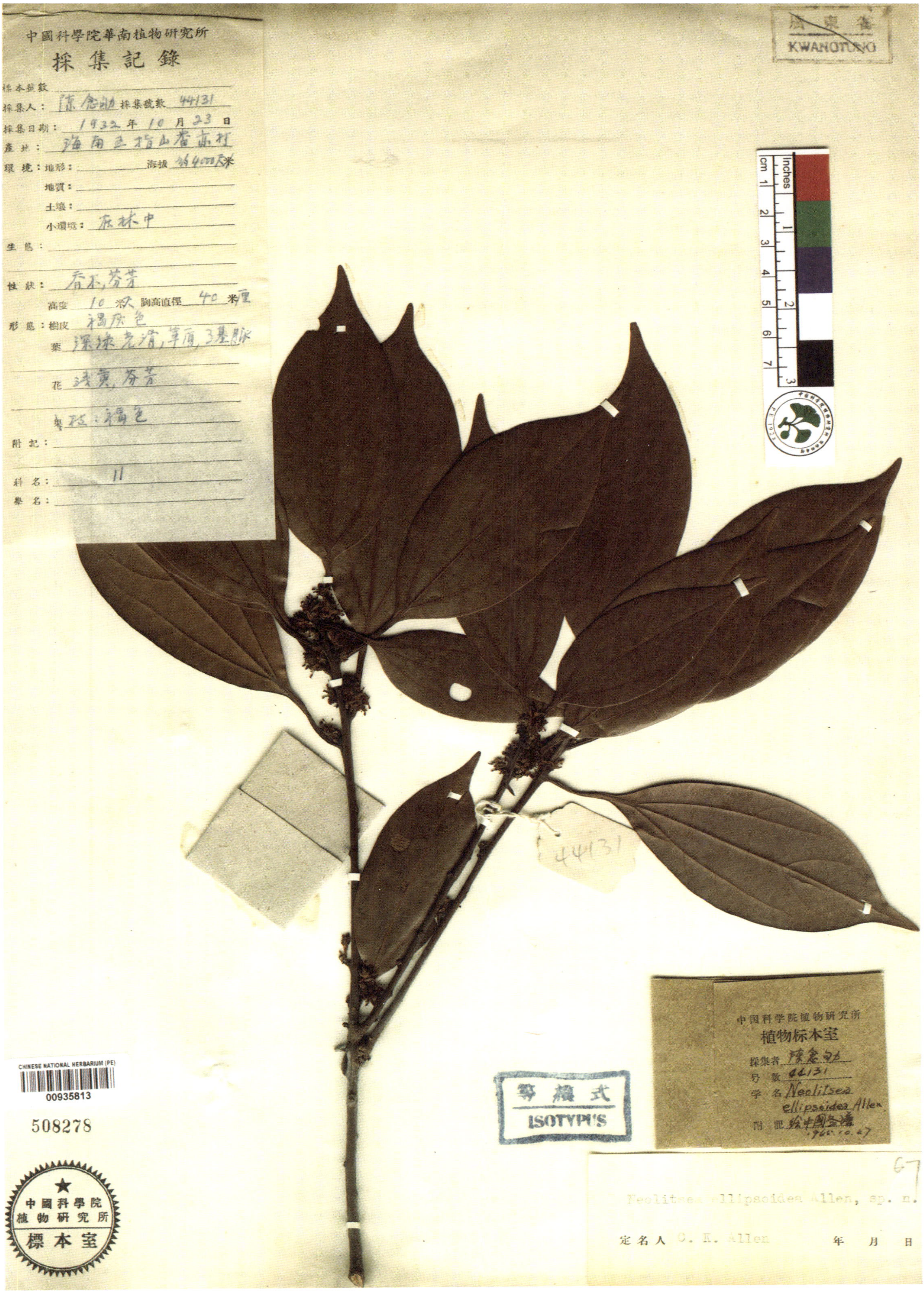

香果新木姜子 ***Neolitsea ellipsoidea*** Allen in Ann. Missouri Bot. Gard. 25: 428. 1938. **Isotype:** China. Hainan: Qiongzhong, alt. 1 220 m, 1932-10-23, N. K. Chun & C. L. Tso 44131.

锈叶新木姜子 ***Neolitsea ferruginea*** Merr. in Lingnan Sci. J. 7: 305. 1929. **Isotype:** China. Guangdong: Precise locality not known, Tan Hsia Shan, 1927-12-08, W. Y. Chun 5560.

海南新木姜子 ***Neolitsea hainanensis*** Yang & P. H. Huang in Acta Phytotax. Sin. 16 (4): 43, f. 4. 1978. **Paratype:** China. Hainan: Baoting, alt. 2 200 m, 1935-07-18, F. C. How 73226.

湘桂新木姜子 ***Neolitsea hsiangkweiensis*** Yang & P. H. Huang in Acta Phytotax. Sin. 16 (4): 41, f. 2. 1978. **Paratype:** China. Hunan: Baojing, alt. 500 m, 1958-09-11, L. H. Liu 9756.

凹脉新木姜子 ***Neolitsea impressa*** Yang in J. W China Bord. Res. Soc., 15 (Ser. B): 81. 1945. **Holotype:** China. Chongqing: Beibei, 1938-12-02, K. L. Chu 6670.

广西新木姜子 ***Neolitsea kwangsiensis*** H. Liou, Laurac. Chine & Indochine 146, f. 11. 1934. **Isosyntype:** China. Guangxi: Precise locality not known, Hin Yen, alt. 1 373 m, 1928-08-19, R. C. Ching 7017.

西藏新木姜子 ***Neolitsea levieni*** Merr. var. ***tibetica*** H. P. Tsui in Acta Bot. Yunnan. 16 (1): 35. 1994. **Isotype:** China. Xizang: Mêdog, alt. 1 460 m, 1983-01-02, B. S. Li & S. Z. Cheng 02410.

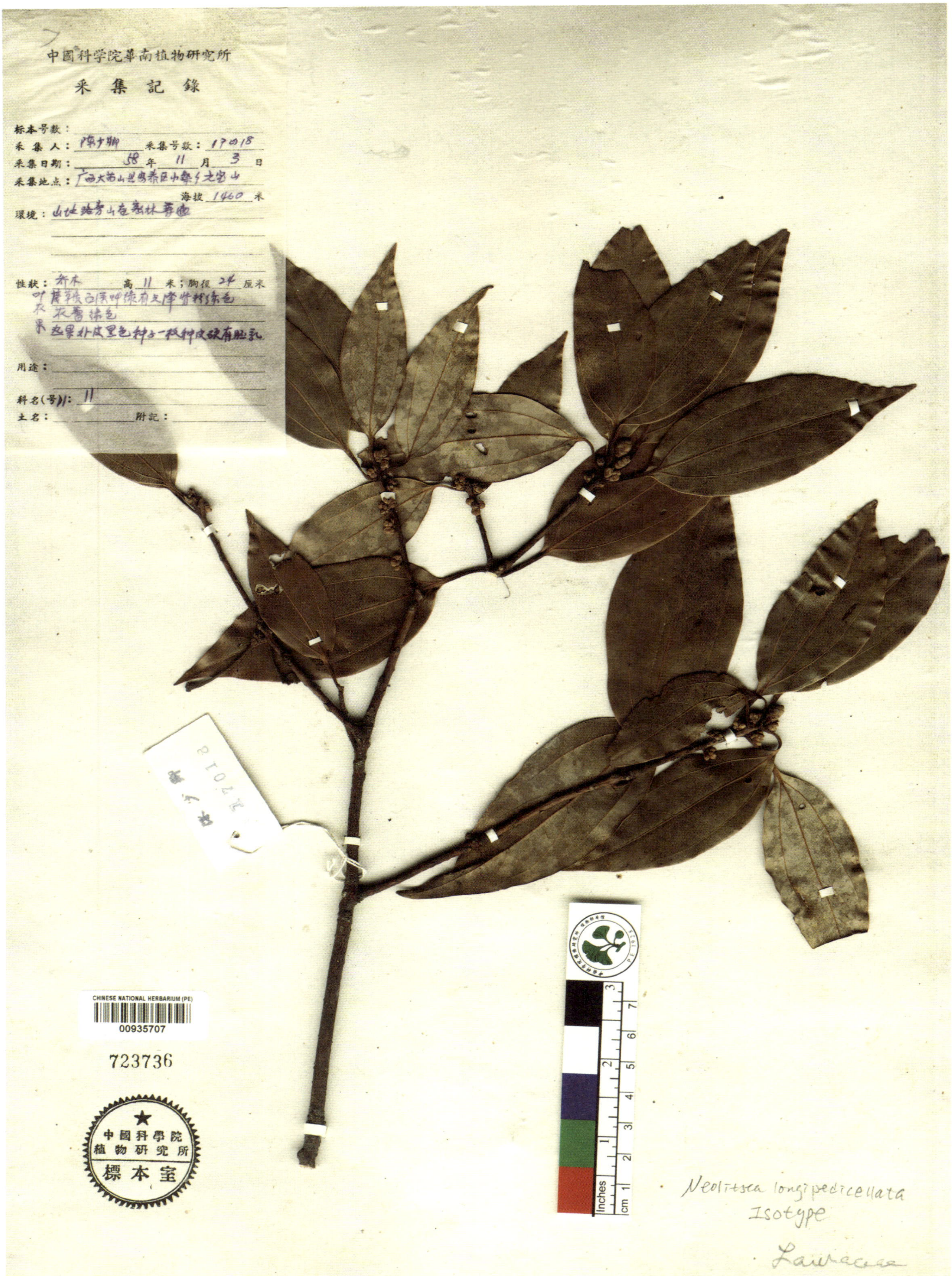

长梗新木姜子 ***Neolitsea longipedicellata*** Yang & P. H. Huang in Acta Phytotax. Sin. 16 (4): 42, f. 3. 1978. **Isotype:** China. Guangxi: Rongshui, alt. 1 460 m, 1958-11-03, S. H. Chun 17018.

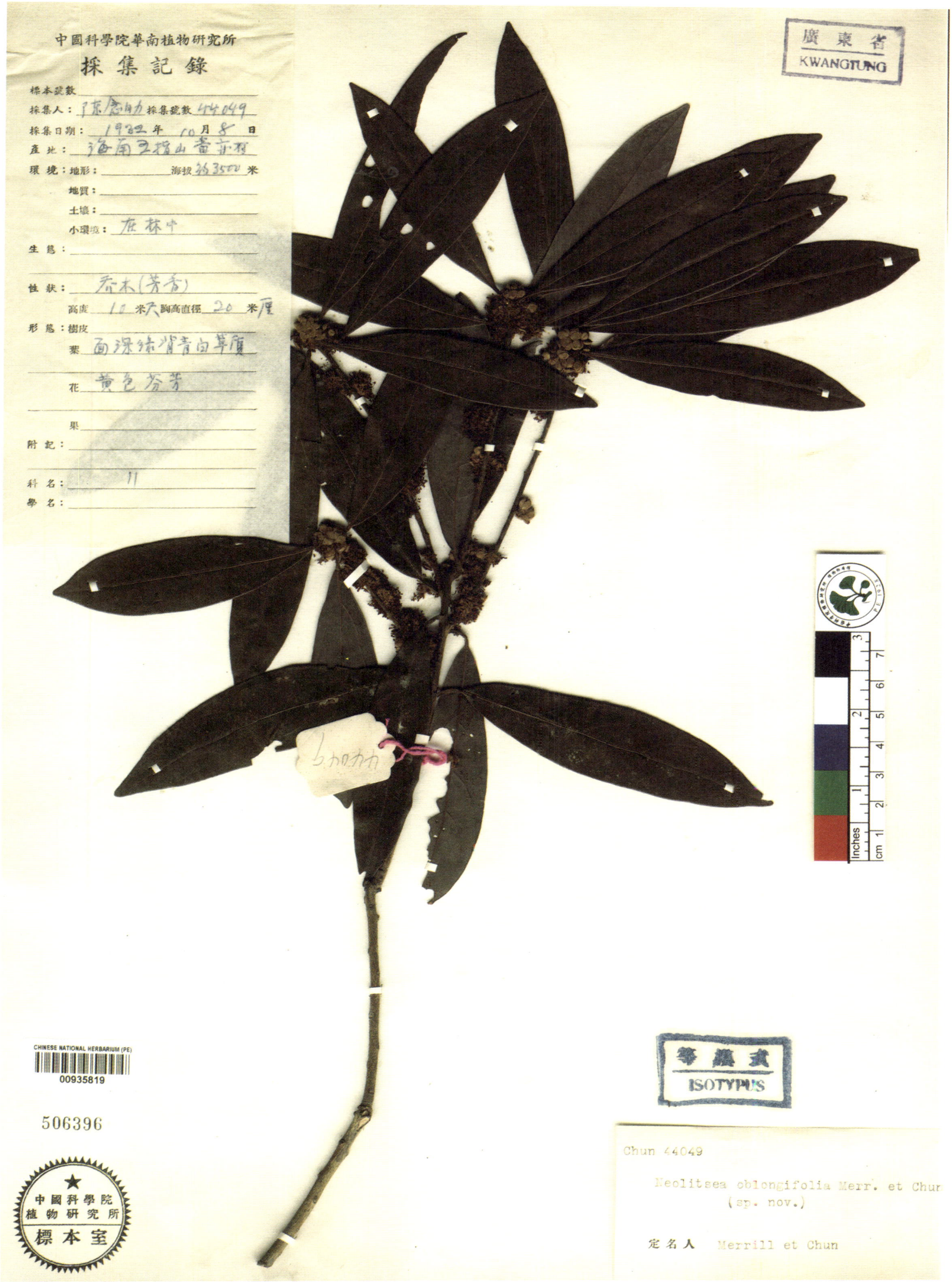

长圆叶新木姜子 ***Neolitsea oblongifolia*** Merr. & Chun in Sunyatsenia 2 (3-4): 234, pl. 45. 1935. **Isotype:** China. Hainan: Qiongzhong, alt. 1 068 m, 1932-10-08, N. K. Chun & C. L. Tso 44049.

钝叶新木姜子 ***Neolitsea obtusifolia*** Merr. in Lingnan Sci. J. 14 (1): 6. 1935. **Isotype:** China. Hainan: Sanya, 1932-10-13, S. K. Lau 607.

卵叶新木姜子 ***Neolitsea ovatifolia*** Yang & P. H. Huang in Acta Phytotax. Sin. 16 (4): 44, f. 5. 1978. **Paratype:** China. Guangdong: Xinyi, 1931-07-22, C. Wang 31034.

显脉新木姜子 ***Neolitsea phanerophlebia*** Merr. in Lingnan Sci. J. 7: 305. 1929. **Isotype:** China. Guangdong: Precise locality not known, North River Region, 1924-06-(03~20), To & Tsang 12515.

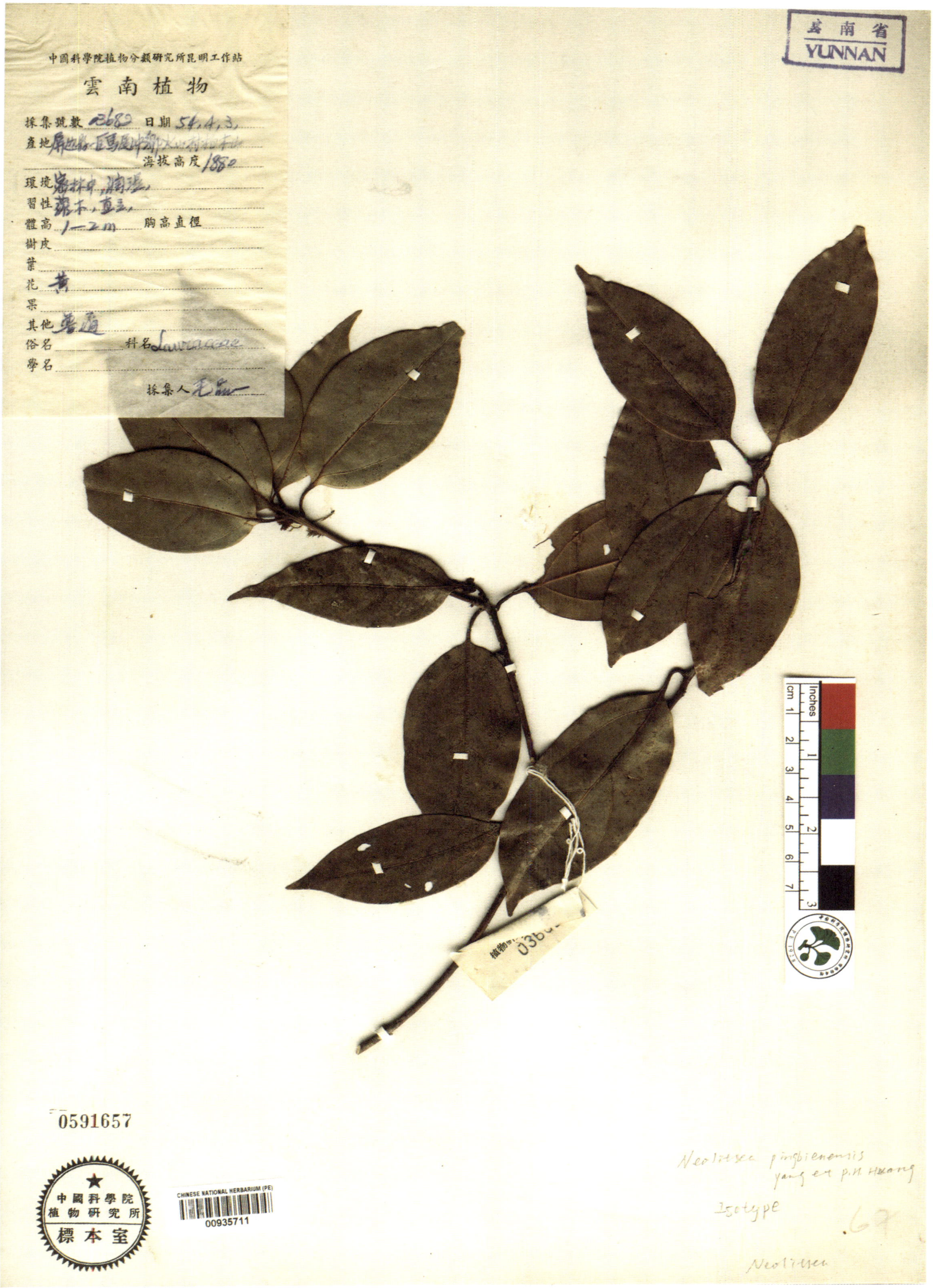

屏边新木姜子 ***Neolitsea pingbienensis*** Yang & P. H. Huang in Acta Phytotax. Sin. 16 (4) 45, pl. 2: 2. 1978. **Isotype:** China. Yunnan: Pingbian, alt. 1 880 m, 1954-04-03, P. I Mao 3682.

羽脉新木姜子 ***Neolitsea pinninervis*** Yang & P. H. Huang in Acta Phytotax. Sin. 16 (4): 38, f. 1. 1978. **Holotype:** China. Guangxi: Rongshui, alt. 750~1 000 m, 1958-08-07, S. H. Chun 16098.

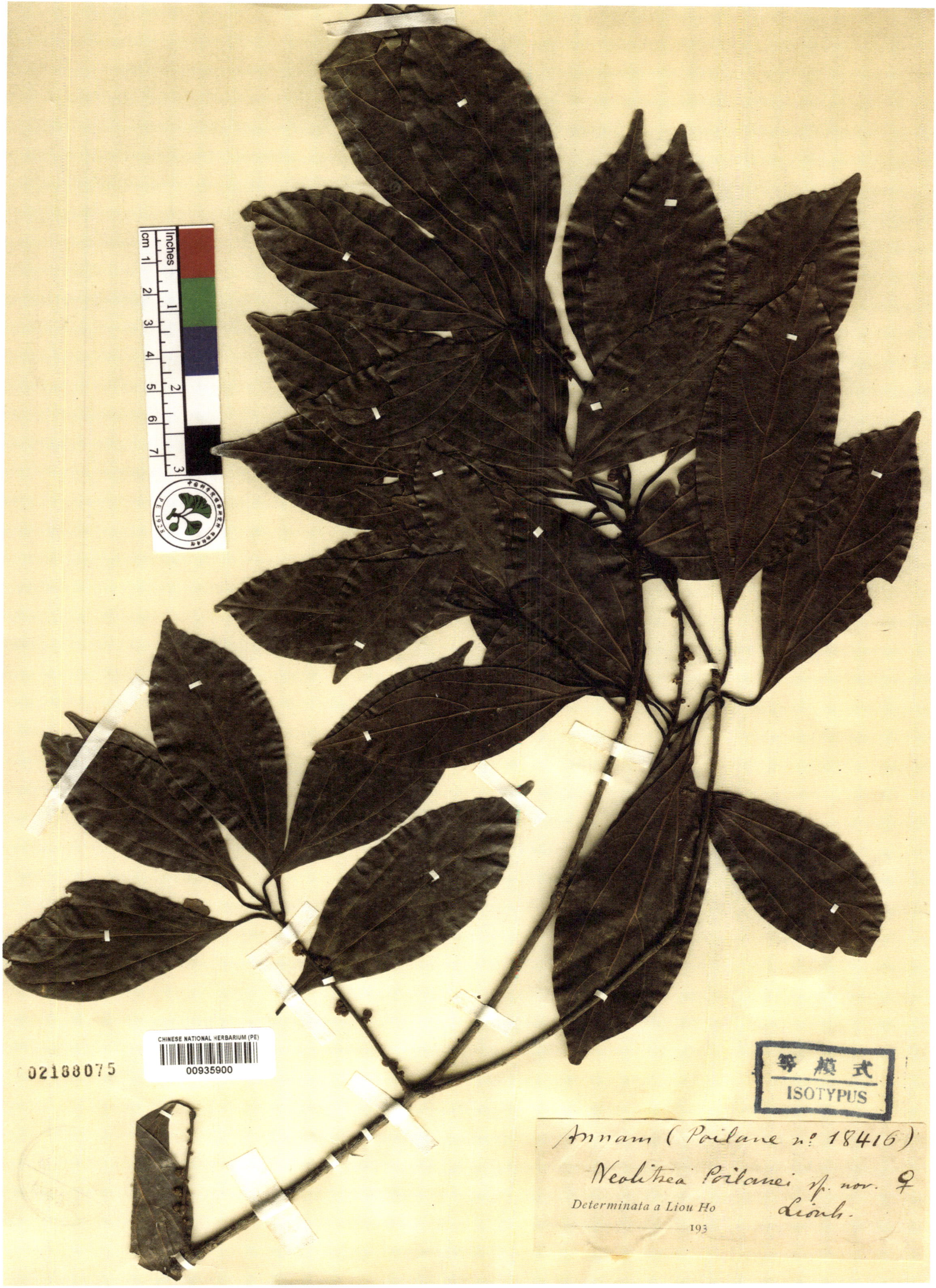

朴氏新木姜子 ***Neolitsea poilanei*** H. Liou, Laurac. Chine & Indochine 149. 1934. **Isotype:** Vietnam. Annam, Dak-ha, Kon-tum, Poilane 18416.

多果新木姜子 ***Neolitsea polycarpa*** H. Liou, Laurac. Chine & Indochine 150. 1934. **Syntype:** Vietnam. Tonkin, Poilane 13093.

紫新木姜子 ***Neolitsea purpurescens*** Yang in J. W China Bord. Res. Soc., 15 (Ser. B): 81. 1945. **Holotype:** China. Sichuan: Tianquan, 1940-08-30, C. L. Wu 12437.

新宁新木姜子 ***Neolitsea shingningensis*** Yang & P. H. Huang in Acta Phytotax. Sin. 16 (4): 44, f. 6. 1978. **Isotype:** China. Hunan: Xinning, alt. 1 200 m, 1962-10-23, L. H. Liu & G. Z. He 15150.

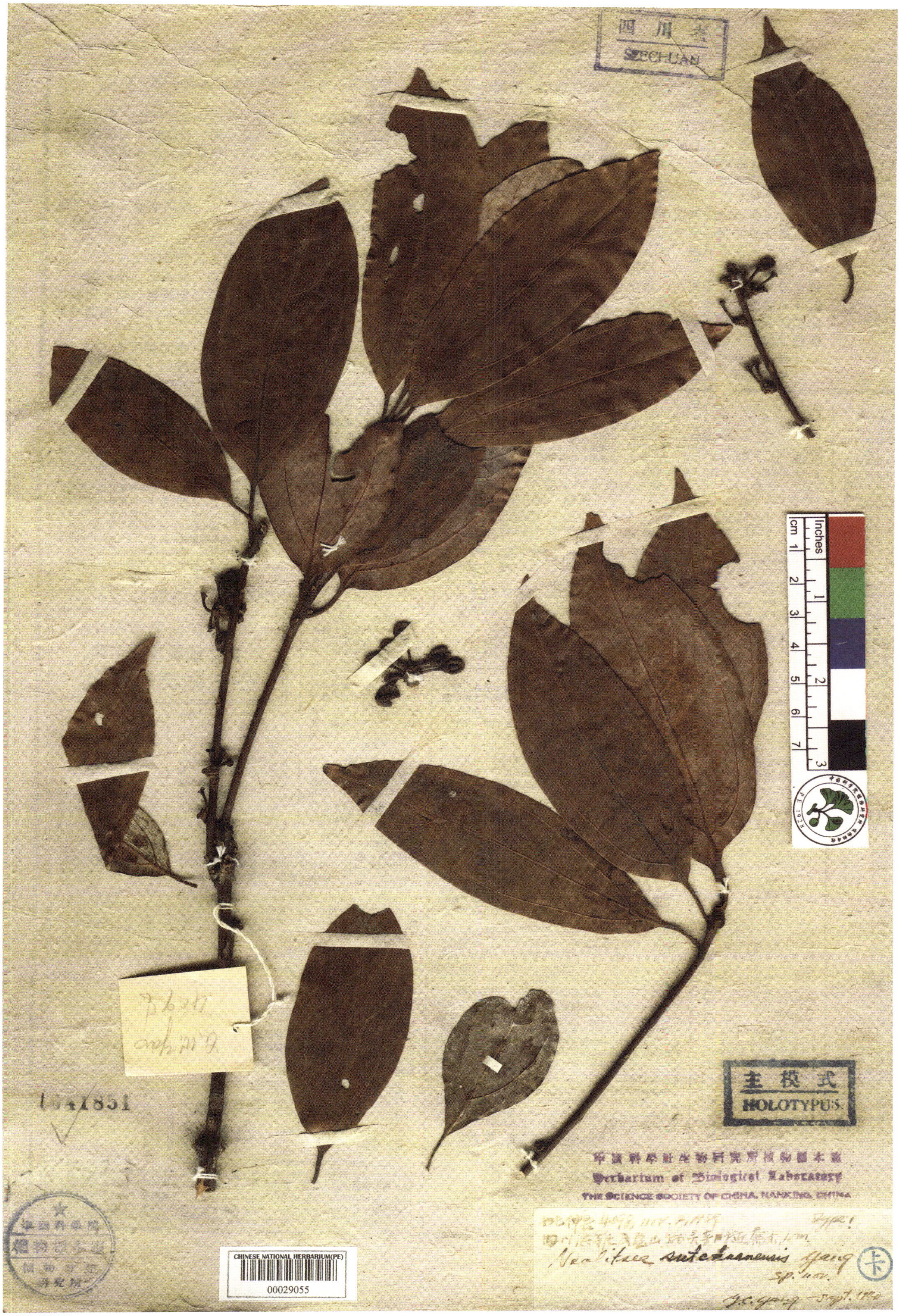

四川新木姜子 ***Neolitsea sutchuanensis*** Yang in J. W China Bord. Res. Soc., 15 (Ser. B): 82. 1945. **Holotype:** China. Sichuan: Hongya, 1939-11-02, C. W. Yao 4098.

长柄四川新木姜子 ***Neolitsea sutchuanensis*** Yang var. ***longipedocellata*** Yang in J. W China Bord. Res. Soc., 15 (Ser. B): 82. 1945. **Holotype:** China. Yunnan: Chen-Hsiung (=Zhenxiong), alt. 1 800 m, 1932-06-22, H. T. Tsai 52325.

绒毛新木姜子 ***Neolitsea tomentosa*** H. W. Li in Acta Phytotax. Sin. 16 (4): 41, pl. 2: 1. 1978. **Isotype:** China. Yunnan: Pingbian, alt. 1 400 m, 1934-09-14, H. T. Tsai 61952.

毛叶新木姜子 ***Neolitsea velutina*** W. T. Wang in Acta Phytotax. Sin. 6 (2): 216. 1957. **Holotype:** China. Yunnan: Xichou, alt. 1 200 m, 1939-12-21, C. W. Wang 85866.

方氏南亚新木姜子 ***Neolitsea zeylanica*** Merr. var. ***fangii*** H. Liou, Laurac. Chine & Indochine 154. 1934. **Isotype:** China. Chongqing: Nanchuan, 1928-11-06, W. P. Fang 5775.

倒卵叶南亚新木姜子 ***Neolitsea zeylanica*** Merr. var. ***obovata*** H. Liou, Laurac. Chine & Indochine 153. 1934. **Isotype:** Vietnam. Annam, Cana, Hpanrang, alt. 600~1 100 m, Poilane 5905.

朴氏赛楠 ***Nothaphoebe poilanei*** H. Liou, Laurac. Chine & Indochine 77. 1934. **Isotype:** Vietnam. Annam, Cana, Hpanrang, alt. 600~1 100 m, Poilane 17924.

安南沼楠 ***Phoebe angustifolia*** Meissn. var. ***annamensis*** H. Liou, Laurac. Chine & Indochine 73. 1934. **Isotype:** Vietnam. Annam, Hoi-xuan, Thanh-Hoa, Poilane 1759.

短序楠 ***Phoebe brachythyrsa*** H. W. Li in Acta Phytotax. Sin. 17 (2): 59, pl. 9: 2. 1979. **Isotype:** China. Yunnan: Yiliang, alt. 450 m, 1972-09-24, NE Yunnan Exped. 985.

浙江楠 ***Phoebe chekiangensis*** C. B. Shang in Acta Phytotax. Sin. 12 (3): 295, pl. 60. 1974. **Paratype:** China. Zhejiang: Hangzhou, 1957-10-30, S. Y. Chang 1703.

朴氏乌心楠 ***Phoebe cuneata*** Bl. var. ***poilanei*** H. Liou, Laurac. Chine & Indochine 67. 1934. **Isotype:** Cambodia. Prah-vihear, Chéom-khsan, alt. 370 m, Poilane 14910.

粉叶楠 ***Phoebe glaucophylla*** H. W. Li in Acta Phytotax. Sin. 17 (2): 60, pl. 9:4. 1979. **Paratype:** China. Yunnan: Malipo, alt. 1 000~1 200 m, 1947-11-18, K. M. Feng 13375.

红毛楠 ***Phoebe hungmoensis*** S. Lee in Acta Phytotax. Sin. 8 (3): 190. 1963. **Isotype:** China. Hainan: Hongmaoshan, 1929-05-13, Tsang, Teng & Feng 164.

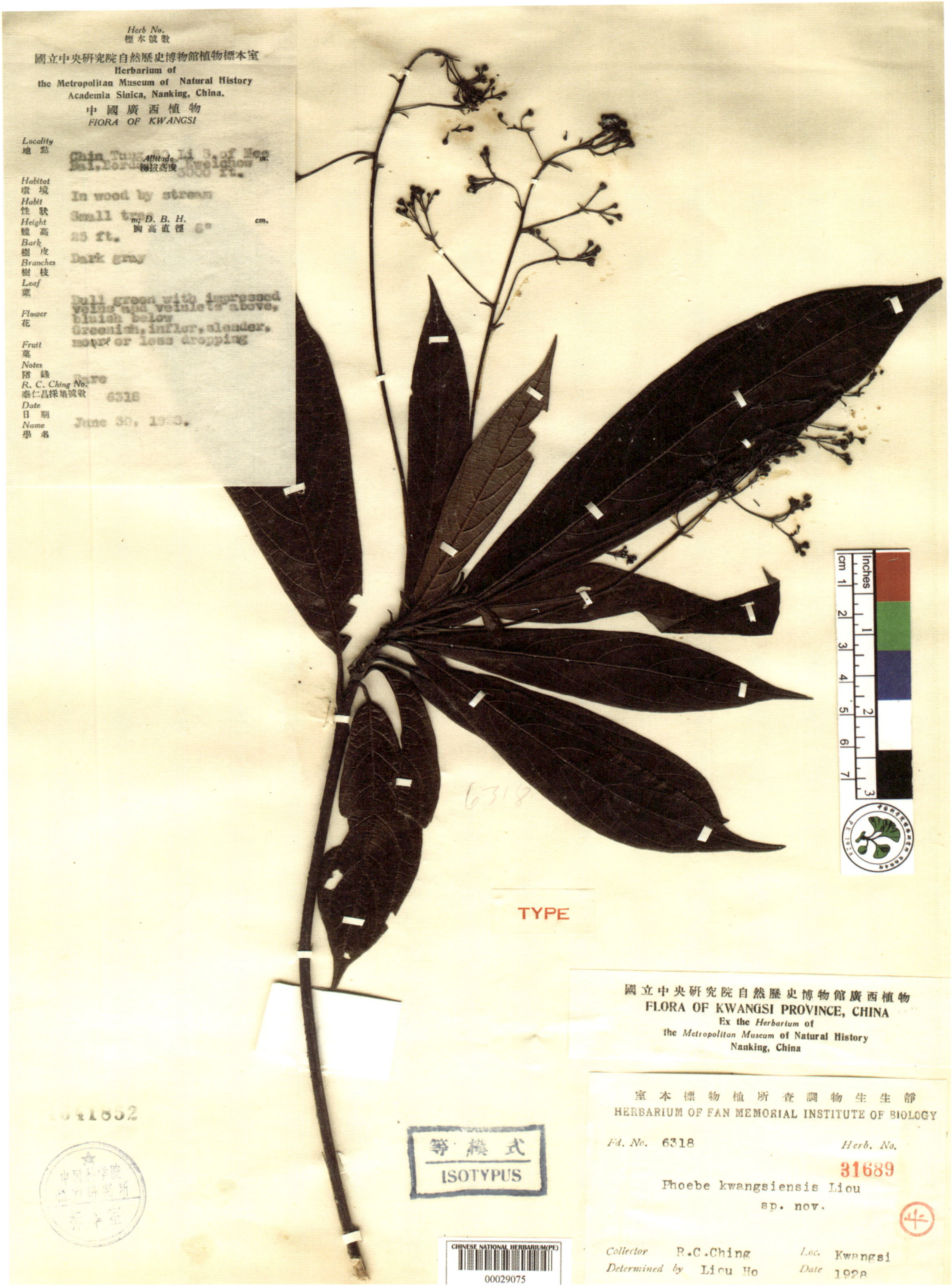

桂楠 ***Phoebe kwangsiensis*** H. Liou, Laurac. Chine & Indochine 70, f. 3. 1934. **Isotype:** China. Guangxi: Wuzhou, alt. 1 525 m, 1923-06-30, R. C. Ching 6318.

大果楠 ***Phoebe macrocarpa*** C. Y. Wu in Acta Phytotax. Sin. 6 (2): 211, pl. 46: 4. 1957. **Holotype:** China. Yunnan: Yanshan, alt. 1 200 m, 1939-10-27, C. W. Wang 84736.

小花楠 ***Phoebe minutiflora*** H. W. Li in Acta Phytotax. Sin. 17 (2): 57, pl. 9 : 1. 1979. **Paratype:** China. Yunnan: Mengla, alt. 600 m, 1952-01-18, K. M. Feng 14424.

墨脱楠 ***Phoebe motuonan*** S. Lee & F. N. Wei in Acta Phytotax. Sin. 17 (2): 61, pl. 6: 2. 1979. **Holotype:** China. Xizang: Mêdog, alt. 1 720 m, 1974-09-11, Qinghai-Xizang Exped. 74-4716.

峨眉楠 ***Phoebe neurantha*** (Hemsl.) Gamble var. ***omeiensis*** Yang in J. W China Bord. Res. Soc., 15 (Ser. B): 75. 1945.
Isotype: China. Sichuan: Emei, Emeishan, 1938-10-??, C. W. Yao 3193.

光枝楠 ***Phoebe neuranthoides*** S. Lee & F. N. Wei in Acta Phytotax. Sin. 17 (2): 58, pl. 6: 1. 1979. **Isotype** China. Guizhou: Xinren, alt. 1 200 m, 1960-08-26, T. S. Chang & Y. T. Chang 8576.

黑叶楠 ***Phoebe nigrifolia*** S. Lee & F. N. Wei in Acta Phytotax. Sin. 17 (2): 58. 1979. **Isotype:** China. Guangxi: Jingxi, alt. 950 m, 1973-09-03, Guangxi Veget. Exped. 037.

琴叶楠 ***Phoebe pandurata*** S. Lee & F. N. Wei in Acta Phytotax. Sin. 17 (2): 59. 1979. **Isotype:** China. Guangxi: Damiaoshan (=Rongshui), 1958-09-15, S. H. Chun 15173.

红梗楠 ***Phoebe rufescens*** H. W. Li in Acta Phytotax. Sin. 17 (2): 59, pl. 9: 3. 1979. **Isotype:** China. Yunnan: Jingdong, alt. 1 840 m, 1959-05-03, S. G. Xu 4812.

长梗紫楠 ***Phoebe sheareri*** Gamble var. ***longepaniculata*** H. Liou, Laurac. Chine & Indochine 69. 1934. **Lectotype** (designated here): China. Yunnan: Simao, alt. 1 525 m, A. Henry 13016A.

景东楠 ***Phoebe yunnanensis*** H. W. Li in Acta Phytotax. Sin. 17 (2): 60, pl. 9: 5. 1979. **Isotype:** China. Yunnan: Jingdong, alt. 2 200 m, 1956-10-31, B. Y. Qiu 53353.

楠木 ***Phoebe zhennan*** S. Lee & F. N. Wei in Acta Phytotax. Sin. 17 (2): 61, pl. 12: 6. 1979. **Paratype:** China. Sichuan: Dujiangyan, 1934-06-17, M. C. Shih 1027.

二室侧樟 ***Pleurothyrium bilocellatum*** H. van der Werff in Novon 19(4): 540, f. 4. 2009. **Isotype:** Ecuador. Zamora-Chinchipe: Nangaritza, alt. 900 m, 2006-11-02, H. van der Werff, B. Gray & W. Quizhpe 21882.

安龙油果樟 ***Syndiclis anlungensis*** H. W. Li in Acta Phytotax. Sin. 17 (2): 72. 1979. **Holotype:** China. Guizhou: Anlong, alt. 1 300 m, 1960-06-18, T. S. Chang & Y. T. Chang 5464.

富宁油果樟 ***Syndiclis fooningensis*** H. W. Li in Acta Phytotax. Sin. 17 (2): 72, pl. 10: 6. 1979. **Isotype:** China. Yunnan: Funing, alt. 1 000 m, 1940-05-02, C. W. Wang 89102.

鳞粃油果樟 ***Syndiclis furfuracea*** H. W. Li in Acta Phytotax. Sin. 17 (2): 71, pl. 10: 4. 1979. **Isotype:** China. Yunnan: Pingbian, alt. 1 200 m, 1954-10-15, K. M. Feng 5023.

麻栗坡油果樟 ***Syndiclis marlipoensis*** H. W. Li in Acta Phytotax. Sin. 17 (2): 72, pl. 10: 5. 1979. **Isotype:** China. Yunnan: Malipo, alt. 1 300~1 600 m, 1947-11-07, K. M. Feng 12983.

屏边油果樟 ***Syndiclis pingbienensis*** H. W. Li in Acta Phytotax. Sin. 17 (2): 73, pl. 11: 2. 1979. **Isotype:** China. Yunnan: Pingbian, alt. 1 600 m, 1954-10-13, K. M. Feng 4986.

西畴油果樟 ***Syndiclis sichourensis*** H. W. Li in Acta Phytotax. Sin. 17 (2): 72, pl. 11: 1. 1979. **Isotype:** China. Yunnan: Xichou, alt. 1 300~1 500 m, 1947-10-06, K. M. Feng 12247.

Index to Scientific Names / 拉丁学名索引

C

G

H

I

K

L

M

Index to Chinese Names / 中名索引

5 画

10 画

11 画

12 画

13 画

14 画

15 画

16 画

17 画

18 画

20 画

22 画

Authors and Addresses / 作者及工作单位地址

BAN Qin, CHEN Shurong, DU Yufen, FU Lianzhong, LI Anren, LIN Qi, MA Xintang, SUN Miao, SUN Qian, WANG Zhongtao, YANG Yong, YANG Zhirong

China National Herbarium (PE), Institute of Botany, Chinese Academy of Sciences, Xiangshan, Beijing 100093, Beijing.

BI Shuqing
College of Life Science, Langfang Normal University, Langfang 065003, Hebei.

DU Qing, LI Qianyun, Zhang Xiaobing
Department of Biology, Taiyuan Normal University, Taiyuan 030031, Shanxi.

LI Hongli
Haidian Agricultural Institute, Beijing100080, Beijing.

HE Shanshan, LIN Yun, LIU Wenqun, WU Huibing
Hunan Medication Vestibule School, Hunan Food and Drug Vocational College, Changsha 410208, Hunan

班　勤　陈淑荣　杜玉芬　傅连中　李安仁　林 祁　马欣堂　孙 苗　孙 茜　王忠涛　杨　永　杨志荣
邮政编码：100093，北京市，香山，中国科学院植物研究所 国家植物标本馆（PE）

秘树青
邮政编码：0650003，河北省，廊坊市，廊坊师范学院 生命科学学院

杜　青　李倩云　张小冰
邮政编码：030031，山西省，太原市，太原师范学院 生物系

李红丽
邮政编码：100080，北京市，海淀区农业科学研究所

何珊珊　林　云　刘文群　吴慧冰
邮政编码：410208，湖南省，长沙市，湖南食品药品职业学院，湖南省医药技工学校